煤炭行业特有工种职业技能鉴定专用培训教材

矿井维修钳工

(初级、中级、高级)

符如康　　　　主　编
党铁果　孟凡平　副主编

中国矿业大学出版社

内 容 简 介

《矿井维修钳工(初级、中级、高级)》是全国煤炭行业特有工种职业技能考核鉴定培训教材之一。本书是以与矿井维修钳工有关的国家职业标准为依据,分为七大部分、三十章,全面介绍了矿井维修钳工技能考核鉴定所必须掌握的公共基础知识、矿井维修钳工初级技能考核鉴定所必须掌握的基本知识及基本技能、矿井维修钳工中级技能考核鉴定所必须掌握的基本知识及基本技能、矿井维修钳工高级技能考核鉴定所必须掌握的基本知识及基本技能。

《矿井维修钳工(初级、中级、高级)》可以作为矿井维修工职业技能考核鉴定前的培训和自学教材,也可作为相关大中专院校矿山机电等专业师生的参考用书。

图书在版编目(CIP)数据

矿井维修钳工:初级、中级、高级/符如康主编.
—徐州:中国矿业大学出版社,2018.7
ISBN 978-7-5646-4057-6

Ⅰ.①矿… Ⅱ.①符… Ⅲ.①矿井—机修钳工—职业技能鉴定—教材 Ⅳ.①TD407

中国版本图书馆 CIP 数据核字(2018)第 161990 号

书　　名	矿井维修钳工(初级、中级、高级)
主　　编	符如康
责任编辑	于世连
责任校对	何晓惠
出版发行	中国矿业大学出版社有限责任公司
	(江苏省徐州市解放南路　邮编 221008)
营销热线	(0516)83885307　83884995
出版服务	(0516)83885767　83884920
网　　址	http://www.cumtp.com　E-mail:cumtpvip@cumtp.com
印　　刷	江苏凤凰数码印务有限公司
开　　本	787×1092　1/16　印张 26.5　字数 661 千字
版次印次	2018 年 7 月第 1 版　2018 年 7 月第 1 次印刷
定　　价	56.00 元

(图书出现印装质量问题,本社负责调换)

矿井维修钳工(初级、中级、高级)编审委员会名单

主　　编　符如康
副 主 编　党铁果　孟凡平
参　　编　毛宝霞　张　豪　张雪云　李智良
　　　　　　郭华伟　李　博　李贵明　廖松保
　　　　　　张德民　王松丽
主　　审　王　勇
审　　稿　杨相柏　高　衡　宋深新
　　　　　　贾松坡　刘洪淼

前　言

　　为了加强煤炭行业从业人员的基本素质,加快煤炭行业高技能人才队伍的建设步伐,实现煤炭行业特有工种的职业技能考核鉴定工作的系列化、标准化、规范化,促进煤炭企业的健康发展和煤炭职工的技能提升,根据国家的相关法律法规的要求,我们编写了这套"煤炭行业特有工种职业技能考核鉴定专用培训教材",作为煤炭行业特有工种技能考核鉴定考试的专业用书。

　　《矿井维修钳工(初级、中级、高级)》是全国煤炭行业特有工种职业技能考核鉴定培训教材之一。本书是以与矿井维修钳工有关的国家职业标准为依据,分为七大部分、三十章,全面介绍了矿井维修钳工技能考核鉴定所必须掌握的公共基础知识、矿井维修钳工初级技能考核鉴定所必须掌握的基本知识及基本技能、矿井维修钳工中级技能考核鉴定所必须掌握的基本知识及基本技能、矿井维修钳工高级技能考核鉴定所必须掌握的基本知识及基本技能。本书内容上以基础知识、职业技能为核心,结构体系上按照初级、中级、高级循序渐进安排,知识难度上按照等级考核鉴定标准逐步递增,既突出了矿井维修工种的特殊性,又体现了考核鉴定教材的专业性。本书可以作为矿井维修工职业技能考核鉴定前的培训和自学教材,也可作为相关大中专院校矿山机电等专业师生的参考用书。

　　由于煤炭行业特有工种技能考核鉴定培训教材的编写工作具有系统性要求高、逻辑体系要求严谨、知识难度要求适当且具有区分性等特点,再者作者编写水平有限,所以书中不妥之处在所难免,恳请读者批评指正。

编　者
2018 年 7 月

目 录

第一部分 矿井维修钳工公共基础知识要求

第一章 职业道德 3
 第一节 职业道德基本知识 3
 第二节 职业道德守则 4

第二章 基础知识 6
 第一节 煤矿安全生产基本知识 6
 第二节 环境保护基本知识 11
 第三节 安全文明生产 13

第二部分 矿井维修钳工初级基本知识要求

第三章 识图基础知识 19
 第一节 投影 19
 第二节 三视图 19
 第三节 剖视图与剖面图 20
 第四节 基本体尺寸注法 21
 第五节 公差与配合 22
 第六节 表面粗糙度 23
 第七节 形位公差 24
 第八节 零件图识读 25

第四章 金属材料 29
 第一节 金属材料的性能 29
 第二节 常用金属材料的牌号、性能和用途 33

第五章 安全用电 36

第三部分　矿井维修钳工初级基本技能要求

第六章　设备修理基本知识 … 43
 第一节　设备的修理 … 43
 第二节　设备的拆卸 … 45
 第三节　零部件的清洗 … 47
 第四节　零件的修复 … 48
 第五节　装配 … 51
 第六节　设备的试运转 … 52

第七章　钳工常用机具与工量具 … 54
 第一节　钳工常用机具 … 54
 第二节　钳工常用工具 … 55
 第三节　钳工常用量具 … 59

第八章　起运与吊装 … 65
 第一节　起运与吊装的基本知识 … 65
 第二节　常用起运吊装工具与设备的使用与维护 … 67
 第三节　起运吊装安全注意事项 … 72

第九章　小型机械设备的原理结构与性能 … 75
 第一节　凿岩机的性能、结构及工作原理 … 75
 第二节　锚杆钻机的性能、结构及工作原理 … 78
 第三节　矿用绞车的性能、结构及工作原理 … 80
 第四节　小型水泵的性能、结构及工作原理 … 83
 第五节　混凝土喷射机的性能、结构及工作原理 … 88
 第六节　局部通风机的性能、结构及工作原理 … 91

第十章　小型机械设备的日常维护与故障处理 … 93
 第一节　凿岩机的日常维护与故障处理 … 93
 第二节　锚杆钻机的日常维护与故障处理 … 95
 第三节　矿用绞车的日常维护与故障处理 … 97
 第四节　水泵的日常维护与故障处理 … 101
 第五节　混凝土喷射机的日常维护与故障处理 … 105
 第六节　局部通风机的日常维护与故障处理 … 108

第十一章　矿用机械设备的拆装与检修 … 111
 第一节　凿岩机的拆装与检修 … 111

第二节　锚杆钻机的拆装与检修 …………………………………………… 113
　第三节　矿用绞车的拆装与检修 …………………………………………… 116
　第四节　小型水泵的拆装与检修 …………………………………………… 120
　第五节　混凝土喷射机的拆装与检修 ……………………………………… 124
　第六节　局部通风机的拆装与检修 ………………………………………… 127

第四部分　矿井维修钳工中级基本知识要求

第十二章　机械传动基础知识 …………………………………………………… 131
　第一节　常用的传动机构 …………………………………………………… 131
　第二节　摩擦轮传动 ………………………………………………………… 132
　第三节　带传动 ……………………………………………………………… 133
　第四节　链传动 ……………………………………………………………… 134
　第五节　螺旋传动 …………………………………………………………… 135
　第六节　齿轮传动 …………………………………………………………… 136
　第七节　蜗杆传动 …………………………………………………………… 137

第十三章　设备润滑基础知识 …………………………………………………… 139
　第一节　摩擦与磨损 ………………………………………………………… 139
　第二节　润滑及润滑材料 …………………………………………………… 140
　第三节　润滑油 ……………………………………………………………… 140
　第四节　润滑脂及固体润滑剂 ……………………………………………… 142

第十四章　设备的润滑与保养 …………………………………………………… 145
　第一节　设备的润滑方式及润滑装置 ……………………………………… 145
　第二节　设备主要零部件的润滑 …………………………………………… 147
　第三节　设备润滑状态的检查 ……………………………………………… 149
　第四节　润滑剂的鉴别与更换 ……………………………………………… 150
　第五节　润滑系统的密封 …………………………………………………… 153
　第六节　泄漏及其防治 ……………………………………………………… 154

第十五章　金属焊接与切割基本知识 …………………………………………… 157
　第一节　金属焊接与切割 …………………………………………………… 157
　第二节　电弧焊 ……………………………………………………………… 158
　第三节　气割 ………………………………………………………………… 161

第十六章　液压传动基础知识 …………………………………………………… 164
　第一节　液压传动的基本知识 ……………………………………………… 164
　第二节　液压传动的工作原理及系统组成 ………………………………… 165

第三节　液压油的物理性质及液压油的选用……………………………… 168

第十七章　液压传动技术……………………………………………………… 170
　　第一节　液压泵……………………………………………………………… 170
　　第二节　液压马达与液压缸………………………………………………… 171
　　第三节　液压控制阀………………………………………………………… 173
　　第四节　液压辅助元件的种类及应用……………………………………… 175
　　第五节　液压基本回路……………………………………………………… 176
　　第六节　液压系统图的识读………………………………………………… 177

第五部分　矿井维修钳工中级基本技能要求

第十八章　机械制图……………………………………………………………… 185
　　第一节　制图的基本规定…………………………………………………… 185
　　第二节　常用零件的规定画法……………………………………………… 194
　　第三节　零件图的测绘……………………………………………………… 203

第十九章　钳工基本操作知识………………………………………………… 205
　　第一节　画线………………………………………………………………… 205
　　第二节　平面加工…………………………………………………………… 206
　　第五节　弯形和矫正………………………………………………………… 211
　　第六节　铆接………………………………………………………………… 212

第二十章　零部件的装配与修理……………………………………………… 214
　　第一节　固定连接件的装配与修理………………………………………… 214
　　第二节　轴承与轴的装配与修理…………………………………………… 219
　　第三节　传动机构的拆卸与修理…………………………………………… 233

第二十一章　钢丝绳的使用和维护…………………………………………… 251
　　第一节　钢丝绳的插接……………………………………………………… 251
　　第二节　钢丝绳的使用与维护……………………………………………… 253

第二十二章　矿井固定设备的结构原理与性能……………………………… 257
　　第一节　矿井提升设备的结构原理与性能………………………………… 257
　　第二节　矿井通风设备的结构原理及性能………………………………… 288
　　第三节　矿井排水设备的结构原理及性能………………………………… 298
　　第四节　矿井压风设备的结构原理及性能………………………………… 301

第二十三章	煤矿固定设备完好标准	307
第一节	通用部分	307
第二节	主要提升机的完好标准	310
第三节	主要通风机的完好标准	317
第四节	水泵的完好标准	318
第五节	空气压缩机的完好标准	321

第六部分　矿井维修钳工高级基本知识要求

第二十四章	装配图的识读及画法	327
第一节	装配图上尺寸和技术要求的标注	327
第二节	装配图的表达方法	329
第三节	装配图的画法	330
第五节	装配图的识读	335

| 第二十五章 | 设备安装检修工具 | 338 |

第二十六章	精密量具与量仪	340
第一节	内径千分尺	340
第二节	内测千分尺	341
第三节	内径百分表	342
第四节	水平仪	344

第七部分　矿井维修钳工高级基本技能要求

第二十七章	液压系统的安装及常见故障与处理	351
第一节	液压系统的安装	351
第二节	液压系统的调试	357
第三节	液压系统的检查	359
第四节	液压系统的常见故障及其排除	362

第二十八章	矿井固定设备的日常维修及故障处理	365
第一节	矿井提升设备的日常检修及常见故障处理	365
第二节	矿井通风设备的日常检修及常见故障处理	370
第三节	矿井排水设备的日常检修及常见故障处理	372
第四节	矿井压风设备的日常检修及常见故障处理	375

第二十九章　矿井系统设备的拆装、修理与调试 ……………………………………… 377
　　第一节　矿井提升设备的拆装、修理与调试 …………………………………… 377
　　第二节　矿井通风设备的拆装、修理与调试 …………………………………… 390
　　第三节　矿井排水设备的拆装、修理与调试 …………………………………… 394
　　第四节　矿井压风设备的拆装、修理与调试 …………………………………… 397

第三十章　矿井大型设备的检查维护 ………………………………………………… 402
　　第一节　矿井提升设备的检查维护 ……………………………………………… 402
　　第二节　矿井通风设备的检查维护 ……………………………………………… 406
　　第三节　矿井排水设备的检查维护 ……………………………………………… 407
　　第四节　矿井压风设备的检查维护 ……………………………………………… 408

参考文献 ………………………………………………………………………………… 410

第一部分 矿井维修钳工公共基础知识要求

本部分主要内容

▶ 第一章　职业道德

▶ 第二章　基础知识

第一章 职 业 道 德

第一节 职业道德基本知识

职业道德是规范约束从业人员职业活动的行为准则。加强职业道德建设是推动社会主义物质文明和精神文明建设的需要,是促进行业、企业生存和发展的需求,也是提高从业人员素质的需求。掌握职业道德基本知识,树立职业道德观念是对每一个从业人员最基本的要求。

一、职业道德的基本概念

职业道德是指从事某种职业的人员在工作或劳动过程中所应遵守的与其职业活动紧密联系的道德规范和原则的总和。职业道德是社会道德在职业行为和职业关系中的具体体现。从业人员是整个社会道德生活的重要组成部分。职业道德的内容包括:职业道德意识、职业道德行为规范和职业守则等。

职业道德既反映某种职业的特殊性,也反映各个行业职业的共同性;既是从业人员履行本职工作时从思想到行为应该遵守的准则,也是各个行业职业在道德方面对社会应尽的责任和义务。

从业人员对自己所从事职业的态度,是其价值观、道德观的具体体现。从业人员只有树立良好的职业道德,遵守职业守则,安心本职工作,勤奋钻研业务,才能提高自身的职业能力和素质,在竞争中立于不败之地。

二、职业道德的特点

1. 职业道德是社会主义道德体系的重要组成部分

由于每个职业都与国家、人民的利益密切相关,每个工作岗位、每一次职业行为,都包含着如何处理个人与集体、个人与国家利益的关系问题。因此,职业道德是社会主义道德体系的重要组成部分。

2. 职业道德的实质是树立全新的社会主义劳动态度

职业道德的实质就是在社会主义市场经济条件下,约束从业人员的行为,鼓励其通过诚实的劳动,在改善自己生活的同时,增加社会财富,促进国家建设。劳动既是个人谋生的手段,也是为社会服务的途径。劳动的双重含义决定了从业人员全新的劳动态度和职业道德观念。

三、职业道德的基本规范

1. 爱岗敬业、忠于职守

爱岗敬业、忠于职守是职业道德的基本规范,是对所有从业人员的基本要求。"爱岗"就是热爱自己的工作岗位,热爱本职工作。"敬业"就是以一种严肃认真、尽职尽责、勤奋积极的态度对待工作。爱岗与敬业是相互联系、相辅相成的。从业人员只有做到将个人的好恶放在一边,干一行,爱一行,才能真正做到爱岗敬业。

忠于职守是爱岗敬业的具体体现,也是对爱岗敬业的进一步升华。忠于职守就是认真负责地干好本职工作,以勤恳踏实的态度面对工作,不互相推诿。

2. 诚实守信、团结协作

诚实守信不仅是职业道德的要求,更是做人的一种基本道德品质。从业人员在工作中要做到实事求是,真实表达自己的思想和感情,要信守诺言并努力实现自己的诺言。

从业人员在工作中还要讲团结协作,要团结周围的人,发挥集体的伟大力量,促进人与人之间的感情,使大家能融洽和睦相处,营造出良好的工作氛围。

3. 遵纪守法、奉献社会

所谓遵纪守法,不仅是遵守国家制定的各项法律法规,还要遵守与职业活动相关的劳动纪律、安全操作规程等。遵纪守法是安全工作、高效工作的保证。从业人员只有做到遵纪守法,工作才能有序地进行。

奉献社会是职业道德的最高境界,同时也是做人的最高境界。奉献社会就是不计个人名利得失,一心为社会做贡献,全心全意为人民服务。

四、煤矿职工的职业道德规范

对于煤矿职工来说,除了要遵守以上的各项职业道德基本规范之外,还要遵守以下几项职业道德。

1. 遵章守纪、安全生产

煤炭行业是采矿行业中灾害最为严重、作业环境相当恶劣、危险因素很多的高危行业。针对这种情况,相关部门制定了《煤矿安全规程》等法律法规,煤矿企业自身也制定了一些规章制度。这些法律法规和规章制度是煤炭行业安全生产、高效生产的保证,必须严格遵守这些制度,做到"安全第一、预防为主"。

2. 热爱矿山、扎根一线

煤矿的一线工作是煤矿企业中最艰苦的工作,也是最基础、最重要的工作。煤矿职工要勇于扎根一线,发扬不怕苦不怕累的精神,做好基础工作。这也是煤矿职工爱岗敬业的具体体现。

3. 满勤满点、高产高效

满勤满点是高产高效的基础。从业人员工作的时候要满勤满点,这样生产才能有序进行;从业人员休息的时候也要满勤满点,这样才能保证更好的工作状态。

4. 文明生产、珍惜资源

煤炭资源是有限的,也是非常宝贵的。在以往的煤炭生产过程中,滥采滥挖、丢瘦拣肥造成煤炭浪费的现象非常严重。煤矿职工要从自身做起,尽可能地减少浪费,珍惜和保护现有的资源,文明生产。

第二节 职业道德守则

通常职业道德要求通过在职业活动中的职业守则来体现。广大煤矿职工的职业守则有以下几个方面。

1. 遵守法律法规和煤矿安全生产的有关规定

煤矿生产有它的特殊性,从业人员除了遵守《煤炭法》《安全生产法》《煤矿安全规程》、《煤矿安全监察条例》外,还要遵守煤炭行业制订的专门规章制度。从业人员只有遵法守纪,才能确保安全生产。作为一名合格的煤矿职工,应该遵守煤矿的各项规章制度,遵守煤矿劳动纪律,尤其是岗位责任制和操作规程、作业规程,处理好安全与生产的关系。

2. 爱岗敬业

热爱本职工作是一种职业情感。煤炭是我国当前的主要能源,在国民经济中占举足轻重的地位。作为一名煤矿职工,应该感到责任重大,感到光荣和自豪;应该树立热爱矿山、热爱本职工作的思想,认真工作,培养职业兴趣;干一行、爱一行、专一行,既爱岗又敬业,干好自己的本职工作,为我国的煤矿安全生产多做贡献。

3. 坚持安全生产

煤矿生产是人与自然的斗争,工作环境特殊,作业条件艰苦,情况复杂多变,不安全因素和事故隐患多,稍有疏忽或违章,就可能导致事故发生,轻则影响生产,重则造成矿毁人亡。安全是煤矿工作的重中之重。没有安全,就无从谈起生产。安全是广大煤矿职工的最大福利。只有确保了安全生产,职工的辛勤劳动才能切切实实、真真正正地对其自身生活产生较为积极的意义。作为一名煤矿职工,一定要按章作业,努力抵制"三违"行为,做到安全生产。

4. 刻苦钻研职业技能

职业技能,也可称为职业能力,是人们进行职业活动、完成职业责任的能力和手段。它包括实际操作能力、业务处理能力、技术能力以及相关的科学理论知识水平等。

经过中华人民共和国成立以来几十年的发展,我国的煤炭生产也由原来的手工作业逐步向综合机械化作业转变,建成了许多世界一流的现代化矿井,特别是国有大中型矿井大都淘汰了原来的生产模式,转变成为现代化矿井。高科技也应用于煤炭生产、安全监控之中。所有这些都要求煤矿职工在工作和学习中刻苦钻研职业技能,提高技术能力,掌握扎实的科学知识,只有这样才能胜任自己的工作。

5. 加强团结协作

一个企业、一个部门的发展离不开协作。团结协作、互助互爱是处理企业团体内部人与人之间以及协作单位之间关系的道德规范。

6. 文明作业

爱护材料、设备、工具、仪表,保持工作环境整洁有序,文明作业;着装符合井下作业要求。

第二章 基础知识

第一节 煤矿安全生产基本知识

一、入井安全知识

1. 入井前的准备工作

(1) 职工应按时参加班前会,认真听会,熟悉当班的生产任务及安全注意事项,掌握安全防范措施。

(2) 入井前,应仔细检查劳动防护用品是否穿戴齐备,施工所使用的工器具和材料等是否准备齐全。

(3) 新入井的工人必须与有经验的老工人签订师徒合同,在师傅的带领下方可入井作业。

2. 入井注意事项

(1) 入井前,严禁喝酒,一定要吃好、休息好,以保持精神饱满,体能强健。

(2) 严禁穿化纤衣服入井,严禁携带香烟和引火物品入井。

(3) 入井人员必须戴安全帽,随身携带自救器、矿灯和识别卡。配备不齐全或不完好的人员不能入井工作。

(4) 入井前要穿好工作服、胶靴,戴好毛巾,穿着整齐,证件齐全。

(5) 入井人员自觉遵守《入井检身制度》,听从指挥,排队入井,接受检身。

3. 在井下行走安全注意事项

(1) 井下行走时,要走人行道,禁止在轨道中间行走,不得随意横穿电机车轨道、绞车道。

(2) 在横穿大巷或通过弯道、岔道口、巷道口、风门等处时,要坚持做到"一停、二看、三通过"。

(3) 在施工期间的斜巷行走或在提升兼作行人的巷道内行走时,要遵守"行车不行人,行人不行车"的规定。

(4) 随身携带长件工具时,要注意避免碰伤他人和触及架空线;携带锋利的工具时,刃口要带套,注意与同行人员保持一定的安全距离,避免因碰撞误伤人。

(5) 任何人不准从立井和斜井的井底穿过,必须从专门设置的绕道通行。

4. 乘车、乘罐安全注意事项

(1) 上、下井时,要在指定地点等候,待罐笼或人车停稳后,排队按次序上下。

(2) 乘车、乘罐车时,要服从把钩(跟车)人员的指挥,自觉接受检查和劝告。

（3）人员进入罐笼或车厢内，不准打闹；手握紧扶手；人体任何部位及随身携带的物品均不得露出罐外或车外；发出开车信号后或罐笼、车辆尚未停稳前，不得争抢上下。

（4）任何人员不得与携带火药、雷管的爆破工或火工人员同罐上下，也不准乘坐无安全盖的罐笼和装有设备材料的罐笼。

（5）乘车时，不许乘坐在机车头内和车头上，不许挤在司机室，不许坐在跟车人的座位上。

（6）乘车时，要坐在座位上，不许坐在车帮上或在车内站立；列车行进时，严禁扒车、跳车和蹬车。

二、矿井通风基本知识

（一）矿井通风主要作用

对矿井不断输入新鲜空气和排出污浊空气的过程称为矿井通风。矿井通风的主要作用包括：

（1）供给井下人员足够的新鲜空气，满足人员呼吸需要；

（2）稀释和排除井下有害气体和矿尘，使之符合《煤矿安全规程》规定；

（3）调节井下气候条件，提高生产效率；

（4）增强矿井的抗灾能力，保证矿工的安全健康和正常生产。

按照《煤矿安全规程》有关规定：矿井必须采用机械通风，主要通风机必须安装在地面；装有主要通风机的出风井口应安装防爆门。矿井必须安装2套同等能力的主要通风机装置，其中1套作备用，备用通风机必须能在10 min内开动。

（二）矿井空气与井下气候条件

1. 矿井空气

（1）矿井空气的主要成分

矿井空气的主要成分是氧气、氮气、二氧化碳、氩气、氖气和其他一些微量气体。

（2）矿井空气中的有毒有害气体

矿井空气中常见的有毒有害气体是：一氧化碳、二氧化氮、二氧化硫、硫化氢、甲烷、氨气、氢气等。

2. 井下气候条件

井下气候条件是温度、湿度和风速三者综合作用的结果。这三个参数也成为矿井气候条件的三要素。为了保证井下人员能正常工作，人体产生的热量与散发的热量平衡，就必须创造井下适宜的气候条件。

（三）矿井通风系统

地面的风流由进风井进入矿井，经过井下各用风场所，然后从回风井排出矿井，风流所流经的整个路线及其配套的通风设施统称为矿井通风系统。矿井通风系统是矿井通风方式、通风方法、通风网络的总称。

三、煤矿灾害事故预防基本知识

（一）瓦斯防治

1. 瓦斯爆炸的基本条件

瓦斯爆炸的基本条件：① 瓦斯浓度在爆炸界限内，一般为 5%～16%，其中瓦斯浓度在 9.5% 时，瓦斯爆炸威力最大。② 有足够能量的点火源。引燃火焰温度为 650～750 ℃，温度高于 650 ℃、能量大于 0.28 MJ 和持续时间大于瓦斯爆炸感应期称为引起瓦斯爆炸的点火源。井下常见的火源主要有明火、煤炭自燃、电气火花、违章爆破产生的火焰。③ 混合气体中氧气的浓度不低于 12%。以上引起瓦斯爆炸的三个条件必须同时具备，缺一不可。

2. 预防瓦斯爆炸的措施

按照《煤矿安全规程》相关规定，井下空气中氧气的浓度不得低于 20%。要预防瓦斯爆炸，主要从防止瓦斯聚集和消除火源两方面入手。

防止瓦斯积聚的措施：① 加强通风，防止瓦斯聚集；② 对瓦斯涌出量较大的矿井或采区，采取瓦斯抽采；③ 加强瓦斯检查，及时发现，处理局部瓦斯积聚，严禁瓦斯浓度超限作业。

消除引爆火源的措施：① 防止明火；② 防止出现电火花；③ 严格执行爆破制度，防止出现炮火；④ 防止撞击摩擦火花；⑤ 防止其他火源出现。

3. 限制瓦斯爆炸事故范围扩大的措施

限制瓦斯爆炸事故范围扩大主要从隔爆和阻止爆炸两个方面采取措施：采用分区通风；利用爆炸产生的高温、冲击波设置自动阻爆装置；制订灾害预防处理计划；装有主要通风机的出风口安装防爆门等。

（二）矿尘防治

1. 矿尘的危害

矿尘的危害主要表现在三个方面：① 污染环境，降低工作场所的可见度，影响劳动效率和作业安全。② 工人长期在矿尘环境中工作，易患上呼吸道炎症，重者可导致尘肺病，严重影响人体健康。③ 煤尘遇到外界火源，很容易引起火灾。具有爆炸性的煤尘达到一定浓度时，还可能发生爆炸，造成人员伤亡和巨大的财产损失。

2. 煤尘爆炸条件及其预防措施

煤尘爆炸的条件：① 具有一定浓度（45～2 000 g/m^3）的能够爆炸的煤尘云。② 高温热源。引爆火源的温度为 610～1 050 ℃。③ 空气中氧气的浓度大于 18%。

预防煤尘爆炸的技术措施：防尘措施、防爆措施和隔爆措施。

3. 煤矿尘肺病及其预防

（1）煤矿尘肺病

尘肺是以纤维组织增生为主要特征的肺部病变，是一种严重的矿工职业病。它是工人长期吸入细微矿尘引起的。工人一旦患病，很难治愈。煤矿尘肺病按吸入矿尘的成分不同分为矽肺、煤矽肺、煤肺等三类。

（2）煤矿尘肺病预防措施

① 定期检查。对接尘人员进行定期尘肺检查。

② 建立档案。建立粉尘作业人员档案，填写粉尘作业史卡片、尘肺病患者登记簿、接尘

工人体检索引卡等。

③ 治疗、疗养。尘肺病人一经确诊应立即调离粉尘作业场所,合理安排尘肺病人的治疗与疗养。

④ 综合防尘。预防尘肺病的根本措施是采取综合防尘,使作业场所的矿尘含量符合国家安全卫生标准。

(三)矿井火灾防治

1. 发生矿井火灾的条件

造成矿井火灾的条件有三个方面:可燃物存在,有引火热源和空气供给。这俗称为火灾三要素。三个要素缺少任何一个时,火灾就不能发生。

2. 矿井火灾的分类

根据发生火灾的原因,一般把矿井火灾分为外因火灾和内因火灾。

外因火灾是指外部火源引起的火灾。外因火灾的特点是突然发生,火势凶猛,可防性差,如果不及时处理,往往可能酿成特大事故。内因火灾又称自然火灾,是指由于煤炭或其他易燃物自身氧化积热,发生燃烧引起的火灾。

3. 矿井火灾的预防

预防矿井火灾的基本原则是"预防为主,消防并举"。

外因火灾的预防措施:杜绝产生火源;设置防火门;设置消防器材和灭火设备;设置消防供水系统。

内因火灾的预防措施:减少各种发火隐患;掌握自然发火预兆,及时进行发火预测预报;及时处理生产遗留的各种发火隐患,减少自然发火的机率。

(四)矿井水灾防治

1. 矿井水灾发生的条件

矿井发生水灾的三个基本条件:水源、涌水通道、水源和涌水通道失控。

(1) 矿井水的来源有地表水、地下水、大气降水和老空积水。

(2) 涌水通道有地质断层、裂隙带、溶洞、陷落柱、顶板冒落带、老空采区、钻孔等。

(3) 对水源和涌水通道失控主要是防水工程未做充分——没有摸清水源、通道和采取相应的防水措施。

2. 矿井防治水原则及措施

矿井防治水原则是坚持"预测预报,有疑必探,先探后掘,先治后采"。

井下水防治措施概括为"查、测、探、放、截、堵"等六个方面。

(五)顶板灾害防治

1. 顶板事故的分类

按其发生的规模分为:局部冒顶和大面积冒顶。煤矿实际生产中,局部冒顶事故发生的次数即事故发生造成的伤亡总人数远大于大面积冒顶事故的伤亡总人数,因此,其总的危害较大,是防治的重点。

按其发生的力学原理分为:压垮型冒顶、漏垮型冒顶和推垮型冒顶。

2. 冒顶事故发生的原因

冒顶事故发生的客观原因主要是矿山压力的作用和地质构造影响。其发生的主观原因是职工思想上麻痹大意,不遵守《煤矿安全规程》以及技术操作不正确和组织管理不到位等。

3. 冒顶事故的预防

(1) 摸索规律,支护方式选择科学合理,加强顶板管理。
(2) 及时支护,不在空顶下作业。
(3) 炮眼布置合理,装药量适当,爆破不崩倒棚柱。
(4) 坚持正规循环作业。

四、自救互救基本知识

自救是指矿井发生意外灾变事故时,在灾区或受灾变影响区域内的每个工作人员进行避灾和保护自己而采取的措施和方法。互救就是每个工作人员在有效地进行自救的前提下,为了妥善地救护灾区内其他人员而采取的措施和方法。

(一) 入井人员必须熟知的内容

为了确保自救互救有效,最大限度地减少损失,每个入井人员必须熟知以下内容:
(1) 熟悉所在矿井的灾害预防和处理计划;
(2) 熟悉矿井的避灾路线和安全出口;
(3) 掌握避灾方法,会使用自救器;
(4) 掌握抢救伤员的基本方法及现场急救的操作知识。

(二) 发生事故时的行动原则

(1) 及时报告灾情。矿井发生事故时,现场人员应沉着冷静,尽量了解和判断事故性质、地点和灾害程度,向调度室及时如实报告灾情,并迅速向事故可能波及的区域发出警报。
(2) 积极抢救。事故地点附近的人员,并根据灾情和现场条件,采取积极有效的措施及时进行抢救,将灾害事故消除在初始阶段或控制在最小范围内。
(3) 安全撤离。当灾情严重,现场不具备消灭灾变的条件或来不及抢救并可能威胁到人身安全时,现场所有遇险人员必须服从领导,听从指挥,迅速撤离灾区。
(4) 妥善避灾。无法撤退时,应迅速就近进入避难硐室,妥善避灾,进行避灾自救和互救。

(三) 自救器和避难硐室

1. 自救器的种类及工作原理
(1) 自救器的种类

自救器分为过滤式和隔离式。隔离式自救器又分为化学氧自救器和压缩氧自救器。为确保防护性能,自救器必须定期进行性能检验。

(2) 自救器的工作原理

过滤式自救器是利用化学氧化剂的滤毒装置将有毒空气氧化成无毒空气供佩戴者呼吸用的呼吸保护器。

化学氧自救器是利用化学生氧物质产生氧气,供佩戴者呼吸用的呼吸保护器。

压缩氧自救器是利用压缩氧气供佩戴者呼吸用的呼吸保护器,可反复多次使用。

2. 避难硐室

避难硐室是供矿工在遇到事故无法撤退时而躲避待救的设施,有永久避难硐室和临时避难硐室两种。永久避难硐室是事先设在井底车场附近或采区工作地点安全出口的路线上。临时避难硐室是由避灾人员利用现场现有条件临时修建的。

（四）现场急救

现场急救是指准确地判断伤员的伤情，并能正确地采取人工呼吸、心脏复苏、止血、包扎、骨折固定等急救措施，为伤员的进一步治疗赢得时间。

1. 现场急救的主要任务

现场急救的主要任务是迅速抢救伤员脱险并进行急救，为危重伤员的转送做好必要的医疗准备工作。

2. 现场急救的原则

现场急救应遵循"三先三后"的原则"，即对窒息（呼吸道拥塞）或心跳呼吸刚停止不久的伤员，先复苏后搬运；对出血的伤员应先止血后搬运；对骨折的伤员先固定后搬运。

3. 现场急救的技术

现场急救的技术包括人工呼吸、心脏复苏、止血、创伤包扎、骨折固定和伤员搬运。

第二节　环境保护基本知识

一、环境与环境污染

1. 环境

《中华人民共和国环境保护法》中对环境的释义是指影响人类生存和发展的各种天然的和经过人工改造的自然因素的总体，包括大气、水、海洋、土地、矿藏、森林、草原、湿地、野生生物、自然遗迹、人文遗迹、自然保护区、风景名胜区、城市和乡村等。

2. 环境污染

环境污染是指自然地或人为地向环境中添加某种物质而超过环境的自净能力而产生危害的行为，如大气污染、水污染、噪声污染等。

二、煤矿环境污染因素及特点

煤矿环境污染主要是由采矿、煤炭运输、加工等生产活动引起的。煤矿环境污染因素主要有煤矿固体废物、煤矿废水、煤矿废气、煤岩粉尘、煤矿生产噪声等。

1. 固体废物

煤矿的固体废物主要有矸石、露天矿剥离物、煤泥、粉煤灰和生活垃圾。其中对煤矿环境影响最大、最普遍的是矸石。矸石的排放量与煤层赋存条件、开采方法和选煤工艺有关。

2. 煤矿废水

煤矿废水主要有采矿废水、选煤废水以及其他附属工业废水和生活废水等。采矿废水是指外排的矿井水，是煤矿排放量最大的一种废水。选煤废水是煤炭湿法洗选过程中产生的废水，是一种有毒废水。

3. 煤矿废气

煤矿废气主要包括采矿废气、燃煤废气、煤和煤矸石自燃废气等。燃煤废气是大气污染的主要来源。

4. 煤矿粉尘

煤矿在采掘、运输、选煤等生产过程中以及燃煤、煤层和矸石自燃等都会产生粉尘。采掘过程和煤炭洗选加工是煤炭产生粉尘的主要因素。煤矿粉尘以煤尘为主,还有岩粉和其他物质的粉尘。

5. 煤矿噪声

煤矿在生产建设中会产生许多噪声,如工业噪声、交通运输噪声、建筑噪声和社会生活噪声等。煤矿生产所用设备多产生高噪声。例如,通风机、空气压缩机、凿岩机、锚杆钻机、采煤机、跳汰机、破碎机、振动筛等产生高噪声。此外,在采掘爆破时也产生高噪声。这些噪声都属于煤矿生产噪声。

三、煤矿环境污染防治措施

1. 煤炭洁净开采技术

煤炭洁净开采技术是指再生产高质量的煤炭的同时,采取综合治理性措施,使煤炭开采过程中产生的废物对环境的污染降低到最低限度的技术。其主要包括:

(1) 矿井开采合理规划,减少矸石排放量。

(2) 采取措施减少矿井废气与粉尘污染。

2. 矿山固体废物资源化利用技术

(1) 利用煤矸石制作建材。

(2) 利用煤矸石作为发电燃料。

(3) 利用煤矸石提出化工原料。

(4) 从煤矸石中回收有用物质。

(5) 利用煤矸石进行采空区回填、地面塌陷区复垦充填和路基充填石料等。

3. 塌陷矿坑回填复垦技术

地表塌陷严重影响土地的自然状态、破坏土地的营养成分,会使地表各类建筑物(如村庄、铁路、桥梁、管道、输送线路等)受到破坏,造成农田高低不平、灌溉设施失效或土地盐渍化,甚至大面积积水而无法耕种,使矿区生态遭到破坏。我国对地表塌陷治理的主要措施包括:

(1) 复垦与排矸系统结合。

(2) 复垦与电厂排灰相结合。

(3) 结合矿区实际,将矿区建设成矿区公园。

4. 煤矿噪声控制

在矿山企业中,噪声突出的危害是引起矿工听力下降和职业性耳聋。此外,噪声还引起神经系统、心血管系统和消化系统等多种疾病,并使井下工人劳动效率降低,警觉迟钝,不易发现事故前征兆和信号,增加发生事故的可能性,影响人们正常生活、学习、工作。特强的噪声还会使仪器设备受到干扰,甚至损害。

我国对噪声的控制起步较晚,目前采取的主要防治方法如下:

(1) 行政管理措施。依靠煤炭部门颁布法规来强制性执行噪声控制标准。例如,对矿山设备进行改造升级,加强设备维修,减轻噪声污染;加强个人防护,对接触强噪声的工人应佩戴耳塞、耳罩等,以减少噪声对工人的影响。

(2) 合理选择厂址。矿区应设置在郊外,运煤车从外环公路通过。

(3) 技术措施。通过研制多种类型的消声器和消声吸声、减震材料,对强噪声源进行综合控制。

第三节　安全文明生产

一、安全文明生产的要求

在现代化企业中,安全文明生产是企业安全管理工作的重要组成部分。实施安全文明生产对改善作业环境,消除不安全因素,防止事故发生,保障职工安全健康,提高产品质量和工作效率等方面具有重要意义。要做到安全文明生产,必须做好以下几个方面的工作。

1. 创造良好的生产作业环境

清洁整齐的工作环境,可以振奋职工精神,从而提高职工工作效率。对工作场地合理布局和整理,保持场地整洁、有序,可防止安全事故发生,保证工作顺利进行,有利于提高劳动生产率。

2. 执行规章制度和遵守劳动纪律

规章制度和劳动纪律是职工从事集体性、协作性劳动必不可少的条件。要求每位职工都必须按照规定的时间、程序和方法完成自己的任务,保证生产过程有秩序、有步骤地进行,顺利完成各项任务。职工在生产中必须集中精力,做到"四不一坚守"(工作时间不串岗、不闲聊、不打闹、不影响他人工作,坚守工作岗位),以保证正常的生产秩序。

3. 严肃工艺纪律和贯彻操作规程

严格执行有关生产、技术管理标准规程,做到工作有标准、办事有秩序、行动有准则。在工器具使用过程中,要做到无磕碰、无锈蚀、无划伤、无变形;中小零件在生产过程中不落地;大零件堆放时有隔垫物,并做好零件去毛刺、倒角工作;保证工作环境的清洁整齐。

4. 加强设备维护保养

职工对所使用的设备要做到"三好四会"(管好、用好、修好、会使用、会保养、会检查、会排除故障),并配齐用好工卡量辅具,按要求对设备进行清洁、润滑、检修和保养,保持设备处于良好的技术状态。

二、安全操作及劳动防护

1. 一般规定

(1)维修工必须熟悉所维护设备的结构、性能、技术特征、工作原理。维修工能独立工作,并经考核合格后方可持证上岗。

(2)未经考核合格者,不得独立从事维修工作。

(3)维修工必须严规定规范穿戴好劳动防护用品。

(4)维修工对设备进行维护检修后,接受验收人员的验收。

(5)维修工应严格执行岗位责任制、交接班制,遵守设备操作规程及《煤矿安全规程》的有关规定。

(6)维修工熟练掌握设备检修内容、工艺过程、质量标准和安全技术措施,保证检修质量符合《煤矿机电设备检修质量标准》的要求。

(7)维修工上班前不准喝酒,工作时精神集中,不得干与工作无关的工作。

2. 作业前准备工作相关规定

(1) 设备检修前要将检修用的备件、材料、工具、量具、设备和安全保护用具准备齐全,并认真检查和试验,确保检修顺利进行。

(2) 作业前要切断或关闭所检修设备的电源、水源、气源,卸除余压,并挂"有人作业,禁止送电"警告牌。

(3) 作业前要对作业场所的施工条件进行认真的检查,以保证作业人员和设备的安全。

3. 维修作业相关规定

(1) 维修人员对所负责范围内设备每班的巡回检查和日常维护内容如下:

① 检查所维护的设备零部件是否齐全完好可靠。

② 对设备运行中发现的问题,要及时进行检查处理。

③ 对有关的安全保护装置要定期调整试验,确保安全可靠。

④ 检查设备各部位液压油量、油质和润滑油量、油质应符合规定要求。

(2) 按时对所规定的日、周、月检内容进行维修检修,不得漏检漏项。

(3) 机械设备运转时不能用手接触运动部件和进行调整,必须在停车后才能进行检查维修。

(4) 拆下的机件要放在指定的位置,不得有碍作业和通行;物件放置要稳妥。

(5) 拆卸设备时,必须按预定的顺序进行,对有相对固定位置或对号入座的零部件,拆卸时应做好标记。

(6) 拆卸较大的零部件时,必须采取可靠的防止下落和下滑的措施。

(7) 拆卸有弹性、偏重或易滚动的机件时,用有安全防护措施。

(8) 拆卸机件时,不准用铸铁、铸铜等脆性材料或比机件硬度大的材料做锤击和顶压垫。

(9) 在检修时需要打开机盖、箱盖和换油时,必须遮盖好,以防落入杂物、淋水等。

(10) 在装配滚动轴承时,又无条件进行轴承预热处理时,应用软金属衬垫进行锤击或顶压装配。

(11) 在对设备进行换油或加油时,油脂的牌号、用途和质量应符合规定,并做好有关数据的记录工作。

(12) 检修后应将工具、材料、换下零部件等进行清点。对设备内部进行全面检查,不得把无关的零件、工具等物品遗留在机腔内。在设备试运转前应由专人复查一次。

(13) 对检修后的设备,要进行全面的检查验收。设备试运转前必须清除设备上的浮放物件。危险部位要加安全罩,必要时要加防护网或防护栏杆。

(14) 设备检修后的试运转工作,应由工程负责人统一指挥。由司机操作的设备,在主要部位应设专人进行监视,发现问题,及时处理。

(15) 设备经下列检修工作后,应进行试运转:

① 设备经过修换轴承。

② 电动机经过解体大修,调整转子、定子间隙。

③ 提升系统修换罐道、罐道梁,更换天轮、提升容器、连接装置及钢丝绳。

④ 调整、检修制动系统,大修绞车本体。

⑤ 主要通风机经过大修,更换叶片,调整叶片安装角度。

⑥ 压风机修换本体或主要部件。
⑦ 主排水泵修换本体或主要部件。
⑧ 减速器更换齿轮。
⑨ 其他在检修任务书上所规定进行试运转的项目。
（16）试运转时，监护人员应特别注意以下两点：
① 轴承等转动部分的温度。
② 转动及传动部分的振动情况、转动声音及润滑情况。
（17）高空和井筒作业时，必须戴安全帽和系保险带，保险带应扣锁在牢靠的位置上。
（18）高空和井筒禁止上下平行作业。若高空和井筒必须上下平行作业时，应制订相应的可靠的安全保护措施，并报矿总工程师批准后认真执行。
（19）禁止血压不正常，有心脏病、癫痫病及其他不适合从事高空和井筒作业的人员参加高空和井筒作业。
（20）禁止设备在运转中调整制动闸。
（21）禁止擅自拆卸成套设备的零、部件去装配其他机械。
（22）传递工具、工件时，必须等对方接妥后，送件人方可松手；远距离传递必须拴好吊绳、禁止抛掷。高空或井筒作业时，工具应拴好保险绳，防止坠落。
（23）各种安全保护装置、监测仪表和警戒标志，未经主管领导允许，不准随意拆除和改动。
（24）在试验采用新技术、新工艺、新设备和新材料时，应制订相应的安全措施，报上一级技术领导批准。
（25）两个或两个以上工种联合作业时，必须指定专人统一指挥。
4. 收尾工作相关规定
（1）检修中被拆除或甩掉的安全保护装置，应指定专人进行恢复，并确保动作可靠。
（2）清洗零部件的棉纱破布及产生的废液，应放入指定容器内，严禁随便乱扔乱倒；烧焊后的余火必须彻底熄火，以防发生火灾。
（3）清点、擦净所用工器具，定置存放，将剩余的材料及配件收回存放在指定地点。
（4）清扫作业现场卫生，将更换下的报废零件及垃圾分别运送至指定地点。
（5）认真填写检修记录，并妥善保管。记录内容应包括检修部位、检修内容、验收结果及遗留问题等。

# 第二部分
矿井维修钳工初级基本知识要求

本部分主要内容

- ▶ 第三章 识图基础知识
- ▶ 第四章 金属材料
- ▶ 第五章 安全用电

第三章　识图基础知识

第一节　投　　影

一、投影和投影法的定义

当灯光或日光照射物体时,就会在地面或墙壁上出现物体的影子,这种现象就叫投影。人们在上述现象的启示下,经过科学的总结,找出影子与物体之间的关系,用投影原理把空间物体的形状在平面上表达出来的方法称为投影法。

二、投影法的种类

工程上常用的投影法有中心投影和平行投影两种。

1. 中心投影

投影线从投影中心一点发出,投影线互不平行,在投影面上做出物体投影的方法称为中心投影法。由中心投影法得到的投影图,通常称为透视投影图(简称透视图)。透视投影图作图复杂,在机械制图中很少采用,但它接近于视觉映象,直观性强,常常用于绘制建筑效果图。中心投影不反映物体原来的真实大小。

2. 平行投影

平行投影法可以看成是中心投影法的特殊情况,因为投影中心 S 在无限远处,其投影线互相平行,物体在投影面上所得投影的方法称为平行投影法。

在平行投影法中,当投影线互相平行且与投影面垂直时,则物体在投影面上的投影称为正投影。

正投影图的优点:它能够完整、真实地反映物体的形状和大小,不仅度量性好,且绘制方法简单,因此在机械制图中被广泛采用。

第二节　三　视　图

一、视图的定义

利用正投影法绘制机械图时,通常以人的视线代替投影光线,正对着物体看,因而机械图样上的正投影图也叫视图。

一般情况下,一个正投影是不能完全确定物体的形状和大小的。为了能准确反映物体的长、宽、高和不同面的形状和位置,在工程制图中,通常采用三视图来表达物体的形状和大小。

二、三视图的定义

能够正确反映物体长、宽、高尺寸的正投影工程图（主视图、俯视图、左视图三个基本视图）称为三视图。

三、三视图的形成

将物体放在三投影面的一角中，分别向三个投影面投影，在正面 V 上得到的视图叫主视图，在水平面 H 上得到的视图叫俯视图，在侧面 W 上得到的视图叫左视图，在三个投影面上得到三个视图，然后移去物体，把三个投影面及其视图旋转展开，使三个视图位于同一平面上，即形成三视图。

四、三视图的投影规律

一个视图反映物体一个方向的形状和两个方向的尺寸。

主视图——表示从物体前方向后看的形状和长度、高度方向的尺寸以及左右、上下方向的位置。

俯视图——表示从物体上方向下俯视的形状和长度、宽度方向的尺寸以及左右、前后方向的位置。

左视图——表示从物体左方向向右看的形状和宽度、高度方向的尺寸以及前后、上下方向的位置。

五、三视图间的位置、尺寸和方位关系

以主视图为主。俯视图在主视图正下方，主视图与俯视图长度相等且对正，主视图与俯视图左右位置。左视图在主视图的正右方，主视图与左视图高度相等且平齐。俯视图和左视图宽相等，俯视图与左视图靠近主视图的一面是形体的后面，另一面是形体的前面。

三视图的投影规律是三视图的重要特性，也是制图和读图的依据。

第三节　剖视图与剖面图

一、剖视图

剖视图主要用于表达物体内部的结构形状。它是假想用一剖切面（平面或曲面）剖开物体，将处在观察者和剖切面之间的部分移去，而将其余部分向投影面上投射，这样得到的图形称为剖视图（简称剖视）。

二、剖面图

剖面图又称剖切图，是通过对有关的图形按照一定剖切方向所展示的内部构造图例。设计人员通过剖面图的形式形象地表达设计思想和意图，使阅图者能够直观地了解工程的概况或局部的详细做法以及材料的使用。

三、剖面的形成

剖面图是假想用一个剖切平面将物体剖开,移去介于观察者和剖切平面之间的部分,对剩余的部分向投影面所做的正投影图。剖面分为移出剖面和重合剖面两种。

1. 移出剖面

画在视图轮廓之外的剖面称为移出剖面。移出剖面的轮廓线规定用粗实线绘制,断面上画出剖面符号。

2. 重合剖面

画在视图轮廓之内的剖面称为重合剖面。重合剖面的轮廓线用细实线绘制。当视图中的轮廓线与重合剖面的图形重叠时,视图中的轮廓线仍应完整、连续画出,不可间断。

第四节　基本体尺寸注法

图样中,图形只能表示物体的形状,不能确定它的大小。因此,图样中必须标注尺寸来确定其大小。

一、平面体的尺寸标注

凡是由几个平面围成的立体就称为平面体,如长方体、正方体、棱柱等。平面体一般应注出长、宽、高三个方向的尺寸。正方形的尺寸采用边长×边长或边长尺寸数字前加注符号"□"的形式注出。

二、曲面体的尺寸标注

凡是由曲面与曲面或曲面与平面围成的立体就称为曲面体,如圆柱体、圆锥体、圆台和圆球等。曲面体应标出圆的直径和高度尺寸。

三、标注尺寸的符号

(1) 直线尺寸直接标出尺寸大小的数字即可。

(2) 标注直径时,应在尺寸数字前加注符号"ϕ";标注半径时,应在尺寸数字前加注符号"R";标注球面的直径或半径时,应在尺寸数字前加注符号"S"或"SR"。

(3) 标注弧长时,应在尺寸数字上方加注符号"⌒"。

(4) 标注参考尺寸时,应将尺寸数字两侧加上圆括弧。

(5) 标注板状零件的厚度时,可在尺寸数字前加注符号"δ"。

(6) 标注斜度或锥度时,斜度符号"∠"与锥度符号"▷"符号的方向应与斜度、锥度的方向一致。必要时可在标注锥度的同时,在括号中注出其角度值。

第五节 公差与配合

一、互换性的概念

按规定要求制造的成批、大量零件或部件,在装配时不经挑选,任取一个,可以互相调换而不经过其他加工或修配,在装配后就能达到使用要求,这种性质称为互换性。

公差是允许工件尺寸、几何形状和相互位置变动的范围,用以限制误差。工件的误差在公差范围内的产品为合格件,超出公差范围的为不合格产品。公差也可以说是允许的最大误差。误差是在加工过程中产生的,而公差是设计人员给定的。

二、公差的基本术语及定义

1. 孔和轴

孔通常是指工件的圆柱形内表面,也包括非圆柱形内表面中由单一尺寸确定的部分。

轴通常是指工件的圆柱形外表面,也包括非圆柱形的外表面中单一尺寸确定的部分。

2. 尺寸

用特定单位表示长度值的数字。在机械制造中一般常用毫米(mm)作为特定单位。

3. 尺寸公差

尺寸公差(简称公差)是指允许尺寸的变动量。公差等于最大极限尺寸与最小极限尺寸的代数差,也等于上下偏差代数差的绝对值。公差只能是正值。孔的公差符号用 T_h 表示,轴的公差符号用 T_s 表示。

4. 尺寸偏差

尺寸偏差(简称偏差)是指与基本尺寸相比的变动量。

实际尺寸偏差是指工件加工后的实际尺寸减去基本尺寸的所得值。

5. 零线和尺寸公差带

零线是确定偏差的一条基准直线,通常零线表示基本尺寸。

尺寸公差带(简称公差带)是由上下偏差所限定的一个区域。

6. 标准公差

标准公差是指用以确定公差带大小的任一公差。为了将公差数值标准化,以减少刀、量具的规格,同时满足各种零件所需要的精度要求,国家标准规定"标准公差"用"IT"表示,其标准公差等级共分 20 个等级,用代号 IT01、IT0、IT1、IT2……IT18 表示。

7. 基本偏差

基本偏差是指确定公差带相对于零线位置的上偏差或下偏差,一般为靠近零线的那个偏差。当公差带在零线的上方时,基本偏差称为下偏差;当公差带在零线的下方时,基本偏差称为上偏差。

三、配合与基准制的定义及分类

1. 配合

配合是指基本尺寸相同,相互结合的孔和轴公差带之间的关系。配合分为间隙配合、过盈配合和过渡配合。

2. 基准制

国标对孔和轴公差带之间的相互关系,规定了两种制度,即基孔制和基轴制。

(1) 基孔制,是指基本偏差为一定的孔的公差带,与不同基本偏差的轴的公差带形成各种配合的一种制度。

(2) 基轴制,是指基本偏差为一定的轴的公差带,与不同基本偏差的孔的公差带形成各种配合的一种制度。

四、公差带代号识读

1. 孔、轴的公差带代号

孔、轴公差带代号由基本偏差代号和标准公差等级代号组成。例如,$\phi25f7$ 表示一个轴的尺寸及公差,基本尺寸为 $\phi25$,公差等级为 7 级,基本偏差为 f,也可简读为基本尺寸 $\phi25f7$ 轴。例如,$\phi30H8$ 表示基本尺寸为 $\phi30$,公差等级为 8 级的基准孔,也可简读为基本尺寸 $\phi30H8$ 孔。

2. 配合代号

配合代号由孔和轴的公差带代号组成,并写成分数形式,分子代表孔的公差带代号,分母代表轴的公差带代号。例如,$\phi30\frac{H8}{f7}$ 采用了基孔制,表示孔、轴的基本尺寸为 $\phi30$,孔公差等级为 8 级,轴公差等级为 7 级,基本偏差为 f,属于基孔制的间隙配合,也可简读为基本尺寸为 $\phi30$ 的基孔制 H8 与 f7 轴的配合。

第六节 表面粗糙度

表面粗糙度是指零件加工表面上具有较小间距和微小峰谷所组成的微观几何形状的特性。零件的表面粗糙度对零件的使用性能有很大影响。零件的耐磨性、抗腐蚀性、疲劳强度和配合质量等都同零件的表面粗糙度有关。

一、表面粗糙度的评定

1. 评定基准

测量的长度范围和方向即评定基准。它包括取样长度、评定长度和基准线。

2. 评定参数

国家标准 GB 3505—2000 和 GB/T 1031—1995 中规定了 6 个评定参数,其中有关高度特性的参数有 3 个,有关间距特性的参数有 2 个,有关形状特性参数有 1 个。其中,有关 3 个高度特性的参数是主要的。

二、表面粗糙度的符号及示例说明

1. 符号

如图 3-1 所示,(a)所示符号为基本符号,表示表面可以用任何方法获得的;(b)所示符号表示表面是用去除材料的方法获得的;(c)所示符号表示表面是用不去除材料的方法获得的。

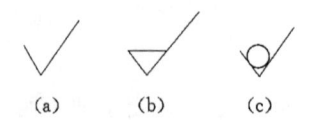

图 3-1 粗糙度符号

2. 代号

如图 3-2 所示，a_1、a_2 处为粗糙度高度参数的允许值（μm）；b 处标注加工方法、镀涂或其他表面处理；c 处标出取样长度（mm）；d 处标出加工纹理方向符号；e 处标出加工余量（mm）；f 处标出间距参数值（mm）或轮廓支撑长度率。

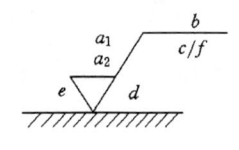

图 3-2 粗糙度代号

第七节 形位公差

零件在加工过程中，由于各种因素的影响，不仅会使加工件产生尺寸误差，还会使几何要素的实际形状和位置相对于理想形状和位置产生误差，这就是形位误差。

一、形位公差的基本术语及定义

构成零件几何特征的点、线、面称为零件的基本要素，这些要素是对零件规定形位公差等具体对象。

(1) 理想要素：具有几何意义的要素，即几何的点、线、面。

(2) 实际要素：零件实际存在的要素，由测得的要素来代替。

(3) 单一要素：仅对其本身给出形状公差要求的要素。

(4) 关联要素：对其他要素有功能关系的要素，是规定位置公差的具体对象。

(5) 被测要素：给出了形位公差的要素。零件的形位公差很多，实际上只是根据零件的功能要求，仅对某些重要的要素给出形位公差。

(6) 基准要素：用来确定被测要素方向或位置的要素。理想的基准要素简称基准。

(7) 形状公差：单一实际被测要素的形状所允许的变动全量。

(8) 位置公差：关联实际被测要素的方向或位置对基准所允许的变动全量。

(9) 形位公差：限制实际被测要素形状与位置变动的区域，可以是平面区域或空间区域。

(10) 形状误差：实际被测要素对其理想要素的变动量。

(11) 位置误差：关联实际要素对其理想要素的变动量。

二、形位公差特征项目的符号

国家标准 GB/T 1182—1996 规定了形状和位置公差项目共有 14 个。

三、形位公差代号的标注

形位公差的代号包括:形位公差项目符号、形位公差框格、指引线、形位公差数值、基准符号和其他有关符号等。形位公差的框格用细实线绘制,框高为图纸中字体高度的两倍。形状公差的框格由两格组成,位置公差的框格多为三个或多个格组成。框格内从左到右依次填写:形位公差特征符号,公差数值用线性值。若公差带是圆或圆柱形,则在公差值前面加注"ϕ";若为球形则加注"$S\phi$";用一个或多个字母表示基准要素或基准体系。框格一端用带箭头的指引线与被测要素相连。基准符号由基准字母、圆圈、粗的短横线和连线组成。

四、形位公差在图上的标注

形位公差在图上的标注图例如图 3-3 所示。

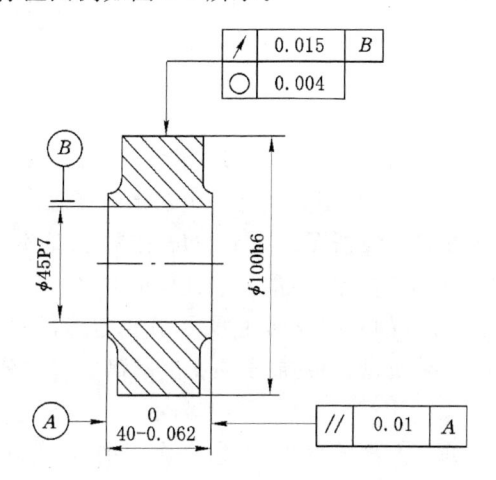

图 3-3 形位公差标注图例

图 3-3 中所注形位公差表示:
(1) ϕ100h6 外圆的圆度公差为 0.004。
(2) ϕ100h6 外圆对 ϕ45P7 孔的轴心线圆跳动公差为 0.015。
(3) 两端之间的平行度公差为 0.01。

第八节 零件图识读

一、识读零件图的目的

用来表达单个零件的图样称为零件图。在生产过程中,零件图样和图样的技术要求是进行生产准备、加工制造及质量检验的依据,识读零件图的目的就是为了弄清零件图所表达零件的结构形状、尺寸和技术要求,以便指导生产和解决有关的技术问题。

二、零件图的内容

零件图应包括以下内容:

(1) 一组视图（包括视图、剖视图、剖面等）。它完整清晰地表达出零件的结构形状。

(2) 完整的尺寸标注。它合理、齐全、清晰地表达出零件的尺寸和尺寸公差，用以确定零件形状大小和尺寸精度的要求。

(3) 技术要求。用规定的符号、数字或文字注解，说明制造、检验应达到的技术指标（包括表面粗糙度、尺寸公差、形状和位置公差、表面处理和材料处理等要求）。

(4) 标题栏。它说明零件的名称、材料、数量、作图比例、图号、设计（制图）、校核、审批等人员的签名和日期。

三、零件图的识图方法和步骤

1. 看零件图的方法

(1) 形体分析法。

(2) 线面分析法。

(3) 典型零件类比法。

2. 看零件图的常用步骤

(1) 看标题栏。了解零件的名称、材料、比例、重量及机器或部件的名称，联系典型零件的分类特点，对零件的类型、用途及加工路线有一个初步的概念。

(2) 看视图，分析表达方案。根据图纸布局找出主视图、基本视图和其他视图的位置，搞清剖视、剖面的剖切方法、位置、数量、目的及彼此间的联系。

(3) 看尺寸。分析尺寸标注的基准及标注形式，找出定形尺寸及定位尺寸。

(4) 看技术要求，掌握关键质量（关键质量是指要求高的尺寸公差、形位公差、表面粗糙度等技术要求的表面）。

(5) 全面总结、归纳。综合上面的分析，再做一次归纳，就能对零件有较全面的完整的了解，达到读图要求，但应注意的是在读图过程中，上述步骤不能把它们机械地分开。

四、零件图的示例

以图 3-4 所示的齿轮轴的零件图为例介绍零件图识别方法和步骤。

1. 看标题栏

了解零件概况。从标题栏可知该零件名称为齿轮轴，齿轮轴是用来传递动力和运动的，其材料为 45 号钢，属于轴类零件。

2. 看视图

想象零件形状，分析表达方案和形体结构。该零件图由主视图和移出断面图组成，轮齿部分做了局部剖。主视图已将齿轮轴的主要结构表达清楚了，由几段不同直径的回转体组成，最大圆柱上制有轮齿，最右端圆柱上有一键槽，零件两端及轮齿两端有倒角，C、D 两端面处有砂轮越程槽。移出断面图用于表达键槽深度和进行有关标注。

3. 看尺寸标注和分析尺寸基准

分析尺寸。齿轮轴中两 $\phi 35k6$ 轴段及一段 $\phi 20r6$ 轴段用来安装滚动轴承及联轴器，径向尺寸的基准为齿轮轴的轴线。端面 C 用于安装挡油环及轴向定位，所以端面 C 为长度方向的主要尺寸基准，注出了尺寸 28、76 等。端面 D 为长度方向的第一辅助尺寸基准，注出了尺寸 2、28。齿轮轴的右端面为长度方向尺寸的另一辅助基准，注出了尺寸 4、53 等。键

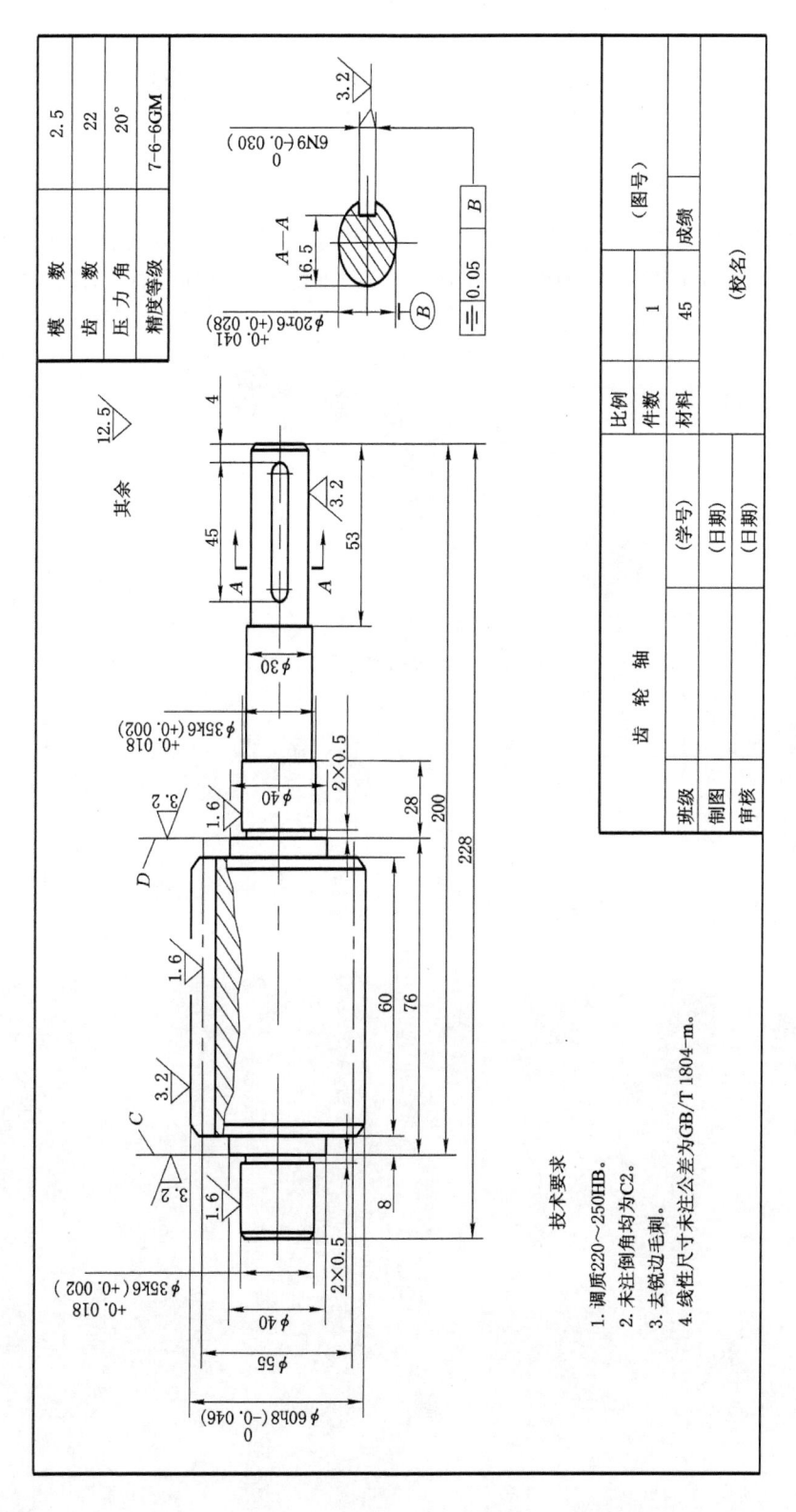

图 3-4 齿轮轴的零件图

槽长度 45,齿轮宽度 60 等为轴向的重要尺寸,已直接注出。

4. 看技术要求和掌握关键质量

两个 ϕ35 及 ϕ20 的轴颈处有配合要求,尺寸精度较高,均为 6 级公差,相应的表面粗糙度要求也较高,分别为 1.6 和 3.2。对键槽提出了对称度要求。对热处理、倒角、未注尺寸公差等提出了 4 项文字说明要求。

5. 全面总结、归纳

通过上述看图分析,对齿轮轴的作用、结构形状、尺寸大小、主要加工方法及加工中的主要技术指标要求,就有了较清楚的认识。综合起来,即可得出齿轮轴的总体印象,如图 3-5 所示。

图 3-5　齿轮轴的实物图

第四章 金属材料

第一节 金属材料的性能

金属由于材料具有制造机械零件所需的物理、化学性能和良好的机械性能、工艺性能，所以在机械制造业得到广泛应用。金属材料分为黑色金属和有色金属材料两大类。以铁和铁基合金所构成的材料称为黑色金属材料，铁和铁基合金以外的金属材料及合金都属于有色金属材料。金属材料的主要性能包括物理性能、化学性能、力学性能和工艺性能等。

一、金属材料的物理性能

金属的物理性能是指金属固有的属性，包括密度、熔点、导热性、导电性、热膨胀性、磁性和耐磨性等。

1. 密度

某种物质单位体积的质量称为物质的密度。金属的密度即单位体积的金属质量。密度的计算公式为：

$$\rho = m/V \tag{4-1}$$

式中　ρ——密度，kg/m^3；

　　　m——质量，kg；

　　　V——体积，m^3。

常用金属材料的密度见表 4-1。

表 4-1　　　　　　　　　常用金属材料的密度

材料名称	密度/($kg \cdot m^{-3}$)	材料名称	密度/($kg \cdot m^{-3}$)	材料名称	密度/($kg \cdot m^{-3}$)
铁	7.87×10^3	铅	11.3×10^3	铝	2.7×10^3
铜	8.96×10^3	锡	7.3×10^3	镁	1.7×10^3
锌	7.19×10^3	灰铸铁	$(6.8 \sim 7.4) \times 10^3$	青铜	$(7.5 \sim 8.9) \times 10^3$
镍	8.9×10^3	白口铁	$(7.2 \sim 7.5) \times 10^3$	黄铜	$(8.5 \sim 8.85) \times 10^3$

2. 熔点

纯金属和合金从固态向液态转变的温度称为熔点。金属都有固定的熔点。熔点低的金属或合金可以用来制造焊锡或熔丝，熔点高度的可用来制造耐热零件。常用金属材料的熔点见表 4-2。

表 4-2　　　　　　　　　　常用金属材料的熔点

材料名称	熔点/℃	材料名称	熔点/℃
纯铁	1 538	青铜	850～900
铜	1 083	锰	1 244
铝	660	镍	1 453
镁	650	钛	1 677

3. 导热性

金属材料传导热量的性能称为导热性。其导热性的大小通常用热导率来衡量。热导率越大，金属的导热性越好。金属中，纯金属导热性最好，合金导热性稍差。金属的导热能力最好为银，铜、铝次之。例如，散热器、活塞等需选用导热性好的材料制造。

4. 导电性

金属材料传导电流的性能称为导电性。衡量金属材料导电性的指标是电阻率。电阻率越小，金属导电性越好。金属材料的导电能力以银为最好，铜、铝次之。工业上常用它们制作电线、电缆和电子元件。合金的导电性比纯金属的导电性差。

5. 热膨胀性

金属材料随着温度变化而膨胀、收缩的特性称为热膨胀性。一般来说，金属受热时膨胀而体积增大，冷却时收缩而体积减小。金属材料热膨胀性的大小用线膨胀系数 α_L 和体积膨胀系数 α_V 来表示。线膨胀系数的计算公式如下：

$$\alpha_L = (L_2 - L_1)/(L_1 \times \Delta t) \tag{4-2}$$

式中　α_L——线膨胀系数，1/K 或 1/℃；

　　　L_1——膨胀前长度，m；

　　　L_2——膨胀后长度，m；

　　　Δt——温度变化量，$\Delta t = t_2 - t_1$，K 或 ℃。

6. 磁性

金属材料在磁场中受到磁化的性能称为磁性。其特征是能被磁铁吸引。常用的磁性材料有铁、镍和钴等。

7. 耐磨性

金属材料在工作过程中承受磨损的耐久程度称为耐磨性。耐磨性直接影响零件的使用寿命。根据其在磁场中受到磁化的程度不同，金属材料可分为铁磁性材料（如铁、钴等）、顺磁性材料（如锰、铬等）、抗磁性材料（如铜、锌等）。材料的耐磨性与其硬度、表面粗糙度、摩擦系数、运动速度等有关。

二、金属材料的化学性能

金属材料在室温或高温下，抵抗介质对其化学侵蚀的能力称为金属材料的化学性能。金属材料的化学性能一般包括耐腐蚀性、抗氧化性和热稳定性等。

1. 耐腐性

金属材料在常温下抵抗氧、水蒸气及其他化学介质腐蚀破坏作用的能力称为耐腐蚀性。金属的耐腐蚀性与其化学成分、加工性质、热处理条件、组织状态和腐蚀环境及温度条件等许多因素有关。

2. 抗氧化性

金属材料在加热时抵抗氧化作用的能力称为抗氧化性。

3. 化学稳定性

化学稳定性是金属材料的耐腐蚀性和抗氧化性的总称。金属材料在高温下的化学稳定性称为热稳定性。在高温(高压)下工作的设备(如锅炉、各种加热炉、内燃机中的零件等)都需要具有良好的热稳定性。

三、金属材料的力学性能

金属材料的力学性能又称机械性能,是指金属在外力作用时表现出来的承负性能。金属材料的力学性能包括强度、塑性、硬度、韧性及疲劳强度等。

1. 强度

金属抵抗塑性变形或断裂的能力称为强度。抵抗能力越大,金属材料的强度越高。其强度的大小通常用应力来表示。强度可分抗拉强度、抗压强度、抗弯强度、抗剪强度和抗扭强度。一般情况下,多以抗拉强度作为判别金属强度高低的指标。

(1) 屈服强度。金属材料在拉伸过程中,当载荷不再增加甚至有所下降时,仍继续发生明显的塑性变形现象,称为屈服现象。材料产生屈服现象时的应力称为屈服强度。屈服强度是机械设计计算的主要依据之一,是评定金属材料质量的重要指标。屈服强度符号用 σ_s 表示。其计算公式为:

$$\sigma_s = F_s/S_0 \tag{4-3}$$

式中　F_s——试样屈服时的载荷,N;
　　　S_0——试样的原始截面积,mm^2。

(2) 抗拉强度。金属材料在拉伸时,在拉断前所承受的最大应力,称为抗拉强度。它是衡量金属材料强度的重要指标之一。金属结构件所承受的工作应力不能超过材料的抗拉强度,否则会产生断裂,甚至造成严重事故。抗拉强度用符号 σ_b 表示。其计算公式为:

$$\sigma_b = F_s/S_0 \tag{4-4}$$

式中　F_s——试样拉断前所承受的最大拉力,N;
　　　S_0——试样的原始截面积,mm^2。

2. 塑性

金属材料在受外力时产生显著的变形而不断裂的性能称为塑性。一般用拉伸试棒的延伸率和断面收缩率来衡量金属的塑性。

(1) 延伸率。试样拉断后的标距长度伸长量与试样原始标距长度的比值的百分率,称为延伸率,用符号 δ 来表示。其计算公式为:

$$\delta = (L_1 - L_0)/L_0 \times 100\% \tag{4-5}$$

式中　L_1——试样拉断后的标距长度,mm;
　　　L_0——试样原始标距长度,mm。

(2) 断面收缩率。试样拉断后截面积的减少量与原截面积之比值的百分率,用符号 ψ 表示。其计算公式为:

$$\psi = (S_0 - S_1)/S_0 \times 100\% \tag{4-6}$$

式中 S_0——试样原始截面积,mm^2;

S_1——试样拉断后断口处的截面积,mm^2。

δ 和 ψ 的值越大,表示金属材料的塑性越好。

(3) 冷弯试验。在船舶、锅炉、压力容器等工业部门,由于有大量的弯曲和冲压等冷变形加工,所以常用冷弯试验来衡量材料在室温时的塑形。将试样在室温下按规定的弯曲半径进行弯曲,在发生断裂前的角度,称为冷弯角度。冷弯角度越大,则钢材的塑形越好。

3. 硬度

材料抵抗局部变形,特别是塑性变形、压痕或划痕的能力称为硬度。硬度是衡量材料软硬的一个指标。根据测量方法的不同,硬度可分为布氏硬度(HBS)、洛氏硬度(HR)和维氏硬度(HV)。材料的硬度越高,其耐磨性越好。硬度是各种零件和工具必须具备的性能指标。例如,齿轮零件、刀具、模具和量具,都必须具有足够的硬度,才能保证其使用性能和寿命。

4. 冲击韧性

金属材料抵抗冲击载荷作用而不破坏的能力称为韧性。它的衡量指标是冲击韧性值。冲击韧性值越大,材料的冲击韧性越好;反之,材料的脆性越大。材料的冲击韧性与温度有关——温度越低,冲击韧性值越小。

5. 疲劳强度

金属材料在无数次重复交变载荷作用下,而不致破坏的最大应力,称为疲劳强度。实际上并不可能做无数次交变载荷试验,所以一般试验时规定,钢在经受 $10^6 \sim 10^7$ 次、有色金属经受 $10^7 \sim 10^8$ 次交变载荷作用时不产生破裂的最大应力,称为疲劳强度。

6. 蠕变

在长期固定载荷作用下,即使载荷小于屈服强度,金属材料也会逐渐产生塑形变形的现象称为蠕变。蠕变极限值越大,材料的使用越可靠。温度越高或蠕变速度越大,蠕变极限就越小。

四、金属材料的工艺性能

金属工艺性能是指金属材料对不同加工工艺方法的适应能力。它包括铸造性能、可锻性能、焊接性能和切削加工性能等。

1. 铸造性能

金属及合金铸造成形获得优良铸件的能力称为铸造性能。其衡量指标主要包括流动性、收缩性、偏析性和吸气性等。

2. 可锻性能

金属材料利用锻压加工方法成形的难易程度称为锻造性能。材料的可锻性与材料的塑性、变形抗力和摩擦特性等因素有关。塑性越好,可锻性能越好。

3. 焊接性

金属材料对焊接加工的适应性称为焊接性。钢材焊接性能的好坏主要取决于它的化学组成,而其中影响最大的是碳元素——含碳量越高,可焊性越差。

4. 切削加工性能

金属材料受切削加工的难易程度称为金属材料的切削加工性能。金属材料的切削加工性好坏常用加工后工件的表面粗糙度、允许的切削速度以及刀具的磨损程度来衡量。它与金属材料的化学成分、力学性能、导热性及加工硬化程度等诸多因素有关。

第二节 常用金属材料的牌号、性能和用途

一、碳素钢

碳素钢简称碳钢,是指含碳量小于2.11%的铁碳合金。碳钢中除含有铁、碳元素外,还有少量硅、锰等有益元素和硫、磷等有害元素。

(一)碳素钢的分类

1. 按钢的含碳量分类

(1) 低碳钢,含碳量≤0.25%。

(2) 中碳钢,含碳量在0.25%~0.6%之间。

(3) 高碳钢,含碳量>0.6%。

2. 按钢的质量分类

(1) 普通质量钢,含硫≤0.050%,含磷≤0.045%。

(2) 优质钢,含硫≤0.035%,含磷≤0.035%。

(3) 高级优质钢,含硫≤0.025%,含磷≤0.025%。

(4) 特级质量钢,含硫<0.015%,含磷<0.025%

3. 按钢的用途分类

(1) 结构钢,主要用于制造各种机械零件和工程结构件,其含碳量一般小于0.7%。

(2) 工具钢,主要用于制造各种刀具、模具和量具,其含碳量一般都大于0.7%。

(二)碳素钢的牌号

1. 碳素钢的牌号

普通碳素结构钢的牌号是由代表屈服点的拼音字母"Q"、屈服点数值、质量等级符号和脱氧方法符号4个部分按顺序组成。如Q235-A、F牌号中"Q"是钢材屈服点;"屈"字汉语拼音首位字母;"235"表示屈服点为235 MPa(N/mm²);"A"表示质量等级为A级;"F"表示沸腾钢。普通碳素钢的质量等级共有A、B、C、D四个,D为优质级。

2. 优质结构钢的牌号

优质碳素结构钢一般用来制造重要的机械零件。其牌号用两位数字表示,这两位数字表示该钢的平均含碳量的万分之几。例如,30表示钢中含碳量为0.30%的优质碳素结构钢。

3. 碳素工具钢的牌号

碳素工具钢都是优质钢和高级优质钢。碳素工具钢的牌号以汉字"碳"或汉语拼音字母字头"T"开头,后面标以阿拉伯数字表示,数字表示钢中平均含碳量的千分之几。例如,T8(或碳8)表示含碳量为0.8%的碳素工具钢。高级优质碳素工具钢,则在牌号后面标以字母"A"。例如,T10A表示平均含碳量为1.0%的高级优质碳素工具钢。

4. 铸造碳钢

铸造碳钢的含碳量一般在0.2%~0.6%之间。在重型机械中,不少零件是用钢铸造而

成的。根据应用不同,它又分为工程用铸钢和铸造碳钢两类。

二、合金钢

合金钢是在碳钢中加入一些合金元素的钢。钢中常加入的元素有:硅(Si)、锰(Mn)、铬(Cr)、镍(Ni)、钨(W)、钒(V)、铝(Mo)、钛(Ti)等。

(一)合金钢的分类

1. 按用途分类

(1) 合金结构钢。这类钢用于制造机械零件和工程结构的钢,如连杆、齿轮、轴、桥梁等。

(2) 合金工具钢。这类钢用于制造各种工具的钢,如切削刀具、模具和量具。

(3) 特殊性能钢。这类钢用于制造具有某种特殊性能的结构和零件,包括不锈钢、耐热钢、耐磨钢等。

2. 按所含合金元素总含量分类

(1) 低合金钢。这类钢合金元素总含量<5%。

(2) 中合金钢。这类钢合金元素总含量在5%～10%之间。

(3) 高合金钢。这类钢合金元素总含量>10%。

(二)合金钢的牌号及用途

1. 合金结构钢

合金结构钢的牌号用"两位数字+元素符号(或汉字)+数字"表示。前两位数字表示钢中含碳量的万分数,元素符号表示所含金属元素,后面的数字表示合金元素平均含量的百分数。当合金元素的平均含量<1.5%时,只标明元素,不标明含量。例如,30CrMnSi(30铬锰硅)表示平均含碳量为0.3%,铬、锰、硅的含量均小于1.5%。

2. 合金工具钢

合金工具钢的含碳量比较高(0.8%～1.5%),钢中还加入Cr、V、Mo、W等合金元素。合金工具钢的牌号与合金结构钢的大体相同,不同的是合金工具钢的含碳量大于1.0%时不标出,小于1.0%时以千分数表示。例如,9Mn2V表示平均含碳量为0.9%,锰平均含量为2%,钒平均含量小于1.5%。

3. 特殊性能钢

特殊性能钢的牌号表示方法基本与合金工具钢的相同。例如,2Cr13表示含碳量为0.2%,含铬量为13%的不锈钢。为了表示钢的特殊用途,在钢的前面加特殊字母。GCr15中的G表示作滚动轴承用的钢。

三、铸铁

铸铁是含碳量>2.11%(一般为2.5%～4%)的铁碳合金,并且还含有硅、锰、硫、磷等元素。铸铁和钢相比,具有优良的铸造性能和切削加工性能,生产成本低廉,并且具有耐压、耐磨和减振等性能,所以应用比较广泛。

1. 铸铁的分类

根据碳在铸铁中存在的形态不同,铸铁分为白口铸铁、灰口铸铁和麻口铸铁三种。根据铸铁中石墨形态不同,铸铁分为灰口铸铁、可锻铸铁、球墨铸铁三种。

2. 铸铁的牌号

灰铸铁的牌号由"HT"及后面的一组数字组成,数字表示其最低抗拉强度。例如,HT300 表示最低抗拉强度不小于 300 MPa 的灰口铸铁。

球墨铸铁的牌号由"QT"和两组数字组成,前后两组数字分别表示最低抗拉强度和伸长率。例如,QT500-7 表示最低抗拉强度不小于 500 MPa,伸长率不小于 7% 的球墨铸铁。

四、有色金属

通常把铁及其合金称为黑色金属,而把非铁及其合金称为有色金属。有色金属具有许多特殊性能,是现代工业中不可缺少的结构材料。常用的有色金属有铜及铜合金、铝及铝合金、钛及钛合金、镁及镁合金等。这里仅介绍铜及铜合金与铝及铝合金的一些相关知识。

(一) 铜及铜合金

1. 纯铜

纯铜为紫红色,又名紫铜,具有以下特点:① 密度为 8.9×10^3 kg/m³,熔点为 1 083 ℃。② 具有很高的导电性、导热性和耐腐蚀性。③ 强度低($\sigma_b = 200 \sim 250$ N/mm²),硬度不高(35 HBS),但具有良好的塑性,易于热压或冷加工。

2. 铜合金

(1) 黄铜。它是以锌为主加元素的铜合金。黄铜具有良好的力学性能,便于加工成型。普通黄铜的代号由黄的第一个字母"H"后面加数字组成,数字表示含铜量的百分数。例如,H90 表示含铜量为 90% 左右,其余为锌的黄铜,牌号为 90 黄铜。

(2) 白铜。它是含有镍(Ni)和钴(Co)的铜合金。白铜的牌号由以汉语拼音字母"B"后面加表示镍和钴含量的数字组成,其余的是铜的含量,但不标出来。如果还有其他元素时,元素的符号紧接 B 后写出,其含量在镍钴含量后写出。例如,BZn15-20 表示含镍钴 15% 左右,含锌 20% 左右的白铜。

(3) 青铜。除黄铜和白铜以外的铜基合金都称为青铜。青铜的牌号表示方法是汉语拼音字母"Q"+主元素符号及其含量+其他元素符号及含量。例如,QSn4-3 表示含锡量为 4% 左右,含锌量为 3% 左右,其余为铜的锡青铜。

(二) 铝及铝合金

1. 纯铝

纯铝的密度小,仅为铁的 1/3,属于轻金属,熔点低,导电性导热性较好,抗大气腐蚀性好,具有良好的塑性,但焊接性能和铸造性能差。故此,纯铝常用来制造导电体、耐腐蚀的容器和生活用具。纯铝的牌号用 L1、L2、L3、L4、L5、L6 等来表示,号数越大,纯度越低。

2. 铝合金

由于纯铝的强度很低,加入适当的硅、铜、镁、锌、锰等合金元素,可制成强度高、抗腐蚀强、加工性能好的铝合金。

铝合金按其工艺特点可分为形变铝合金和铸造铝合金。

第五章 安全用电

由于煤矿工作环境特殊，矿井维修钳工在作业时触及电气设备的机会很多，极易发生人身触电事故，因而学习和掌握一定的安全用电知识，并按照安全用电的有关规定进行作业，以避免发生触电事故。

一、触电定义及危害

（一）触电定义及类型

触电是电流流经人体时对人体产生的生理和病理伤害。电流对人体的危害主要是人身触电事故。电流对人体的伤害主要分电击和电伤两大类，电击是指电流流经人体内部，影响人的呼吸、心脏及神经系统，造成人体内部组织的损伤和破坏，导致残废和死亡。电伤是指强电流或电弧瞬间通过人体造成表面的烧伤、损伤。在触电事故中，多数是电击造成的，而且电击危险性也高于电伤危险性。

（二）决定触电伤害程度的因素

触电对人体的伤害程度与通过人体的触电电流的大小、电流持续时间的长短、电流通过人体的途径、电流的频率以及人体状况、电压的高低等因素有关。其中，通过人体触电电流的大小和电流持续时间的长短是决定触电伤害的主要因素。

一般认为，通过人体的电流，超过 50 mA 时就有生命危险；超过 100 mA 时只要很短时间就会使人停止呼吸，失去知觉而死亡。

为了确保人身安全，我国规定通过人体的最大安全电流为 30 mA，允许安秒值为 30 mA·s。

（三）触电方式

人体触电的方式多种多样，主要分为直接触电和间接触电，此外还用静电电击、雷电电击、感应电压电击等其他类型的触电。

1. 直接触电

人体直接接触及或过分靠近电气设备及线路的带电体而发生的触电现场称为直接触电。直接触电又分为单相触电、两相触电和电弧伤害等。

（1）单相触电

单相触电是指当人体直接触及带电设备或线路的一相导体时，电流通过人体流入大地造成的触电。对于高压带电体，人体虽然未直接接触，但由于超过了安全距离，高电压对人体放电，造成单相接地而引起的触电，也属于单相触电。单相触电又分为中性点接地的单相触电和中性点不接地的单相触电两种，如图 5-1 所示。

① 对于中性点接地的单相触电。假如人体与大地接触良好，土壤电阻忽略不计，由于人体电阻比中性点工作接地电阻大得多，因此，加在人体上的电压几乎等于电网的相电压，

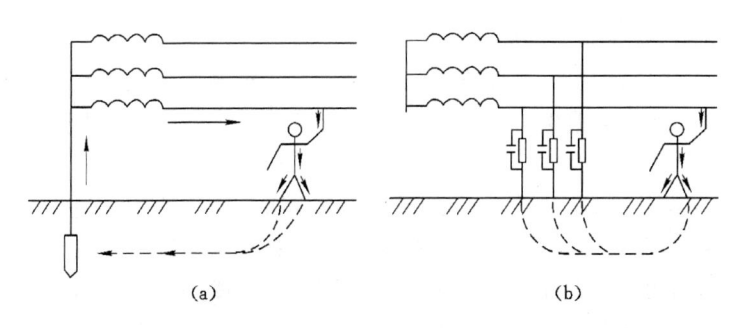

图 5-1 单相触电
(a) 中性点接地的单相触电;(b) 中性点不接地的单相触电

触电造成的后果将十分危险。

② 对于中性点不接地的单相触电。电流将从电源相线经人体,其他两相的对地阻抗回到电源的中性点,从而形成回路。此时通过人体的电流主要取决于线路的绝缘电阻和对地电容的数值,在低压电网中,对地电容很小,通过人体的电流主要取决于线路的绝缘电阻,正常情况下,设备的绝缘电阻相当大,通过人体的电流很小,一般不会造成对人体的伤害。但当线路绝缘电阻下降,单相触电对人体的伤害依然存在。在高压中性点不接地电网中,通过人体的电容电流将危及触电者的安全。

触电事故中大部分属于单相触电,而单相触电大多是电气设备损坏或绝缘不良,使带电部分裸露而引起的。

(2) 两相触电

两相触电是指人体同时触及带电设备或线路中的两相导体,或在高压系统中,人体同时接近不同相的两相带电体,而发生电弧放电,电流从人体的一相通过人体流入另一相导体,构成闭合回路的触电方式,如图 5-2 所示。两相触电时,由于人体承受的是线电压,其危险性比单相触电危险性更大。

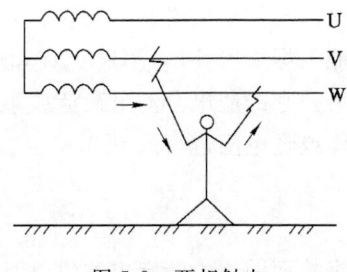

图 5-2 两相触电

(3) 电弧伤害

电弧是指气体间隙被强电磁场击穿时电流通过气体的一种现象。在引发电弧的种种情形中,人体过分接近高压带电体所引起的电弧放电以及带负荷拉、合闸造成的弧光短路,对人体的伤害往往是致命的。电弧不但使人受电击,而且由于弧焰温度极高(中心温度高达 6 000~10 000 ℃),将对人体造成严重烧伤,烧伤部位多见于手部、胳膊、脸部及眼睛。电弧辐射对眼睛的刺伤后果更为严重。此外,被电熔化的金属颗粒侵蚀皮肤,会使皮肤金属化,这种伤疤往往难以治愈。

2. 间接触电

电气设备在正常运行时,其金属外壳或结构是不带电的。当电气设备绝缘损坏而发生接地短路故障(俗称碰壳或漏电)时,其金属外壳便带有电,人体触及便会发生触电,此触电称为间接触电。

对于高压电网接地点、防雷接地点、高压火线断落或绝缘损坏以及电气设备发生故障接地等,有电流流入地下时,电流在接地点周围的土壤中产生电压降。当人走近接地点附近时,两脚因站在不同的电位上而承受跨步电压,两脚之间的跨步电压能使电流通过人体造成伤害,如图 5-3 所示。跨步电压触电也属于间接触电。因此,当设备外壳带电或通电导线断落在地面时,应立即将故障地点隔离,不能随便触及,也不能在故障点附近走动。已受到跨步电压威胁的应双脚并拢或单脚方式迅速跳出危险区。

图 5-3 跨步电压

3. 静电伤害

金属物体受到静电感应及绝缘间的摩擦起电是产生静电的主要原因。静电的特点是电压高,有时可高达数万伏,但能量不大,发生静电电击时,触电电流往往瞬间即逝,一般不至于有生命危险。但受静电瞬间电击会使触电者从高处坠落或摔倒,造成二次事故。静电的主要危害是其放电火花或电弧能引爆周围物质,引起火灾和爆炸事故。作业人员最常遇到的静电是断开大电容电气设备后残存的静电。静电荷泄放很慢,为了防止静电对人的电击,在这类设备上作业之前应用导体或经电阻进行放电。

二、安全电压

安全电压是为了防止触电事故而采用由特定电源供电时所采用的电压系列。安全电压能将触电时通过人体的电流限制在较小的范围内,从而在一定程度上保障人身安全。

通过人体的电流决定于外加电压和人体电阻,而在不同环境下,人体的电阻相差很大,所以不同环境条件下的安全电压各不相同。我国规定的安全电压等级有 42 V、36 V、24 V、12 V、6 V 等几种。

对于比较干燥而触电危险较大的环境,人体电阻可按 1 000~1 500 Ω 考虑,通过人体的电流按最大安全电流 30 mA 考虑,则安全电压规定为 36 V。凡危险及特别危险环境里的局部照明灯、危险环境里的手提灯、危险及特别危险环境里的携带式电动工具,均应采用 36 V 安全电压。

对于潮湿而触电危险性又较大的环境,人体电阻一般按 650 Ω 考虑,安全电压则规定为 12 V。凡特别危险环境里以及在金属容器、矿井、隧道里的手提灯,均应采用 12 V 安全电压。

对于在水下或其他由于触电会导致严重二次事故的环境,人体电阻应按 650 Ω 考虑,通过人体的电流则按不引起强烈痉挛的电流 5 mA 考虑,国际电工标准委员会规定安全电压为 2.5 V 以下,这种环境的安全电压可采用 3 V。

三、预防触电措施

(1) 严格执行安全规程和安全作业制度。如不带电检修,不带电搬移电气设备和电缆;使用电动工具要带好绝缘防护用品;停电检修时,要认真执行停电、挂牌、闭锁规定等。

(2) 采取隔离措施,防止人体触及带电体或接近带电体。一方面是对带电设备或装置采用防护罩壳、栅栏等方法实行屏护隔离,并根据需要悬挂相应的警示牌。另一方面线路间、设备间和安全作业及检修时,应留一定的安全距离。

(3) 对于经常接触的电气设备,采用低工作电压或安全电压,并确保设备绝缘可靠。例如,对手持式设备和经常接触容易造成触电危险的照明、通信、信号机控制系统,除应加强绝缘外,尽量采用较低的电压,如煤矿井下的煤电钻和照明的额定电压为 127 V,控制线路的电压采用 36 V 的安全电压。

(4) 设置安全保护装置。严格按照《煤矿安全规程》及其他相关安全用电管理规定,设置接地保护、接零保护、过流保护、漏电及漏电闭锁保护等装置,防止人身触电事故发生。

(5) 做好电气设备设施的日常检查与维护工作,发现不安全因素及时排除,确保电气设备设施完好,各种安全保护可靠。

(6) 在工作中,一旦电气设备出现故障,操作人员应立即停车,切断电源,由维修电工进行检查和处理。非电工人员不得随意打开和乱动电气设备。

四、触电急救

当发生人身触电事故时,现场人员如果能用最快的速度,施以正确的方法进行现场救护,多数触电者是可以复活的。触电急救的第一步是使触电者迅速脱离电源,第二步是对触电者进行现场急救。

(一) 使触电者迅速脱离电源

1. 使触电者脱离低压电源的做法

使触电者脱离低压电源的做法可用"拉"、"切"、"挑"、"拽"、"垫"五字概括。其具体做法如下所述。

(1) 拉:就近拉开电源开关、拔出插销或瓷插保险。此时应注意拉线开关和板把开关是单极的,只能断开一根导线,有时由于安装不符合规程要求,把开关安装在零线上。这时虽然断开了开关,人身触及的导线可能仍然带电,这就不能认为已切断电源。

(2) 切:用带有绝缘柄的利器切断电源线。当电源开关、插座或瓷插保险距离触电现场较远时,可用带有绝缘手柄的电工钳或有干燥木柄的斧头、铁锨等利器将电源线切断。切断时应防止带电导线断落触及周围的人体。切断电源线时应逐根导线进行。

(3) 挑:用干燥的木棒、竹竿等绝缘体挑开与触电者接触的导线或用干燥的绳套拉导线或触电者,使之脱离电源。

(4)拽:救护人戴上绝缘手套或手上包缠干燥的衣服、围巾等绝缘物品拖拽触电者使其脱离电源。如果触电者的衣裤是干燥的且又没有紧缠在身上,那么救护人可直接用一只手抓住触电者不贴身的衣裤,将触电者拉脱电源。但要注意拖拽时切勿触及触电者的体肤。救护人亦可站在干燥的木板、木桌椅或橡胶垫等绝缘物品上,用一只手把触电者拉脱电源。

(5)垫:触电者由于痉挛手指紧扣导线或者导线缠在身上,救护人用干燥的木板塞在触电者身下,使其与地绝缘来隔离电源,再采取其他办法把电源切断。

2. 使触电者脱离高压电源的做法

由于装置电压等级高,一般的绝缘物品不能保证救护人的安全,且高压电源开关距离现场较远,不便拉闸。因此,使触电者脱离高压电源的做法通常如下所述。

(1)立即电话通知有关供电部门拉闸停电。

(2)如果距离电闸不远,可戴上绝缘手套,穿上绝缘靴,拉开高压断路器,或用绝缘棒拉开高压跌落保险以切断电源。

(3)往架空线路上抛挂裸金属软导线,人为制造线路短路,迫使机电保护动作,使电源开关跳闸。抛挂前,将短路线的一端固定在铁塔或者接地引线上,另一端系重物。抛掷短路线时,应注意防止电弧伤人或断线危及人员安全,也要防止重物砸伤人。

(4)如果触电者触及断落在地上的带电高压导线,且尚未确证线路无电之前,救护人不可进入断线落地点 8～10 m 的范围内,以防止跨步电压触电。进入该范围的救护人员应穿上绝缘靴或临时双脚并拢跳跃地接近触电者。触电者脱离带电导线后应迅速将其带至 8～10 m 以外立即开始触电急救。只有在确保线路已经无电,才可在触电者离开触电导线后就地实施急救。

3. 使触电者脱离电源的注意事项

(1)救护人不得采用金属和其他潮湿的物品作为救护工具。

(2)未采取绝缘措施前,救护人不得直接触及触电者的皮肤和潮湿的衣服。

(3)在拉拽触电者脱离电源的过程中,救护人宜单手操作,这样对救护人比较安全。

(4)当触电者处于高位时,应采取措施,预防触电者在脱离电源后坠落摔伤或摔死。

(5)夜间发生触电事故时,应考虑切断电源后的临时照明问题,以利救护。

(二)现场救护

触电者脱离电源后,应立即对其进行抢救。同时派人通知医务人员到现场,并做好将触电者送往医院的准备工作。对触电者现场救护的具体做法详见第二章第一节自救互救中的相关内容。

第三部分
矿井维修钳工初级基本技能要求

本部分主要内容

- 第六章　设备修理基本知识
- 第七章　钳工常用机具与工量具
- 第八章　起运与吊装
- 第九章　小型机械设备的原理结构与性能
- 第十章　小型机械设备的日常维护与故障处理
- 第十一章　矿用机械设备的拆装与检修

第六章 设备修理基本知识

第一节 设备的修理

一、设备维护保养

设备维护保养的内容是保持设备清洁、整齐、润滑良好、安全运行,包括及时紧固松动的紧固件,调整活动部分的间隙等。简而言之,即"清洁、润滑、紧固、调整、防腐"十字作业法。实践证明,设备的寿命在很大程度上取决于维护保养的好坏。维护保养依工作量大小和难易程度分为日常保养、一级保养、二级保养、三级保养等。

日常保养,又称例行保养,主要内容是:进行清洁、润滑,紧固易松动的零件,检查零件、部件的完整。这类保养的项目和部位较少,大多数在设备的外部。

一级保养,主要内容是:普遍地进行拧紧、清洁、润滑、紧固,还要部分地进行调整。日常保养和一级保养一般由操作工人承担。

二级保养,主要内容是内部清洁、润滑、局部解体检查和调整。

三级保养,主要内容是对设备主体部分进行解体检查和调整工作,必要时对达到规定磨损限度的零件加以更换;此外,还要对主要零部件的磨损情况进行测量、鉴定和记录。二级保养、三级保养在操作工人参加情况下,一般由专职保养维修工人承担。

二、设备检查

设备检查,是指对设备的运行情况、工作精度、磨损或腐蚀程度进行测量和校验。通过检查全面掌握机器设备的技术状况和磨损情况,及时查明和消除设备的隐患,有目的地做好修理前的准备工作,以提高修理质量,缩短修理时间。

检查按时间间隔可分为日常检查和定期检查。日常检查由设备操作人员执行,同日常保养结合起来,其目的是及时发现不正常的技术状况,进行必要的维护保养工作。定期检查是按照计划,在操作者参加下,定期由专职维修工执行,其目的是通过检查,全面准确地掌握零件磨损的实际情况,以便确定是否有进行修理的必要。

检查按技术功能可分为机能检查和精度检查。机能检查是指对设备的各项机能进行检查与测定,如是否漏油、漏水、漏气,防尘密闭性如何,零件耐高温、高速、高压的性能如何等。精度检查是指对设备的实际加工精度进行检查和测定,以便确定设备精度的优劣程度,为设备验收、修理和更新提供依据。

三、设备修理

设备修理,是指修复由于日常的或不正常的原因而造成的设备损坏和精度劣化。通过修理更换磨损、老化、腐蚀的零部件,可以使设备性能得到恢复。设备的修理和维护保养是设备维修的不同方面,两者由于工作内容与作用的区别是不能相互替代的,应把两者同时做好,以便相互配合、相互补充。

1. 设备修理的种类

根据修理范围的大小、修理间隔期长短、修理费用多少,设备修理可分为小修理、中修理和大修理三类。

2. 设备修理的方法

常用的设备修理的方法概述如下。

(1)标准修理法,又称强制修理法,是指根据设备零件的使用寿命,预先编制具体的修理计划,明确规定设备的修理日期、类别和内容。设备运转到规定的期限,不管其技术状况好坏、任务轻重,都必须按照规定的作业范围和要求进行修理。此方法有利于做好修理前准备工作,有效保证设备的正常运转,但有时会造成过度修理,增加修理费用。

(2)定期修理法,是指根据零件的使用寿命、生产类型、工件条件和有关定额资料,事先规定出各类计划修理的固定顺序、计划修理间隔期及其修理工作量。在修理前通常根据设备状态来确定修理内容。此方法有利于做好修理前准备工作,有利于采用先进修理技术,减少修理费用。

(3)检查后修理法,是指根据设备零部件的磨损资料,事先只规定检查次数和时间,而每次修理的具体期限、类别和内容均由检查后的结果来决定。这种方法简单易行,但由于修理计划性较差,检查时有可能由于对设备状况的主观判断误差引起零件的过度磨损或故障。

3. 设备维修体制发展的五个阶段

设备维修体制的发展过程可划分为事后修理、预防维修、生产维修、维修预防和设备综合管理五个阶段。

(1)事后修理

事后修理是指设备发生故障后,再进行修理。这种修理法出于事先不知道故障在什么时候发生,缺乏修理前准备,因而修理停歇时间较长。此外,因为修理是无计划的,常常打乱生产计划。事后修理是比较原始的设备维修制度,除在小型、不重要设备中采用外,已被其他设备维修制度所代替。

(2)预防维修

为了加强设备维修,减少设备停工修理时间,出现了设备预防维修的制度。这种制度要求设备维修以预防为主,在设备运用过程中做好维护保养工作,加强日常检查和定期检查,根据零件磨损规律和检查结果,在设备发生故障之前有计划地进行修理。预防维修由于加强日常维护保养工作,使得设备有效寿命延长了,而且由于修理的计划性,便于做好修理前准备工作,使设备修理停歇时间大为缩短,提高了设备有效利用率。

(3)生产维修

预防维修虽有上述优点,但有时会使维修工作量增多,造成过度保养。为此,又出现了生产维修。生产维修要求以提高企业生产经济效果为目的来组织设备维修。其特点是根据设备重要性选用维修保养方法——重点设备采用预防维修,对生产影响不大的一般设备采用事后修理。这样,一方面可以集中力量做好重要设备的维修保养工作,另一方面可以节省维修费用。

(4) 维修预防

人们在设备的维修工作中发现,虽然设备的维护、保养、修理工作进行得好坏对设备的故障率和有效利用率有很大影响,但是设备本身的质量如何对设备的使用和修理往往有着决定性的作用。设备的先天不足常常是使修理工作难以进行的主要方面,因此出现了维修预防的设想。这是指在设备的设计、制造阶段就考虑维修问题,提高设备的可靠性和易修性,以便在以后的使用中,最大可能地减少或不发生设备故障,一旦设备发生故障,也能使维修工作顺利地进行。维修预防是设备维修体制方面的一个重大突破。

(5) 设备综合管理

在设备维修预防的基础上,从行为科学、系统理论的观点出发,于20世纪70年代初,又形成了设备综合管理的概念。设备综合工程学,或叫设备综合管理学,是对设备实行全面管理的一种重要方式。结合生产维修的实践经验,又出现了全面生产维修制度。它是日本式的设备综合管理。

随着计算机技术在企业中应用和发展,设备维修领域也发生了重大变化——出现了基于状态维修和智能维修等新方法。

基于状态维修是随着可编程逻辑控制器(PLC)的出现而在生产系统上使用的,能够连续地监控设备运行状态和加工参数。采用基于状态维修,是把PLC直接连接到一台在线计算机上,实时监控设备的状态,如与标准正常公差范围发生任何偏差,将自动发出报警(或修理命令)。这种维护系统安装成本可能很高,但是可以大大提高设备的使用水平。

智能维修,或称自维修,包括电子系统自动诊断和模块式置换装置,将把远距离设施或机器的传感器数据连续提供给中央工作站。通过这个工作站,维护专家可以得到专家系统和神经网络的智能支持,以完成决策任务。然后将向远方的现场发布命令,开始维护例行程序,这些程序可能涉及调整报警参数值、启动机器上的试验振动装置、驱动备用系统或子系统。它是维护自动化未来发展方向的一个范例。

第二节　设备的拆卸

为保证修理质量,在动手解体机械设备前,必须周密计划,对可能遇到的问题进行估计,做到有步骤地进行拆卸。机械设备的拆卸一般应遵循下列规则和要求。

一、拆卸设备前的准备工作

(1) 拆卸场地的选择与清理,拆卸前应选择好工作地点,不要选在有风沙、尘土的地方。

(2) 采取保护措施。在清洗机械设备外部之前,应预先拆下或保护好电气设备,以免受潮损坏。

(3) 拆前放油。尽可能在拆卸前将机械设备中的润滑油趁热放出,以利于拆卸工作的顺利进行。

(4) 了解机械设备的结构、性能和工作原理。为避免拆卸工作的盲目性,确保修理工作的正常进行,在拆卸前,应详细了解机械设备各方面的状况,熟悉机械设备各个部分的结构特点、传动方式,以及零部件的结构特点和相互间的配合关系,明确其用途和相互间的影响,以便合理安排拆卸步骤和选用适宜的拆卸工具或设施。

二、拆卸设备的一般原则

(1) 选择合理的拆卸步骤

根据机械设备的结构特点,选择合理的拆卸步骤。机械设备的拆卸顺序一般是由整体拆成总成,由总成拆成部件,由部件拆成零件,或由附件到主机,由外部到内部。

在拆卸比较复杂的部件时,必须熟读装配图,并详细分析部件的结构以及零件在部件中所起的作用,特别应注意那些装配精度要求高的零部件。这样,可以避免混乱,使拆卸有序,达到有利于清洗、检查和鉴定的目的,为修理工作打下良好的基础。

(2) 遵循合理的拆卸原则

在机械设备的修理拆卸中,应坚持能不拆的就不拆、该拆的必须拆的原则。若零部件可不必经拆卸就符合要求,就不必拆开,这样不但可减少拆卸工作量,而且还能延长零部件的使用寿命。例如,对于过盈配合的零部件,拆装次数过多会使过盈量消失而致使装配不紧固;对较精密的间隙配合件,拆后再装,很难恢复已磨合的配合关系,从而加速零件的磨损。但是,对于不拆开难以判断其技术状态,而又可能产生故障的或无法进行必要保养的零部件,则一定要拆开。

(3) 正确使用拆卸工具和设备

拆卸时,应尽量采用专用的或选用合适的工具和设备,避免乱敲乱打,以防零件损伤或变形。拆卸轴套、滚动轴承、齿轮、带轮等,应该使用拔轮器或压力机。拆卸螺柱或螺母,应尽量采用尺寸相符的呆扳手。

三、拆卸设备时的注意事项

(1) 对拆卸零件要做好核对工作或做好记号。机械设备中有许多配合的组件和零件,因为经过选配或重量平衡,所以装配的位置和方向均不允许改变。拆卸时,有原记号的要核对,如果原记号已错乱或有不清晰者,则应按原样重新标记,以便安装时对号入位,避免发生错乱。

(2) 分类存放零件。对拆卸下来的零件存放应遵循如下原则:同一总成或同一部件的零件应尽量放在一起;根据零件的大小与精密度分别存放;不应互换的零件要分组存放;怕脏、怕碰的精密零部件应单独拆卸与存放;怕油的橡胶件不应与带油的零件一起存放;易丢失的零件(如垫圈、螺母)要用铁丝串在一起或放在专门的容器里,各种螺柱应装上螺母存放。

(3) 保护拆卸零件的加工表面。在拆卸的过程中,一定不要损伤零件的加工表面,否则将给修复工作带来麻烦,并会因此而引起漏气、漏油、漏水等故障,也会导致机械设备的技术性能降低。

第三节 零部件的清洗

零部件的清洗主要包括:清除油污、水垢、积碳、锈层、旧涂装层。

一、除油污(脱脂)

常用清洗液有:有机溶剂、碱性溶液、化学清洗液。

常用有机溶剂有:煤油、轻柴油、废汽油。

清洗方法有:擦洗、浸洗、喷洗、气相清洗及超声波清洗。

(1)擦洗:常用于机械设备的修理中,即将零件放入装有煤油、轻柴油或化学清洗剂的容器中,用棉纱擦洗或用毛刷刷洗,以去除零件表面的油污;用于单件小批生产的中小型零件及大型零件的工作表面的脱脂;一般不宜用汽油作清洗剂,因其有溶脂性,会损害零件且容易造成火灾。

(2)喷洗:将具有一定压力和温度的清洗液喷射到零件表面,以清除油污;效果好、生产率高;用于零件形状不太复杂、表面有较严重油垢的零件的清洗。

清洗不同的金属零件应该采用不同的配方。表6-1和表6-2分别列出清洗钢铁零件和铝合金零件的配方。为加速去除油垢的过程,可采用加热、搅拌、压力喷洗、超声波清洗等其他措施。

表6-1　　　　　　　　　　清洗钢铁零件的配方

成分	配方1	配方2	配方3	配方4
苛性钠/kg	7.5	20	—	—
碳酸钠/kg	50	—	5	—
磷酸钠/kg	10	50	—	—
硅酸钠/kg	—	30	2.5	—
软肥皂/kg	1.5	—	5	3.6
磷酸三钠/kg	—	—	1.25	9
磷酸氢二钠/kg	—	—	1.25	—
偏硅酸钠/kg	—	—	—	4.5
重铝酸钾/kg	—	—	—	0.9
水/L	1 000	1 000	1 000	450

表6-2　　　　　　　　　　清洗铝合金零件的配方

成分	配方1	配方2	配方3
碳酸钠/kg	1.0	0.4	1.5—2.0
重铝酸钠/kg	0.05	—	0.05
硅酸钠/kg	—	—	0.5~1.0
肥皂/kg	—	—	0.2
水/L	100	100	100

二、除锈

常用除锈方法有:机械除锈、化学和电化学除锈。

1. 机械法除锈

利用机械摩擦、切削等作用清除零件表面锈层。

2. 化学法除锈

利用酸性溶液溶解金属表面的氧化物来除锈。常用的化学溶液:硫酸、盐酸、磷酸或其混合溶液,并加入少量的缓蚀剂。化学法除锈工艺过程为:脱脂→水冲洗→除锈→水冲洗→中和→水冲洗→去氢。为保证除锈效果,一般都将溶液加热到一定的温度,严格控制除锈工艺时间,并要根据被除锈零件的材料,采用合适的配方。

3. 电化学法除锈

电化学除锈是在酸或碱溶液中对金属制品进行阴极或阳极处理除去锈层。阳极除锈是利用化学溶解、电化学溶解和电极反应析出的氧气泡的机械剥离作用而去除锈。阴极除锈是利用化学溶解和极析出氢气的机械剥离作用而去除锈。

三、除涂装层

除涂装层方法有:手工去除和化学方法去除。

（1）手工去除:用手工工具(如刮刀、砂纸、钢丝刷或手提式电动、风动工具)进行刮、磨、刷等。

（2）化学方法去除:用各种配制好的有机溶剂、碱性溶液退漆剂等去除涂装层。使用碱性溶液退漆剂时,涂刷在零件的漆层上,使之溶解软化,然后再用手工工具进行清除。注意:① 使用碱性溶液时,不要让铝制零件、皮革、橡胶、毡质零件接触,以免腐蚀坏;② 操作者要戴耐碱手套,避免皮肤接触受伤。特别注意:① 使用有机溶液退漆时,要注意安全;② 工作场地要通风、与火隔离;③ 操作者要穿戴防护用具,工作结束后,要将手洗干净,以防中毒。

第四节　零件的修复

维修是恢复机械设备技术性能,排除故障及消除故障隐患,延长机械使用寿命的有效手段。机械零件的修复技术在制造业中发挥着重要作业。修复后的零件质量和性能可以达到新零件的水平,有的甚至可以超过新零件的水平。几种广泛采用的修理新技术概述如下。

一、镶加零件修复法

配合零件磨损后,在结构和强度允许的条件下,增加一个零件来补偿由于磨损及修复而去掉的部分,以恢复原有零件精度,这样的方法称为镶加零件修复法。常用的有扩孔镶套、加垫等方法。

1. 镶加补强板修复法

图 6-1 所示为在零件裂纹附近局部镶加补强板。采用此修复方法时,一般采用钢板加强,螺栓连接。脆性材料裂纹应钻止裂孔,通常在裂纹末端钻直径 3～6 mm 的孔。

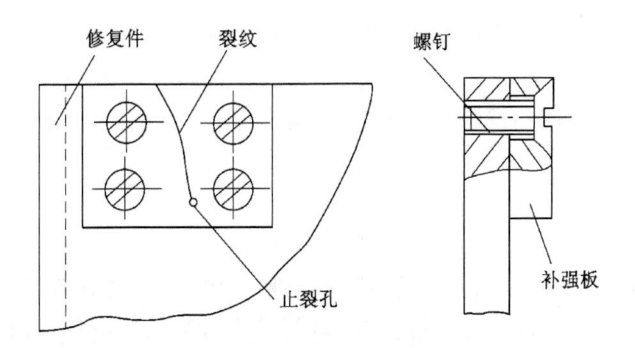

图 6-1　镶加补强板修复法

2. 镶套修复法

对损坏的孔(如可镗孔)镶套,孔尺寸应镗大,保证套有足够强度;套的外径应保证与孔有适当过盈量;套的内径可事先按照轴径配合要求加工好,也可留有加工余量,镶入后再加工至要求的尺寸。可镗孔镶套修复法如图 6-2 所示。

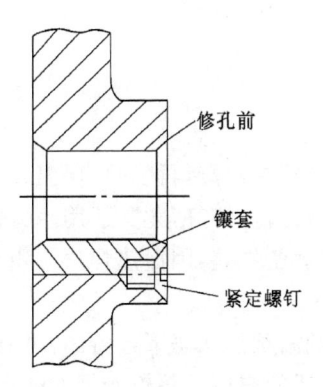

图 6-2　损坏的可镗孔镶套修复法

对损坏的螺纹孔可将旧螺纹扩大,再切削螺纹,然后加工一个内外均有螺纹的螺纹套拧入螺孔中,螺纹套内螺纹即可恢复原尺寸(如图 6-3 所示)。

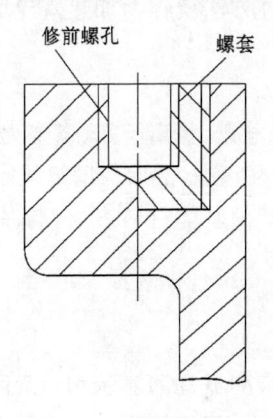

图 6-3　损坏的螺纹孔镶套修复法

采用这种修复方法时应注意:镶加零件的材料和热处理,一般应与基体零件的相同,必要时选用比基体性能更好的材料。为了防止松动,镶加零件与基体零件配合要有适当的过盈量,必要时可采用在端部加胶粘剂、止动销、紧定螺钉、骑缝螺钉或点焊固定等方法来进行定位。

二、局部修换法

有些零件在使用过程中,往往各部位的磨损量不均匀,有时只有某个部位磨损严重,而其余部位尚好或磨损轻微。在这种情况下,如果零件结构允许,可将磨损严重的部位切除,将这部分重制新件,用机械连接、焊接或胶粘的方法固定在原来的零件上,使零件得以修复。这种方法称为局部修换法。

三、换位修复法

有些零件局部磨损可采用掉头转向的方法,如长丝杠局部磨损后可掉头使用;单向传力齿轮翻转180°,可将它换一个方向安装后利用未磨损面继续使用。但要求零件必须结构对称或稍微加工即可实现时才能进行换位使用。

四、焊接修复法

1. 热焊法

铸铁热焊是焊前将工件高温预热,焊后再加热、保温、缓冷。用气焊或电焊效果均好,焊后易加工,焊缝强度高、耐水压、密封性能好,尤其适用于铸铁零件毛坯缺陷的修复。但由于其成本高、能耗大、工艺复杂、劳动条件差,因而热焊法应用受到限制。

2. 冷焊法

铸铁冷焊是在常温或局部低温预热状态下进行的,具有成本低、生产率高、焊后变形小、劳动条件好等优点,因此得到广泛的应用。铸铁冷焊的缺点是易产生白口河裂纹,对工人的操作技术要求高。

3. 加热感应区补焊法

选择零件的适当部位进行加热使之膨胀,然后对零件的损坏处补焊,以减少焊接应力与变形,这个部位就称为减应区,这种方法就称为加热减应区补焊法。

五、热喷涂修复法

热喷涂就是利用某种热源(如电弧、等离子弧、燃烧火焰等)将粉末状或丝状的金属和非金属涂层材料加热到熔融或半熔融状态,然后借助焰流本身的动力或外加的高速气流雾化并以一定的速度喷射到经过预处理的基体材料表面,与基体材料结合而形成具有各种功能的表面覆盖涂层的一种技术。

六、刮研修复法

刮研是利用刮刀、拖研工具、检测器具和显示剂,以手工操作的方式,边刮研加工,边研点测量,使工件达到规定的尺寸精度、几何精度和表面粗糙度等要求的一种精加工工艺。淬火的工件及表面不能刮研。

第五节 装　　配

任何一部庞大复杂的机械设备都是由许多零件和部件组成的。按照规定的技术要求，将若干个零件组合成组件，将若干个组件和零件组合成部件，最后将所有的部件和零件组合成整台机械设备的过程，分别称为组装、部装和总装，统称为装配。

一、装配的一般原则和要求

(1) 设备装配时，应先检查零部件与装配有关的外表形状和尺寸精度，确认符合要求后方得装配。

(2) 各零件的配合及摩擦表面不准有损伤，如有轻微擦伤，在不影响使用性能的前提下允许用油石或刮刀修理。

(3) 在装配前，对所有零部件表面的毛刺、切屑、油污等脏物必须清除干净。

(4) 在装配时，对零部件相互配合的表面必须擦洗干净，并涂以清洁的润滑油。

(5) 装配时，必须符合图纸规定的要求，固定连接零件连接处不允许有间隙，活动连接零件连接处必须保证连接处的规定间隙并能灵活地按照规定的方向运动。

(6) 工作时有振动的零件连接应有防止松动的保险装置。

(7) 机体上的所有紧固零件均需紧固，不准有松动现象。

(8) 各种毡垫、密封件等，安装后不得有漏油现象，毡固石棉绳在装配前应先浸透油。

(9) 在装配弹簧时不准拉长或缩短。

(10) 螺钉头、螺母及机体的接触面不许倾斜和留有间隙。

(11) 带槽螺母的开口销穿入后，必须将尾部分开，其分开角度应大 90°。

(12) 润滑管应清洗干净，在装配时应用压缩空气吹净管内的所有堵塞物，所有管件不得有凹痕、揉折、压扁和破裂等现象，装配后必须清洁畅通，将管路通入润滑油，管路末端均流出清洁的润滑油后，方准许润滑油管与润滑点连接。

(13) 设备及各种阀体等零件本身不得有裂缝，密封处不得有漏油、漏水和漏气等现象。

(14) 装配后，必须先按技术条件检查各部件密封连接处的正确性和可靠性，然后才可以进行试运转工作。

二、装配的基本步骤

一般来说，装配工作的基本顺序与拆卸工作的基本顺序相反，即先拆下的零件先装配，因此，可以这样看，装配工作的顺序基本是从小到大，从里向外进行的。一般的装配步骤如下：

(1) 首先要熟悉图纸资料和设备构造。

(2) 收集和检查零件。

(3) 清洗零件并涂上润滑油脂。

（4）进行组合件的装配。把两个或几个零件组合在一起成为一个组合体，每装一个零件时都应察看一下它的质量和精确程度，以确保装配质量，组合件装配后应进行检查和试用。

（5）进行部件的装配。把零件和组合件组成设备的一部分。在部件装配时，要检查零件和组合件的质量，对零件和组合件之间的相对位置和相互关系进行仔细的调整，需要定位的零件或组合件在校正或调整后应及时定位。

（6）进行总装配。把零件、组合件或部件组装成整台的机械设备。

（7）进行试运转和检查调整。总装配后的机械设备应进行试运转，对在试运转中发现的问题应及时调整或处理。

第六节　设备的试运转

一、设备试运转前的准备工作

（1）熟悉设备和操作规程。
（2）编制试运转方案。
（3）做好水、电及试运转所需物资准备。
（4）根据要求添加润滑材料。
（5）设置安全警戒标志。
（6）对机械设备进行全面检查。

二、设备试运转的步骤

设备试运转的步骤应符合：先辅机，后主机；先单机，后联机；先空载，后负载；先低速，后高速的原则。

设备试运转的步骤应符合：先手动，后电动；先点动，后连续的原则。

三、设备试运转中的调整内容

设备试运转中的调整以电气调整为主，配合进行机械的调整。设备试运转中的调整内容如下：

（1）电动机运转方向的调整；
（2）制动器（间隙、制动力）的调整；
（3）液压缸充油、排气的调整，汽缸充气、行程和速度调整；
（4）调整机构的升降、开闭、摆幅、行程及极限开关动作的可靠性和动作速度的调整。

四、设备试运转中应注意的问题

（1）声音是否正常。
（2）温度变化是否正常。
（3）振动是否正常。
（4）运动部件动作是否正常。

（5）操作及制动装置动作是否灵活。
（6）密封是否良好。
（7）若设备运转中有不正常现象，一般应停车检查和处理。
（8）参加设备试运转的人员必须穿戴好防护用品。

第七章　钳工常用机具与工量具

第一节　钳工常用机具

一、钳台

钳台,也称钳工台或钳桌,用木材或钢材制成。钳台式样可以根据要求和条件决定,主要作用是安装台虎钳。

钳台台面一般是长方形。钳台长、宽尺寸由工作需要决定。钳台高度一般以 800～900 mm 为宜,以便安装上台虎钳后,让钳口的高度与一般操作者的手肘平齐,使操作人员操作时方便省力。

二、台虎钳

台虎钳是工具钳工夹持工件进行手工操作的通用夹具。台虎钳规格用钳口的宽度来表示。台虎钳常用几种规格有 100 mm、125 mm 和 150 mm 等。

台虎钳通常按其结构分为固定式和回转式两种。这两种台虎钳的主要结构和工作原理基本相同。由于回转式台虎钳的整个钳身可以旋转,能满足工件不同方位加工的需要。

三、砂轮机

砂轮机是用来刃磨各种刀具、工具的常用设备,由电动机、砂轮机座、托架和防护罩等组成。

砂轮机使用时应按照以下要求:
(1) 砂轮机的旋转方向要正确,只能使磨屑向下飞离砂轮。
(2) 砂轮机启动后,应在砂轮机旋转平稳后再进行磨削。若砂轮机跳动明显,应及时停机修整。
(3) 砂轮机托架和砂轮之间应保持 3 mm 的距离,以防工件扎入造成事故。
(4) 磨削时应站在砂轮机的侧面,且用力不宜过大。

四、台式钻床

台式钻床,简称台钻,结构简单,操作方便,台式钻床常用于小型工件钻、扩直径 12 mm 以下的孔。为保持主轴运转平稳,台式钻床常采用 V 形带传动,并由五级塔形带轮来进行速度变换。需要说明的是:台钻主轴进给只有手动进给,一般都具有控制钻台式钻床使用规则及维修保养措施。

五、常用电动工具

常用电动工具包括电钻、电磨头、电剪刀。

1. 电钻

电钻是一种常用电动工具,有手枪式和手提式两种。在大型夹具和模具装配时,当受工件形状或加工部位限制不能用钻床钻孔时,则可用手电钻加工。手电钻的电源电压分单相(220 V、36 V)和三相(380 V)两种,采用单相电压的电钻规格有 6 mm、10 mm、13 mm、19 mm、23 mm 五种;采用三相电压的电钻规格有 13 mm、19 mm、23 mm 三种。

2. 电磨头

电磨头属于高速磨削工具,适用于在工具、夹具、模具的装配调整中,对各种形状复杂的工件进行修磨或抛光。

3. 电剪刀

电剪刀使用灵活,携带方便,能用来剪切各种几何形状的金属板材。用电剪刀剪切后的板材,具有板面平整、变形小、质量好的优点,因此它是对各种复杂的大型板材进行落料加工的主要工具之一。

使用电动工具的安全技术措施如下:

(1) 长期搁置不用的电动工具,在启用前必须进行电气检查。

(2) 电源电压不得超过额定电压的 10%。

(3) 各种电动工具的塑料外壳要妥善保护,不得碰裂,不能与汽油及其他溶剂接触,不准使用塑料外壳已经破损的电动工具。

(4) 使用非双重绝缘结构的电动工具时,必须戴橡皮绝缘手套,穿胶鞋或站在绝缘板上,以防漏电。

(5) 使用电动工具时,必须握持工具的手柄,不准拉着电气软线拖动工具,以防因软线擦破或割伤而造成触电事故。

第二节 钳工常用工具

一、葫芦

葫芦是一种轻小型的起重设备,体积小、重量轻、价格低廉且使用方便。葫芦分为电动葫芦和手动葫芦两种。机修钳工在工作中使用较多的是手动葫芦。手动葫芦与吊架配套使用,用来拆卸或装配机床零、部件。国产电动葫芦按起吊索具结构分为环链式电动葫芦和钢丝绳式电动葫芦。

二、千斤顶

千斤顶是一种小型起重工具,主要用来起重小型工件或重物,适用于升降高度不大的场合。

使用千斤顶时应注意以下几点:

(1) 千斤顶应垂直安置在重物下面。工作地面较软时,应加垫铁,以防千斤顶陷入和倾斜。

(2) 用齿条千斤顶工作时，止退棘爪必须紧贴棘轮。

(3) 使用油压千斤顶时，调节螺杆不得旋出过长，主活塞的行程不得超过极限高度标志。

(4) 合用几个千斤顶升降重物时，要有人统一指挥，尽量保持几个千斤顶的升降速度和高度一致，以免重物发生倾斜。

(5) 重物不得超过千斤顶的负载能力。

三、活扳手

(1) 根据螺母或螺栓头部尺寸，旋转调节螺杆，将活动钳口开口调整到比螺母或螺栓头部对边尺寸稍大的开度。

(2) 将扳手钳口套在螺栓头部或螺母上，顺或逆时针旋转扳手手柄，即可松开或拧紧螺栓（或螺母）。

(3) 扳手工作时应使扳手活动钳口承受推力，固定钳口承拉力，并且用力均匀。

(4) 扳手手柄不能用套管任意加长。

四、专用扳手

呆扳手（图 7-1）、开口扳手、梅花扳手（图 7-2）、套筒扳手（图 7-3）、内六方扳手（图 7-4）使用方法基本相同。

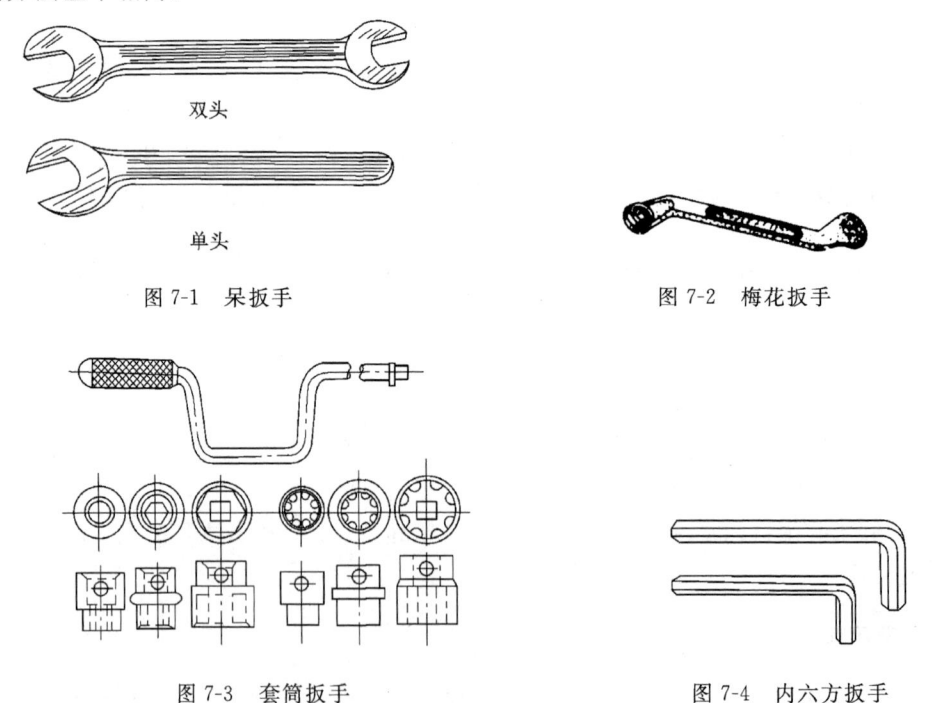

图 7-1　呆扳手

图 7-2　梅花扳手

图 7-3　套筒扳手

图 7-4　内六方扳手

呆扳手用于拆装一般标准规格的螺母和螺栓；梅花扳手与呆扳手用途相同，能将螺母或螺栓头部全部围住，从而保证工作的可靠性；套筒扳手用于拆装位置狭小，特别隐蔽的螺母和螺栓；内六方扳手用于拆装标准的内六方螺钉。

五、特殊用途扳手

1. 圆螺母套筒扳手

圆螺母套筒扳手(图7-5)用于扳动埋入孔内的圆螺母。将套筒扳手端面齿插入圆螺母槽中，双手握住手柄旋转，同时向下用力，即可将圆螺母拧紧或松开。

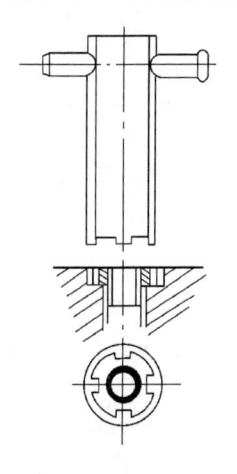

图7-5 圆螺母套筒扳手

2. 钳形扳手

钳形扳手(图7-6)用途和使用方法与圆螺母套筒扳手的相似。将叉销插入圆螺母槽或孔内，旋转扳手即可松开或拧紧圆螺母。

3. 单头钩形扳手

单头钩形扳手(图7-7)用于扳动在圆周方向上开有直槽或孔的圆螺母，使用时，将钩头钩在圆螺母直槽或孔中，转动扳手，即可将圆螺母拧紧或松开。

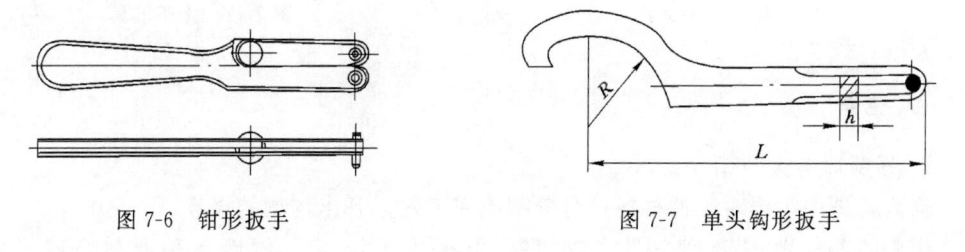

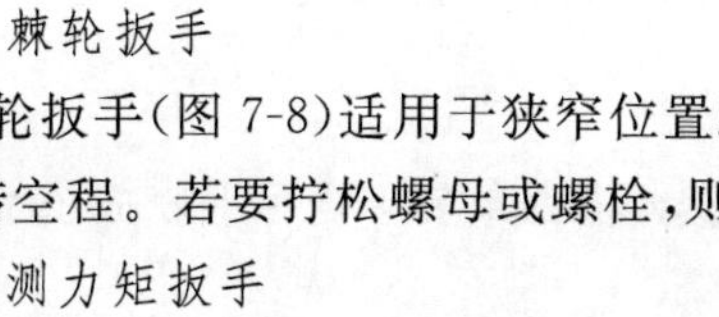

图7-6 钳形扳手 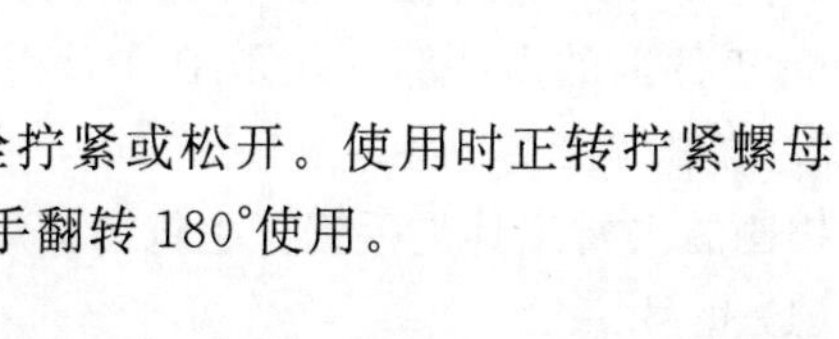　　　　图7-7 单头钩形扳手

4. 棘轮扳手

棘轮扳手(图7-8)适用于狭窄位置螺母或螺栓拧紧或松开。使用时正转拧紧螺母或螺栓，反转空程。若要拧松螺母或螺栓，则必须将扳手翻转180°使用。

5. 测力矩扳手

测力矩扳手(图7-9)主要用于拧紧有力矩要求的螺纹连接的装配。使用时，将梅花套筒套在螺母或螺栓头部，再将测力矩扳手方榫插入梅花套筒方孔中，手握测力矩扳手手柄将其转动，观察指针所指力矩的大小，当达到规定力矩时，拧紧过程完成。

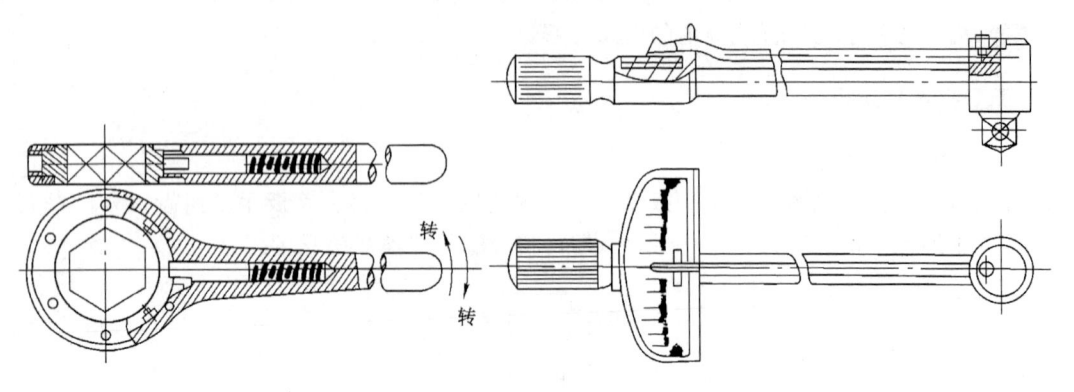

图 7-8 棘轮扳手　　　　　图 7-9 测力矩扳手

六、螺钉旋具

(1) 根据螺钉头部沟槽形状和尺寸大小选用相应的螺钉旋具。

(2) 使用时,手握旋具柄,使刃口对准螺钉头部沟槽,向下用力,同时顺或逆时针旋转旋具,即可拧紧和松开螺钉。

(3) 不能用手锤敲击旋具头部。

(4) 不可将旋具当撬棒使用。

(5) 不可在旋具刃口附近用扳手或钳子来增加扭力。

(6) 一字旋具(图 7-10)用于拧紧或松开头部带一字形沟槽的螺钉。十字旋具(图 7-11)用于拧紧或松开头部带十字形沟槽的螺钉。弯头旋具用于螺钉头部空间狭小而不能使用标准旋具拧紧或松开螺钉的场合。快速旋具用于快速装拆螺钉的场合。

图 7-10 一字旋具　　　　　图 7-11 十字旋具

七、锯割

1. 锯割的定义和工作范围

锯割就是用手锯对工件材料进行分割或在工件上开出沟槽的操作。

锯割的工作范围锯割主要完成切断、开槽等工作。① 锯断各种原材料或半成品。② 锯除工件上的多余部分。③ 在工件上锯槽。

2. 锯割的主要工具

锯割的主要工具是手锯。手锯由锯弓和锯条构成。将锯条装于锯弓上就成了手锯。

(1) 锯弓

锯弓是用来安装锯条的。锯弓有固定式和可调式两种。锯弓由手柄、梁身和夹头组成。

(2) 锯条

锯条一般用碳素工具钢、合金工具钢或渗碳软钢冷轧制成,并经热处理淬硬。高速钢锯条、高碳钢锯条如图 7-12、图 7-13 所示。

图 7-12　高速钢锯条　　　　　　　　图 7-13　高碳钢锯条

锯条根据锯齿的牙距大小,有细齿(1.1 mm)、中齿(1.4 mm)、粗齿(1.8 mm)之分。

锯条的长度以两端安装孔的中心距来表示,有 150 mm、200 mm、300 mm、400 mm 几种规格,常用的为 300 mm。

锯条的正确选用原则如下:软而厚的工件用粗齿锯条,硬而薄的工件应用细齿锯条。锯割薄板和薄壁管子时,必须用细齿锯条锯割,否则会因齿距大于板厚,使锯齿被钩住而崩断。

锯条的安装应使锯条齿尖的方向朝前,松紧适当。如果锯条装反了,则锯齿前角为负值,切削困难,就不能正常锯割了。锯条安装不宜旋得太紧或太松,太紧时容易崩断;太松时容易扭曲,也易折断,而且锯出的锯缝容易歪斜。装好的锯条应与锯弓保持在同一中心面内,这样容易使锯缝正直。

第三节　钳工常用量具

一、钢直尺

钢直尺(图 7-14)是最简单的长度量具。它的长度分为 150 mm、300 mm、500 mm 和 1 000 mm 四种规格。

钢直尺用于测量零件的长度尺寸。它的测量结果不太准确。钢直尺直接去测量零件的直径尺寸(轴径或孔径),则测量精度更差。因此测量零件直径或孔的尺寸,可以利用钢直尺和内外卡钳配合起来进行。

图 7-14　钢直尺

二、游标卡尺

1. 游标卡尺参数和结构

游标卡尺(图 7-15)是一种比较精密的通用量具,可以直接测量工件的内径、外径、宽度、长度、厚度、深度及中心距等。它的读数精确度有:0.1 mm、0.05 mm、0.02 mm 三种。它的测量范围有:0～125 mm、0～200 mm、0～300 mm。它由尺身、游标、固定量爪、活动量爪、深度尺和锁紧螺钉等组成。

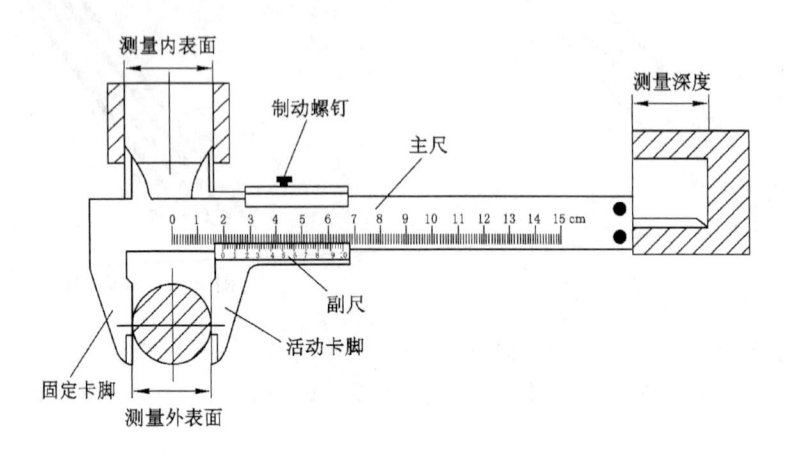

图 7-15 普通游标卡尺

2. 游标卡尺种类和结构

现有游标卡尺采用无视差结构,使游标刻线与主尺刻线处在同一平面上,消除了在读数时因视线倾斜而产生的视差。为了便于读数准确和提高测量精度,有的卡尺装有测微表成为带表卡尺(图 7-16)。更有一种带有数字显示装置的游标卡尺(图 7-17),这种游标卡尺在零件表面上量得尺寸时,就直接用数字显示出来,使用极为方便。

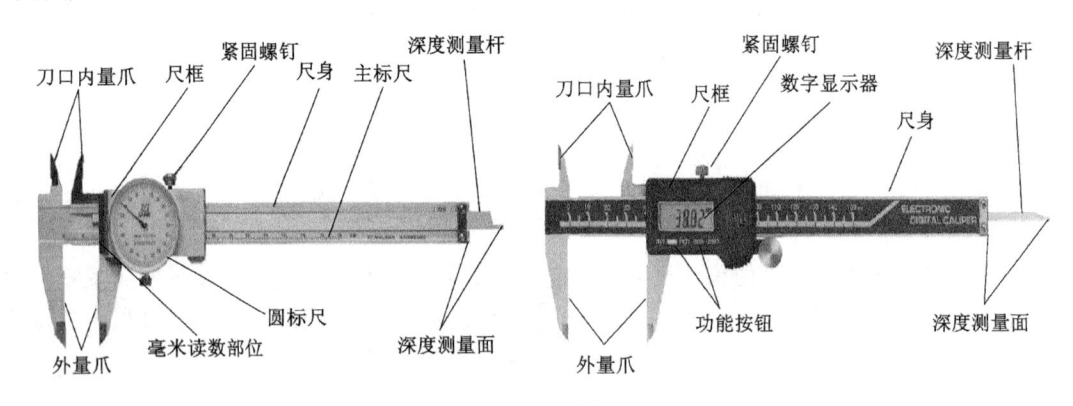

图 7-16 带表卡尺　　图 7-17 带数显卡尺

3. 游标卡尺刻线原理

(1) 读数精确度为 0.1 mm 的刻度原理和读数方法

① 刻度原理(图 7-18):游标卡尺尺身上刻线每格为 1 mm,而游标上共刻有 10 格,游标总长度 9 mm,即游标刻线每格为 0.9 mm(9/10),故主尺与游标每格刻度差值 1/10,即 0.1 mm。

② 读数方法:(a) 首先读出游标零线以左尺身上所显示的整毫米数;(b) 读出游标上第 n 条刻线(零线除外)与尺身刻线对齐,则 $n \times 0.1$ 即为所测尺寸的小数值;(c) 两者加起来即为测得的尺寸数值。

③ 读数方法示例:图 7-19 中,整数尺寸为 37 mm,小数尺寸为 $n=5$,即 $5\times0.1=0.5$ mm,故实测尺寸为 37 mm+5×0.1 mm=37.5 mm。

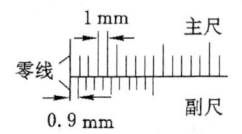

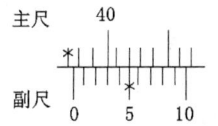

图 7-18　0.1 mm 卡尺的主、副尺刻线

图 7-19　0.1 mm 卡尺读数示例

(2) 读数精确度为 0.02 mm 的刻度原理和读数方法

① 刻度原理(图 7-20):游标卡尺尺身上刻线每格为 1 mm,而游标上共刻有 50 格,游标总长度 49 mm,即游标刻线每格为 0.98 mm(49/50),故主尺与游标每格刻度差值为 1/50,即 0.02 mm。

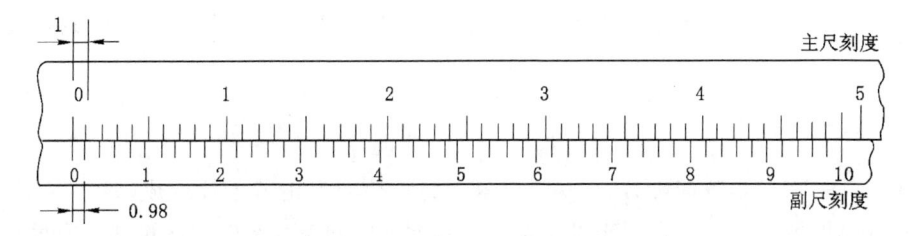

图 7-20　0.02 mm 卡尺的主、副尺刻线

② 读数方法:(a)首先读出游标零线以左尺身上所显示的整毫米数;(b)读出游标上第 n 条刻线(零线除外)与尺身刻线对齐,则 $n\times0.02$ 即为所测尺寸的小数值;(c)两者加起来即为测得的尺寸数值。

③ 读数方法示例:图 7-21 中,整数尺寸为 28 mm,小数尺寸为 $n=43$,即 $43\times0.02=0.86$ mm,故实测尺寸为 28+0.86=28.86 mm。

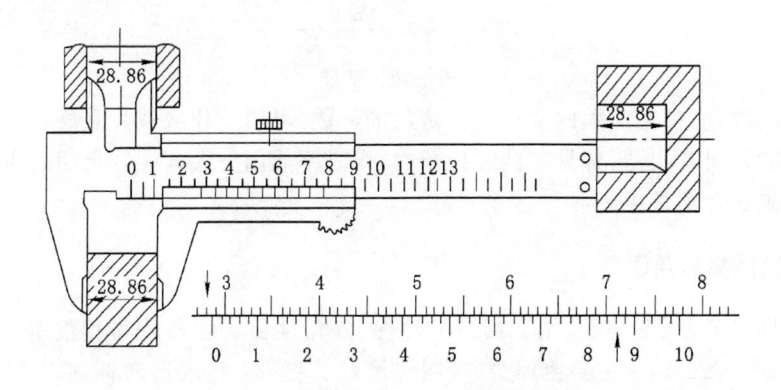

图 7-21　0.02 mm 卡尺读数示例

(3) 读数精确度为 0.05 mm 的刻度原理和读数方法

① 刻度原理:游标卡尺尺身上刻线每格为 1 mm,而游标上共刻有 20 格,游标总长度为 19 mm,即游标刻线每格为 0.95 mm(19/20),故主尺与游标每格刻度差值为 1/20,

即 0.05 mm。

② 读数方法:(a)首先读出游标零线以左尺身上所显示的整毫米数;(b)读出游标上第 n 条刻线(零线除外)与尺身刻线对齐,则 $n×0.05$ 即为所测尺寸的小数值;(c)两者加起来即为测得的尺寸数值。

4. 游标卡尺使用方法及注意事项

(1) 根据被测工件的特点、尺寸大小和精度要求选用合适的类型、测量范围和分度值。

(2) 测量前应将游标卡尺擦干净,并将两量爪合并,检查游标卡尺的精度状况;大规格的游标卡尺要用标准棒校准检查。

(3) 测量时,被测工件与游标卡尺要对正,测量位置要准确,两量爪与被测工件表面接触松紧合适。

(4) 读数时,要正对游标刻线,看准对齐的刻线,正确读数;不能斜视,以减少读数误差。

(5) 用单面游标卡尺测量内尺寸时,测得尺寸应为卡尺上的读数加上两量爪宽度尺寸。

(6) 严禁在毛坯面、运动工件或温度较高的工件上进行测量,以防损伤量具精度和影响测量精度。

三、塞尺

塞尺(图 7-22)也称间隙片,俗称厚薄规。每一套塞尺由若干片组成,各片厚度不等,每片都标有厚度数值。塞尺是用来检验两个结合面之间间隙大小的片状量规。塞尺有两个平行的测量平面,其长度有 50 mm、100 mm、200 mm 等多种。

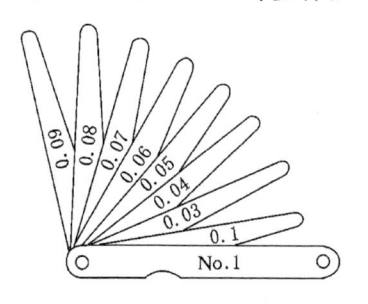

图 7-22 塞尺

使用塞尺时,应根据间隙的大小选择塞尺的片数,可用一片或数片重叠在一起插入间隙内。厚度小的塞尺片很薄,容易弯曲和折断,插入时不能用力太大。塞尺用后应擦拭干净并及时叠合起来放在夹板中。

四、万能游标量角器

万能游标量角器(图 7-23)用于测量工件内、外角度值。它的测量精度有 2′和 5′两种,测量范围为 0°~320°。它主要由尺身(或叫主尺)1、扇形板 2、扇形游标 3、支架(也叫卡快)4、直角尺 5、直尺 6、基尺、制动器等组成。

1. 刻度原理

尺身上刻线每格为 1°,游标上的刻线共有 30 格,平分尺身的 29°,则游标上每格为 29°/30,尺身与游标每格的差值为 2′,即万能游标量角器的测量精度为 2′,如图 7-24 所示。

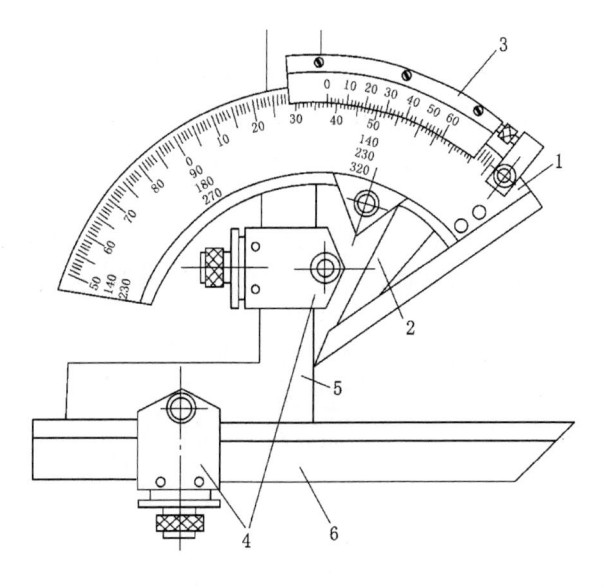

图 7-23 万能游标量角器

1——尺身；2——扇形板；3——扇形游标；4——支架；5——直角尺；6——直尺

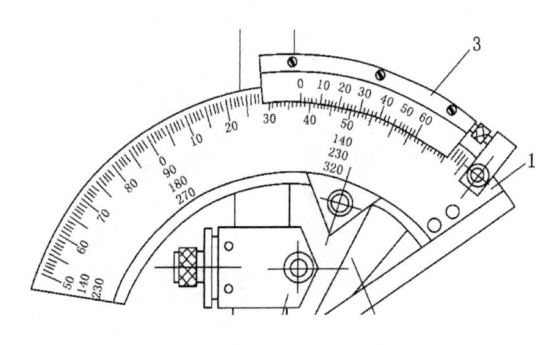

图 7-24 万能游标量角器刻度原理

2. 读数方法

万能游标量角器的读数方法同游标卡尺的相似。先读数游标上零线以左的整度数，再从游标上读出第 n 条刻线（游标零线除外）与尺身刻线对齐，则角度值的小数部分为（$n\times 2'$），将两次数值相加，即为实际角度值，如图 7-25 所示。

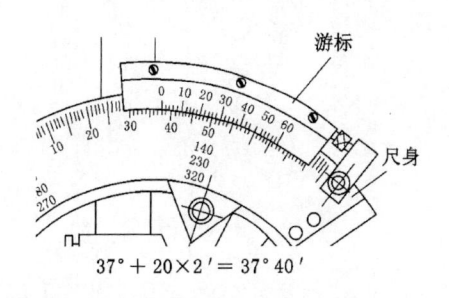

$37°+20\times 2'=37°40'$

图 7-25 万能游标量角器读数方法

3. 测量方法

测量时应该先校对零位,将角尺、直尺、主尺组装在一起,且角尺的底边及基尺均与直尺无间隙接触,此时主尺与游标的"0"线对准。调整好零位后,通过改变基尺、角尺、直尺的相互位置,可测量0°~320°范围内的任意角度。用万能角度尺测量工件时,应根据所测角度范围组合量尺。

0°~50°范围:由直尺+直角尺+尺身进行组合。50°~140°范围:由直尺+尺身进行组合。140°~230°范围:由角尺+尺身进行组合。230°~420°范围:由尺身本身进行调节。

第八章　起运与吊装

第一节　起运与吊装的基本知识

一、起运吊装的基本概念

对于不同重量的各种设备,在移动和起吊过程中,都必须使用适当的起重吊装运输机具,采用相应的起重吊装运输方法。

二、起运吊装的基本操作方法

起运吊装的基本操作要诀如下:① 扛、抬、拉、撬、拨;② 滑、滚、顶、垫、落;③ 转、卷、捆、吊、测。

三、常用的起运吊装索具

吊装用索具设备包括:绳索、吊具、滑轮、倒链、绞磨、卷扬机、千斤顶及地锚等。这些设备,有的可作为完整起重机械的组成部分,有的可组成简单的起重系统,有的本身就可单独作为起重机具使用。

1. 麻绳

(1) 麻绳种类

麻绳用大麻纤维编织成,按使用的原料分为印尼棕绳、白棕绳、混合绳和线麻绳四种。

麻绳可以分为浸油和不浸油两种。浸油的麻绳有耐腐蚀和防潮的特点,但由于浸油后,麻绳的重量增大,质地较硬,不易弯曲,强度降低 20% 左右。在吊装作业中,一般不采用浸油麻绳。

麻绳按照拧成的股数可分为三股、四股、九股三种。

(2) 麻绳特点

麻绳具有质地柔软、携带方便、容易绑扎等特点,但其强度较低,一般麻绳的拉力强度仅为同直径钢丝绳的 10% 左右,而且易磨损。

(3) 麻绳用途

麻绳的主要用途:绑扎轻型构件或抬吊轻型物品;吊装轻型构件;当提升或吊装构件或重物时,用以拉紧,作溜绳用,以保证被吊装构件或重物的稳定和在设计规定的位置上,防止碰、撞,有利于就位。

麻绳在使用中,由于使用的场合不同,需将麻绳打成各式各样的绳结,以满足不同的需要。几种常用的绳扣如下所述。

① 死圈扣(见图8-1):用于起吊重物;捆绑时必须和物件扣紧,不允许有空隙;一般采用与物件绕一圈后再结扣,以防吊装时滑脱。

② 梯形扣(又称"8"字结、猪蹄扣,见图8-2):用于绑人字桅杆或捆绑物体;结绳方法方便简单;扣套紧两绳头愈拉愈紧,但松绳也容易。

③ 挂钩扣(见图8-3):用于挂钩;安全牢靠,结绳方法方便,绳套不易跑出钩外。

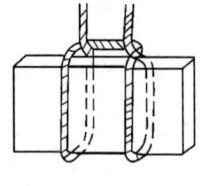

图8-1 死圈扣 　　图8-2 梯形扣 　　图8-3 挂钩扣

④ 接绳扣(又称平结,见图8-4):用于连接两根粗细相同的麻绳;使用方便,安全可靠;需要两个绳扣联合使用;两端用力过大时,可在扣中插入木棒,以便于解扣。

⑤ 单绕时双插扣(又称单帆索结,见图8-5):用于两根麻绳的联结;牢靠,适用于两端有拉紧力的场合。

⑥ 双滑车扣(又称双环扣,见图8-6):用于搬运轻便物体;吊抬重物绳扣自行索紧,物体歪斜时可任意调整扣长;解绳容易、迅速。

图8-4 接绳扣 　　图8-5 单绕时双插扣 　　图8-6 双滑车扣

⑦ 活瓶扣(见图8-7):用于吊立轴等圆柱物体;受力均匀、平稳,安全可靠。

⑧ 抬扣(又称杠棒结,见图8-8):用于抬运或吊运物体;结绳、解绳迅速;安全可靠。

⑨ 拉扣(又称水手结,见图8-9):用于拖拉物体或穿滑轮等作业;牢靠、易于解开;拉紧后不会出现死结,随时可松;结绳迅速。

图8-7 活瓶扣 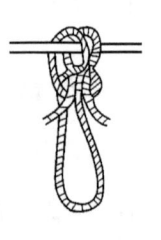　　图8-8 抬扣 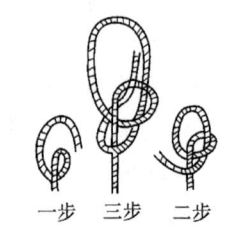　　图8-9 拉扣
一步　三步　二步

⑩ 木结(又称背扣,见图8-10):用于绑架子,提升轻而长的物体;愈拉愈紧,牢靠安全,易打结或松开,但必须注意压住绳头。

⑪ 蝴蝶结(又称板凳扣,见图 8-11):用于紧急情况或在现场没有其他载人升空机械时。在使用蝴蝶结时应注意:操作者必须在腰部系一根绳,以增加升空的稳定性;必须将绳结拉紧,使绳与绳之间互相压紧;绳头必须在操作者的胸前,操作者用手抓住绳头。

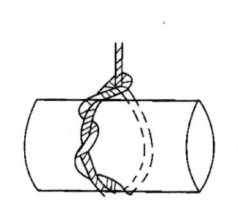

图 8-10 木结 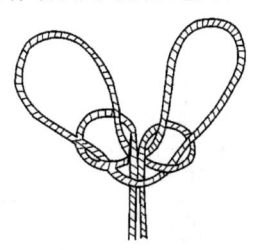　　　　　　　　　　图 8-11 蝴蝶结

2. 尼龙绳和涤纶绳

在吊装表面光洁的构件、零部件,磨光的销轴,软金属制品或其他表面不允许磨损的设备时,必须使用尼龙绳、涤纶绳等非金属绳索。

尼龙绳和涤纶绳主要优点包括:① 轻、柔软;② 具有良好的弹性(当额定满载时,其最大伸长率可达 40%);③ 能够耐油、耐有机酸和无机酸的腐蚀;④ 抗水性能好(其吸水率只有 4%);⑤ 不怕虫蛀。

为便于吊装设备,可以使用尼龙帆布制成带状的吊具。尼龙帆布的抗拉强度可达 2 140 N/(cm·层)。

3. 钢丝绳

钢丝绳是吊装中的主要绳索,系由高强碳素钢丝先捻成股,再由股捻制成的绳。吊装中常用钢丝绳的型号为三种。每绳含 6 股,每股含 19 根、37 根和 61 根钢丝。相同直径的钢丝绳,每股中的钢丝数越多,钢丝越细,则钢丝绳的柔性越好,但耐磨性较差。

钢丝绳按捻制的方法不同又可分为交互捻、同向捻及混合捻三种类型。同向捻钢丝绳表面较平整,也较柔软,抗弯曲疲劳性能较好,较耐用,但易卷曲、扭结、压扁,吊重物时易旋转,绳股断头时钢丝易散开。吊装作业中应避免使用同向捻钢丝绳,多采用交互捻钢丝绳。后者虽然较硬,耐用程度稍差,但没有同向捻绳的缺点,利用构件平稳起吊和安装,且该类绳强度较高,使用方便。

四、重物捆绑点的选择

在吊运各种物体时,为避免物体的倾斜、翻倒、变形、损坏,应根据物体的形状特点、重心位置,正确选择捆绑点,使物体在吊运过程中有足够的稳定性,以免发生事故。单根绳索起吊重物时,捆绑点应与重心同在一条铅垂线上;用两根或两根以上绳索捆绑起吊重物时,绳索的交汇处(吊钩位置)应与重心在同一条铅垂线上。

第二节　常用起运吊装工具与设备的使用与维护

一、卸扣的使用注意事项与维护

(1) 在使用卸扣中,必须注意其受力方向。如果作用在卸扣上力的方向不符合要求,则会使卸扣允许承受载荷的能力降低。图 8-12 所示是卸扣的安装方式。正确的安装方式是力的作用总在卸扣本体的弯曲部分和横销上,如图 8-12(a)、(b)所示。图 8-12(c)、(d)所示则是错误的安装方式。在图 8-12(a)、(d)中,作用力使卸扣本体的开口扩大,横销的螺纹部分承受较大的力。

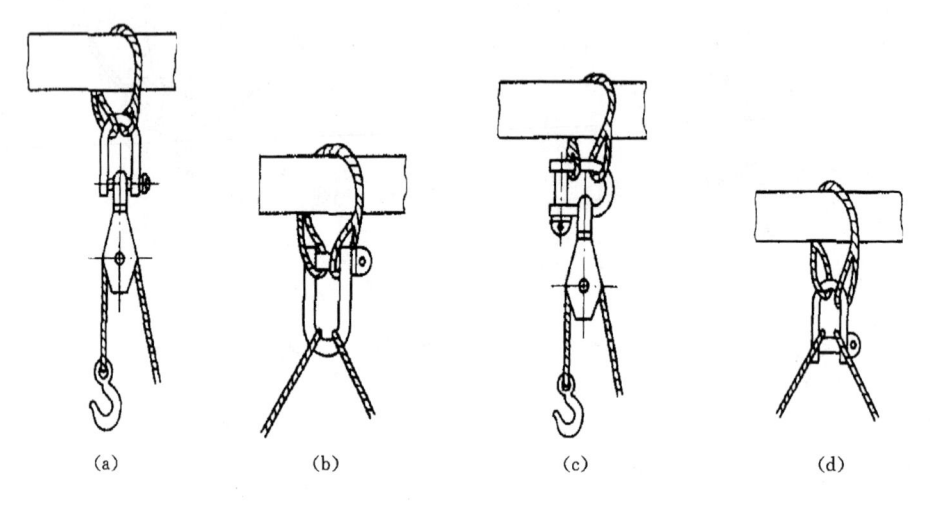

图 8-12　卸扣安装方式
(a),(b)正确的;(c),(d)错误的

(2) 安装卸扣横销时,应在螺纹旋足后再向反方向旋半圈,以防止因螺纹旋得过紧而使横销无法退出。

(3) 卸扣不得超负荷使用。

(4) 如发现卸扣有裂纹、磨损严重或横销变曲等现象时,应停止使用。起重作业完成后,不允许在高空中将拆下的卸扣往下抛掷。

(5) 卸扣不用时,应在其横销的螺纹部分涂以润滑脂,存放在干燥处,以防生锈。

二、滑车的使用注意事项与维护

(1) 穿绕滑车或滑车组的钢丝绳必须符合滑车的要求。当选用的钢丝绳直径超过滑车的要求时,会加剧滑车轮的磨损,同时也使钢丝绳的磨损加剧。

(2) 滑车所受力的方向变化较大时或在高空作业中,不宜采用吊钩型滑车,以防脱钩。如必须使用吊钩型滑车,则应采取保护措施。

(3) 在穿绕滑车组时,应注意钢丝绳在滑轮槽中的角度。在任何情况下,滑轮槽的偏角不得超 4°～6°,如图 8-13 所示。因为当钢丝绳在滑轮槽中的偏角过大时,一方面,钢丝绳与滑轮槽侧面的磨损加剧;另一方面,钢丝绳易滑出绳槽,使起重作业不能正常进行,甚至发生事故。

(4) 若多门滑车在使用中只用其中几门时,则其起重量应经折算相应降低,不能仍按原起重量使用。

(5) 滑车组经穿绕后使用时,应先进行试吊,详细检查各部分是否良好,有无卡绳、摩擦或钢丝绳间相互摩擦之处,如有不妥,应经调整后才能正式起吊。

（6）滑车在拉紧后，滑车组两滑车轮的中心应按规定保持一定的距离。

（7）当滑车的滑轮有裂纹或缺损时，不得投入使用；当其他部位（如吊钩、轮轴、拉板等）存在缺陷、不符合使用要求时，不准使用。

（8）不允许超过滑车的安全起重量，没有铭片牌的滑车应估算出安全起重量。

（9）在不用滑车时，应将其上的脏物清洗干净，上好润滑油，放在干燥处，并在其下垫上木板。滑车加润滑油的部位如图8-14所示。

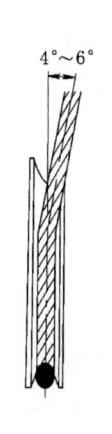

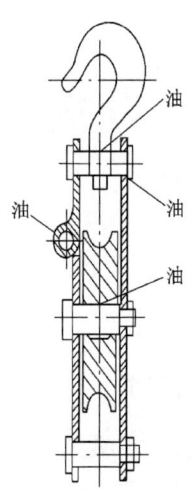

图 8-13　钢丝绳偏角　　　　图 8-14　滑车润滑部位

三、千斤顶的使用

1. 锥齿轮式螺旋千斤顶的使用

作业前应根据起重量的大小选择适应的千斤顶，使用时，把摇把上的换向扳扭扳在上升位置，然后用手摇动摇把，使螺杆套筒迅速上升，直到与重物相接触。将手柄插入摇把的孔内，使手柄做来回摆动，通过棘轮组，使锥齿轮组转动，同时，与锥齿轮连在一起的螺杆与锥齿轮一起转动，使螺母套筒在壳体内向上移动，顶起重物；反之，把摇把上的换向扳钮扳到下降位置，在摇把来回摇动时，螺母套筒就下降，同时重物也随之下降。

2. 油压千斤顶的使用

油压千斤顶（见图8-15）使用时，先将手柄2开槽的一端套入开关1，并按顺时针方向旋转将开关拧紧，然后把手柄2插入揿手孔3内，手柄做上下揿动，油泵芯也随之做向上下运动。当油泵芯向上运动时，工作液（机械油）便通过单向阀被吸入油泵体；当油泵芯向下运动时，被吸入油泵体内的工作液便被油泵芯压出，压出的工作液通过另一个单向阀进入活塞胶碗的底部，活塞杆即被逐渐顶起；当活塞上升到额定高度时，由于限位装置的作用，活塞杆不再上升。

在需要降落时，仍用手柄开槽的一端套入开关1，做逆时针方向的转动，单向阀即被松开。此时活塞缸内的工作液通过单向阀流回外壳油池内，活塞杆便渐渐下降。活塞杆的下降要在外力的作用下才能实现，且下降的速度可以通过单向阀开启的大小来调节。

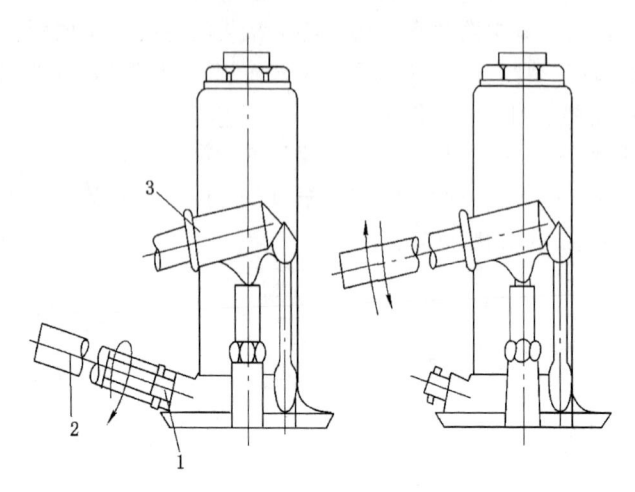

图 8-15　油压千斤顶操作示意图
1——开关；2——手柄；3——揿手孔

四、滚杠的使用

滚杠的选择应由被搬运重物的重量、外形尺寸等情况决定。被搬运的重物重量过大，应选择较粗的滚杠。滚杠的长短应视重物的外形尺寸而定。一般滚杠的长短以其两端伸出重物底面 0.3 mm 左右为宜，且滚杠的长短、粗细应基本一致。

当运输路线的路面为平整的水泥路面，重物的下底面为平整的金属面时，滚杠可直接放置于两者之间，如图 8-16(a)所示；如果设备有包装箱，则滚杠可以直接放置在包装箱与水泥路面之间，如图 8-16(b)所示；当地面不坚实，被运输的重物底面虽然为金属物，但底面高低不平，则应将重物放置于排子上，并在地面铺以木板(走板)，如图 8-16(c)所示。

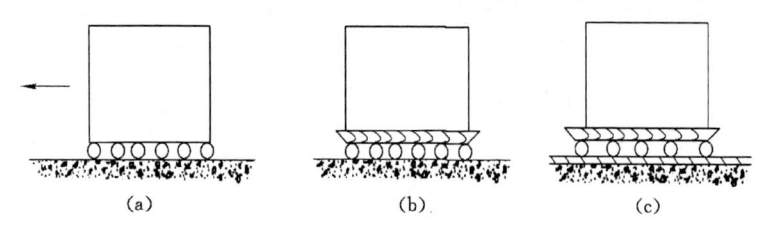

图 8-16　滚杠的摆放
(a)滚杠放置于重物底面与水泥路面间；(b)滚杠放置于设备包装箱与水泥路面间；
(c)滚杠放置于排子与走板间

走板的搭头处应交叉一部分，以免滚杠嵌入凹槽中。走板的摆放如图 8-17 所示。

当运输路线为直线时，滚杠的摆放如图 8-18(a)所示，即滚杠互相平行；当运输路线需要转弯时，滚杠的摆放如图 8-18(b)所示，即滚杠布置成扇形；转弯较大时，滚杠间的夹角可小一些，转弯较小时，侧滚杠间的夹角应大一些，如图 8-18(c)所示；在运输过程中还可以用大锤敲打滚杠以调整转弯角度，如图 8-18(d)所示。

放置滚杠时不准戴手套，且不能一把抓住滚杠，应把大拇指放在孔外，其余四指放在孔内，如图 8-19 所示。

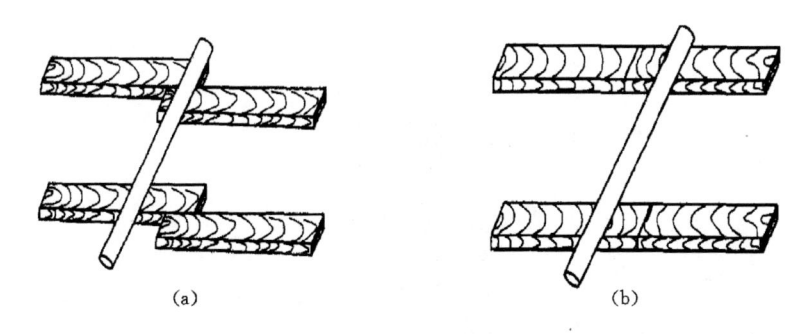

图 8-17 走板摆放形式
(a) 正确的摆放；(b) 错误的摆放

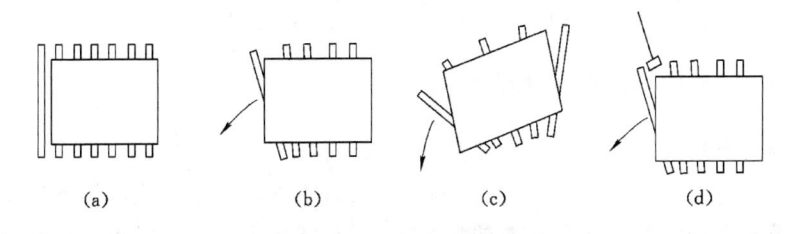

图 8-18 滚杠摆放形式
(a) 直线行走；(b) 大转弯行走；(c) 小转弯行走；(d) 用大锤调整转弯角度

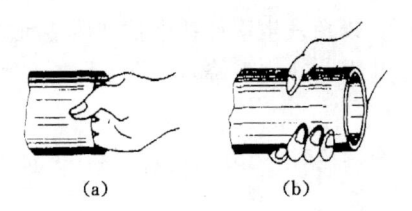

图 8-19 摆放滚杠的握法
(a) 正确的握法；(b) 错误的握法

添放滚杠的人员应站在设备的两侧面，不准站在重物倾斜方向的一侧，滚杠应从侧面插入，如图 8-20 所示。

五、撬棍的使用注意事项

(1) 撬棍不宜过长。当撬棍撬不动重物时，不要随便在撬棍的尾部套管子接长。

(2) 在撬动重物时，决不能用脚采撬棍，以身体重量加在撬棍上而使重物撬起，以免撬棍突然滚动，翘起伤人。

(3) 撬棍的支点要使用坚韧的木板，不可随意使用砖头、石块，最好不要使用光滑的钢料，以免撬棍滑动，或将砖头、石块压碎。

(4) 在撬动重物时，人不应骑跨在撬棍上，以免撬棍翘起时打伤人体的下部。

(5) 在握撬棍时，应双手握住撬棍的一端，身体前倾，侧身用力（但不要用力过猛）；不要用断续的冲击力，以免握不住撬棍尾部时，撬棍翘起打伤自己。

(6) 当用多根撬棍同时操作时，应统一指挥，统一行动，步调一致，同起同落。

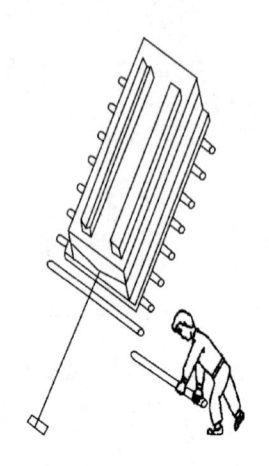

图 8-20　添放滚杠人员的站立位置

六、环链手拉葫芦的使用注意事项

(1) 在吊运重物前应估计一下重量是否超出手拉葫芦的额定载荷，切勿超载使用。

(2) 葫芦的吊挂必须牢靠，不得有吊钩歪斜及将重物吊在吊钩尖端等不良现象。

(3) 起重链条或手拉链条不应有错扭现象，以免在起吊重物时链条卡死在链轮槽中，影响正常工作。

(4) 无论是在倾斜或水平方向使用拉链，拉链的方向与手链轮方向一致，不要在与手链轮不同平面内斜向拽动手链条，以免发生手拉链卡住或脱链现象。

(5) 在起吊过程中，无论重物上升或下降，严禁有人在重物下面做任何工作或行走，以免发生人身事故。

(6) 在起吊过程中，拽动手拉链时，用力应均匀缓和，不要用力过猛，以免链条跳动脱出链轮或卡环。

(7) 如果操作者发现拉不动拉链时，切不可猛拉，更不能增加人员，应立即停止使用拉链，进行如下检查：重物是否与其他物件牵连；葫芦机件有无损坏；重物是否超出了葫芦的额定负荷。

第三节　起运吊装安全注意事项

为保证设备起重运输及吊装作业安全可靠地进行，确保无人身事故和设备事故，作业中必须严格按操作规程进行工作。起运吊装安全操作注意事项如下：

(1) 起重工必须经过有关部门考试合格后，发给特殊工种安全操作证，才能独立参加作业；未经考试合格的人员，不得单独进行起重作业；进入现场必须穿戴好安全防护用品。

(2) 起重工必须熟悉所用起重机械及工具的基本性能，作业前应认真检查使用的设备或工具是否良好，不完好的设备不能投入使用。

(3) 严禁使用已报废的起重机具（起重器具及各种绳索）。

(4) 根据物体的重量、体积、大小、形状及种类，采用适当的起重吊运方法。吊运时，必须保持物件重心平稳,严禁用人身重量来平衡吊运物件,或站在物体上起吊。搬运大型物体必须有明确标志(白天挂红旗,晚上悬红灯)。

(5) 在起吊各种物件前应进行试吊,确认可靠后方可正式吊运。

(6) 使用桅杆或三脚架起吊重物时,应绑扎牢固,杆脚固定牢靠。三脚架的杆距应基本相等,脚与地面的夹角不得小于60°,不得斜吊。

(7) 使用千斤顶时,必须上下垫牢,随起随垫,随落随抽垫木。

(8) 使用滚杠搬运物件时,滚杠两端不宜超出工件底面过长,摆放滚杠人员不准戴手套,大拇指应放在滚杠孔外,其他四指放入滚杠孔内,禁止满地抓,并应设监护人员;操作人员不准在重力倾斜方向一侧操作;钢丝绳穿过通道,应挂有明显标志;危险区域内禁止人员通过及停留。

(9) 吊运重物时,尽可能不要使重物离地面太高;在任何情况下都禁止将吊运的重物从人员头上越过,所以人员不准在重物下停留或行走;不得将重物长时间悬吊在空中。

(10) 吊运前应清理起吊地点及运行道路上的障碍物,招呼逗留人员避让,自己也应选择恰当的位置及随物护送的线路。

(11) 工作中严禁用手直接校正已被重物张紧的绳子(如钢丝绳、链条等),吊运中如发现捆绑松动或吊运工具出现异样,发出怪声,应立即停止操作进行检查,绝不能有侥幸心理。

(12) 翻转大型物件时应事先放好衬垫物,操作人员应站在重物倾斜方向的对面,严禁站在重物倾斜的一方。

(13) 选用的钢丝绳或链条长度必须符合要求,钢丝绳或链条的分股面夹角不得超过120°。

(14) 如吊运物件有油污,应将捆绑处油污擦净,以防滑动,锐边棱角应用软物衬垫,以防损坏或割断吊绳。

(15) 吊运物件时,应将附在物体上的活动件固定或卸下,防止物件重心偏移或活动件滑下伤人。

(16) 吊运成批物件时,必须使用专用吊桶、吊斗等工器具,同时吊运两件以上重物,要保持物体平稳,避免互相碰撞。

(17) 卸下吊运物件时,要垫好木枕;不规则物体要加支撑,保持平稳;不得将重物压在电气线路和管道上面,或堵塞通道;物体堆放应整齐平稳。

(18) 吊运大型设备或物件时,必须由两人操作,并由一个负责指挥;在卸到运输车辆上时,要观察重心是否平稳,确认松绑后不致倾倒方可松绑卸物。

(19) 利用两台或两台以上起重机械同时起吊一重物时,应在部门主要技术负责人领导下进行,起吊重量不得大于起重机允许总起重量的75%,重量的分布不得超过任何一台起重机的额定负荷,且要保证两台起重机之间有一定的距离,以免碰撞;操作时指挥要统一,动作要协调。

(20) 如有其他人员协同挂钩工作时,应由起重挂钩工负责安全指挥和吊运,任何情况下都不得让他人代替挂钩重物。

(21) 吊运开始前,必须招呼周围人员离开,挂钩工退到安全位置,然后发出起吊信号;物件起吊后,操作人员要注意力集中,随时注意周围情况,不可随意离开工作岗位。

（22）多人操作时，应由一人负责指挥；起重工应熟悉各种指挥信号，使用起重机械时应与司机密切配合，并严格执行起重作业"十不吊"的规定。

（23）在离地面 2 m 以上的高处作业时，应执行高空作业的安全操作规程。

（24）工作结束后，应清理作业场地，将所用器具擦拭干净，做好维护保养工作，并注意保管。

第九章 小型机械设备的原理结构与性能

第一节 凿岩机的性能、结构及工作原理

一、凿岩机的用途及种类

凿岩机主要用在中硬或坚硬的岩石中钻凿炮孔,是用来破碎岩石的机具。它既可打水平炮孔,又可打向上或倾斜炮孔。

凿岩机的种类很多,按照所用动力分为风动、电动、液压和内燃等四类;按照冲击次数分为高频凿岩机和普通凿岩机;按照转钎机构分为外回转式和内回转式两种;按照安设和推进方式可分为手持式、气腿式、向上式和导轨式四类。目前,煤矿上广泛使用的是气腿式凿岩机。

二、凿岩机的型号及其含义

YT-23 型凿岩机型号含义是:Y 代表凿岩机,T 代表气腿式;23 代表机重 23 kg。YTP-26 型凿岩机型号含义是:Y 代表凿岩机;T 代表气腿式;P 代表高频率;26 代表机重 26 kg。YYG-80 型凿岩机型号含义是:Y 代表凿岩机;Y 代表液压;G 代表导轨式;80 代表机重 80 kg。

三、凿岩机的结构与工作原理

(一) YT-23 型气腿式凿岩机的结构及工作原理

1. YT-23 型气腿式凿岩机的结构

YT-23 型气腿式凿岩机主要由操纵机构、转钎机构、配气机构、冲击机构、水阀、柄体、消音器、螺栓、气缸、机头、卡钎器、注油器和气腿等组成,如图 9-1 所示。

2. YT-23 型气腿式凿岩机的工作原理

风动凿岩机以压缩空气为动力,在配气机构的调节下,首先使压缩空气进入气缸后腔推动活塞向前运动(冲程),完成对钎子的冲击动作,然后使压缩空气进入气缸前腔推动气缸向后运动(回程),完成钎子的回转运动。

活塞的往复运动是靠配气机构来自动调节,使冲、回程运动连续进行,冲程和回程的配气工作原理如图 9-2 所示。当活塞 7 位于后腔,配气阀芯 8 处于左侧,从柄体操纵阀孔 1 进来的压气经气路 2、3、4、5 和 6 进入气缸 9 的后腔,而前腔经排气孔与大气相通,故活塞在压气压力作用下,迅速向右运动,最终撞击钎尾。在活塞向右运动的过程中,活塞先封闭排气口,此时前腔仍由活塞上的花键槽向钎尾套泄气,以减少背压,较小影响活塞的加速运动而增大其行程和防止冲洗水倒流入缸内,直到冲击点前 7~8 mm,花键槽才被导向套 10 所堵

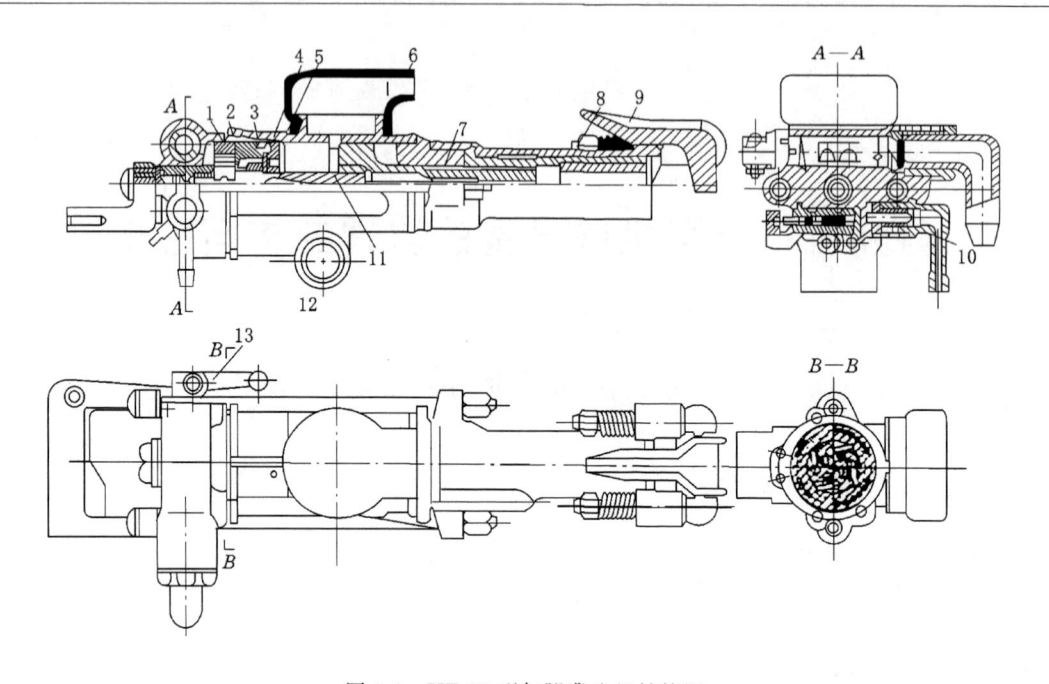

图 9-1 YT-23 型气腿凿岩机结构图

1——棘轮；2——定位销；3——阀柜；4——阀；5——阀套；6——消音器；7——活塞；
8——机头；9——卡钎器；10——水阀；11——螺旋棒；12——缸体；13——操作手柄

死。活塞继续高速前移，气缸气体被压缩而压力上升，经气路 11、12 作用在配气阀的后面。与此同时，活塞已把排气口打开，大量压缩空气则由气路 4、5 经阀前侧 1 mm 缝隙、气道 6、后腔和排气口而排出，阀前侧压力降低，配气阀便移到右侧封闭气孔 6、使气路 4、5 和 12、11 连通，于是活塞冲程结束，回程开始。此时活塞位于气缸前腔，配气阀处于右侧；压气经气路 1、2、3、4、5、12 和 11 进入气缸前腔，作用于活塞右端，因气缸后腔通大气，故活塞向左运动。在运动过程中，后移 7～8 mm，花键开始泄气，再后移 4～5 mm，活塞左端面封闭排气口，再后移后腔气体被压缩，压力升高；当后移到前腔与排气口相通时，大量压气由气道 4、5 经阀后侧流过，降低了阀后侧的压力，则驱使阀后移至左侧，封堵了前腔气道 12、11，打开了阀套孔 6，由操纵阀气孔 1 送来的压气再次进入气缸后腔，于是又开始了第二次冲程。

　　钎子的回转则是靠转钎机构来完成的。转钎机构的工作原理如图 9-3 所示。在活塞 4 大端内装有螺母，与活塞紧固成一体，螺旋棒 3 上有 6 条右旋螺纹槽与活塞大端内的螺母配合，螺旋棒大端装有四个棘爪 2，在弹簧的作用下抵住棘轮 1 的内齿。而棘轮靠定位销固定在气缸和柄体之间，使之不能转动。转动套 5 右端内部有花键槽与活塞 4 小端的花键相配合；其左端内固定有钎尾套 6，套内有正六方形孔，钎尾就插入其中。由于棘轮机构具有单方向间隙旋转的特点（正向旋转，反向制动），故当活塞冲程时，活塞只做直线运动，迫使螺旋棒转过一个角度；当活塞回程时，螺旋棒受力使棘爪逆转，并抵到棘轮上。由于棘轮固定在柄体上，故螺旋棒不能转动，因而迫使活塞转过一个角度，活塞杆带动转动套和钎子也同时转过一个角度，从而改变钎头下次冲击位置，达到转钎目的。活塞每冲击一次，钎子就转动一次，钎子每次转角的大小与螺旋棒螺纹导程、活塞行程有关，还与棘爪、螺母及钎尾等处的配合关系、磨损程度有关。

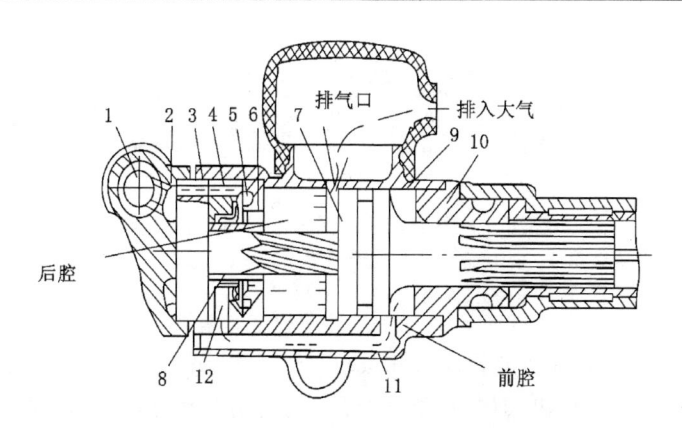

图 9-2 配气与活塞往复运动原理图

1——操纵阀气孔;2——柄体气道;3——棘轮孔道;4——阀柜孔道;5——环形气室;6——阀套孔;
7——活塞;8——配气阀芯;9——气缸;10——导向套;11——返程气道;12——阀柜径向气道

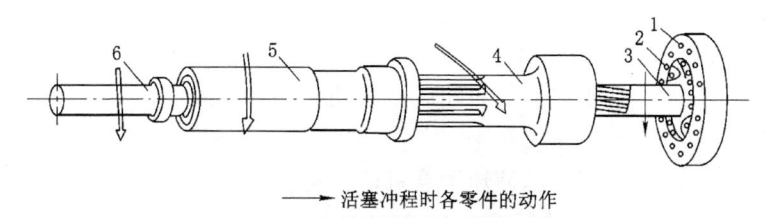

→ 活塞冲程时各零件的动作
⇒ 活塞回程时各零件的动作

图 9-3 转钎机构动作原理图

1——棘轮;2——棘爪;3——螺旋棒;4——活塞;5——转动套;6——钎子

YT-23型凿岩机采用了凿岩时注水冲洗和停止冲击强力吹洗两种方式排除岩粉。

YT-23型凿岩机设有气水联动冲洗装置。它由柄体螺母、注水阀、压盖、水针及水针外套等部件组成,如图9-4所示。利用压气控制水阀的开闭。凿岩机一开动,即可自动向炮孔注水冲洗;停止工作时,又自动关闭水路,停止供水。

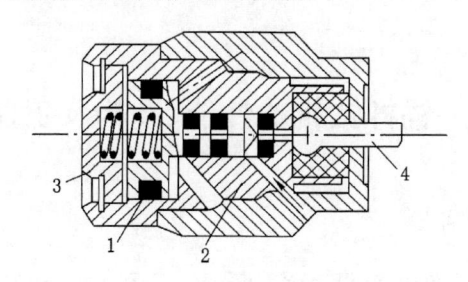

图 9-4 气水联动装置结构图

1——注水阀;2——阀体;3——弹簧;4——水针

当炮孔较深或向下钻孔时,为排除炮孔内岩粉或泥浆,将操纵手柄推到强力吹洗位置,如图9-5所示。这时,压气从操纵阀孔进入,经由气缸壁等相应的专用孔进入钎子中心孔内,然后通过水钎与钎子孔间隙直达炮孔底部,实现强力吹洗,将炮孔内的岩粉泥浆吹出。

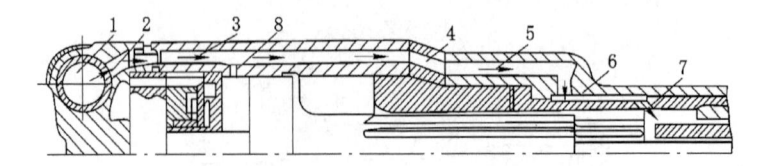

图 9-5　气水联动装置强力吹扫炮孔示意图

1——操纵阀；2——柄体气道；3——缸体气道；4——导向套气道；5——机头气道；
6——机头内腔；7——钎子中心孔；8——平衡孔

（二）YTP-26 型凿岩机的结构及工作原理

YTP-26 型凿岩机主要由阀体、柄体结合部、机头结合部、气缸结合部等组成。YTP-26 型凿岩机与 YT-23 型凿岩机的结构基本相同，其主要不同点是采用了无阀配气和新的转钎机构：利用活塞尾部的筒状圆柱进行配气（即所谓无阀配气），不但简化结构，而且减少漏气；钎子的回转运动是在活塞回程运动中进行的。YTP-26 型凿岩机与 YT-23 型凿岩机的工作原理基本相同，在此不再详述。

（三）YYG-80 型液压凿岩机的特点

YYG-80 型液压凿岩机与掘进掘岩台车是配套使用的。与风动凿岩机相比，液压凿岩机具有下列特点：

（1）动力消耗少，能量利用率高，液压凿岩机的能量利用率可高达 30%～40%，而风动凿岩机的能量利用率仅为 10% 左右。

（2）凿岩机性能和凿岩速度可大大提高。在一般情况下，液压凿岩机的钻眼速度是风动凿岩机的 1.3～1.5 倍，凿岩速度可达 1.6 m/min 以上。

（3）液压凿岩机运动零件都是在液压油中，润滑条件好，能减少零件磨损。

（4）采用全液压传动，可同时操作多台凿岩机，工作效率高。

（5）液压凿岩工作时没有废气排出所造成的噪音，没有油雾排出所造成的污染。

（6）由于采用高压油作动力，机器零件精度高，装配要求严格，维护保养技术和费用较高；液压油的质量要求高，并应设法控制温升，以免温升过高引起油质变化，影响机械性能和凿岩速度。

第二节　锚杆钻机的性能、结构及工作原理

一、锚杆钻机的用途及种类

锚杆钻机是矿山岩土钻孔设备，用于矿山采掘、工程建设、水利工程中的岩土钻孔和锚杆支护。锚杆钻机按结构分为单体式、钻车式、机载式；按动力分为电动式、气动式、液压式；按破岩方式分为回转式、冲击式、冲击回转式、回转冲击式。电动锚杆钻机的电机可靠性及防水性能存在严重安全问题，已被淘汰禁用。目前，煤矿上广泛使用的是气动锚杆钻机。液压锚杆钻机，由于其输出的扭矩高于气动锚杆钻机输出的扭矩，在某些场合下（特别是与掘进机配套使用时）应用较好，是较为优越的作业设备，但仍存在扭矩偏低、液压系统容易发热等缺点。

二、气动锚杆钻机的型号及其含义

MQT-130/2.0-A 锚杆钻机型号含义是:M 代表锚杆钻机;Q 代表气动;T 代表支腿式;130/2.0代表额定转矩 130 N·m,功率 2.0 kW;A 代表锚杆钻机的长度为矮型(B 代表锚杆钻机的长度为标准型、C 代表锚杆钻机的长度为高型)。

三、气动式锚杆钻机的结构及工作原理

1. MQT 系列锚杆钻机的结构

MQT 系列锚杆钻机由马达传动部件、操作臂部件、气腿部件、机体部件等组成,如图9-6所示。

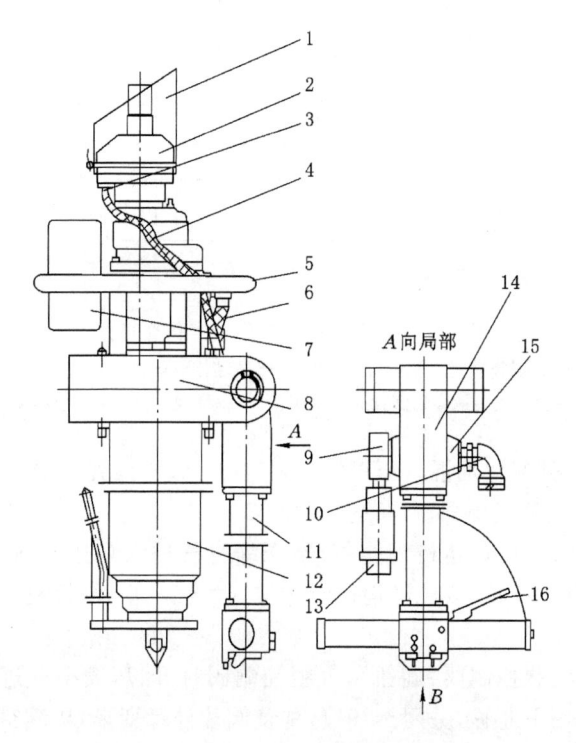

图 9-6　MQT 系列锚杆钻机结构图

1——挡水板;2——旋转部件;3——喉箍;4——输水胶管;5——扶手;6——输气胶管;
7——消音器;8——机体;9——进气接头;10——进水接头;11——操作臂;12——气腿;
13——油雾器;14——阀体总成;15——水接头座;16——马达扳机

马达传动部件主要由齿轮马达、减速器和主轴组成,用以驱动钻杆旋转,主轴上安装有水套。操纵臂上装有马达控制阀、气腿控制阀和水阀,用以操作钻机旋转、气腿升降和向钻杆供水、冲洗钻孔等。气腿由外筒和三级活塞缸筒组成,有较大的伸缩长度,以满足不同高度巷道的需要。

机体部件主要由机体、配流轴、呼吸阀和放气阀组成。机体上部安装马达传动部件,下部安装气腿部件,操纵臂部件的阀体与配流轴装配在一起。机体内部加工有输送气体和压力水的孔道,分别用于向马达和气腿输送压缩空气,向水套输送压力水。

油雾器安装在阀体的进气口处,内装润滑油,以压缩空气为动力把润滑油雾化以后注入气流中,并随气流进入需要润滑的部件,达到润滑的目的。

2. MQT 系列气动式锚杆钻机的工作原理

MQT 系列锚杆钻机的工作原理如图 9-7 所示。

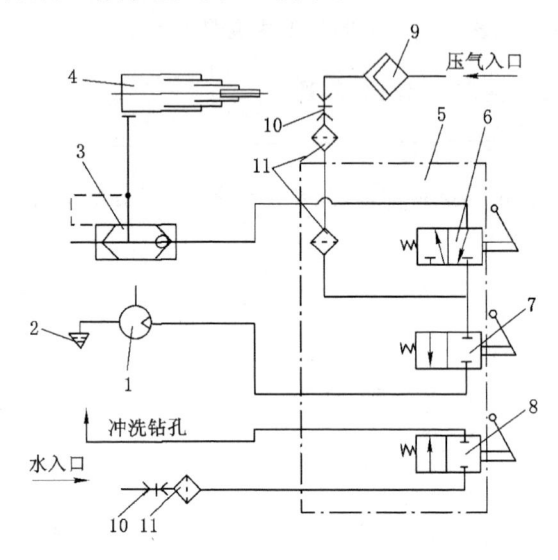

图 9-7 MQT 系列锚杆钻机工作原理图
1——气压马达(齿轮式);2——消声器;3——快速排气阀;4——气腿;5——阀体;
6——气腿控制阀;7——马达控制阀;8——水阀;9——油雾器;10——快速接头;11——过滤器

压缩空气经油雾器(雾化油混入压缩空气,使工作部位得到润滑)、快速接头、过滤器后到达阀体5,分别进入气腿控制阀6、马达控制阀7。

压下操纵臂上的"扳机"马达控制阀打开,压缩空气进入马达1,驱动马达旋转,经减速后,带动主轴顺时针方向旋转,废气经消声器2排入大气。松开"扳机",马达控制阀关闭,马达停止转动。

转动操纵臂上的气腿控制阀"旋钮",气腿控制阀打开,压缩空气进入快速排气阀3,这时阀片在空气压力作用下左移,关闭排气口,并使阀片外缘变形,压缩空气进入气腿上腔,推动各级缸筒外伸。将"旋钮"置于"关"位置,切断气源,气腿在自重作用下,使缸筒内的气体产生压力,作用到快速排气阀,使阀片右移,打开排气口,缸筒内部气体经机体上的排气阀排入大气,缸筒缩回。

转动操纵臂上的水控阀"旋钮",打开水阀8,压力水经快速接头10、过滤器11、水阀8后,通过钻杆中心孔进入钻头,冲洗钻孔。

手动调节各阀的开启量,即可调节转速、推力或水量。

第三节 矿用绞车的性能、结构及工作原理

一、矿用绞车的用途、类型及适用范围

矿用绞车是借助于钢丝绳带动提升容器沿井筒或坡道运行的提升机械,是主要用来提

升煤炭、矸石和提升或下放设备、材料的常用工具。

矿用绞车包括调度绞车、双速多用途绞车、回柱绞车和无极绳绞车等。

(1) 调度绞车是供井下回采工作面和掘进工作面装载站使用,调度编组矿车及中间巷道拖运矿车,也可用于短距离运送材料。

(2) 双速多用途绞车具有快速和慢速两挡速度,可以根据现场的需要变换速度和牵引力进行不同条件下的工作,可用于煤矿井下采煤工作面综采设备及各类机电设备的搬迁等辅助运输工作,也可用于煤矿井下采掘工作面、井底车场、上下山、煤矿地面等处的矿车调度、物料运输等工作,还可用于采煤工作面的回柱放顶。

(3) 回柱绞车又称慢速绞车,主要用来拆除和回收采煤工作面支柱,此外还可用来拖运重物和调运车辆。

(4) 无极绳绞车是煤矿井下巷道以钢丝绳牵引的一种普通轨道连续运输设备;适用于长距离大倾角、多变坡、大吨位工况条件下的工作面平巷、采区上(下)山和集中轨道巷等材料、设备不经转载的直达运输;是替代传统小绞车接力、对拉运输方式,实现运输整体液压支架和矿井各种设备的一种理想装备;也可用于金属矿山的井下巷道和地面坡度不大且有起伏变化的轨道运输,但要求轨道倾角一般不大于 20°。

二、矿用绞车的型号及其含义

1. 调度绞车

调度绞车常用的型号包括:JD-1、JD-1.6、JD-2.5、JD-4。例如,JD-1(原 JD-11.4)型号含义为:J 代表绞车;D 代表调度;1 代表外层钢丝绳静张力,单位为 10 kN,也即外层钢丝绳静拉力为 10 kN。

2. 双速多用绞车

双速多用途绞车的常用型号包括:JSDB-10、JSDB-13、JSDB-16、JSDB-19、JSDB-25。例如,JSDB-10(原 SDJ-14)型号含义为:J 代表绞车(卷扬机);S 代表双速;D 代表多用;B 代表隔爆(非隔爆不标注);10 代表慢速牵引外层钢丝绳的最大静张力,单位为 10 kN,也即慢速牵引时,外层钢丝绳静张力为 100 kN。

3. 回柱绞车

回柱绞车的常用型号包括:JH-5、JH-8 和 JH-14。例如,JH-5 型号含义为:J 代表绞车;H 代表回柱;5 代表钢丝绳的平均牵引力,单位为 10 kN,也即钢丝绳的平均牵引力为 50 kN。

4. 无极绳绞车(JWB 系列)

无极绳绞车(JWB 系列)的常用型号包括:JWB-1.2、JWB-2.5、JWB-3.6、JWB-6。例如,JWB-2.5/0.75 型号含义为:J 代表卷扬机类;W 代表无极绳绞车;B 代表防爆(非防爆省略);2.5 代表额定拉力(钢丝绳最大静拉力),单位为 10 kN,也即钢丝绳最大静拉力为 25 kN;0.75 代表钢丝绳速度,单位为 m/s,即钢丝绳速度为 0.75 m/s。

三、矿用绞车的结构及工作原理

(一) 调度绞车的结构及工作原理

1. JD-1 型调度绞车的结构

JD-1 型调度绞车主要由滚筒、制动装置、机座和电动机等组成,如图 9-8 所示。绞车滚筒由铸钢制成,其主要功能是缠绕钢丝绳牵引负荷。滚筒内装有减速齿轮。绞车上共装有两组带式闸,即制动闸 2 和工作闸 3。电动机一侧的制动闸 2 用来制动滚筒,大内齿轮上的工作闸 3 用于控制滚筒运转。机座用铸铁制成,电动机轴承支架及闸带定位板等均用螺栓固定在机座上。电动机为专用隔爆三相鼠笼型电动机。

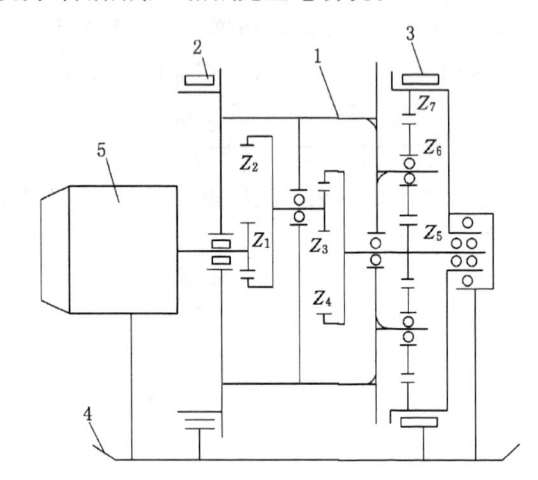

图 9-8　JD-1 型调度绞车结构及工作原理图
1——滚筒;2——制动闸;3——工作闸;4——机座;5——电动机

2. JD-1 型调度绞车的工作原理

为了使绞车体积变小、结构紧凑,其减速机构采用了两组内齿轮传动副和一组行星轮系,并将其装入卷筒体内,电动机亦半伸入卷筒端部。在绞车内部各转动处均采用滚动轴承支承,运转灵活。JD-1 型调度改车工作原理如图 9-8 所示。

该型绞车采用两级内啮合传动和一级行星传动。Z_1、Z_2 和 Z_3、Z_4 为两级内啮合传动,Z_5、Z_6、Z_7 组成行星机构。

在电动机 5 轴头上安装着加长套的齿轮 Z_1。通过内齿轮 Z_2、齿轮 Z_3 和内齿轮 Z_4,把运动传到齿轮 Z_5 上。齿轮 Z_5 是行星轮系的中央轮(或称太阳轮),再带动两个行星齿轮 Z_6 和大内齿轮 Z_7。行星齿轮自由地装在两根与滚筒固定连接的轴上。大内齿轮齿 Z_7 圈外部装有工作闸,用于控制绞车滚筒运转。

若将大内齿轮 Z_7 上的工作闸 3 闸住,而将滚筒上制动闸 2 松开,此时电动机转动由两级内齿轮传动到 Z_5、Z_6 齿轮和 Z_7。但由于 Z_7 被闸住,不能转动,所以齿轮 Z_6 只能绕自己的轴线自转,同时还要绕齿轮 Z_5 的轴线(滚筒中心线)公转,从而带动与其相连的滚筒转动。

反之,若将大内齿轮 Z_7 上的工作闸 3 松开,而将滚筒上的制动闸 2 闸住,因齿轮 Z_6 与滚筒直接相连,只作自转而没有公转,从 Z_1 到 Z_7 的传动系统变为定轴轮系,齿轮 Z_7 做空转,绞车滚筒不能转动。交替松开(或闸住)制动闸 2 或工作闸 3,即可使调度绞车在不停电动机的情况下实现运行和停车。当需要做反向提升时,必须重新按启动按钮,使电动机反向运转。需要注意的是:当电动机启动后,不能将工作闸和制动闸同时闸住,这样会烧坏电动机或发生其他事故。

(二)双速多用绞车的结构及工作原理

双速多用绞车的结构及工作原理如图 9-9 和图 9-10 所示。

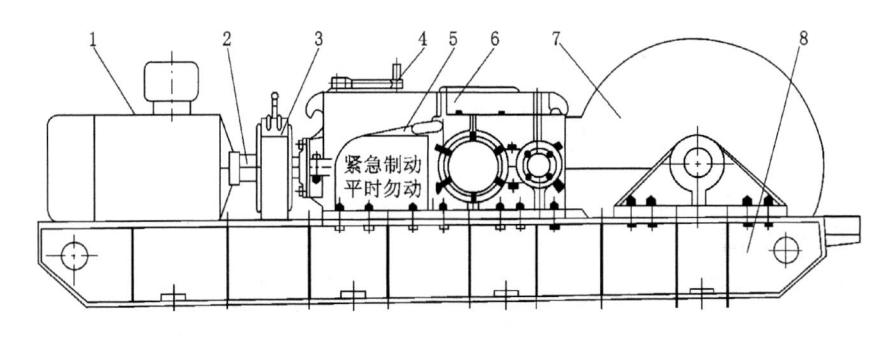

图 9-9 双速多用绞车结构图

1—电动机；2—联轴器；3—工作制动装置；4—调速手柄；
5—安全制动装置；6—减速箱；7—卷筒装置；8—底座

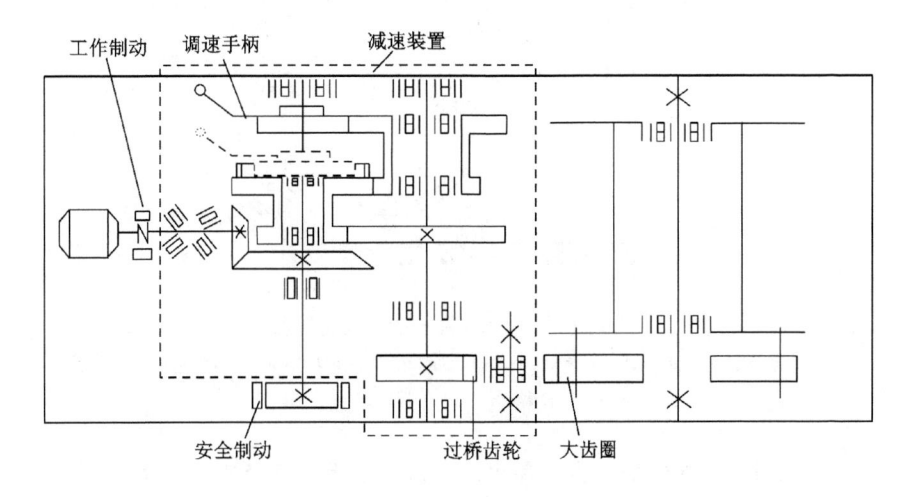

图 9-10 双速多用绞车工作原理图

双速多用绞车主要由电动机、联轴器、工作制动装置、调速手柄、安全制动装置、减速箱、卷筒装置、底座等组成。该绞车整体成长条形，绞车结构简单、紧凑。减速箱上下箱体为剖分式，装配、维修均很方便，底座由型钢焊接而成。绞车内部各传动部位均采用滚动轴承支承。工作时，绞车由电动机通过带制动轮的联轴器、减速箱、再经过一级开式齿轮传动传递到卷筒。减速箱是绞车的传动心脏，共有两种速度。

双速多用绞车的制动系统分为工作制动和安全制动。若制动闸采用电液控制时，其控制电路与工作电机的控制电路形成互锁，在电动机的启动和关闭时，做出松开与抱紧动作；若工作制动失灵，则可使用安全制动进行制动。

第四节 小型水泵的性能、结构及工作原理

目前煤矿井下常用的小型水泵主要有 B 型、Sh 型离心式水泵、风动、电动潜水泵与气动隔膜泵。QBY 气动隔膜泵是一种新型输送机械，采用压缩空气为动力源，体积小，重量轻，挪移方便，使用安全。

一、小型水泵的结构及工作原理

（一）B型单级离心式水泵的结构及工作原理

1. B型单级离心式水泵的结构

B型单级离心式水泵的结构如图9-11所示。它主要由泵体、泵盖、水轮、泵轴、托架和填料函、轴承等部件组成。

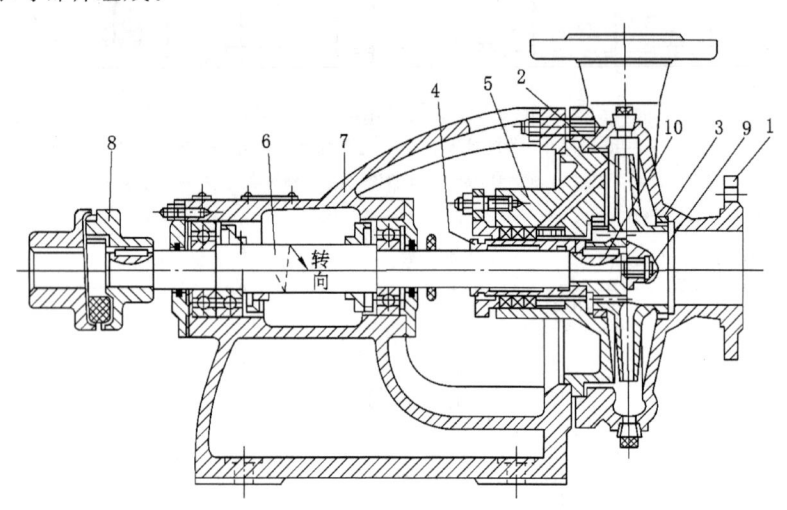

图9-11 B型单级离心式水泵结构图

1——泵体；2——水轮；3——密封环；4——填料函；5——泵盖；6——泵轴；7——托架；8——联轴器；9——水轮螺母；10——键

泵体1为铸铁制成，外形似蜗壳。在出水口法兰盘上有安装压力表用的螺孔（不安装压力表时用四方螺塞堵住）。泵壳顶部设有放气螺钉，供灌水时排气水。泵体下部有一放水用的螺孔。当泵停止使用时，须将泵内的存水放掉，以防锈蚀或冬季冻裂泵壳。进水口法兰盘上有一安装真空表用的螺孔。泵体在进口方向与叶轮进口配合处装有减漏环，这个环的功用是隔开水泵内的低压区和高压区，以防止水泵内部的叶轮外缘的高压水流回叶轮中部的低压区，造成漏水损失。

水轮2为铸铁制成（也有用铜、不锈钢制成），安装在泵体的壳腔中。它们之间形成由小到大的水流槽道，使水流流速逐渐缩小而压力逐渐增加。水轮有单密封环及双密封环两种：一般4英寸以下的小口径（水轮吸水口直径）、低扬程的泵为单密封环（只在水轮进口有）；大口径、高扬程的泵为双密封环。水轮借助于水轮螺母9和外舌止退垫圈固定在泵轴的一端。外舌止退垫圈能防止水轮螺母松劲。

泵轴6用45号优质碳素结构钢加工而成，一端固定水轮，另一端装联轴器，由两盘单列向心球轴承支承。

托架7由铸铁制成，是整个水泵的支架。它的下部通过地脚螺钉固定于基础上，上部有轴承室和油室，用机械油润滑。轴承室用来安装轴承，两端用轴承端盖压紧。在泵轴上一般还装有挡水圈。挡水圈用橡胶制成，用来防止水渗入轴承室内。

填料函4的填料密封材料装在泵轴穿过泵壳处，用以封闭泵轴和泵壳之间的间隙。填料对泵轴的包紧程度由压盖对填料的压紧程度来调节。其适宜的松紧程度大致是每秒钟向泵外滴一滴水。

2. B型单级离心式水泵的工作原理

水泵在启动前,应先使泵壳和吸水管内充满水,然后启动电机,使泵轴带动叶轮和水做高速旋转运动,水发生离心运动,被甩向叶轮外缘,并经出水口被压出;同时,外界水被吸入泵内。水轮连续旋转,水即被连续吸入泵内,并连续被抛出泵外。

(二) BQS系列矿用隔爆型潜水排沙(潜污水)泵的结构及工作原理

1. BQS系列矿用隔爆型潜水排沙(潜污水)泵的结构

矿用隔爆型潜水排沙(潜污水)泵的结构如图9-12所示。潜水泵结构形式为整机潜水、机电一体、下吸式吸水。叶轮在整机的下部,电机在上部。中间有空气室,电机与空气室连成一体。在其体外装有导水套。叶轮输出的水从电机外壳与导水套之间的流道通过,经导水套顶部的出水口排出,所以电机的冷却效果好。电机轴封采用端面机械密封。机械密封壳内装有润滑油。

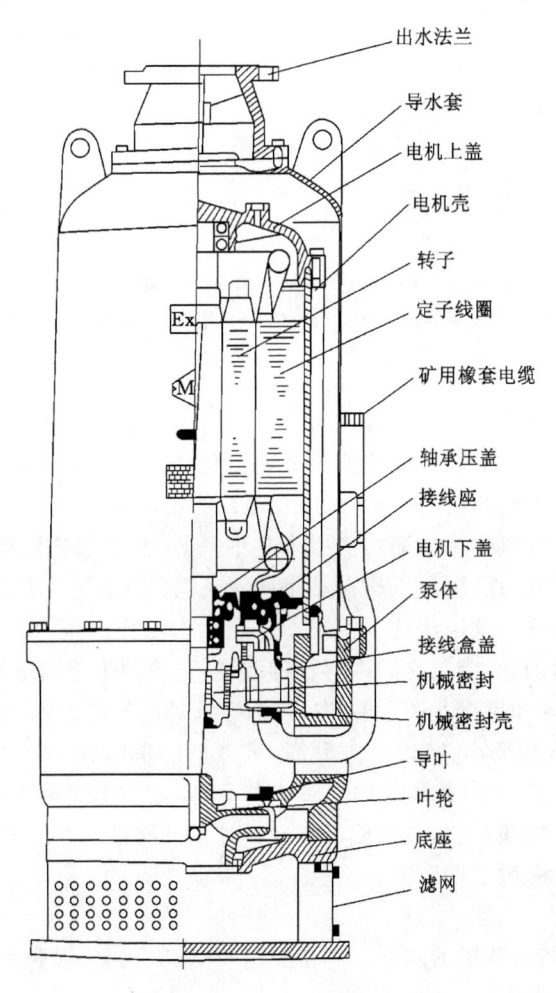

图9-12 BQS系列矿用隔爆型潜水排沙泵结构图

2. BQS系列矿用隔爆型潜水排沙(潜污水)泵的工作原理

潜水泵立式安装,使水面高过泵体的吸水口。当电动机启动后,电机转动,通过输出轴带动水泵叶轮旋转,由于离心力的作用,使叶轮进口处形成负压,将水吸入叶轮,叶轮带动水旋转,使液体动能增加,通过泵体后使液体的动能转化成势能,完成排水工作。

(三) QBY型气动隔膜泵的结构及工作原理

1. QBY型气动隔膜泵的结构

QBY气动隔膜泵是以压缩空气为动力,通过膜片往复变形造成容积变化的容积泵。其结构如图9-13所示。

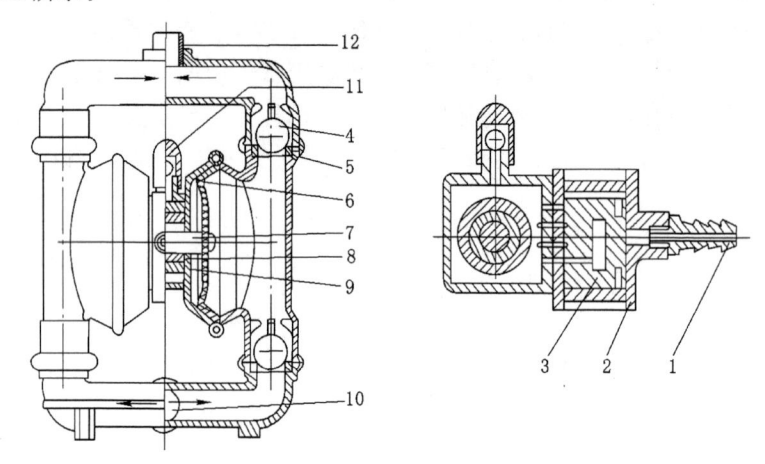

图9-13 QBY系列气动隔膜泵结构图

1——进气口;2——配气阀体;3——配气阀;4——圆球;5——球座;6——隔膜;7——连杆;
8——连杆铜套;9——中间支架;10——泵进口;11——排气口;12——泵出口

2. QBY型气动隔膜泵的工作原理

QBY型气动隔膜泵的工作原理近似于柱塞泵的,如图9-14所示。在泵的两个对称工作腔A、B中各装有一块有弹性的隔膜,由中心连杆将其联结成一体。压缩空气从泵的进气口进入配气阀,通过配气机构将压缩空气引入其中一腔,推动腔内隔膜运动,而另一腔中气体排出。一旦到达行程终点,配气机构自动将压缩空气引入另一工作腔,推动隔膜朝相反方向运动,从而使两个隔膜连续同步地往复来回挤压运动工作。每个工作腔中设置有两个单向球阀,隔膜的往复运动,造成工作腔内容积的改变,迫使两个单向球阀交替地开启和关闭,从而将液体连续地吸入和排出。图9-14中,压缩空气经配气阀进入A腔,推动A腔的隔膜向左运动,使A腔的容积变小,腔内压力升高,进液口的单向阀关闭,排液口的单向阀被顶开,腔内液体被挤压排液。同时,B腔的隔膜向右运动,使B腔的容积变大,腔内压力降低,形成负压,排液口的单向阀关闭,吸液侧的单向阀被顶开吸液。

(四) 射流泵的结构及工作原理

1. 射流泵的结构

射流泵是一种无传动装置的水泵。它主要由喷嘴、吸入室、混合室以及扩散管等部件组成。其结构如图9-15所示。

2. 射流泵的工作原理

射流泵是靠高速工作流体的能量来完成流体的输送。如图9-15所示,当具有一定压力

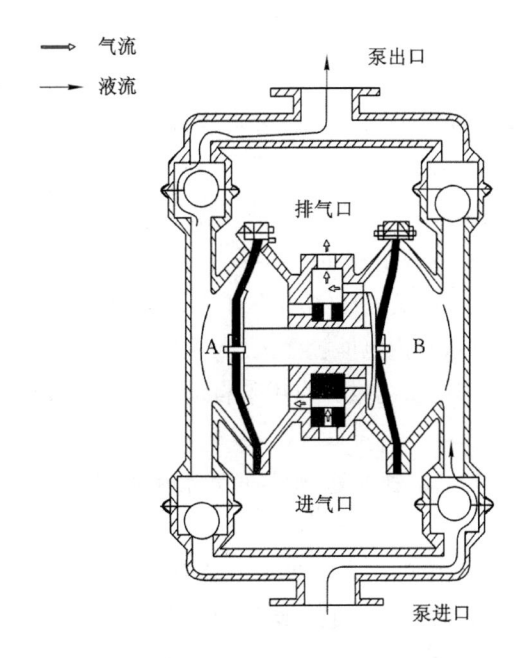

图 9-14　QBY 系列气动隔膜泵工作原理图

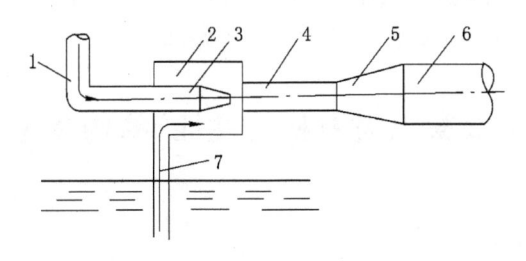

图 9-15　射流泵结构图

1——高压水管；2——吸入室；3——喷嘴；4——混合室；5——扩散管；6——排水管；7——吸水管

的高压水从管 1 进入渐缩形喷嘴 3,使水的静压转变为速度能,从喷嘴射出的高速水流,将吸入室 2 中的空气带走,因而在吸入室形成负压,水池中的水在大气压力作用下进入吸入室,然后和喷射出来的高压水流发生能量交换,在混合室 4 时,两股水量的流速基本上一致,水流进入扩散管 5,流速逐渐降低,动能变为压力能,最后进入排水管 6 中。

3. 射流泵的特点

射流泵消耗的高压水量为它输送水量的 1～2.5 倍,射流泵所需的高压水的压头为它所产生扬程的 3～5 倍。射流泵的效率很低,一般为 20%～25%。射流泵所产生的压头不大于 100～150 m。射流泵由于构造简单、体积小、没有运转部件,可用于输送清水、矿浆,特别是在狭小、条件不好、不需要维修和看管的地方,运行比较经济。在矿井上,射流泵一般是用在无底阀离心式水泵上用来灌引水。在离心泵的泵壳顶部接一射流泵,水泵启动前,利用给水管道中的高压水作为射流泵的工作液体,通过射流泵来抽吸泵体内的空气,达到离心泵启动前抽气充水的目的。

二、小型水泵的管路及附件

小型水泵的管路及附件包括滤网、底阀、直水管、弯管、逆止阀、闸阀等部件。一般小型泵可以根据需要只配装其中一部分附件。

(1) 滤网。它装在水泵的进水管口处,一般呈栅格孔。它的功用是滤除水中的大杂质,如木屑等,用以防止泵内的水道被堵塞和损坏零件。

(2) 底阀。它一般和滤网装成一整体,是一个单向阀门,有盘形和蝶形两种。底阀的功用是保证启动前水泵内和进水管内能够被灌满水。水泵工作时,底阀的单向阀门自动打开;停泵时,阀门在自重和进水管中水的重力作用下自动关闭,使泵内和进水管能够保存余水,以利再次启动水泵。

(3) 直水管。它分为钢铁管、橡胶管、塑料管和水泥管等。刚性水管必须配用弯管来改变管路方向。

(4) 逆止阀。离心泵在水泵的出水口处一般装有逆止阀,在扬程较小的情况下也可以不用逆止阀,而在出水管口安装拍门。逆止阀和拍门都是一种单向阀门,它们的功用是防止出水管的水倒流,以起到保护水泵的作用。

(5) 闸阀。它装在逆止阀后面的出水管路上,是一个用来调节管路通道大小,甚至完全切断管路通道的部件,以实现流量的调节和出水管路的启闭。

第五节 混凝土喷射机的性能、结构及工作原理

一、混凝土喷射机的用途及种类

混凝土喷射机利用压缩空气将混凝土沿管道连续输送,并喷射到施工面上。它是煤矿进行喷浆支护的重要设备。混凝土喷射机分为干式、潮式和湿式三种

二、混凝土喷射机的型号含义及技术特征

1. 混凝土喷射机的型号含义

PZ-5型混凝土喷射机型号含义为:P代表混凝土喷射机;Z代表转子式;5代表生产能力为 5 m^3/h。

PC5I型转子式混凝土喷射机型号含义为:P代表混凝土喷射机;C代表潮式喷射;5代表生产能力为 5 m^3/h;I代表直通腔。

PS5I型湿式混凝土喷射机型号含义是:P代表混凝土喷射机;S代表湿式喷射;5代表生产能力为 5 m^3/h;I代表直通腔。

2. 混凝土喷射机的技术特征

混凝土喷射机的主要技术特征如表9-1所示。

表 9-1　　　　　　　　　　　混凝土喷射机的主要技术特征

型号＼项目	额定工作压力 /MPa	生产能力 /(m³/h)	输送距离（水平/垂直）/m	耗气量 /(m³/min)	转子速度 /(r/min)	电机功率 /kW	机重 /kg
PZ-5 型	0.2～0.4	5	≤200	7～8	11	5.5	650
PC5I 型	0.4	5	80/30	8	11	5.5	700
PS5I 型	0.4～0.6	5	50/20	10～15	11	5.5	800

注：不同生产厂家生产的混凝土喷射机的技术参数有所差异。

三、混凝土喷射机的结构及工作原理

1. 潮式混凝土喷射机的结构与工作原理

PZ 型和 PC 型混凝土喷射机是可用于潮（干）法喷射混凝土的设备，具有技术先进、结构合理、性能稳定、操作维护方便、使用寿命长等特点，广泛适用于煤矿巷道、隧道、涵洞、地铁、水电工程、地下工程喷射混凝土施工作业。这两种混凝土喷射机的结构和原理相同，现仅以 PC5I 型混凝土喷射机为例讲述其结构与原理。

（1）PC5I 混凝土喷射机的结构

PC5I 型混凝土喷射机的结构如图 9-16 所示。PC5I 混凝土喷射机主要是由驱动装置、转子总成、气路系统、喷射系统等部分组成。

驱动装置主要由电机和减速箱构成，全封闭油浸式减速器安装在机器底部，三级齿轮传动。其总传动比约为 87，传动效率为 92%，电动机竖直安装在减速器上，与转子轴平行。

转子总成主要由转子体、转子衬板和料腔等组成。转子衬板垂直于转子体安装在转子体上下两端，橡胶料腔安装在转子体轴线平行且均匀分布在圆周上的十个料腔孔内。该机采用独特的直通式防黏转子和料腔孔内衬由橡胶制成的料腔，提高了机器处理湿料的能力，减少了清洗和维修工作量。

气路系统由分气器、压力表、主气路截止阀、上气路截止阀、下气路截止阀、振动器气路截止阀以及供水截止阀等构成。四个气路截止阀门分别用于控制主风路、通向转子的上风路、通向旋流器的下风路以及供风给料斗振动器。下风路中还有一个压力表，以便监视输料管的工作压力。

压紧装置安装在面板与料斗座之间，用来给橡胶密封板和转子衬板间的密封施加正压力。

喷射系统是由输料软管和喷头构成。喷头由喷头体、水环、管接头、拢料管等组成。其结构如图 9-17 所示。

（2）PC5I 混凝土喷射机的工作原理

搅拌好的含有速凝剂的混凝土由配料搅拌机卸料口（或人工搅拌和上料）过振动筛加到振动料斗内，由拨料器拨动落到转子体的料腔中，转动的转子体将料腔内的料带到面板的出料口，在这里从气路系统通入压缩空气，把物料吹入出料弯头，由旋流器引入的另一股压缩空气，呈多头螺旋状态把物料吹散、加速，并使其旋转、浮游，进入输料软管，到达喷头，再添加适量补充水分后喷射到受喷面上。

2. 湿式混凝土喷射机的结构与工作原理

PSI 系列湿式混凝土喷射机与 PCI 系列潮式喷浆机的结构和工作原理相似，只不过是

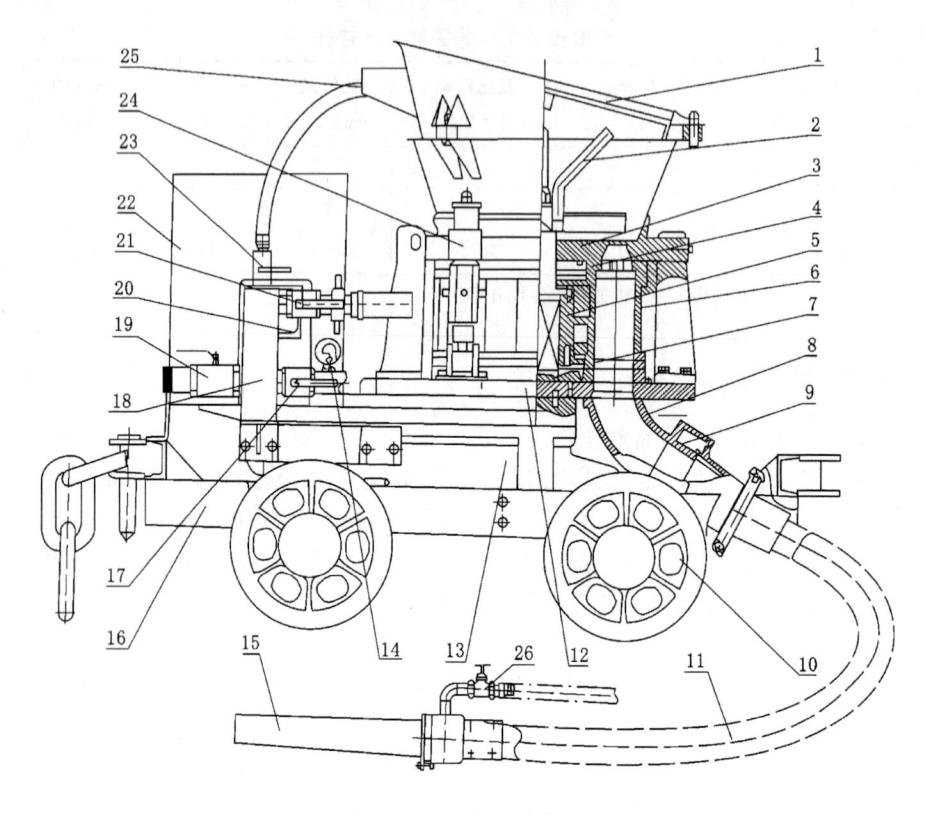

图 9-16　PC5I型混凝土喷射机结构图

1——振动料斗；2——拨料器；3——料斗座；4——橡胶密封板；5——转子体；6——料；7——转子衬板；8——出料弯头；9——旋流器；10——轨轮；11——输送软管；12——面板；13——减速箱；14——压力表；15——喷头；16——机架；17——下气路截止阀；18——分气器；19——主气路截止阀；20——电机；21——上气路截止阀；22——护罩；23——振动器气路截止阀；24——压紧装置；25——振动器；26——供水截止阀

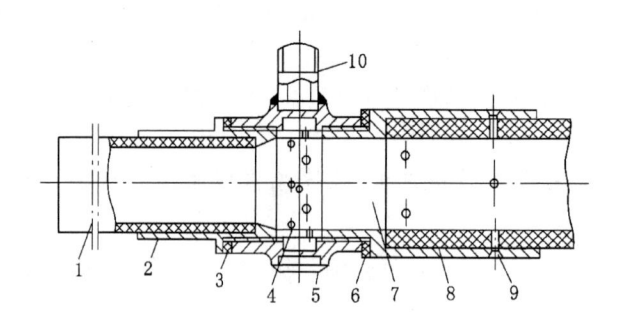

图 9-17　喷头结构图

1——拢料管；2——塑料管接头；3,6——橡胶垫圈；4——水环；5——喷头体；7——料管接头；8——输料管；9——木螺丝；10——水管短接头

湿式喷浆机加入的是不含速凝剂的湿混合料，进行喷射时喷头处无须再加水，但需要向混合料中添加速凝剂。故此，湿式混凝土喷射机需安装一套速凝剂添加系统。其添加的速凝剂可以是粉状的，也可以是液体的，添加系统结构也会因添加速凝剂的状态不同而不同。一般液体速凝剂的添加输送系统是由速凝剂泵、蓄液箱、集成块、流量计等部件组成。集成块中

包括溢流阀、单向阀、混合室。液体速凝剂从蓄液箱由速凝剂泵泵出后,经溢流阀、调节阀、流量计到混合室由分风器过来的压力风将速凝剂吹到喷头座与搅料混合喷出。

第六节 局部通风机的性能、结构及工作原理

一、局部通风机的用途及种类

矿用局部通风机在煤矿井下生产过程中发挥着重要的作用,它是保证掘进工作面正常供风的主要动力设备,是煤矿井下掘进通风和瓦斯排放必不可少的重要设备,承担着为掘进工作面提供新鲜风流、排出有害气体和粉尘、改善工作面环境条件。我国煤矿中使用的局部通风机基本有两大系列:一种是JBT系列轴流式局部通风机;另一种是FBD系列和FBDY系列矿用隔爆型压入式对旋轴流局部通风机。

二、局部通风机的型号及含义

JBT-51-2型号含义为:J代表异步电动机;B代表防爆型;T代表局部风机;5代表风筒直径5×100 mm;1代表局部通风机的级数;2代表电动机的极数。

FBD系列和FBDY系列型号含义是:F代表通风机;B代表隔爆型;D代表对选;Y代表结构一体化

三、局部通风机的结构及工作原理

1. JBT局部通风机的结构及工作原理

JBT型局部通风机的结构如图9-18所示。进风口5安装在外壳的进风侧,其作用是使气流顺利地进入风机,减少进风阻力。前导器使气流进入业防止气流冲击轮毂,降低噪音。工作轮1是风机的重要核心部件,起能量转换作用。三相异步防爆电动机3作为动力来源。外壳2用于安装部件、固定风机、汇集气流。整流器4将以轴为中心的旋转气流整成沿轴向流动的气流。二级风机需在外壳的出风侧和扩散器之间加装整流器。出风口6又名锥形扩散器,其作用是降低出风口风速,增加静压力。防护网用于防止较大体积杂物进入风机。

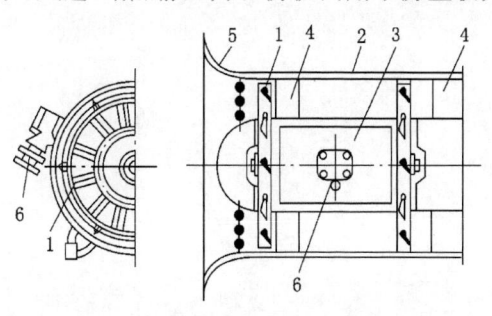

图9-18 JBT局部通风机结构图
1——工作轮;2——外壳;3——电动机;4——整流器;5——进风口;6——出风口;

2. 对旋轴流式通风机的结构及工作原理

FBDY系列通风机系无静叶轴流式局部通风机和采用外包复式消音器的组合体。该通

风机由集流器、前消声器、筒体、隔爆电动机、第一级叶轮组、第二级叶轮组、消声扩散筒等部分组成。这类通风机一般按水平安装形式设计,使用寿命不少于 5 a,第一次大修前安全运行大于 13 000 h。

通风机每级均由额定功率相同或不同的隔爆电动机驱动,叶轮直接装在电动机的轴伸上,相邻级间的叶轮旋转方向相反。气流进入第一级叶轮获得能量后,经第二级叶轮加速后再经第三级叶轮或第四级叶轮加速将其排出。后级叶轮兼备着普通轴流式通风机中静叶的功能,在获得整直圆周方向速度分量的同时,增加气流的能量,从而达到比双级对旋式局部通风机更高的风压和效率。为避免对旋式局部通风机级间气流脉动的相互叠加,要求旋转过程中前后级每次只有 1 对叶片能够重合,因此相邻级间的叶片数互为质数。该类通风机的气动性能能够满足矿井掘进工作面局部定量通风的要求,输送距离长,在小流量区域运行稳定,高效区应用范围宽,噪声低。

第十章　小型机械设备的日常维护与故障处理

第一节　凿岩机的日常维护与故障处理

一、凿岩机的日常维护与保养

(1) 新机器在使用之前，须拆卸清洗内部零件，除掉防锈油质。重新装配时，各配合面应涂润滑油，两侧长拉杆螺母必须均匀拧紧，以保证凿岩机的正常运行。

(2) 使用前接风、水管时，应检查接头及管子是否完好，并先吹净管内的脏物，以免杂物进入机内磨损机件。

(3) 检查钎头是否磨损，钎杆是否弯曲，钎尾形状与长度、水针孔大小及深度是否符合要求，各孔道是否畅通，并根据情况及时修复或更换。

(4) 经常仔细检查各连接处是否紧固、密封是否严密，进气弯管是否卡牢，操作手柄是否可靠、灵活，以免机件松脱伤人，或影响机具正常运转。

(5) 凿岩机运转前，检查注油器是否注满润滑油，油量大小调节是否合适。工作中应每隔 1 h 向注油器内装满油 1 次，不得无润滑油作业。落地式注油器，还须注意其安装方向是否正确。

(6) 经常观察凿岩机的排粉情况，严禁干打眼，更不允许拆掉水针作业，以防损坏阀套。

(7) 工作结束，应先切断水源，再轻运转片刻，吹净机内残存水滴，防止内部零件锈蚀，然后将凿岩机和气腿放到安全、干净的地方，以免放炮时砸坏。

(8) 应设专人负责检修，下班后仔细检查各部零件有无损坏，发现毛病应及时修理。

(9) 常用的凿岩机，应注意定期保养和维修。至少每周应全部拆开清洗检查一次，清除机内脏物，更换磨损超限或损坏失效的零件。

(10) 在井下处理故障或检修凿岩机时，不允许在工作面进行，而应在条件较好的井下修理室进行。

(11) 已用过的机具需长期存放时，应拆卸清洗，涂油封存。

二、凿岩机的常见故障及其处理方法

YT-23 型凿岩机的常见故障及其处理方法见表 10-1。

表 10-1　　　　　　　　YT-23 型凿岩机的常见故障及其处理方法

故障现象	故障原因	处理方法
凿岩速度降低	(1) 工作气压低。 (2) 气腿伸缩不灵,推力不足,机身后跳。 (3) 润滑油不足。 (4) 吹洗用水流入润滑部位。 (5) 消音罩结冰,影响排气。 (6) 主要零件磨损超限。 (7) 发生"洗锤"现象	(1) 调整管路,消除漏风,加大送风管直径,减少耗气设备。 (2) 调整气腿安装角度,检查气腿各部分密封圈是否完好;柄体手把和扳机及换向阀是否丢失、损坏或卡死。 (3) 向注油器加油,更换已污染的润滑油,清洗或吹通油路小孔。 (4) 更换折断的水针;更换堵塞了中心孔的钎杆;降低水压;检测注水系统。 (5) 敲去凝结的冰块。 (6) 及时更换磨损超限的零件。 (7) 降低水压,检修注水系统
水针折断	(1) 活塞小端严重打堆或钎尾中心孔不正。 (2) 钎尾和六方套配合间隙过大。 (3) 水针过长。 (4) 钎尾扩孔深度太浅	(1) 及时更换。 (2) 六方套对边尺寸磨损到 25 mm 时应更换。 (3) 修整水针长度。 (4) 按规定加深
气水联动机构失灵	(1) 水压过高。 (2) 气路或水路堵塞。 (3) 注水阀体内零件锈蚀。 (4) 注水阀弹簧疲劳失效。 (5) 密封圈损坏	(1) 适当降低水压。 (2) 及时疏通气路或水路。 (3) 清除锈蚀或更换。 (4) 更换弹簧。 (5) 更换密封圈
不易启动	(1) 水针被撤掉。 (2) 润滑油太浓、过多。 (3) 水灌入机内	(1) 补装水针。 (2) 调节适当。 (3) 查找原因及时清除
断钎	(1) 管路气压太高。 (2) 骤然大开车	(1) 采取降压措施。 (2) 缓慢启动凿岩机
无水	(1) 水压过低。 (2) 水路堵塞。 (3) 水针堵塞	(1) 增加水压。 (2) 检查并排除堵塞物。 (3) 清理或更换水针
串水	(1) 水压过高。 (2) 密封件损坏	(1) 降低水压。 (2) 更换密封件
气腿不升	(1) 密封件失效。 (2) 气缸内有杂物	(1) 更换密封件。 (2) 拆除清洗污杂物

第二节　锚杆钻机的日常维护与故障处理

一、MQT 锚杆钻机的使用要求

1. 压缩空气方面的要求

工作气压应保持 0.4~0.63 MPa，在距钻机进气口 5 m 左右测定。压缩空气要洁净和干燥，如含过量水分，会冲刷去气动马达内零件表面的油膜，使润滑恶化，并使消音器内结冰，堵塞排气通道，钻机不能正常运转。

为了排除压缩空气中的过量水分，压缩空气管路上要配置有效的气水分离装置，并在每次钻孔作业之前，排放积水。

2. 冲洗水方面的要求

水质要洁净，否则水路容易阻塞。

水压应保持 0.6~1.2 MPa。如水压低了，影响岩屑及时从钻孔中排出，从而不能取得理想的钻孔速度，不能充分发挥钻机的效能。

每次钻孔作业毕，应先停水，再让钻机空运转一下，有利于去水防锈。

3. 润滑方面的要求

（1）对注油器的要求

钻机进气口上，配装 FY200A 型悬挂式铝壳注油器。使用时，应调节出油量，把适量的雾状油粒卷入压气气流，带到气马达的运转零件表面进行润滑。加油时，以留有 10% 的容腔为宜。注油器盛油后，要处于悬挂状态，以免漏油。

（2）对润滑油料的要求

环境温度在 −15~10 ℃ 时，可用 32 号机械油。环境温度在 10~35 ℃ 时，可用 46 号机械油。

气动马达中的滚动轴承，钻机传动箱的齿轮副和滚动轴承的润滑，使用 2 号合成锂基润滑脂（或根据产品的使用说明书选用）。

（3）对润滑作业的要求

钻孔作业时，禁止无油作业。注油器内必须有润滑油储存。润滑油耗量以每分钟 2~3 mL 为宜。

钻杆插入钻机输出轴之前，最好先涂上润滑油脂，可有效地延长钻杆和主轴内孔的使用寿命。

检修气动马达和传动箱时，应对滚动轴承注以美孚 EP-2 润滑脂，传动箱内应存储 2/3 容腔的油脂。每使用 0.5~1 个月，通过传动箱上的两个注油嘴补充注入润滑油脂。

4. 对钻杆的要求

钻杆要求具有一定弹性和耐磨性，作业时一定要配用优质的成品钻杆。禁止使用弯曲的钻杆。

二、MQT 锚杆钻机的日常维护与保养

操作人员必须每日对锚杆钻机各部分进行认真检查和保养，正确使用，确保锚杆钻机正

常运转。其日常维护与保养要求如下：
(1) 检查各连接部位是否可靠,若有松动应进行紧固,有缺损的应补齐。
(2) 应检查润滑油、风压、水压及钻杆是否满足使用要求。
(3) 接装进气、进水接头前,钻机气、水阀旋钮必须处于关闭位置。
(4) 每次接装进气、进水接头时,应先检查确认接头及管件完好,并先冲洗出管内砂石异物,包括压缩空气管路内的冷凝水。
(5) 检查钻机有否损伤,各连接部位有否松动,并及时处理好。
(6) 检查钻头、钻杆及其他易损件的状况,对变形、磨损超限或有损伤的零件进行更换。
(7) 停止钻进时,应先关水,并用水冲洗钻机外表,然后空运转一会,达到去水防锈的目的。
(8) 钻机使用完毕后,应将钻机竖直方式置于安全场所,免受炮崩、机轧、车辗等意外损伤。
(9) 常用的锚杆钻机,应注意定期保养和维修。每周应全部拆开清洗检查一次,清除机内脏物,更换磨损超限或损坏失效的零件。
(10) 已用过的锚杆钻机需长期存放时,应拆卸清洗,涂油封存。

三、MQT 锚杆钻机的常见故障及其处理方法

MQT 锚杆钻机的常见故障及其处理方法见表 10-2。

表 10-2　　　　MQT 锚杆钻机的常见故障及排除方法

故障现象	故障原因	处理方法
马达转速太慢	(1) 气压低。 (2) 进气管路有异物阻塞。	(1) 查看气压表,气压应为 0.4~0.63 MPa;检查供气阀门是否完全打开,检查供气软管是否损坏,缩短进气软管的长度,增大进气管的直径,检查空气压缩机工作是否正常,减压阀处于关闭位置,接头处漏风。 (2) 吹净进气管路,清理过滤器和滤网
气腿下降太慢	(1) 缺少润滑。 (2) 气腿损坏或被卡。 (3) 放气阀损坏	(1) 检查油器有否润滑油,并检查油量调节情况。 (2) 检查气腿是否损坏,若是损坏,则升井维修。 (3) 检查快速放气阀是否堵塞,应使排气畅通
钻孔速度降低	(1) 气压低。 (2) 使用了不合适的钻头。 (3) 钻头磨损。 (4) 岩质坚硬。 (5) 水压低	(1) 检查气压,应达到要求。 (2) 使用合适的钻头。 (3) 更换钻头。 (4) 降低转速,加大气腿推力。 (5) 检查水压,压力应为 0.6~1.2 MPa,并检查水路是否堵塞
钻孔时钻机过分摇摆	(1) 钻杆变形不直。 (2) 钎套磨损。 (3) 气腿磨损	(1) 应配用合格的钻杆。 (2) 检查钎套是否磨损,更换磨损钎套。 (3) 修理气腿,更换磨损零件

续表 10-2

故障现象	故障原因	处理方法
气腿推力小	(1) 气路不畅。 (2) 放气阀泄漏。 (3) 气腿密封圈损坏	(1) 检查气腿的进气气路,确保气路畅通。 (2) 检查放气阀阀芯的密封件是否损坏,应修复或更换损坏密封件。 (3) 检查气腿的密封圈是否磨损,更换磨损密封圈
支腿回落慢	(1) 排气阀堵塞。 (2) 支腿密封件损坏。 (3) 气缸内进入灰尘	(1) 清洗排气阀。 (2) 检查并更换密封件。 (3) 清洗并检查防尘圈是否损坏,如果损坏予以更换
操纵摇臂漏水	(1) 水阀损坏。 (2) 水阀密封圈损坏	(1) 检查水阀套和水阀芯是否损坏,必要时进行更换。 (2) 更换水阀密封圈
操纵摇臂漏气	(1) 气阀损坏。 (2) 气阀密封圈损坏	(1) 检查气阀套和气阀芯是否损坏,必要时进行更换。 (2) 更换气阀密封圈
水室总成的观察孔漏水	(1) 水密封损坏。 (2) 输出轴过度磨损	(1) 更换水密封。 (2) 检查输出轴是否过度磨损,必要时进行更换
钻孔时,手把上感到反扭矩较大	(1) 气压高,水压低。 (2) 钻头损坏。 (3) 操作时,突然加大了推力	(1) 检查气压、水压,其值应正常。 (2) 检查并更换损坏的钻头。 (3) 应改进操作方法,平稳作业
不能将锚杆顶推和安装到位	(1) 气压低。 (2) 气腿推力小。 (3) 钻机偏离锚杆孔。 (4) 使用了不合适的树脂药卷。 (5) 使用了不直的锚杆	(1) 检查气压,确保其值应达到要求。 (2) 检查气腿和放气阀的密封圈。 (3) 将锚杆钻机对准锚杆孔。 (4) 检查药卷是否符合要求。 (5) 应换用直线度合格的锚杆

第三节　矿用绞车的日常维护与故障处理

一、矿用绞车的日常检查与维护

矿用绞车投入使用后,做好日常维护和保养工作是保证绞车正常运转及安全生产的重要条件,也是提高绞车使用寿命的重要措施。司机和维修人员应协同配合,做好绞车的日常维护与保养工作。司机每日必须对绞车各部位认真保养,工作前,先检查并空车试转,注意润滑状况是否良好。工作过程中要经常注意油温是否正常,当发现绞车出现异常现象时,应及时停车检查,并通知维修人员进行检修,做好检修记录。下班时,应清除设备上的灰尘等污物。对长期搁置不用的绞车,必须在其裸露部分涂防锈油脂,并应将绞车放在通风防潮的场所。

矿用绞车的日常检查与维护的主要内容如下:

(1) 检查各部位螺栓、销子、螺母、垫圈等,若有松动、脱落或损伤,应及时拧紧、补全和更换。

(2) 检查卷筒有无损坏和破裂,钢丝绳头固定是否牢固,绳头是否有锐角折曲,轴承有无漏油,钢丝绳在卷筒上排列是否整齐,有无咬绳、爬绳现象,有问题应及时处理。

(3) 检查钢丝绳的直径是否符合要求,有无弯折、硬伤、打结和严重锈蚀,断丝和磨损是否超限,绳端连接装置是否符合《煤矿安全规程》规定,护绳板是否完好可靠,有问题应处理或更换。

(4) 检查润滑系统运行是否正常,减速箱及各润滑部位的油质、油量是否符合规定,密封是否良好,否则,应及时调节、补加或更换。

(5) 检查联轴器是否松旷、变形和缺件,检查联轴器轴向窜量和间隙、径向位移和端面倾斜是否符合要求,有问题,应及时进行紧固、更换、补齐及调整。

(6) 检查制动系统的闸轮、闸盘、闸瓦、传动机构、液压站等工作是否灵活正常,闸块与闸盘(或闸轮)之间间隙是否符合规定,保险闸的动作是否正常,制动闸配重锤是否被异物垫住,盘式制动闸蝶形弹簧是否失效,否则,应及时处理和调整。

(7) 检查闸带有无裂纹,磨损是否超限,拉杆螺栓、叉头、闸把、销轴是否有损伤或变形,背紧螺母是否松动,闸轮表面是否光洁平整,有无明显的沟痕和油泥,有问题及时处理。

(8) 检查闸把及杠杆系统动作是否灵活,施闸后是否留有储备行程(施闸后不得达到水平位置,应比水平略上翘)。

(9) 检查固定绞车的顶柱、戗柱是否牢固,基础螺栓或锚杆是否有松动,底座有无裂纹,有问题及时处理。

(10) 运转过程中,注意观察传动机构运行是否正常,检查轴承、电动机、开关、电缆、闸带等的温度是否在正常范围内,如发现有响声不正常,温度剧烈上升,必须立即停车检查,采取措施进行处理。

(11) 经常擦拭设备,清扫浮尘杂物,保持设备整洁。

二、矿用绞车的润滑

1. 双速多用绞车的润滑

闭式齿轮传动润滑采用 250 号工业齿轮油,减速箱内的最高油面不超过大锥齿轮直径的 1/3,最低不得低于大锥齿轮齿宽方向的 1/3,闭式减速箱内的轴承均采用溅油润滑。开式齿轮传动及支承滚动轴承均采用钙钠基脂润滑,各滚动轴承内加入的润滑脂量不得超过容量的 2/3,每隔 3~6 个月应加油或更换一次。对新的或大修的绞车,在运行半个月后,必须更换减速箱内的润滑油并进行清洗,以除去传动零件磨损的金属细屑。减速箱剖分面及各密封面均不许漏油。空载运行时,减速箱润滑油温升不大于 40 ℃,最高油温不得超过 80 ℃;负载运行时,减速箱润滑油温升不大于 60 ℃,最高油温不得超过 90 ℃。

2. 调度绞车的润滑

电动机后端上的单列短圆柱滚子轴承,以及轴承支架中的单列向心球轴承均采用 3 号钙基润滑脂。传动机构和行星轮,可用 100 号~150 号工业齿轮油或以 2∶1 比例配制的 3 号钙基润滑脂和 24 号汽缸油的混合油来润滑。加油时必须仔细清除孔处的灰尘和污垢,以免随油进入部件内部,注油完毕后,应将油堵拧紧。在首次使用 8~10 天后,就必须更换一次润滑油或润滑脂;在以后正常使用过程中,每 3 个月还必须更换一次润滑油或润滑脂,润滑油的温度不得超过80 ℃。换油的方法是:松掉卷筒上的钢丝绳,在看到卷筒圆柱面上露出的两个注油孔后,卸掉油堵,先将卷筒内的废油放净,然后再加入相应型号的润滑油并将油堵旋上密封即可。轴承处每班应根据使用情况补充润滑脂。

三、矿用绞车主要部件(钢丝绳)的检查及维护

1. 钢丝绳的一般规定

钢丝绳的直径和种类必须符合规定,钢丝绳长度不得超过绞车滚筒允许的容绳量,其安全系数不小于《煤矿安全规程》规定的最低值。

2. 钢丝绳的检查项目及方法

钢丝绳必须每天至少检查一次,发现特殊情况,应增加检查次数。钢丝绳检查的项目主要包括是断丝、磨损、锈蚀和变形等。钢丝绳检查的方法一般是人工目视加上辅助工具(如棉纱、游标卡尺、钢丝绳探伤仪等)。

(1) 钢丝绳断丝的检查

① 断丝的更换标准。当各种股捻钢丝绳在一个捻距内的断丝面积达到钢丝绳总面积之比时(专为升降物料用的为10%时、无极绳绞车的为25%时),一般选目测断丝较多的部位,必须更换钢丝绳。

② 断丝的检查方法。简单实用的方法是用棉纱包裹钢丝绳,使绞车慢速运行,钢丝断头很容易勾起棉纱,断丝一目了然。也可以使用钢丝绳探伤仪或钢丝绳在线无损探伤仪进行检查,检查更准确。

③ 断丝检查与计算的注意事项。一般选目测断丝较多的部位,各个捻距计算所得百分比取其最大值作为判断钢丝绳能否继续使用的依据。钢丝绳的断面面积以新绳实测的结果为准,如果钢丝绳各钢丝直径相同,可用断丝数与总钢丝数之比的百分数来评定。钢丝绳的捻距就是钢丝绳每股围绕绳芯旋转一周相应两点间的纵向距离,如图10-1所示。

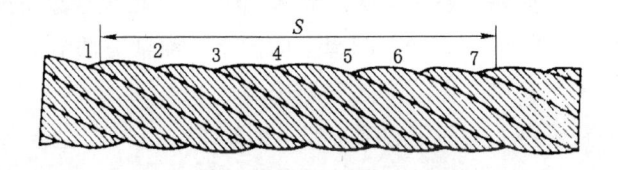

图10-1 六股钢丝绳捻距示意图

(2) 钢丝绳磨损的检查

① 钢丝绳磨损更换的标准。当提升钢丝绳以标准直径 $D_{标准}$ 为准计算的直径减小量达到10%时,必须更换钢丝绳。其计算公式为:

$$直径磨损百分比值=(D_{标准}-D_{实测})/D_{标准}\times 100\% \quad (10\text{-}1)$$

② 钢丝绳直径的测量方法。钢丝绳的实际直径是指正在使用的钢丝绳的外接圆直径,一般用游标卡尺测量钢丝绳的实际直径。其正确的测量方法如图10-2所示。

③ 钢丝绳直径测量与计算的注意事项。钢丝绳磨损后实际直径的测定不局限在一个或几个部位,对经常磨损的区段应多加测点,不能依据各测点直径磨损的百分值的平均值来判定,而是应取直径最小值来做计算判定。

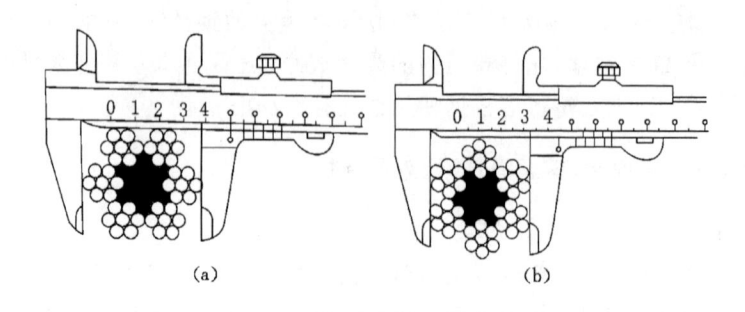

图 10-2 钢丝绳直径的测量
(a)正确;(b)错误

(3) 钢丝绳锈蚀的检查

① 钢丝绳锈蚀更换的标准。当钢丝绳锈蚀严重,点蚀麻坑形成沟纹或外层钢丝松动时,不论断丝数量或绳径变细多少,都必须立即更换钢丝绳。

② 钢丝绳锈蚀的检查方法。目前检查主要依靠人工目视的方法,对整条钢丝绳逐段进行锈蚀情况检查。

(4) 钢丝绳变形的检查

① 钢丝绳在运行中遭受卡阻、突然停车等猛烈拉力时,必须停车检查,发现钢丝绳产生严重扭曲变形或遭受猛烈拉力的一段的长度伸长 0.5% 以上时,必须将受力段剁掉或更换全绳。

② 若钢丝绳受力后,断丝和直径减小量超过规定时,也应将受力段剁掉或更换全绳。

③ 钢丝绳使用期间,断丝数突然增加或伸长突然加快时,必须立即更换全绳。

3. 钢丝绳的维护

(1) 在用钢丝绳应根据井巷条件及锈蚀情况,至少每月按规定涂防腐油或增磨脂 1 次。涂油前,应清除钢丝绳上的油垢,擦净钢丝绳上的淋水。涂油方法有人工刷涂、压力喷射法或煮油等方法。

(2) 钢丝绳绳头在滚筒上的固定必须按照下列要求:

① 必须用特备的容绳或卡绳装置,严禁系在滚筒轴上。

② 绳孔不得有锐利的边缘,钢丝绳的弯曲不得形成锐角。

③ 滚筒上应经常缠留 3 圈绳,用以减轻固定处的张力,还可留作定期检验用的补充绳。

(3) 使用有接头的钢丝绳必须符合下列规定:

① 有接头的钢丝绳只能在平巷运输设备、30°以下倾斜井巷中专为升降物料的绞车、斜巷无极绳绞车、斜巷架空乘人装置、斜巷钢丝绳牵引带式输送机等设备中使用。

② 在倾斜井巷中使用的钢丝绳,其插接长度不得小于钢丝绳直径的 1 000 倍。

四、矿用绞车的常见故障及其处理方法

矿用绞车的常见故障及其处理方法见表 10-3。

表 10-3　　　　　　　　　　　矿用绞车的常见故障及其处理方法

故障现象	故障原因	处理方法
滚筒有轧轧声或其他异响	(1) 焊缝开裂。 (2) 筒壳强度不够,产生变形	(1) 进行补焊。 (2) 筒内补焊加强筋
滚筒钢丝绳缠绕乱	(1) 重物下放时操作不当。 (2) 钢丝绳变形	(1) 整理钢丝绳,注意操作方法。 (2) 更换钢丝绳
轴承过热	(1) 缺油,油中含杂质。 (2) 接触不良或轴线不同心。 (3) 间隙过小	(1) 清洗、加油或换油。 (2) 进行调整。 (3) 调整间隙
刹车不灵活且费力,速度缓慢	(1) 传动杠杆销轴不灵活或过于松旷。 (2) 操作手把不到位或移动角度不合适。 (3) 刹车闸带与闸轮之间有油渍或刹车闸带磨损严重	(1) 注油润滑或更换润滑油。 (2) 检修调整操作手把。 (3) 清理刹车带或闸轮表面的油渍或更换刹车带
刹车闸轮过渡发热	(1) 刹车带与闸轮之间有油渍。 (2) 刹车带太紧或太松,导致放不松或抱闸不紧。 (3) 连续运转时间过长	(1) 清理刹车带及闸轮表面的油渍或更换刹车带。 (2) 调整刹车带至松紧合适。 (3) 利用压风冷却
闸带局部过热或裂纹	(1) 制动杠杆传动不均匀。 (2) 局部接触,使单位面积压力过大	(1) 调整制动杠杆。 (2) 调整修理
齿轮有异响和振动过大	(1) 齿轮装配啮合间隙不合适。 (2) 两齿轮轴线不平行或不垂直,接触不好。 (3) 轴承间隙过大。 (4) 轮齿磨损过大	(1) 进行调整。 (2) 进行调整或修理。 (3) 进行调整。 (4) 修理或更换齿轮
齿部磨损过快	(1) 润滑不良,油中有杂质。 (2) 载荷过大或材质不好。 (3) 疲劳	(1) 清洗或更换新油。 (2) 合理调整载荷,更换优质齿轮。 (3) 修复或更换齿轮
打牙、断齿	(1) 齿面掉入金属异物。 (2) 材料不好或疲劳。 (3) 突然重载冲击或反复冲击	(1) 取出异物或更换齿轮。 (2) 修复或更换齿轮。 (3) 严禁超负荷运行
连接螺栓磨细或折断	(1) 螺栓与螺栓孔配合间隙过大或磨损后松旷。 (2) 螺栓材质差	(1) 配制新螺栓。 (2) 更换新螺栓

第四节　水泵的日常维护与故障处理

一、水泵的日常检查与维护

(1) 检查泵与电机的运转声音是否正常,机体有无振动,有异常情况应停机查找原因进行处理。

(2) 检查各部位螺栓及其防松装置是否完整齐全和有无松动,如有松动、缺失应及时紧固或补齐。

(3) 检查联轴器的端面间隙及同轴度是否符合规定,有问题应及时调整。

(4) 检查并调整填料松紧合适,使盘根持续滴水,每分钟滴水10～20滴为宜),对损坏的填料应及时更换。

(5) 检查各润滑点润滑是否良好,油质、油量是否合格,并按规定及时补加或更换润滑油,更换润滑油时应将油污清洗干净。

(6) 检查轴承温度是否正常,并注意观察各种仪表指示是否正常或稳定。

(7) 检查进、出水阀门操作是否灵活可靠,管路各连接部位的密封是否良好,若有问题应及时进行处理。

(8) 检查吸水管、吸水龙头是否被堵塞,如有堵塞,应及时疏通。

(9) 潜水泵不用时,不宜长时间浸泡在水中,应放在干燥通风的室内,并对电缆头进行防水处理。

(10) 经常保持水泵的清洁,对停开的水泵,要做好维护保养工作,保持设备完好,随时都可以投入使用。

二、水泵的润滑

水泵的润滑主要是指水泵两个轴承和电动机两个轴承的润滑。水泵和电动机大多采用滚动轴承,由于煤矿工作环境潮湿,应采用耐水性较好的3号钙基润滑脂或3号复合钙基润滑脂、锂基润滑脂。采用油环润滑的滑动轴承,应采用22号或32号的透平油作润滑材料,46号的机械油可作为代用润滑剂。对于潜水泵而言,其机械密封油室内加注的是15号～32号的机械油。

滚动轴承每周用油杯加油一次,滑动轴承每班都要用油壶加油一次。水泵的填料,在使用前应该用润滑油浸煮一次,以达到润滑的目的。

三、水泵的常见故障及其处理方法

1. B型水泵的常见故障及其处理办法

B型水泵常见故障及其处理方法见表10-4。

表10-4　　　　　　　　B型水泵的常见故障及其处理方法

故障现象	故障原因	处理方法
启动后,水泵、电动机皆不转	(1) 单相运行或电压不足。 (2) 水轮与泵体之间被杂物卡住或堵塞。 (3) 因天冷,泵内余水结冰。 (4) 泵体因长期不用,锈死。 (5) 泵轴严重弯曲,使水轮被泵壳卡住	(1) 检修电源。 (2) 拆开泵体,清除杂物。 (3) 用开水浇淋,不可用火烤。 (4) 拆开泵体,除锈。 (5) 校直或更换泵轴

续表 10-4

故障现象	故障原因	处理方法
轴承温度过高	(1) 轴承损坏或轴承装配不良。 (2) 润滑油不足或不干净。 (3) 泵轴弯曲或联轴器不正。 (4) 水泵轴或电机轴不在同一条中心线上	(1) 更换轴承或重新装配。 (2) 加油或更换润滑油。 (3) 矫直泵轴，找正联轴器。 (4) 把轴中心对准
填料箱发热	(1) 填料装得过紧或没浸油。 (2) 填料失水。	(1) 调整或更换。 (2) 检修水路
水泵运转后又停止	(1) 填料太紧或缺冷却水。 (2) 进水管吸入杂物，卡住水轮。 (3) 水轮损坏，掉碎片。 (4) 轴承发热抱死	(1) 放松填料盘，疏通水沟槽。 (2) 清除异物，检查滤网。 (3) 拆开水泵，清除碎片，换水轮。 (4) 更换轴承、注油
水泵启动后一直不出水	(1) 启动前未灌满水或未灌水。 (2) 吸水高度过高。 (3) 滤网堵塞。 (4) 吸水管漏气。 (5) 转速过低或旋转方向弄反了。 (6) 出水管堵塞。 (7) 连接键脱出	(1) 停泵重新灌满引水。 (2) 降低吸水高度。 (3) 清理滤网。 (4) 进行紧固或加垫圈。 (5) 检查电动机及重新接线。 (6) 清除异物。 (7) 重新装配键
水泵运行中出水中断	(1) 管路或进水口被水中杂物堵塞。 (2) 进水胶管被吸扁，或铁管破裂。 (3) 水轮打坏或松脱。 (4) 水位剧降，吸入空气	(1) 排除杂物。 (2) 调换或修补。 (3) 修复或更换水轮。 (4) 增加底阀入水深度
水泵启动后，流量一直不足	(1) 电动机转速低于水泵规定的额定转速。 (2) 进水管或填料有轻微漏气。 (3) 水轮缺损。 (4) 进出水管部分堵塞，口径减小。 (5) 水泵选型不当	(1) 更换电动机或提高转速。 (2) 消除泄漏。 (3) 更换水轮。 (4) 清除异物。 (5) 重新选泵
水泵在运行过程中，出现异常声音，流量下降直到不出水	(1) 水泵的转速降低。 (2) 水轮流道局部堵塞或滤网局部堵塞。 (3) 填料箱漏气。 (4) 排水管道阻力增大，可能排水管道被积垢淤塞，管件安装不合理。 (5) 滤网浸入水中深度不够，吸水时吸入空气。 (6) 闸阀开得太大，吸水管阻力过大，在吸水处有空气渗入，所输送液体温度过高	(1) 检查电动机转速是否符合水泵所需的转速。 (2) 拆开水泵，清理水轮或滤网。 (3) 更换填料或压紧填料压盖。 (4) 检查、清理、重新安装。 (5) 检查水位。 (6) 调节闸阀以降低流量，检查吸水管道，检查底阀，减少吸水高度，拧紧或堵塞漏水处，降低液体温度

续表 10-4

故障现象	故障原因	处理方法
水泵运行中消耗功率过大	(1) 启动时排水闸阀没关。 (2) 水泵的转动部件与固定部件摩擦过大或有卡住现象。 (3) 电网中电压太低。 (4) 填料太紧,或减漏环间隙太小。 (5) 排水管道被堵塞。 (6) 轴承严重磨损。 (7) 底阀或拍门太重。 (8) 泵轴弯曲。 (9) 叶轮磨损,水泵供水量增加。	(1) 关闭闸阀后再启动。 (2) 检查内部,进行修理。 (3) 待电压稳定后再启动。 (4) 调整填料压紧螺钉,增大减漏环间隙。 (5) 检修管道,清除杂物。 (6) 调换轴承。 (7) 采取平衡措施。 (8) 校正或更换泵轴。 (9) 更换叶轮,调节闸阀降低流量
水泵机组振动有杂音	(1) 电动机轴和泵轴不在同一条中心线上。 (2) 地脚螺栓松动,基础不合适。 (3) 水泵转子与电动机转子不平衡。 (4) 轴承损坏或磨损过度。 (5) 泵轴弯曲。 (6) 管路支撑不牢,支架不稳。 (7) 联轴器松动错位。 (8) 泵体内有气体噪声,水中带泡	(1) 把水泵和电机的轴中心线对准。 (2) 扭紧螺母,修整基础。 (3) 检查做平衡试验。 (4) 更换轴承。 (5) 校正或更换泵轴。 (6) 加固管道及支架。 (7) 重新找正。 (8) 堵塞进气漏洞,降低吸水高度
水泵不吸水,压力表及真空表的指针剧烈跳动	(1) 注入水泵的水不够。 (2) 水管或仪表漏气	(1) 再往水泵内注水。 (2) 拧紧或堵塞漏气处
水泵不吸水,真空表显示高度真空	(1) 底阀没有打开,或已淤塞。 (2) 吸水管阻力太大。 (3) 吸水高度太大或超过允许值	(1) 校正或更改底阀。 (2) 清洗或更换吸水管。 (3) 降低吸水高度
看压力表水泵出水处有压力,而水泵仍不出水	(1) 出水管阻力太大。 (2) 旋转方向不对。 (3) 叶轮淤塞。 (4) 水泵转速不够	(1) 检查或缩短出水管。 (2) 改变电机转向。 (3) 清洗叶轮。 (4) 增加水泵轴的转速
流量低压预计	水泵淤塞,密封环磨损过多,转速不足	清洗水泵及管子,更改密封环,增加水泵轴的转速

2. BQS系列矿用隔爆潜水排沙泵的常见故障及其处理方法

BQS系列矿用隔爆型潜水排沙泵的常见故障及其处理方法见表10-5。

表 10-5　　　　BQS 系列矿用隔爆型潜水排沙泵的常见故障及其处理方法

故障现象	故障原因	处理方法
机组振动剧烈	(1) 泵轴弯曲。 (2) 电机轴承磨损超限	(1) 校直泵轴。 (2) 更换轴承
开泵时,电机不转有嗡嗡声	(1) 停泵前未排出泵内积沙,叶轮旋转困难。 (2) 电机单相运转。 (3) 轴承咬合抱轴	(1) 向泵内注加压清水,清除泵内积沙。 (2) 检查接线盒开关触头,找出断相。 (3) 修理损坏部位或更换轴承
不出水或出水不足	(1) 叶轮未按规定没入水中。 (2) 电机反转。 (3) 潜水泵陷入泥中。 (4) 叶轮流道堵塞。 (5) 逆止阀堵塞。 (6) 滤网堵塞。 (7) 管路堵塞。 (8) 管路漏水。 (9) 叶轮、口环磨损超限。 (10) 叶轮未按规定编号装配,叶轮反转	(1) 增加潜水深度。 (2) 调换任意两相电源线。 (3) 把潜水泵从泥中提出。 (4) 清除叶轮流道内堵塞物。 (5) 清除逆止阀内的堵塞物。 (6) 清除滤网外的堵塞物。 (7) 清除管内淤积物。 (8) 修理管路。 (9) 更换磨损件。 (10) 按编号装配
绝缘电阻突然降低	(1) 电缆损伤。 (2) 电动机轴封漏水。 (3) 电机绕组绝缘损坏	(1) 修复或更换电缆。 (2) 更换密封件、干燥电机。 (3) 修复绕组
机械密封端面漏油	(1) 动、静环表面不平或表面有划痕。 (2) 装配不当。 (3) 弹簧压力过小。 (4) O 形圈失效	(1) 更换动、静环。 (2) 重新装配。 (3) 更换弹簧。 (4) 更换 O 形圈
机械密封轴向漏油	(1) O 形圈橡胶老化。 (2) 密封圈座有杂质	(1) 更换 O 形圈。 (2) 清除杂质
机械密封发热	(1) 未安销柱。 (2) 动、静环表面结碳。 (3) 弹簧压力太大	(1) 安上销柱。 (2) 更换动、静环。 (3) 更换弹簧

第五节　混凝土喷射机的日常维护与故障处理

一、转子式混凝土喷射机的维护与保养

1. 橡胶密封板和转子衬板的维护与保养

(1) 每班喷射前,要检查施加于橡胶密封板与转子衬板的压紧力。若其压紧力太小,则会造成压缩空气从两板之间的结合面逸出,并携带的细微颗粒物进入密封面,加剧橡胶密封板和转子衬板的磨损,并在机旁产生粉尘。若其压紧力过大,则会由于摩擦过热而造成橡胶密封板过度磨损和电机功耗的增加。密封板的耐热极限为 110 ℃,一般在使用中其温度不超过 80 ℃属于正常。

(2) 每次进行喷射工作后,都要清洗机器,清除上座体料腔、料斗内的余料、余灰,用压风吹净旋转体料杯内的黏合物,尤其是要将橡胶结合面和转子衬板清洗干净。

(3) 经常检查橡胶密封板与转子衬板的磨损情况:

① 橡胶密封板磨损有凹沟槽,漏风严重时,可将磨损面车平(或磨平)后再用,1 块板可重车 2 次,但橡胶厚度小于 7 mm 时应更换。橡胶结合板的磨损程度以是否实现有效的密封为衡量尺度。如出现气体高低压区间无法隔离且密封面有较深的沟槽,橡胶结合板就必须更换。

② 转子衬板如果出现较深的划痕,那么深度超过 1 mm 时就需要重新研磨。转子衬板过料孔的边岩必须保持尖锐的棱边,如果棱边被斜切,工作时细微颗粒物就会很容易渗透入橡胶结合板与转子衬板结合面,造成橡胶结合板磨损加剧,从而缩短其使用寿命。如果换了新的密封板,而老的转子衬板料孔带有斜面棱边,那么新密封板的使用寿命将会显著缩短。

2. 转子体橡胶料腔和出料口锥套的维护与保养

转子体料腔和出料锥套采用防黏结材料制成,一般在工作时不会黏结,但每班工作结束后应打开转子体和出料锥套,进行检查清理。

3. 减速箱的维护与保养

(1) 每班工作后应及时清理表面黏附的拌和料等杂物。

(2) 每班开机前检查传动减速箱内的油位和油质,油位过低时应补充润滑油。润滑油为 50 号工业齿轮油或 46 号机械油。

(3) 减速箱工作时,温升不得大于 60 ℃,不应有异常振动或噪音,否则应进行检查和维修。

(4) 减速箱累计使用 250 h(约 3 个月)后要更换一次润滑油。

(5) 每周应给转子方轴轴承润滑油脂(方轴顶部有注油口)。

二、混凝土喷射机的常见故障及其处理方法

PC5I 型转子式混凝土喷射机的常见故障及其处理方法见表 10-6。

表 10-6　　　　PC5I 转子型混凝土喷射机的常见故障及其处理方法

故障现象	故障原因	处理方法
电机旋转而转子不转	(1) 齿轮损坏。 (2) 键被切断或磨损。 (3) 转子体的方轴孔损坏。 (4) 轴承损坏	(1) 检查并更换损坏的齿轮。 (2) 检查并更换新键。 (3) 更换转子体。 (4) 更换轴承
转子反向转动	电源相位接错	进行电源调相

续表 10-6

故障现象	故障原因	处理方法
橡胶密封板与转子之间漏风	(1) 压紧装置压紧力小或某点压紧力不适当。 (2) 密封面夹有异物。 (3) 转子衬板擦伤。 (4) 橡胶密封板磨损严重。 (5) 料腔部分或全部堵塞,造成通流面积减小。 (6) 余气口堵塞	(1) 检查并调整压紧装置。 (2) 清除异物重新压紧。 (3) 检查转子衬板,若有沟槽应重新研磨或更换新转子衬板。 (4) 更换新橡胶密封板。 (5) 清理料腔。 (6) 清理余气口
转子体、出料弯头或输料管堵塞	(1) 骨料颗粒过大。 (2) 拌和料的含水量过大,拌料不均匀。 (3) 输送气流流量太小。 (4) 气路阀门损坏。 (5) 物料黏结堵塞,使转子料腔或出料弯头的口径减少。 (6) 进气管断面太小,空气压缩机供气量小。(7) 输送气体的压力太低,气量过小	(1) 输料管堵塞,应停止机器转动,关闭气路阀门,从弯头上拆下输料管(注意:在拆开出料弯头或管路之前要使输料管中的压力降到0),再打开气路阀门,把转子体料腔的存料吹出去,然后检查输料管,用木棒敲击堵塞部位,振动或掏空堵塞物,最后把输料管再接到弯头上,用压风吹出,如果输出距离超过40 m,应分别处理每20 m长的管路骨料过筛。防止大颗粒骨料进入料腔。 (2) 停止机器转动,关闭气路阀门,如果出料弯头堵塞,应拆开管路,清理弯头和转子体料腔等。减少拌和料水灰比。 (3) 停止机器转动,关闭气路阀门,如果转子体料腔堵塞,应拆开进风管和打开斗座,卸下转子,用刷子清理转子体料腔等。加大气流流量。 (4) 更换阀门。 (5) 处理方法参见(1)。做好设备的日常维护与保养工作,防止物料粘接堵塞。 (6) 更换大断面风管,换大容量压风机。 (7) 检查并提高系统气压,增大气管通径
机器喷射能力减少	(1) 橡胶料腔堵塞。 (2) 气压压力损失过大。 (3) 料斗下料不畅。 (4) 电机转速低、不稳定	(1) 清理橡胶料腔。 (2) 检查气路阀门或管路是否有卡阻现象。 (3) 检查料斗振动器是否有故障。 (4) 稳定电源频率和电压或更换电机
输送管振动厉害	(1) 气流流量不足。 (2) 输送管路有物料沉积	(1) 检查气源和供气量。 (2) 减少上料,清吹输送管路,加大输料管弯曲处的曲率半径

续表 10-6

故障现象	故障原因	处理方法
料流与水混合得不充分	(1) 水压太低。 (2) 喷头水环的进水孔堵塞	(1) 检查水压(喷头处至少 0.3 MPa)。 (2) 检查喷头并清理,必要时装上水过滤器
喷头处粉尘太多	加水太少	增大喷头加水量
喷头出口滴浆	加水太多	减少喷头加水量
回弹太大	(1) 骨料级配不适当。 (2) 喷头至受喷面的喷射距离太近或太远。 (3) 射流方向未与受喷面垂直	(1) 检查材料级配,必要时调整。 (2) 调整喷口到喷面距离至适当位置,一般约为 1 mm。 (3) 调整喷射角度,使料流中线与受喷面呈垂直状态

第六节　局部通风机的日常维护与故障处理

一、局部通风机的日常维护与保养

(1) 通风机应由专职司机负责管理和操作,每天定时检查局部通风机的运转情况,做好记录。若发现轴承缺油、轴承损坏、电压降低、风筒撕裂等故障,应立即进行处理。若轴承温度超过 80 ℃或轴承冒烟、电动机冒烟、发生强烈振动、有较大的磨碰等异常声响,应立即停机或修理。

(2) 建立局部通风机管理制度:不允许他人开关局部通风机;不准风筒落后于工作面 5 m 以上;不准风筒脱节、破裂;不允许他人改变风筒的位置和方向;不准风筒堵塞不通;不准局部通风机、开关、风筒泡在水里;不准局部通风机吸循环风。

(3) 通风机使用一段时间后,由于粉尘堵塞消音孔,通风机的噪声增大,所以需要用压缩空气进行冲洗,否则会影响其消声效果,但不得用水喷洗。

(4) 电动机运行时,轴承允许温度不得超过 95 ℃(温度计法),且声音正常。轴承每运行 2 500 h(约半年)至少检查一次。当发现轴承润滑脂变质时,必须及时更换。更换轴承润滑油脂前,必须用汽油将轴承清洗干净。

(5) 拆装电动机时,应注意保护隔爆面,转子应从风扇端抽出。装配电动机时,隔爆面应涂 204-1 防锈油,隔爆面不得有损伤和锈蚀,否则电动机将失去隔爆性能。

(6) 井下在用通风机必须每半年进行一次强制性检修。

二、局部通风机的常见故障及其处理方法

局部通风机的常见故障及其处理方法见表 10-7。

表 10-7　　　　　　　　　　局部通风机的常见故障及其处理方法

故障现象	故障原因	处理方法
通风机不能启动	(1) 电源未接通。 (2) 绕组断路。 (3) 电机绕组接地或相间短路。 (4) 熔体烧断。 (5) 控制设备接线错误	(1) 检查开关、熔体、各接触点及电动机引出线头。 (2) 将断路部位加热到绝缘等级允许的温度 155 ℃,使漆软化,然后将线挑起,用同规格线将断掉部分补焊后,包好绝缘,再涂漆、烘干处理。 (3) 处理方法同(2),只是将接地或短路部位垫绝缘,然后涂漆、烘干。 (4) 查处原因,排除故障,按电动机规格配置新熔体。 (5) 校正接线
通风机接入电源后熔体被灼断	(1) 单相启动。 (2) 电动机或叶轮被卡住。 (3) 熔体面截面积过小。 (4) 电源到电动机之间的电缆短路	(1) 检查电源线、电动机引出线、熔断器、开关各接触点,找出断线或假接故障后进行修复。 (2) 检查设备,排除故障。 (3) 熔体对电动机过载不起保护作用,一般按下式选择熔体:熔体额定电流＝启动电流/(2～3)。 (4) 检查短路点后进行修复或更换电缆
通风机通电后不启动,嗡嗡响	(1) 电动机或叶轮被卡住。 (2) 电源未能全部接通。 (3) 电压过低	(1) 检查设备,排除故障。 (2) 检查熔断器的熔体并更换灼断的熔体;紧固松动的接线柱;用摇表检查电源线的断线或假接故障并修复。 (3) 电源太低时,应与变电所联系解决;电缆线压降太大造成电压过低时,应改用粗电缆
通风机外壳带电	(1) 电源线与接地线搞错。 (2) 电动机绕组受潮,绝缘严重老化。 (3) 引线与接线盒接地	(1) 纠正接线错误。 (2) 电动机烘干处理,老化的绝缘更换。 (3) 包扎引线绝缘或更换引出线,修理或更换接线盒
通风机启动困难,叶轮转速较低	(1) 电源电压过低。 (2) 笼型转子开焊或断裂。 (3) 重绕时绕组匝数过多	(1) 用万用表检查电动机输入电源电压太小,然后进行处理。 (2) 检查开焊或断裂进行处理。 (3) 按正确绕组匝数重绕
绝缘电阻低	(1) 绕组受潮或被水淋湿。 (2) 绕组绝缘老化	(1) 进行干燥处理。 (2) 经签定可以继续使用,可经干燥、重新涂漆处理;如绝缘老化,不能安全运行时,需更换绝缘
通风机运行时有杂音	(1) 轴承磨损,有故障。 (2) 定子、转子铁芯松动。 (3) 电源太高或不平衡。 (4) 轴承缺少润滑脂。 (5) 电动机气隙不均匀,定子、转子相互摩擦。 (6) 叶轮与壳体相互摩擦。 (7) 有异物进入	(1) 检修或更换轴承。 (2) 检查振动原因,重新压紧铁芯进行处理。 (3) 测量电源电压,检查电压过高和不平衡的原因,并进行处理。 (4) 清洗轴承,添加润滑脂,使其充满轴承室容积的 1/2。 (5) 调整气隙,提高装配质量。 (6) 修理叶轮或校正壳体。 (7) 排除异物

续表 10-7

故障现象	故障原因	处理方法
通风机机壳过热	(1) 电源电压过高，造成电动机温升高。 (2) 电源电压过低。 (3) 定子、转子铁芯相互摩擦。 (4) 送风距离过长或出口堵塞，风机的进风量太小。 (5) 进风口堵塞	(1) 应与变电所联系解决。 (2) 电源电压太低时，应与变电所联系解决；电缆线压降太大造成电压过低时，应改用粗电缆。 (3) 检查故障原因，如果轴承间隙超限，则应更换轴承；如果转轴弯曲，则需调直；铁芯松动或变形时应处理铁芯，消除故障。 (4) 减少送风距离或检查出口，排除故障物。 (5) 检查进风口，排除故障物
通风机运行时电流不平衡且相差很大	(1) 电源电压不平衡。 (2) 绕组有故障，如匝间短路、某绕组线圈接反。 (3) 三相绕组匝数不均匀。	(1) 测量电源电压，找出原因。 (2) 拆开电动机检查绕组极性和故障，然后改正或消除故障。 (3) 将绕组重绕
通风机振动	(1) 轴承磨损，间隙不合格。 (2) 电动机气隙不均匀，定子、转子相互摩擦。 (3) 风机机壳强度不够。 (4) 电机转子不平衡。 (5) 叶轮不平衡。 (6) 基础、支架强度不够或安装不平。 (7) 电机转轴弯曲。 (8) 电机固定螺栓松动	(1) 检查轴承间隙。 (2) 调整气隙，提高装配质量。 (3) 找出薄弱点进行加固，增加机壳强度。 (4) 重校动平衡或更换转子。 (5) 清除叶轮上的附着物或重校动平衡。 (6) 将基础加固，并将通风机底脚找平。 (7) 校直转轴或更换转子。 (8) 紧固螺栓或更换不合格的螺栓
通风机振动增大，有断续噪声	(1) 送风距太远或风筒直径较小。 (2) 通风机在不稳定工况下工作	(1) 换用大直径的风筒或减少送风距离。 (2) 在送风距离不能改变时换用大功率的通风机
轴承发热超过规定	(1) 油脂过多或过少。 (2) 油脂不好，含杂质。 (3) 内盖偏心，与轴承相互摩擦。 (4) 电动机两侧端盖或轴承盖未装平	(1) 润滑脂的填充量为轴承室的 1/2。 (2) 检查有无杂质，更换洁净润滑脂。 (3) 修理轴承内盖，使之与轴间隙适当。 (4) 按正确工艺将端盖或轴承盖装入止口内，然后均匀紧固螺钉
送风距离太短	(1) 轴承有故障、磨损和杂物。 (2) 轴承牌号选择不当。 (3) 轴承间隙过大或过小。 (4) 通风机选型错误。 (5) 风筒直径选择错误。 (6) 风筒吊挂质量差或风筒漏风。 (7) 电机转速不够	(1) 更换损坏的轴承，对含有杂质的轴承进行清洗、换油。 (2) 选择合适的轴承。 (3) 更换轴承。 (4) 根据送风距离选择合适的规格。 (5) 根据通风机出口直径选择风筒直径，风筒直径不得小于出口直径。 (6) 风筒吊挂力求平、直、紧，及时放掉风筒内的积水，以减少通风阻力；及时修补风筒和堵补风筒针眼。 (7) 检查电机和电源

第十一章　矿用机械设备的拆装与检修

第一节　凿岩机的拆装与检修

一、凿岩机的拆卸与装配

1. 凿岩机拆卸与装配注意事项
(1) 戴好防护眼镜,以防敲崩碎片伤眼。
(2) 拆装凿岩机的场所应干净、清洁、无杂物。
(3) 拆卸时用力轻且均衡,严禁强行拆装,损坏零件。
(4) 不准把活塞作锤使用。
(5) 注意原零件的装配位置,做好标记,便于检修后装配。
(6) 拆下零件要妥善保存,不得丢失、损坏。
(7) 所有零件组装前应清洗,若用煤油或汽油清洗时,周围应禁止烟火,确保安全。
(8) 认真检查各零件,合格零部件待装,不合格零部件修复或更换。
(9) 各摩擦面组装前应涂润滑油脂,配气机构的阀芯应活动自如。
(10) 组装完毕,检查试机。

2. 凿岩机的拆卸顺序
以 YT-23 型凿岩机为例,参照图 11-1 所示按下列顺序拆卸凿岩机。
(1) 首先拆下气腿、消音罩、气管、水管、钎子等辅助部件。
(2) 拆下注油器。
(3) 拆下柄体螺母,取出水针及水针外套。
(4) 拆下两根拉紧螺栓。
(5) 取下手柄。
(6) 将机头和导向套分开,从机头中取出转动套和钎套。
(7) 将导向套、缸体分开,取出活塞。
(8) 分开缸体与柄体,取下螺旋棒。
(9) 从缸体中拆下配气阀。
(10) 从柄体中拆下棘轮和三阀(操纵阀、调压阀和换向阀)。

3. 凿岩机的装配顺序
以 YT-23 型凿岩机为例,参照图 11-1 按下列顺序装配凿岩机。
(1) 将转动套和钎套一起装入机头内。
(2) 将导向套装入气缸前端。

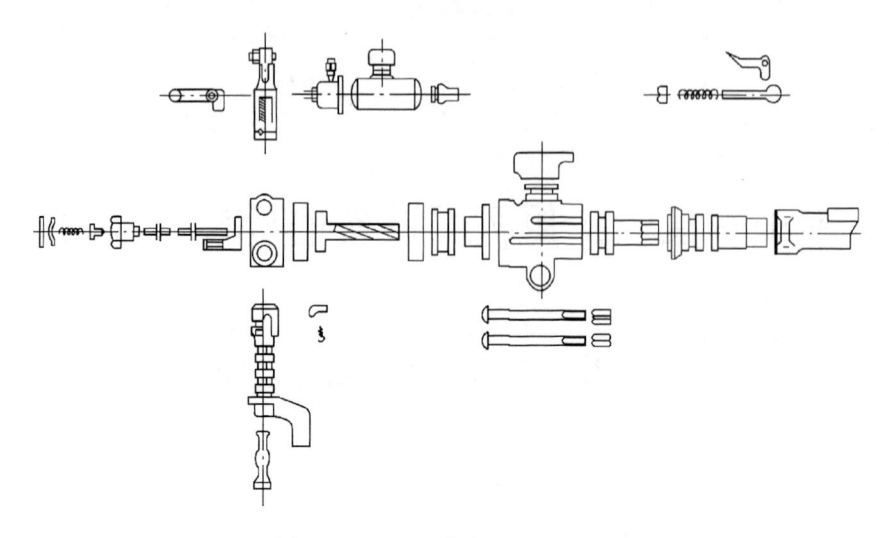

图 11-1　YT-23 凿岩机拆装顺序图

(3) 将活塞装入气缸内。
(4) 组装配气机构。
(5) 将配气机构装入气缸后腔,并用销钉定位。
(6) 装配转钎机构。
(7) 将三阀装入柄体。
(8) 将机头、缸体、柄体、手柄用两根拉紧螺栓锁紧。
(9) 装配气水联动装置。
(10) 装配进风弯管、注油器。
(11) 装配消音罩、水管、风管等辅助部件。
(12) 装配气腿。

4. 凿岩机主要零部件的拆装要领

(1) 配气阀组的拆装要领

配气阀组是凿岩机的重要部件。配合阀组拆装时要小心,不可敲击、磕碰出毛刺。配气阀组重装时必须保持零件清洁,装好后用手轻轻摇动,阀应能在阀柜和阀套间灵活运动(至两端极限位置)。

(2) 钎尾套的拆装要领

钎尾套和转动套是静配合。拆卸钎尾套时,将转动套局部快速加热至 200 ℃,将钎肩磨至小于 30 mm 的钎尾插入转动套,用手锤即可将钎尾套打出。装入时只要将转动套加热至 200 ℃,迅速将冷的钎尾套(锥面方向)放入转动套内,用手锤打入到底部。

(3) 气管弯头和水管弯头的拆装要领

拆卸时,先将气管弯头和水管弯头往里推,用工具撬出钢丝卡环即可取出气管弯头和水管弯头。装配时,先将气管弯头和水管弯头推入柄体相应的孔底,用工具将钢丝卡环卡入相应的半圆槽内,再将气管弯头和水管弯头拉出顶住卡环,即可安全使用。

(4) 螺旋母的拆装要领

螺旋母和活塞是左旋螺纹连接。拆装螺旋母时应注意旋转方向。

二、凿岩机的完好标准和质量检修标准

1. 凿岩机的完好标准
（1）各连接部分必须牢固、可靠。
（2）风水管接头严密、不漏气、漏水、漏油。
（3）钎卡及弹簧完整可靠。
（4）开关灵活可靠。
（5）水针水路畅通，注水阀开闭灵活。
（6）注油器完整，油液清洁。
（7）气腿完整，动作灵活不漏气。

2. 凿岩机的质量检修标准
（1）气缸与活塞的装配间隙为 0.03～0.05 mm，活塞大头直径的磨损量一般不得大于 0.06 mm，小头直径不得大于 0.07 mm，冲击端部不应超过 2 mm。
（2）活塞花键的最大磨损量不超过 1 mm，转动套内齿的磨耗不超过 3 mm。
（3）气缸、活塞、螺旋线沟槽的尖棱凸出部分的伤痕都顺磨成平面或圆弧。
（4）阀芯和阀套的装配间隙为 0.02 mm，超过 0.05～0.06 mm 时应更换。阀芯两侧的磨损量不得超过 0.2 mm。
（5）棘轮的内齿尖端磨损量不超过 0.5～0.7 mm，棘爪的尖端磨损时应修整，其修整量沿长度方向不超过 2.25 mm。
（6）螺旋棒螺母内齿的最大磨损量均不超过 1.5 mm。
（7）转动套棱面的最大磨损量不超过 1.0 mm，钎尾的棱面最大磨损量不超过 0.5 mm。钎尾水针孔的轴线偏移不允许超过 1 mm，钎尾端面应平整，且与中心线垂直，如有卷口或掉块时，应及时更换。
（8）水针不漏水，其弯曲度全长不超过 0.5 mm。
（9）入厂修理后，应在专门试验台上做性能试验，在压缩空气压力为 0.5 MPa 时，冲击功、冲击次数、扭力矩、空气消耗量等主要参数应不低于原参数值的 95%。

第二节　锚杆钻机的拆装与检修

一、锚杆钻机的拆卸与装配

1. 锚杆钻机的拆卸与装配注意事项
（1）拆装作业时，应佩戴好防护眼镜，以防敲崩的碎片伤眼。
（2）拆装场合应干净、清洁、无杂物。
（3）拆装时，用力要均匀，严禁强行拆装，损坏零件。
（4）注意原零件的装配位置，做好标记，便于检修后装配。
（5）在拆装配流轴及轴套等零件时，应用木棒或塑料棒等材料进行敲击，以避免损伤零件。
（6）拆下的零件要妥善保管，不得丢失、损坏。

(7) 对拆卸下来的零件要认真检查,合格零件待装,不合格的零件要进行修复或更换。

(8) 拆卸下来的零件在组装前要进行清洗,清洗作业现场应禁止烟火。

(9) 组装完毕后,要检查试机。

2. 锚杆钻机的拆卸顺序

以 MQT130 锚杆钻机为例,拆卸时,先拆卸锚杆钻机的辅助件,再将锚杆钻机拆分解体为部件,然后再将各部件拆卸为零件。其具体拆卸顺序如下:

(1) 首先拆卸消音罩、输气管、输水管和注油器等辅助件。

(2) 拆卸连接马达传动部件与机体的螺钉,使马达传动部件与机体分离,卸下扶手。

(3) 拆卸连接机体与气腿的螺钉,使气腿与机体分离,从气腿外筒上取下连接法兰。

(4) 用挡圈钳卸下配流轴端部挡圈,取出配流轴与垫圈,使操纵臂部件与机体分离。

(5) 拆卸马达传动部件。

① 拆卸挡水板。

② 拆下水套,从水套内取出密封圈。

③ 拆卸连接马达组件与传动组件的螺钉,马达组件与传动组件分离。

④ 拆卸传动组件:

(a) 卸下注油杯,从注油孔处向下拆掉齿轮轴,从齿轮轴上拆下轴承及轴承套、齿轮和键,将轴承与轴承套分开。卸下紧固螺钉,从螺钉孔处向下打掉轴承。

(b) 卸下主轴下端的挡圈,从传动箱体内由下向上卸掉主轴,取出齿轮,从主轴上取下键,然后从传动箱内拆取轴承、防尘圈与定位圈等零件。

⑤ 拆卸马达组件。

(a) 拆卸连接底板与马达体的 6 条螺钉,卸下底板,取下垫圈。

(b) 从上向下从马达体内卸掉马达齿轮Ⅰ、马达齿轮Ⅱ,取出轴承与轴承套等零件。

(6) 拆卸机体部件。

① 拆卸配流轴轴套Ⅰ、轴套Ⅱ,并取下配流轴和轴套上 O 形密封圈。

② 从机体上卸下放气塞和呼吸阀。

③ 卸下连接风管与水管的螺套。

(7) 拆卸气腿部件。

① 拆卸连接提手的螺钉,卸下提手和垫圈,从上向下退掉外筒,卸下外筒上的 O 形密封圈和防尘圈。

② 取出顶套,卸下顶套上的 O 形密封圈。

③ 用卡簧钳拆卸一级活塞筒挡圈,向上退掉一级活塞筒,卸下一级活塞筒上的 Y 形密封圈和防尘圈。

④ 用卡簧钳拆卸二级活塞筒挡圈,向上退掉二级活塞筒,使二、三级活塞筒分离,卸下二级活塞筒上的 Y 形密封圈、防尘圈以及三级活塞筒上的 Y 形密封圈。

(8) 拆卸操纵臂部件。拆卸阀体与操纵手把总成的连接螺栓,阀体与操纵手把总成分离。

(9) 拆卸阀体总成。

① 拆卸阀体铜套及密封。

② 拆卸阀体上的水接头、进水螺套和滤网。

③ 拆卸阀体上的直角旋接接头、进风螺套和滤网。
④ 拆卸气体马达阀组、水阀组和气腿阀组。
(10) 拆卸操纵手把总成。
① 拆卸旋钮定位螺钉，取下旋钮开关。
② 拆卸推阀芯定位螺钉，取出推阀芯、推阀环、塔形弹簧、顶杆等。

3. 锚杆钻机的装配顺序

锚杆钻机的装配顺序按与拆卸相反的顺序进行，先将零件组装成部件，然后将零件和各部件组装成锚杆钻机。装配时，要注意马达传动组件中马达齿轮Ⅱ及轴承套的方向不能安装反，否则，将引起马达传动组件发热而无法正常工作。

二、锚杆钻机主要零部件的检修

1. 马达传动部件的检修

(1) 主轴的检修。主要是检查主轴与水套密封圈接触处的磨损情况以及主轴内六方孔（与钻杆配合）的磨损情况。当主轴与水套密封圈接触处磨出明显的沟痕、密封不严出现漏水时，应进行更换；当主轴内六方孔的棱边磨秃、钻杆插装在孔内能自由转动时，应进行更换。

(2) 水套的检修。主要是检查水套密封情况，若密封磨损失效，则应进行更换。

(3) 齿轮的检修。主要是检查齿面磨损及断齿情况。当齿轮齿面磨损达到规定极限时或出现断齿时，应进行更换。通常情况下，马达齿轮Ⅰ端部的小齿轮较易磨损，对其进行更换时，只需将磨损的齿轮从马达齿轮Ⅰ上旋下，更换上新的小齿轮即可。

(4) 轴承的检修。主要是检查轴承是否完整、转动是否灵活、有无异响等。当轴承出现损伤、转动不灵活时，应进行更换。

(5) 键的检修。主要是检查键槽与键的配合是否松动、键槽和键是否出现挤压损伤变形等。当键槽变形较小时，可在许可的范围内采用铣削的方法将键槽加宽，重新配键；当键槽变形量较大时，可在相隔180°的对面新开键槽，并对废键槽进行修边处理；当键发生严重磨损或损坏时，可根据键槽尺寸配制新键。

2. 机体部件的检修

机体部件的检修主要是对配流轴的密封件、轴套及呼吸阀的磨损状况进行检查，对磨损严重的元件进行更换。检查配流轴时，要将配流轴上的密封件全部拆下来，检查时尤其要注意安装密封沟槽部位是否发生磨损，当密封沟槽处因磨损加深而密封不严时，应进行更换。检查轴套磨损时，一般采用手触摸轴套内壁，当感觉到内壁磨出沟痕时应进行更换。

3. 气腿部件的检修

气腿部件的检修主要是对气腿密封件的磨损状况、活塞筒与外筒的完好状况进行检查。当密封件磨损严重、起不到密封效果时，应进行更换；当活塞筒或外筒出现裂损或变形时，也应进行更换。

4. 操纵臂部件的检修

(1) 阀体的检修。主要是对铜套的磨损状况及气腿阀组、马达阀组和水阀组的灵活状况和气密状况进行检查。铜套磨损状况的检查与机体部件中轴套的检查相同。当阀组出现动作不灵活或密封不严漏水漏气时，多是因杂质进入阀组内造成阀芯移动受阻或密封件损坏所致，可对阀组进行彻底拆卸,对阀组各零件进行清洗,去除杂质,更换损坏的密封件,重新组装。

(2) 操纵手把组件的检修。主要是检查推阀芯和旋钮是否灵活、阀组顶杆长度是否合适(顶杆过长,阀组关闭不严;顶杆过短,阀组打不开)。当推阀芯或旋钮不灵活时,多是因煤泥粉尘等杂质沉积或零件锈蚀所致,可拆卸清洗,进行涂油润滑处理。当顶杆长度不合适时,应对其进行调整,其调整方法如下:

① 顶杆过长时的调整。先从旋钮上卸下背紧螺钉,然后沿逆时针方向旋动推阀芯内的调整螺钉,使顶杆回缩至合适长度(一般以旋钮开关从关闭状态沿开启方向旋至约 15°时,阀组刚刚处于开启状态为宜),再旋上防松螺钉。② 顶杆过短时的调整。其调整步骤同①,不同的是旋动调整螺钉时,应沿顺时针方向旋动,使顶杆伸长。

第三节 矿用绞车的拆装与检修

一、矿用绞车的拆卸与装配

1. 矿用绞车的拆卸与装配注意事项

(1) 拆装前要熟悉设备结构,掌握有关技术资料。
(2) 重要零件要标记原装配位置。
(3) 拆卸零件用力均衡而适度,方法正确。
(4) 拆下的零部件要清洗,分类存放,妥善保存。
(5) 所有零件的拆卸要顺次小心进行,不允许损坏零件或碰伤其表面。
(6) 应保护电动机端盖和隔爆面原有精度,不得破坏隔爆面。
(7) 所有零件表面均应擦洗干净,严防铁屑、尘粒带入。
(8) 各运转零件按润滑系统所规定的用量涂注润滑油脂。
(9) 所有滚动轴承应在油槽中加热后(不允许超过 100 ℃)进行套装,不得硬打硬砸。
(10) 装配前必须熟悉绞车各部分的构造,防止错装、漏装。
(11) 装配完毕后,应先盘车转动,当确认无装备不良现象及阻碍物后,再开动电动机试转调整。

2. 矿用绞车的拆卸顺序

以 JD-1 型调度绞车(见图 11-2)为例,其拆卸顺序参考图 11-3。JD-1 型调度绞车拆卸顺序如下:

(1) 首先应卸下绳卡,取下钢丝绳并盘好;然后将护绳板 33 拆下,拧去固定电动机和轴承支架的螺栓,将底座与绞车分离;再将制动装置、电动机卸掉;然后将 6 个螺栓 19 拧掉,取下轴承盖 18 和轴承支架 17;再拧去连接大齿轮架与卷筒的 6 个螺栓 12,此时即可将大齿轮等零件及大齿轮架部件一并从滚筒中取出。

(2) 在拆卸滚柱套 8 及齿轮架 9 时,应先拧出定位螺钉,然后将其轻轻击出。此时一定要看一看左侧油堵是否已拧去,否则将阻碍齿轮架 9 的拆出。

(3) 绞车各滚动轴承及齿轮柄尾上都是采用 65Mn 钢制的弹性挡圈。拆卸时,应使用有尖嘴的手钳插入弹性挡圈端部的小孔中,然后张开钳口,轻轻地将它们取下来,以防折断。如不慎将其折断,应以同样规格材质的零件装上,绝不允许用铁丝、铁皮裹缠。

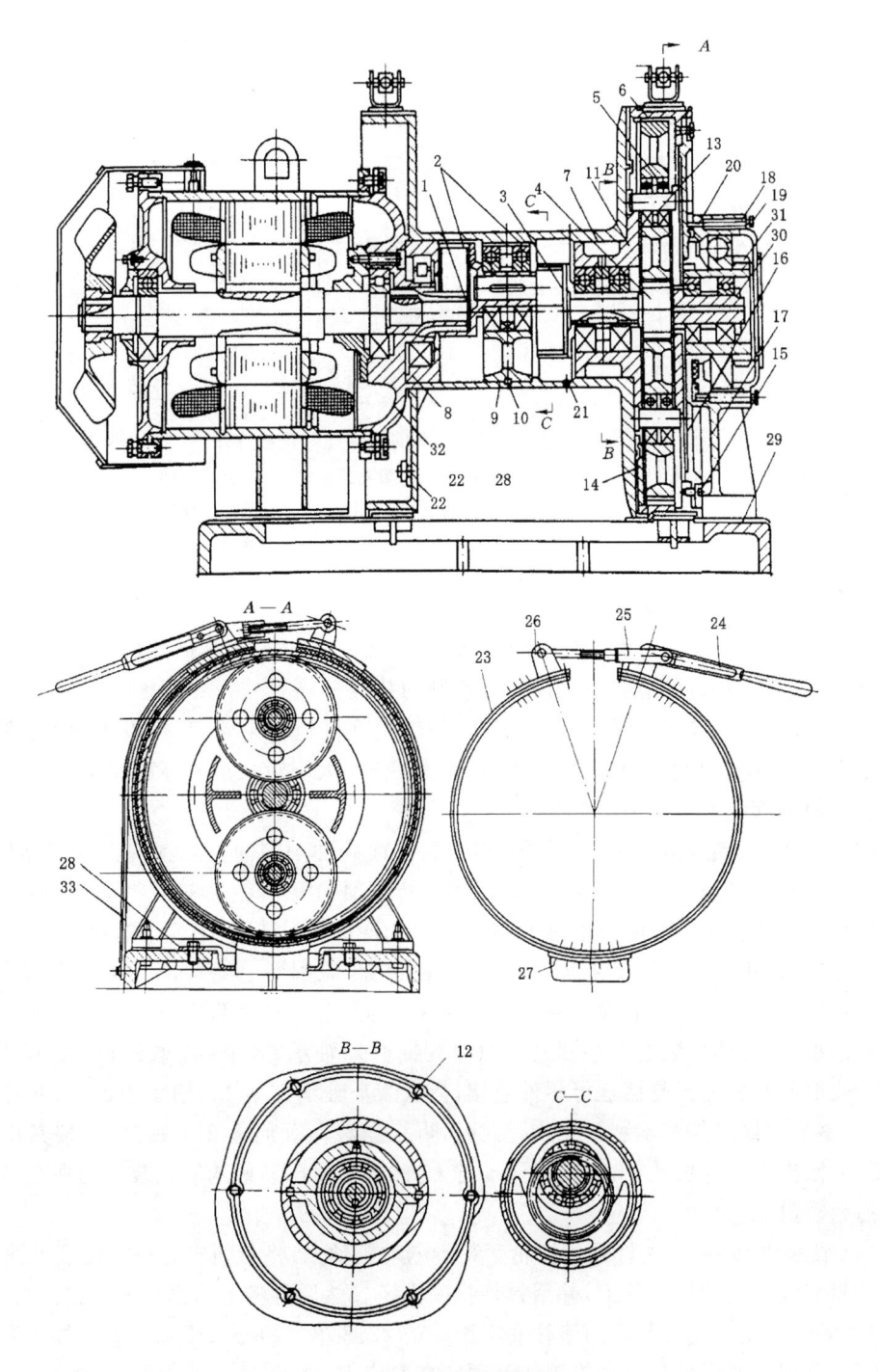

图 11-2 JD-1 调度绞车结构图

1——马达齿轮；2——内齿轮；3——轴齿轮；4——轴齿轮（太阳轮）；5——行星轮；6——大内齿轮；7——卷筒；8——滚柱套；9——偏心齿轮架；10——螺钉；11——大齿轮架；12,15,19——螺栓；13——小轴；14——滑盘；16——挡盘；17——轴承支架；18——轴承盖；20——滑圈；21——油堵；22——压绳板；23——闸带；24——制动手把；25——叉头；26——拉杆支撑架；27——丁字板；28——垫板；29——机座；30——圆螺母；31——大圆螺母；32——电动机端盖；33——护绳板

(4) 所有零件的拆卸要顺次小心进行,不允许损伤零件或碰伤表面。

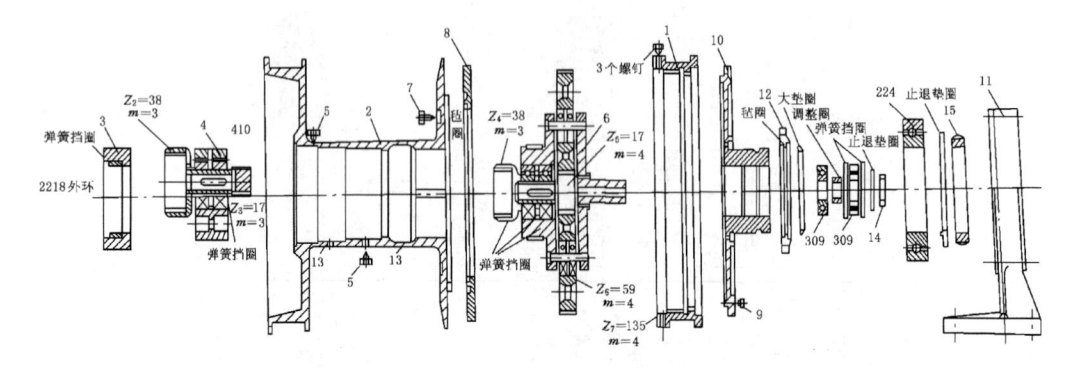

图 11-3 JD-1 调度绞车的拆卸与装配顺序图
1——大内齿轮;3——滚柱套;4——齿轮架部件;5——定位螺丝;
6——大齿轮架部件;7——螺栓;8——滑盘;9——;10——档盘;
11——轴承、支架;12——滑圈;14,15——圆螺母

3. 矿用绞车的装配顺序

以 JD-1 型调度绞车为例,其装配顺序也参考图 11-3。先将零件装成部件,然后装成组件,再进行总装。总装前应装成滚筒装置和制动装置。

(1) 滚筒装置组装前应装成下列部件:齿轮架部件包括齿轮架、内齿轮、轴齿轮等零件及轴承 410;大齿轮部件包括齿轮架、内齿轮、轴齿轮(太阳轮)、小轴等零件及轴承 410,另在大齿轮架的柄部装上一盘轴承 309。

(2) 滚筒装置组装顺序如下:装配时,先将滚筒制动一端向上立置,装入齿轮架部件 4,再装入压配有单列向心短圆柱滚子轴承 2218 外座圈的滚柱套;然后将滚筒翻转倒立,并在滚筒端面上装设密封毡圈及滑盘 8,再装入大齿轮架部件 6,旋上 6 个螺栓 7,使滚筒与大齿轮架固接;再将大内齿轮 1、挡盘 10 装上,在大内齿轮圆周上旋入 3 个螺钉,使其与滑盘 8 相连。在挡盘 10 的面上,装设密封毡圈及滑圈 12,大齿轮架柄部装上 2 只单列向心球轴承 309,在挡盘 10 的柄部装上大垫圈及 1 只单列向心球轴承 224;再将圆螺母 14、15 拧上,使大齿轮架部件与大内齿轮挡盘等零件连接,依次装上轴承支架 11、轴承盖,穿入并拧紧 6 个螺栓后,整个滚筒组件基本装配完成。此时,可根据滚筒圆周上 3 个螺钉孔,按其位置在零件 4、3 上钻出 3 个定位孔,将定位螺丝 5 拧入,然后再将已装好的制动装置套在滚筒及大内齿轮的制动盘上。

(3) 安装电动机时,先将马达齿轮套装于电动机轴上,将单列向心短圆柱滚子轴承 2218 的内座圈套装于电动机端盖上,并用弹性挡圈固定。然后再将电动机与滚筒进行组装,组装时,应注意使电动机端盖与滚筒滚柱套上配装的 2218 单列向心滚子轴承的内外座圈位置对齐,然后,再用普通螺栓与螺尾锥销将其固定在底座上。

(4) 电动机与轴承支架的中心高度要求一致,否则将严重加剧绞车零件的磨损,甚至会影响绞车运行。当绞车大修后需要按电动机或轴承支架时,应以千分表或高度游标卡尺精确地测出更换件的中心高度及其误差值,确认一致无误后,再进行安装。安装时若螺尾锥孔位置错位,则应重新选择位置稳装。此后,将制动装置上的丁字板纳入垫板中,以限定其位置。在底座上安装护绳板。

二、矿用绞车的检修内容及检修标准

1. 矿用绞车检修的内容

绞车检修分为小修、中修和大修。

(1) 小修：一般在井下进行。其内容主要是调整、更换或修理制动闸带，紧固连接零件，排除故障，补充或更换润滑油，清理绞车外表部分。

(2) 中修：一般在机修车厂（车间）进行。其内容主要是全部拆开绞车零部件，清洗后检查磨损程度，更换已磨损的零件，排除在小修时未解决的故障，更换机械各部分的润滑油，恢复绞车工作能力达到正常状况。中修后需进行绞车试运转。

(3) 大修：一般在机修车厂（车间）进行。其内容主要是全部拆开绞车零部件，检查并清洗所有零件，修复或用新零件来替换已磨损的部件，恢复全部绞车的工作能力和正常状况，并进行油漆更新。大修后应进行绞车试运转。

绞车修理时，部分零件有下列情况时应更换：

(1) 石棉带。石棉带磨损的厚度大于 2 mm 时，应立即更换新石棉带，并用新铆钉铆接。

(2) 轴承。绞车所有的轴承，均按绞车的使用年限计算选用的，在正确装配和合理使用的条件下，仅需在大修时视情况拆换轴承。轴承损伤的现象是运转时发生噪音声响，发热不正常或在滚珠及弹道上有剥落斑点等。更换新轴承时，其牌号必须与原轴承的一致。

(3) 齿轮。齿轮损坏后，会使绞车运转的声响加大，效率降低，甚至使滚筒不能转动。齿轮破坏的形式主要为齿面疲劳点蚀、齿面磨损、齿面压碎或剥落、轮齿折断和齿轮裂纹等。当齿轮齿面疲劳点蚀、磨损达到规定极限或齿面压碎、剥落时，必须更换；当齿轮出现轮齿断裂时，可根据情况采用镶齿法修复或进行更换；当小齿轮出现裂纹时，应更换。更换齿轮时，应将齿轮清洗干净，并对齿轮的啮合情况及其他零件的配合情况进行检查。

(4) 其他零件（滚筒、制动轮、弹簧挡圈、销轴、紧固件及连接件等）。这些零件若发现有过度磨损等缺陷，应立即更换。

(5) 油漆。油漆面上若有油漆剥落现象，应在修理时重新刷涂油漆。

2. 矿用绞车的检修标准

(1) 滚筒装置检修标准

① 滚筒不得有裂纹和变形。

② 卷筒表面的固定螺栓和油堵，不得高出滚筒外表面。

③ 钢丝绳的出口处不得有棱角和毛刺。

④ 固定在卷筒上的绳头不得成锐角折曲，绳端的固定应符合设计规定。

⑤ 内齿轮与滚筒边之间应保持 1～0.4 mm 的间隙。电机与滚筒，挡盘与滑圈之间均应保持 0.5 mm 的间隙。

⑥ 左右两支架的中心高偏差不得大于 0.1 mm。

(2) 闸与闸轮检修标准

① 闸带与闸皮应用铜或铝铆钉铆接，铆钉埋入闸带的深度不得少于闸带厚度的 30%。闸带与闸皮铆接后应紧贴，不得有皱折和拱曲，不得有间隙。

② 闸轮与闸带表面应保持清洁，不得有油污和污垢。闸带与闸轮的接触面积不少于闸

带面积的70%。

③ 闸带不得断裂,闸带磨损的厚度不得大于1.5 mm,余厚不得小于3 mm。

④ 闸轮磨损不得大于2 mm,表面粗糙度不大于1.6 μm。

⑤ 拉杆螺栓、叉头、闸把、销轴不得有损伤或变形。拉杆螺栓应用背帽背紧。

⑥ 闸把及杠杆系统动作灵活可靠,施闸后闸把位置不得达到水平位置,应比水平位置略有上翘(30°～40°)。

(3) 底座检修标准

① 底座不得有裂纹,基础螺栓必须双帽紧固。

② 护板应完整、齐全。护板上、下都与闸把拉杆和底座连接牢靠。

第四节　小型水泵的拆装与检修

一、小型水泵的拆卸与装配注意事项

(1) 拆装前,应熟悉设备结构,掌握有关技术资料。

(2) 拆装用设备、工具及材料准备齐全,并检查确认完好。

(3) 拆装时用力轻且均衡,严禁强行拆装,损坏零件。

(4) 拆下的零件要妥善保存,不得丢失、损坏。

(5) 拆卸叶轮时,要在叶片部位用力,以防叶轮被损坏。

(6) 拆卸键时,不得损伤键的工作面。

(7) 对磨损严重零件或拆卸中损坏的零件,不得任意丢掉。需自行加工的,待留图后再做处理。

(8) 有轻微磨损不影响使用的密封环、轴套等可不拆卸或更换。

(9) 新制作的叶轮必须要做静平衡试验,以消除不平衡重量。

(10) 所有零件组装前应清洗,若用煤油或汽油清洗时,周围应禁止烟火,确保安全。

(11) 认真检查各零件,合格零部件待装,不合格零部件修复或更换。

(12) 轴承、密封油室应按规定加注润滑脂和润滑油,加注量应适量。

(13) 组装完毕,应检查试机,确认设备检修质量合格。

二、小型水泵的拆卸与安装顺序

1. 小型水泵的拆卸顺序

小型水泵的种类很多。现以 B 型离心式泵为例叙述其拆卸顺序。

B 型水泵的拆卸顺序可按图 11-4 所示顺序进行。其具体拆卸顺序如下:

(1) 拆开联轴器,将联轴器从轴上取下。

(2) 拆下托架与泵体的连接螺栓,拆下泵体。

(3) 松开水轮螺母,取下水轮及键。

(4) 分开泵盖和托架,取出轴套。

(5) 拆开填料压盖,取出填料。

(6) 拆下两个轴承端盖。

(7) 将泵轴从托架中打出。
(8) 从轴上取下两个轴承。
(9) 拆下地脚螺栓,拆下托架。

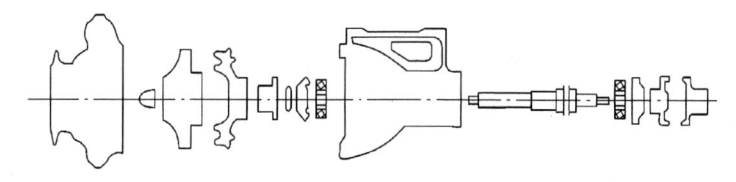

图 11-4　B 型水泵的拆卸和装配顺序示意图

2. 小型水泵的装配顺序

B 型水泵的装配也参照图 11-4 所示顺序进行。其装配顺序与其拆卸顺序相反而已。

三、小型水泵的检修和主要部件的修理

1. 小型水泵的检修内容

(1) 小修。它是工作量最小的局部修理,一般在现场更换或修复少量磨损零件。其检修内容主要是调整填料压盖松紧程度,更换填料,调整联轴器的端面间隙和同轴度,紧固连接零件,排除故障,补充或更换润滑油,清理滤网外表的杂物等。

(2) 中修。其检修内容除包括小修内容外,要全部拆开水泵零部件,对零部件进行检查,更换与修复叶轮、密封环、轴承、轴套、填料装置、联轴器等,排除在小修时未解决的故障,更换机械各部分的润滑油。中修后需水泵试运转。

(3) 大修。其检修内容除包括中修内容外,要全部拆开水泵零部件,检查并清洗所有零件,更换磨损或腐蚀不能再用的零部件,必要时应对泵体进行修理、对机座进行调整和更换泵轴。大修后应进行水压试验。

2. 小型水泵主要部件的修理

(1) 泵轴的修理

泵轴有下列情况之一时,应进行更换:

① 泵轴已产生裂纹。

② 泵轴有严重的磨损,或有较大的足以影响其机械强度的沟痕。

泵轴在下列情况下需进行修理:

① 轴的弯曲超过大密封环和叶轮入口外径的间隙 1/3 时,应进行调直或更换。

② 泵轴与轴承相接触的轴颈部分与填料接触的部分磨出沟痕时,可用金属喷镀、电弧喷镀、电解镀铬等方法进行修补;磨损过大时,可用镶套方法进行修复。

③ 键槽损坏较大时,可把旧键槽焊补好,另在别处开新键槽,但对于传递功率较大的泵轴不能这样做,必须更换新轴。

(2) 轴承的修理

应按规定要求对滚动轴承进行检查,若不符合技术要求,则需更换新轴承。

(3) 叶轮的修理

叶轮有下列情况之一时,应进行更换:

① 叶轮表面出现裂纹。

② 叶轮表面因腐蚀而形成较多的深度超过 3 mm 的麻窝或穿孔。
③ 叶轮因腐蚀而使轮壁变薄(剩余厚度小于 2 mm),以致影响机械强度。
④ 叶轮入口处发现严重的偏磨现象。

(4) 密封环的修理

密封环多为铸铁支撑。当密封环的内径和叶轮吸水口外径的间隙超过规定值时应进行更换。

(5) 填料装置的修理

① 填料装置的轴套磨损较大或出现沟痕时,应进行更换。
② 检修水泵时,盘根(填料)应进行更换。一般水泵宜选用油浸石棉盘根。

(6) 泵壳的修理

泵壳的损伤大都因为机械应力或热应力的作用而出现裂纹。在检查时,用手槌轻敲壳体,若有破哑声,则说明已破裂,应找出裂纹地点,并在裂纹处先浇上煤油,擦干表面,然后涂上一层白粉,并用手槌再敲机壳,则裂纹内的煤油就会渗出来浸湿白粉,呈现一条黑线,即可显明裂纹的长短。

裂纹的修补方法主要有:如裂纹在不承受压力或不起密封作用的地方,为防止裂纹继续扩大,可在裂纹的始端与终端各钻一个直径 3 mm 的圆孔,以避免应力集中;如裂纹在承受压力的地方,则应进行补焊修复。

(7) 联轴器的修理

联轴器与轴配合松动时,可将轴颈镀铬或喷镀,以增大轴颈的方法来修复;其磨损严重时,应进行更换。若连接件或连接部位的磨损、变形严重及连接件损坏,应进行更换。

四、小型水泵的检修标准

1. 泵轴检修标准

(1) 泵轴不得有下列缺陷:
① 轴颈磨损出现沟痕或圆度、圆柱度超过规定;
② 轴表面被冲刷出现沟、坑;
③ 键槽磨损或被冲蚀严重;
④ 轴的直线度超过大口环内径与叶轮入水口外径规定间隙的 1/3。

(2) 大修后的泵轴应符合下列要求:
① 轴颈的径向圆跳动不超过表 11-1 的规定。

表 11-1　　　　　　　　径向圆跳动　　　　　　　　单位:mm

轴的直径	≤18	>18~30	>30~50	>50~120	>120~260
径向圆跳动	0.04	0.05	0.06	0.08	0.10

② 轴颈及安装叶轮处的表面粗糙度≤0.8 μm。
③ 键槽中心线与轴的轴心线的平行度≤0.3‰,偏移≤0.6 mm。

2. 叶轮检修标准

(1) 叶轮不得有下列缺陷:

① 叶轮表面裂纹；
② 因冲刷、侵蚀或磨损而使前、后盖板壁厚变薄，以致影响强度；
③ 叶轮入口处磨损超过原厚度的 40%。
(2) 新更换的叶轮与原叶轮材质应保持一致，并符合下列要求：
① 叶轮轴孔轴心线与叶轮入水口处外圆轴心线的同轴度、叶轮端面圆跳动及叶轮轮毂两端平行度均不大于表 11-2 的规定。

表 11-2　　　　　　　　　　叶轮三项形位公差　　　　　　　　　　单位：mm

叶轮轴孔直径	≤18	>18~30	>30~50	>50~120	>120~260
公差值	0.020	0.025	0.030	0.040	0.050

② 键槽中心线与轴孔轴心线平行度≤0.3‰，偏移≤0.06 mm。
③ 叶轮流道应清砂除刺，光滑平整。
(3) 新制叶轮必须做静平衡试验，以消除其不平衡重量。叶轮静平衡允差见表 11-3。用切削盖板方法调整平衡时，盖板的切削量不得超过其厚度的 1/3。

表 11-3　　　　　　　　　　叶轮静平衡允差

叶轮外径/mm	≤200	>200~300	>300~400	>400~500	>500~700	>700~900
静平衡允差/g	3	5	8	10	15	20

3. 密封口环检修标准
(1) 铸铁制的口环不得裂纹。
(2) 口环与叶轮入口或与轴套的径向间隙不得超过表 11-4 和表 11-5 的规定。
(3) 口环内孔表面粗糙度≤1.6 μm。

表 11-4　　　　　　　　　　口环配合间隙（半径方向）　　　　　　　　　　单位：mm

口环内径	80~120	120~150	150~180	180~220	220~260	260~290	290~320
装配间隙	0.15~0.22	0.175~0.255	0.200~0.280	0.225~0.315	0.250~0.340	0.250~0.350	0.275~0.375
最大磨损间隙	0.44	0.51	0.56	0.63	0.68	0.70	0.75

表 11-5　　　　　　　　　　口环配合间隙（直径方向）　　　　　　　　　　单位：mm

口环内径	80~120	120~150	150~180	180~220	220~260	260~290	290~320
装配间隙	0.22~0.33	0.26~0.38	0.30~0.42	0.33~0.47	0.38~0.51	0.38~0.53	0.41~0.56
最大磨损间隙	0.50	0.57	0.63	0.70	0.76	0.80	0.84

4. 导叶检修标准

(1) 导叶不得有裂纹。

(2) 导叶冲蚀深度不得超过 4 mm。

(3) 导叶叶尖长度被冲蚀磨损不得大于 6 mm。

5. 填料函检修标准

(1) 大修时要更换新填料。

(2) 填料函处的轴套不得有磨损或沟痕。

五、小型水泵检修后试运转时的注意事项

(1) 水泵大修后,应在试验站或现场进行试运转。

(2) 水泵不能在无水情况下试运转。在有水情况下,也不能在闸阀全闭情况下做长期试运转,应按其技术文件要求进行试运转。

(3) 水泵的压力表、真空表及电控仪表等应完整齐全,指示正确。

(4) 试运转时用闸阀控制,使压力由高到低,做水泵全特性或实际工况点试验,时间不少于 2~4 h,并检查下列各项:

① 各部音响有无异常;

② 各部温度是否正常;

③ 有无漏油、漏气、漏水现象(填料函处允许有成滴渗水);

④ 在额定负荷或现场实际工况,测试水泵的排水量、效率及功率,效率应不低于该泵最高效率或该工况点效率的 95%。

(5) 隔爆型潜水排沙泵在进行试运转时应特别注意以下事项:

① 潜水泵必须立式安装,泵轴线与铅垂线的安装倾角应小于 30°。

② 潜水泵试运转前,应在水中浸水 12 h 后,测量电机相对地间绝缘值不低于 50 MΩ 时,再进行试运转。

③ 潜水泵在试运转时,潜入水中的深度应符合生产厂家技术文件的规定。

④ 严禁潜水泵陷入泥沙中启动和运转。

第五节　混凝土喷射机的拆装与检修

一、转子式混凝土喷射机的拆卸与装配

1. 转子式混凝土喷射机的拆卸与装配注意事项

(1) 用好必要劳动用品,正确使用工具。

(2) 拆卸前,应先放气、停电、断水,确保拆卸检修安全。

(3) 拆装场所清洁,周围无杂物,井下场所应通风良好。

(4) 所拆下的零件要清洗,分类妥善存放,不得碰伤或丢失。

(5) 转子衬板往转子上安装时,应注意柱销应与转子衬板表面平齐或略低于衬板表面 1~2 mm,否则,必须修磨柱销,以免损伤橡胶密封板。

(6) 做好拆装检修记录,如材料、零配件及有关技术数据。

(7)设备装配后要检查试车。

2.转子式混凝土喷射机的拆卸与装配顺序

转子式混凝土喷射机的拆卸顺序如下(其总成部分拆卸可参照图11-5):

(1)拆下风管、水管、压力表及气路截止阀等辅助部件。

(2)拆下出料弯头和旋流器。

(3)依次拆卸筛网、料斗、搅拌器。

(4)拆卸压紧装置。

(5)依次拆卸料斗底座、上橡胶密封板、上转子衬板、转子体,从转子体上卸下法兰轴组件,橡胶料腔。再依次拆卸下转子衬板、下橡胶密封板。

(6)拆卸电动机防护罩和电动机。

(7)拆开减速箱,取出轴承、轴和齿轮。

转子式混凝土喷射机的装配顺序与拆卸顺序相反。

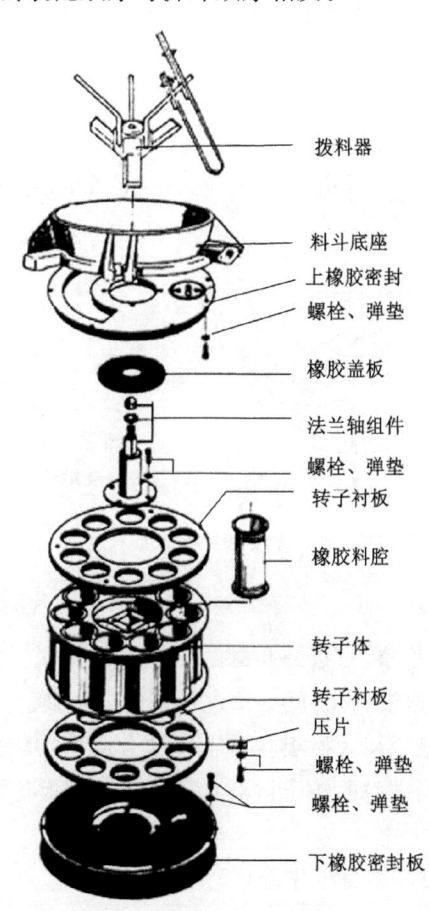

图11-5 转子式喷射混凝土总成部分拆装示意图

二、转子式混凝土喷射机的检修

转子式混凝土喷射机的检修部件主要包括电动机、拨料器、橡胶密封板、转子衬板、转子体、出料弯头、旋流器、滚动轴承、齿轮和轴。现仅就其中部分部件的检修进行简单介绍。

1. 拨料器的检修

拨料器的损坏形式主要是拨料棒变形或折损,可采用整形、补焊料棒等方法进行修复。

2. 橡胶密封板的检修

橡胶结合板的主要损坏形式为磨损。其磨损程度以是否能实现有效的密封为衡量尺度。若出现密封面有较深的沟槽,则橡胶结合板必须修复或更换。橡胶密封板常采用车削和磨削方法进行修复。

如图 11-6 所示,为了避免旧橡胶结合板在修复过程中变形,可用一个磁性夹紧盘或刚性固定盘把橡胶结合板装卡到车床上,使用硬质合金刀具把表面车削 2~3 mm 深,直到最深的划痕消失。然后用研磨装置或者多孔砂轮转动磨削胶皮覆盖层 2~3 次。钢插筋部分必须加工至低于橡胶结合板表面约 2 mm。

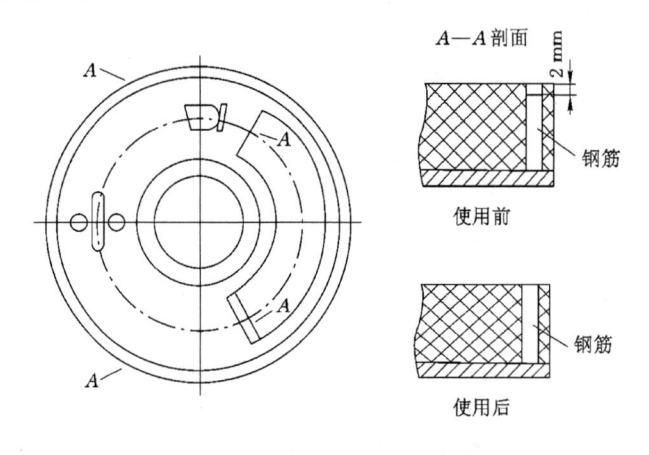

图 11-6 橡胶密封板修复示意图

3. 转子衬板的检修

转子衬板的平面应保持平整,衬板圆孔的边棱应保持尖锐。如果衬板表面出现深度超过 1 mm 的划痕或尖锐的棱边被斜切,就必须进行修复或更换。

修复衬板时,先用凿子轻轻切入衬板与转子体结合面,使其分开(切勿用笨重的锤子或其他工具敲打,以免损坏特别硬脆的转子衬板),彻底清洗衬板与转子的结合面,然后再磨削衬板表面,直到伤痕消失。

4. 橡胶料腔、橡胶弯头、锥套的检修

橡胶料腔、橡胶弯头及锥套采用防黏接材料制成,一般情况下不会黏结,其损坏形式主要是磨损变薄或破裂。如果仅是物料黏结在表面,进行清理后即可复用,对于磨损严重或破裂的则需进行更换。更换前,需对其相配合的腔、孔内壁清洗干净,然后再将质量合格的橡胶料腔、橡胶弯头、锥套等装入相应的位置,与腔、孔内壁贴合紧密。

第六节　局部通风机的拆装与检修

一、局部通风机的拆卸与装配

1. 局部通风机的拆装注意事项
(1) 通风机拆卸前首先切断电源。
(2) 拆卸前要做好标记零配件的原装配位置。
(3) 严禁用锤直接敲击轴头端部。
(4) 拆卸叶轮时用力应均衡而适度。
(5) 拆下的零部件要妥善存放,不得损坏。
(6) 注意安全。

2. 局部通风机的拆卸顺序
以 JBT 系列局部通风机为例讲解局部通风机的拆卸顺序。其拆卸可参考图 11-7 进行。JBT 系列局部通风机具体拆卸顺序如下：
(1) 收下拆卸仪表等附属设备。
(2) 拆下锥形扩散器。
(3) 拆下后整流器。
(4) 拆下喇叭形进风口。
(5) 拆下主轴轴头螺母,取下挡板。
(6) 用拆卸器拆下叶轮,并取出键。

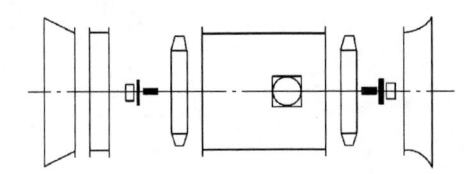

图 11-7　JBT 系列局部通风机的拆卸与装配顺序示意图

3. 局部通风机的装配顺序
仍以 JBT 系列局部通风机的装配(见图 11-7)为例,介绍局部通风机的装配顺序。其装配顺序与拆卸顺序相反。

二、局部通风机的检修流程

(1) 对上井的局部通风机,按照吊装要求进入车间。
(2) 检查通风机的防爆性能是否防爆要求,并且使之完好。
(3) 用合适的摇表测量通风机的绝缘电阻值,摇测绝缘阻值后,必须用导体将电机完全放电,对阻值低的通风机在烤箱中进行烘烤一天左右,直到阻值达到要求。
(4) 用小撬棍拨动通风机叶轮,检查叶轮转动是否灵活,有无摩擦。
(5) 解体局部通风机的进风口、出风口。
(6) 解体带叶轮的两电机,取下通风机叶轮。

(7) 检查通风机各螺栓及弹性垫圈。

(8) 检查轴是否符合要求。

(9) 检查叶轮的磨损情况,检查叶轮及其他零件的磨损情况。

(10) 检查轴颈是否磨损、装碰伤痕,是否弯曲。

(11) 检查风壳严密性及漏风程度。

(12) 检查进风口及调整进风挡板的磨损情况,进风挡板叶片是否开关灵活。

(13) 更换有缺陷部件。

(14) 对上井的局部通风机轴承必须更换,并且在安装轴承过程中,使用热装(轴承加热器)。

(15) 对油污的线包清洗(使用汽油),清扫电动机线圈时,不得用稀料及尖锐金属以免损坏绝缘。

(16) 对通风机各部件进行全面检查,通风机油管要通畅,黄油嘴齐全,机件必须完整。叶轮旋转方向与机壳标志的旋转方向一致。连接部要紧密,传动部灵活、无卡涩。

(17) 进行总体装配,然后在进风口处焊接护网。

(18) 对结合面进行防锈涂油,按照图纸工艺要求和尺寸进行装配。

(19) 进行总检查,符合要求后才能进行局部通风机试运行,同时做好检修记录。

第四部分
矿井维修钳工中级
基本知识要求

本部分主要内容

- ▶ 第十二章　机械传动基础知识
- ▶ 第十三章　设备润滑基础知识
- ▶ 第十四章　设备的润滑与保养
- ▶ 第十五章　金属焊接与切割基本知识
- ▶ 第十六章　液压传动基础知识
- ▶ 第十七章　液压传动技术

第十二章　机械传动基础知识

一台完整的机器通常由动力部分、工作部分和传动装置三部分组成,除此之外还有控制部分和辅助部分。传动装置就是将动力部分的运动和动力传递给工作部分的中间环节。机器中常用的传动方式主要有机械传动、液压传动和气动传动及电气传动等。

第一节　常用的传动机构

一、平面四杆机构

所有构件间的相对运动均为平面运动,且只用低副连接的机构,称为平面连杆机构。具有四个构件的连杆机构,称为平面四杆机构。

1. 铰接四杆机构的定义

构件间用四个转动副相连的平面四杆机构简称为铰链四杆机构。如图 12-1 所示,它是平面四杆机构的基本形式。铰接四杆机构中,固定不动的构件称为机架;与机架相连的构件称为连架杆;不与机架相连的构件称为连杆。

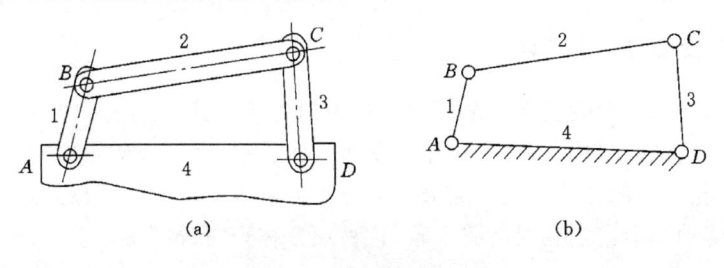

图 12-1　铰链四杆机构
1,3——连架杆；2——连杆；4——机架

连架杆按其运动特征分为曲柄和摇杆两种。
(1) 曲柄是指与机架用转动副相连且能绕该转动副轴线整圈旋转的构件。
(2) 摇杆是指与机架用转动副相连但只能绕该转动副轴线摆动的构件。

2. 铰接四杆机构的演化

含有移动副的四杆机构成为滑块四杆机构,它是由铰链四杆机构演化而来的。在实际应用中广泛采用的滑块四杆机构有曲柄滑块机构、导杆机构、摇块机构和定块机构等几种形式。

二、凸轮机构

凸轮机构是由凸轮、从动件和机架三个构件组成的高副机构。在凸轮机构中,凸轮通常作主动件并做等速回转与移动,借助其曲线轮廓或凹槽使从动件做相应的移动或摆动。通过改变凸轮轮廓的外形,可以使从动件实现任意预期的运动规律,故凸轮机构应用广泛。但因凸轮机构包含高副结构,因此不能传递较大的动力,而且凸轮的曲线轮廓加工制造比较复杂,所以,凸轮机构一般用于实现特殊要求的运动规律且传递动力不太大的场合。

三、棘轮机构

棘轮机构是利用棘爪推动棘轮上的棘齿和从棘轮上滑过的方式,以实现周期性间歇运动的机构。棘轮与传动轴固连,驱动棘爪铰链于摇杆上,摇杆空套在棘轮轴上,可绕其转动。当摇杆逆时针方向摆动时,与它相连的驱动棘爪插入棘轮的齿槽内,推动棘轮转过一定的角度。当摇杆顺时针方向摆动时,驱动棘爪便在棘轮齿背上滑过。这时,制动棘爪插入棘轮的齿间,阻止棘轮顺时针方向转动,故棘轮静止。因此,当摇杆往复摆动时,棘轮作单向的间歇运动。

棘轮机构工作时常伴有噪声和振动,因此它的工作频率不能过高。棘轮机构的主要用途有间歇送进、制动和超越等,常用在各种机床中间歇进给、回转工作台的转位,也常用在千斤顶上。

第二节 摩擦轮传动

一、摩擦轮传动的工作原理

摩擦轮传动是利用两轮直接接触所产生的摩擦力来传递运动和动力的一种机械传动。在正常传动时,主动轮依靠摩擦力的作用带动从动轮转动,并保证两轮面的接触处有足够大摩擦力,使主动轮产生的摩擦力足以克服从动轮上的阻力矩。如果摩擦力矩小于阻力矩,两轮面接触处在传动中会出现相对滑移现象,这种现象称为"打滑"。

二、摩擦轮传动比的定义

机构中瞬时输入速度与输出速度的比值称为机构的传动比。摩擦轮传动的传动比就是主动轮转速 n_1 与从动轮转速 n_2 的比值。摩擦轮的传动比符号用 i 表示。其表达式为:

$$i = n_1/n_2 \tag{12-1}$$

三、摩擦轮传动的特点和应用场合

与其他传动相比较,摩擦轮传动具有下列特点:
(1) 结构简单,使用维修方便,适用于两轴中心距较小的传动。
(2) 传动时噪声小,并可在运转中变速、变向。
(3) 过载时,两轮接触处会产生打滑,因而可防止薄弱零件的损坏,起到安全保护作用。
(4) 在两轮接触处有产生打滑的可能,所以不能保持准确的传动比。

(5) 传动效率低,不宜传递较大的转矩,主要适用于高速、小功率传动的场合。

直接接触的摩擦轮传动一般应用于摩擦压力机、摩擦离合器、制动器、机械无级变速器及仪器的传动机构等场合。

第三节 带 传 动

一、带传动的工作原理

带传动是利用带作为中间挠性件,依靠带与带轮之间的摩擦力或啮合来传递运动和(或)动力的。如图 12-2 所示,把一根或几根闭合成环形的带张紧在主动轮和从动轮上,使带与两带轮之间的接触面产生正压力(或使同步带与两同步带轮上的齿相啮合),当主动轴 O_1 带动主动轮回转时,依靠带与两带轮接触面之间的摩擦力(或齿的啮合)使从动轮带动从动轴 O_2 回转,实现两轴间运动和(或)动力的传递。

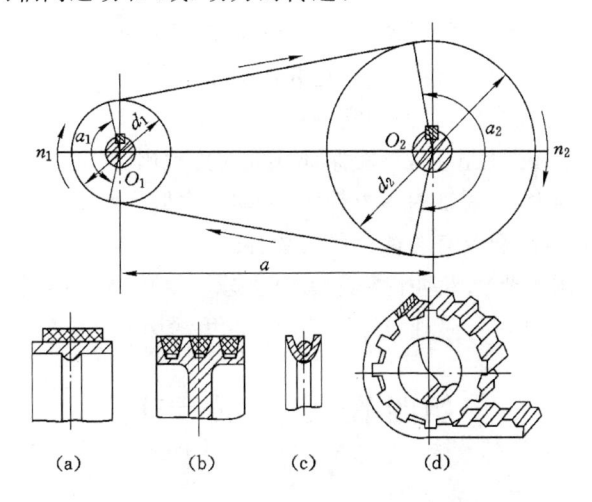

图 12-2 摩擦式带传动和啮合式带传动
(a) 平带;(b) V 带;(c) 圆带;(d) 同步带

二、带传动的主要类型

1. 摩擦式带传动

如图 12-2(a)、(b)、(c)所示,平带的横截面为扁平矩形,内表面为工作面;V 带的横截面为等腰梯形,两侧面为工作面。根据楔形面的受力分析可知,在相同压紧力和相同摩擦因数的条件下,V 带产生的摩擦力要比平带大约 3 倍,所以 V 带传动能力强,结构更紧凑,应用最广泛。

2. 啮合式带传动

啮合式带传动是靠带的齿与带轮上的齿相啮合来传递动力的。较典型的如图 12-2(d)所示的同步带传动。同步带传动兼有带传动和齿轮传动的特点,传动功率较大(可达几百千瓦),传动效率高($\eta=0.98\sim 0.99$),允许的线速度高($v\leqslant 50$ m/s),传动比大($i\leqslant 12$),传动结构紧凑。

三、带传动的传动比和主要参数

1. 带传动的传动比

带传动的传动比是主动轮转速 n_1 与从动轮转速 n_2 的比值。带传动的传动比符号用 i 表示。其表达式为：

$$i = n_1/n_2 \tag{12-2}$$

2. 带传动的主要参数

(1) 包角 α。包角是指带与带轮接触弧所对的圆心角。包角越小，接触弧长越短，接触面间产生的摩擦力总和越小。一般要求包角 $\alpha \geqslant 150°$。

(2) 带长 L。平带的带长是指带的内周长度。

四、带传动的工作特点和应用场合

摩擦式带传动具有以下主要特点：
(1) 传动具有良好的弹性，能缓冲吸振，传动平稳，噪声小。
(2) 过载时，带会在带轮上打滑，具有过载保护作用。
(3) 结构简单，制造成本低，且便于安装和维护。
(4) 带与带轮间存在弹性滑动，不能保证准确的传动比。
(5) 带须张紧在带轮上，对轴的压力较大，传动效率低。
(6) 不适用于高温、易燃及有腐蚀介质的场合。

摩擦式带传动适用于要求传动平稳、传动比要求不准确、中小功率的远距离传动。一般带传动的传递功率 $P \leqslant 50 \text{ kW}$，带速 $v = 5 \sim 25 \text{ m/s}$，传动比 $i = 3 \sim 5$。

第四节 链 传 动

一、链传动的定义和工作原理

链传动是由链条和具有特殊齿形的链轮组成的传递运动、动力的传动。它是一种具有中间挠性件（链条）的啮合传动。当主动链轮回转时，依靠链条与两轮之间的啮合力，使从动链轮回转，进而实现运动、动力的传递。

二、链传动的常用类型

按用途不同，链可分为传动链、起重链和牵引链三种。传动链一般在机械中用来传递运动和动力；起重链用于起重机械提升重物；牵引链用于运输机械驱动输送带等。

按机构不同，链可分为滚子链和齿形链。齿形链（又称无声链）工作传动平稳，噪声和振动很小，承受冲击载荷的能力较强，但其结构复杂、重量大、价格贵、拆装困难，因此，除特别的工作环境要求使用外，一般应用较少。滚子链的结构简单，成本低，应用范围很广。

三、链传动的主要特点和应用场合

与同属挠性类（具有中间挠性件）传动的带传动相比，链传动具有下列特点：

(1) 能保证准确的平均传动比。
(2) 传递功率大,传动效率高,且张紧力小,作用在轴和轴承上力小。
(3) 能在低速、重载和高温条件下以及尘土飞扬、淋水、淋油等不良环境中工作。
(4) 能用一根链条同时带动几根彼此平行的轴转动。
(5) 由于链节的多边形运动,所以瞬时传动比是变化的,瞬时转速不是常数,传动中会产生动载荷和冲击,因此不适宜用于要求精密传动的机械上。
(6) 安装和维护要求较高,无过载保护作用。
(7) 链条的铰链磨损后,使链条节距变大,传动中链条容易脱落。

链传动主要用于两轴线平行、中心距较大、对瞬间传动比和传动平稳要求不严格以及对工作条件要求不高的环境下使用。因此,它被广泛用于采矿、冶金、石油化工和农业机械中。

第五节　螺旋传动

一、螺旋传动的工作原理和类型

1. 螺旋传动的工作原理

螺旋传动是利用螺杆和螺母组成的螺旋副将回转运动转变为直线运动,同时传递运动和动力。

2. 螺旋传动的类型

(1) 根据螺杆和螺母的相对运动关系,螺旋传动的常见运动形式有螺母位移和螺杆移动两种。

(2) 螺旋传动按在机械中的作用不同可分为传导螺旋、传力螺旋和调整螺旋等三类。

二、螺旋传动的主要特点和应用场合

螺旋传动与其他类似的传动形式相比有如下特点:

(1) 结构简单,工作连续、平稳。

(2) 传动精度高。由于螺纹的导程可以做得很小,螺杆旋转一周时,螺母也应相应移动一个很小的距离,这样可以获得很大的减速比。正因为如此,螺旋传动机构可作为微调机构,如千分尺的测杆螺旋机构。

(3) 承受能力大。由于螺旋机构可获得很大的减速比,是螺旋传动机构具有较大的力放大作用。当施给螺杆一个小的力矩,就可以使螺母产生一个较大的推力。例如,螺旋千斤顶只需不大的力量就能把重物顶起。

(4) 当选择合适的螺旋导程角 γ 时,即当 $\gamma \leqslant$ 摩擦角时,可以使螺旋机构具有自锁性。对要求有正反自由转动的螺旋副应避免出现自锁现象,在工程中也可利用螺旋副的自锁特性省去制动装置。

(5) 由于螺纹之间产生较大的相对滑动,因而磨损大,效率低。

普通螺旋机构的效率一般都低于 50%,所以一般螺旋机构只适用于功率不大的进给机构上。

三、螺纹传动直线运动方向的判定

普通螺旋传动时,从动件做直线运动的方向(移动方向)不仅与螺纹的回转方向有关,还与螺纹的旋向有关。

四、螺杆和螺母直线运动距离的计算

普通螺旋传动中,螺杆(或螺母)的移动距离与螺纹的导程有关。螺杆相对螺母每回转一圈,螺杆(或螺母)移动一个等于导程的距离。

第六节 齿轮传动

一、齿轮传动的工作原理

齿轮传动是利用两齿轮轮齿之间的直接啮合来传递运动和(或)动力的一种机械传动。当齿轮副工作时,主动轮 O_1 轮齿通过啮合点(两齿轮轮齿的接触点)处的法向作用力 F_n,逐个地推动从动轮 O_2 的轮齿使从动轮转动并带动从动轴回转,从而实现将主动轴的运动和动力传递给从动轴。

二、齿轮传动的传动比定义

齿轮传动的传动比是主动齿轮转速 n_1 与从动齿轮转速 n_2 的比值,也等于两齿轮齿数 Z_1 与 Z_2 的反比,用 i_{12} 表示。其表达式为:

$$i_{12} = n_1/n_2 = Z_2/Z_1 \tag{12-3}$$

三、齿轮传动的主要特点

(1) 能保证瞬时传动比的恒定,传动平稳性好,传递运动准确可靠。
(2) 传递的功率和速度范围大,传动效率高,一般传动效率可达 94%～99%。
(3) 结构紧凑,工作可靠,寿命长。
(4) 制造和安装精度要求高,工作时有噪音。
(5) 齿轮的齿数为整数,能获得的传动比受到一定的限制,不能实现无级调速。
(6) 不适宜中心距较大的场合。

四、齿轮传动的常用类型

根据齿轮轮齿的形态和两齿轮轴线的相互位置,齿轮传动可分为:两轴线平行的直齿圆柱齿轮传动、斜齿圆柱齿轮传动和人字齿轮传动;两轴线相交的直齿圆锥齿轮传动;两轴线交错的螺旋齿轮传动等。由于渐开线齿廓易于制造,便于安装,所以其应用最多。

1. 标准直齿圆柱齿轮

(1) 标准直齿圆柱齿轮的基本参数

标准直齿圆柱齿轮的基本参数共有五个:齿数 Z、模数 m、压力角 α、齿顶高系数 h_a^*、顶隙系数 c^*。一般来讲的模数和压力角均指齿轮分度圆上的模数和压力角。我国规定的标

准压力角为 20°,模数制定统一标准。

(2) 渐开线标准直齿圆柱齿轮的正确啮合条件

① 两齿轮的模数必须相等,即 $m_1=m_2$。

② 两齿轮分度圆上的齿形角必须相等,即 $\alpha_1=\alpha_2$。

(3) 渐开线齿轮传动的重合度

重合度表明的是同时参与啮合轮齿的对数。重合度大表明同时参与啮合轮齿的对数多,每对齿的负荷小,负荷变动量小,传动平稳。因此,重合度是衡量齿轮传动质量的指标之一。一对齿轮连续传动的条件为重合度 $\varepsilon \geqslant 1$;当重合度 $\varepsilon < 1$ 时,其不能连续传动。

2. 斜齿圆柱齿轮

(1) 斜齿圆柱齿轮的基本参数

齿线为螺旋线的圆柱齿轮称为斜齿圆柱齿轮,简称为斜齿轮。斜齿圆柱齿轮的基本参数与直齿圆柱齿轮的基本参数相比增加了一个螺旋角。螺旋角即将斜齿螺旋线展开形成一条直线后与轴线的夹角,分为左螺旋和右螺旋两种。

(2) 斜齿圆柱齿轮传动的主要特点

① 传动平稳、承载力能高。

② 传动时产生轴向力。

③ 不能作变速滑移齿轮。

(3) 斜齿圆柱齿轮的正确啮合条件

① 两齿轮法向模数相等,即 $m_{n1}=m_{n2}$。

② 两齿轮法向齿形角相等,即 $\alpha_{n1}=\alpha_{n2}$。

③ 两齿轮螺旋角相等,旋向相反,即 $\beta_1=-\beta_2$。

第七节 蜗杆传动

一、蜗杆传动的工作原理

蜗杆传动系统由蜗杆、蜗轮和机架组成。蜗杆传动是利用蜗杆副传递运动和(或)动力的一种机械传动。蜗杆传动是由交错轴斜齿轮传动演变而成。通常蜗杆与蜗轮的轴线在空间相互垂直交错成 90°,蜗杆是主动件,蜗轮是从动件。

二、蜗杆传动的种类及特点

1. 蜗杆传动的种类

按蜗杆分度曲面形状不同,蜗杆传动可分为圆柱蜗杆传动和环面蜗杆传动。圆柱蜗杆制造简单,应用广泛;环面蜗杆便于润滑,效率高,但制造困难,多用于大功率传动。

2. 蜗杆传动的特点

(1) 结构紧凑,传动比大。在动力传动中,单级传动比为 5~80;在分度机构中,传动比可达 1 000。

(2) 承载能力较大,传动平稳,噪声小。

(3) 具有自锁性能,即蜗杆只能带动蜗轮,而蜗轮不能带动蜗杆。

（4）传动效率低，一般效率为70%～90%。

（5）蜗轮材料较贵，造价高，一般多为青铜制造。

（6）不能任意互换啮合。

（7）工作时发热量大，若散热不良，则不能持续工作。

三、蜗杆传动的基本参数及啮合条件

1. 蜗杆传动的基本参数

蜗杆传动的基本参数有模数 m、压力角 α、螺旋导程角 γ 和螺旋角 β 等。国标规定，蜗杆的轴面模数等于标准值 m；蜗杆的压力角也为标准值，即 $\alpha=20°$；蜗杆的直径系数 q 已标准化，$q=Z_1/\tan \gamma$。

2. 蜗杆传动的正确啮合条件

（1）蜗杆的轴面模数 m_1 等于蜗轮的端面模数 m_2，即 $m_1=m_2=m$。

（2）蜗杆的轴面压力角 α_1 等于蜗轮的端面压力角 α_2，即 $\alpha_1=\alpha_2=20°$。

（3）蜗杆的螺旋导程角 γ 等于蜗轮的螺旋角 β，即 $\gamma=\beta$。

3. 蜗杆传动比与中心距的定义

蜗杆传动的传动比 i 等于蜗杆的转速 n_1 与蜗轮的转速 n_2 之比，与蜗杆的头数 z_1 与蜗轮的齿数 z_2 的比值成反比，即 $i=n_1/n_2=z_2/z_1$。

对于标准蜗杆传动，蜗杆传动的中心距 $a=m/[2(q+z_2)]$。

四、蜗杆传动回转方向的判定

蜗杆传动时，蜗轮的回转方向不仅与蜗杆的回转方向有关，而且与蜗杆轮齿的螺旋方向有关。蜗轮回转方向的判定方法如下：蜗杆右旋时用右手，左旋时用左手。半握拳，四指指向蜗杆回转方向，蜗轮的回转方向与大拇指指向相反。

第十三章　设备润滑基础知识

第一节　摩擦与磨损

一、摩擦定义及分类

1. 摩擦的定义

一个物体相对另一个有关联的物体运动时受到阻力的现象称为摩擦,把相对运动的表面称为摩擦面,把产生的阻力称为摩擦力。它们之间的关系如下：

$$F = fN \tag{13-1}$$

式中　F——摩擦力；
　　　f——摩擦系数；
　　　N——正压力。

2. 摩擦的分类

根据运动形式,摩擦可分为滑动摩擦和滚动摩擦;根据运动状态可分为静摩擦和动摩擦;

根据物体的材质,摩擦可分为金属与金属、金属与非金属以及非金属之间的摩擦;

根据摩擦面之间有无润滑剂以及润滑剂的存在状态,摩擦可分为干摩擦、边界摩擦、液体摩擦和混合摩擦。

二、磨损定义及分类

1. 磨损的定义

磨损是指两相互接触产生相对运动的摩擦表面之间的摩擦将产生组织机件运动的摩擦阻力,引起机械能量的消耗并转化而放出热量,使机械产生磨损。

2. 磨损的类型

(1) 黏着磨损。它也称咬合(胶合)磨损或摩擦磨损。黏着磨损是在法向加载下,两物体接触表面相对滑动时产生的磨损。磨损产物通常呈小颗粒状,从一物体表面黏附到另一个物体表面上,然后在继续的摩擦过程中,表面层发生断裂,有时还发生反黏附,即被黏附到另一个表面上的材料又回到原来的表面上,这种黏附反黏附往往使材料以自由磨屑状脱落下来。黏着磨损产物可以在任意的循环中形成,黏着以后的断裂分离,并不一定在最初的接触表面产生。

(2) 磨料磨损。由于一个表面硬的凸起部分和另一个表面接触,或者在两个摩擦表面之间存在着硬的颗粒,或者这个颗粒嵌入两个摩擦面的一个面里,在发生相对运动后,使两个表面中某一个面的材料发生位移而造成的磨损。

（3）表面疲劳磨损。两接触面做滚动和滑动的复合摩擦时,在循环接触应力的作用下,使材料表面疲劳而产生物质损失的现象。

（4）腐蚀磨损。在摩擦过程中,金属同时与周围介质发生化学反应或电化学反应,使腐蚀和摩擦而导致零件表面物质损失的现象。

第二节　润滑及润滑材料

良好而合理的润滑能减轻各种形式的磨损,合理的润滑是保证机器正常运转和延长使用寿命的重要一环。而正确地选择润滑材料,也是解决润滑问题的一个重要方面。

一、润滑材料的作用

凡是能减少机械零件的摩擦和磨损,并且具有一定承载能力的物质,都可以称为润滑材料（又称为润滑剂）。润滑材料对机器的正常运转起着以下重要作用。

（1）减少磨损。在两摩擦面间形成具有一定承载能力的油膜,变干摩擦为润滑剂薄膜内部分子之间的内摩擦,从而大大降低了摩擦系数,减少了磨损,也降低了机器的功率消耗。

（2）散热冷却。长时间的摩擦导致摩擦面发热和升温,如果没有冷却措施,就会发生烧瓦等事故。温度的升高还导致黏着磨损,加剧腐蚀磨损。而采取适当的润滑方式,利用压力循环润滑油润滑,就可以带走摩擦面的热量,起散热和冷却作用。

（3）冲洗污垢。润滑油在流动中,能把配合间隙中的金属屑或其他硬粒杂质冲走,将它们带回油箱或滤油器中,从而减少磨粒磨损。

（4）密封和保护。在狭小间隙中的润滑油和润滑脂可以起密封作用。同时,润滑剂还能隔离空气中的水分、氧、灰尘和其他有害介质,防止它们侵入摩擦副,起防锈和保护作用。

（5）卸载减振。作用在摩擦面上的负荷,通过油膜均匀地分布在摩擦面,减少压应力。另外,充填在摩擦面间的润滑剂还能起阻尼和减振作用,不但可延长零件的使用寿命,而且能有效地减少噪声污染。

二、润滑材料的类型

液体润滑剂分为:矿用润滑油、合成润滑油和乳化液。
半液体润滑剂（润滑脂）分为:有机润滑脂和无机润滑脂。
固体润滑剂分为:无机固体润滑剂（软金属、金属化合物）和有机固体润滑剂。

第三节　润　滑　油

润滑油是使用最广泛的润滑材料。它分为矿物油与合成油两类。

一、润滑油的主要理化指标

1. 黏度

黏度是衡量流动物质内部单位面积上内摩擦力大小的尺度。润滑油的黏度可以用动力黏度、运动黏度和条件黏度三种方法来表示。我国常用运动黏度表示油品的质量指标。

(1) 动力黏度。液体在一定剪切应力作用下流动时,所加于液体的剪切应力与剪切速率之比称为动力黏度,单位为 Pa·s。

(2) 运动黏度。流体的动力黏度与其同温度下密度的比值,称为流体的运动黏度,单位是 m^2/s 或 mm^2/s。油的牌号就是用该油的运动黏度值表示的。

(3) 恩氏黏度。恩氏黏度是条件黏度的一种。

2. 闪点与燃点

把润滑油加热,油蒸汽与周围空气就形成混合油气,以火焰接近而产生短促闪火的最低温度称为闪点。如果继续加热润滑油,随着油蒸汽蒸发量加大,闪火时间加长,能使闪火延续 5 s 时的温度称为燃点。燃点一般比闪点高 30～40 ℃。根据测定仪器不同,闪点分开口和闭口两种。开口闪点比闭口闪点高,润滑油多采用开口闪点。

3. 凝点

由于润滑油的黏度随温度的降低而增大,同时溶解在油品内的石蜡遇冷而发生结晶,使得润滑油的流动性随温度的降低而变差,当温度降低到一定程度时油便失去了流动性。使润滑油冷却到失去流动性时的最高温度称为凝点。

凝点标志着润滑油抗低温的能力。使用凝固后的润滑油,运行阻力增加,润滑性能显著变差。因此,在低温下工作的机器,如冷冻机和在寒冷地区工作的露天机械,都应选用低凝点润滑油。

4. 酸值

中和 1 g 润滑油中的酸性物质所需的氢氧化钾毫克数称为酸值,单位是 mg/g。

酸值是反映润滑油对金属腐蚀性的指标。酸值大小还可以判断使用中的润滑油的变质程度。润滑油在使用一段时间后,由于氧化而变质,其酸值增大。当其酸值超过一定限度时,就应当更换润滑油。

5. 水分

润滑油所含水分的质量占试油总质量的百分数,称为水分。

水分在润滑油中不但起加剧腐蚀的作用,还降低油膜强度、加速氧化过程、促进添加剂沉淀,并且使油的绝缘性能下降。因此,润滑油中只允许含有微量水分。

6. 灰分

油品在规定条件下燃烧后所剩下的不燃物质称为灰分,以灰烬占试样质量的百分数来表示。

灰分是油品洗涤精制是否正常的指标。灰分能使高温条件下工作的润滑油在机械零件上形成积炭,使磨损加快。

7. 机械杂质

润滑油中所有的沉淀物和悬浮物,如尘埃、金属屑等,总称为机械杂质。

机械杂质的含量表明了润滑油的纯净程度。在黏度相同条件下,油的颜色越浅、越透明,油质越纯。机械杂质,起磨料作用,使磨损加快;破坏油膜、堵塞油路、降低油的绝缘性能。所以,润滑油中应不含或仅含微量机械杂质。

8. 氧化安定性

润滑油的抗氧化能力,称为氧化安定性。润滑油的工作温度最好不超过 60 ℃。

二、常用的润滑油

下面介绍几种煤矿机械常用的润滑油。

1. 机械油

机械油属于中等黏度的滑润油,按其在 40 ℃时的运动黏度(mm^2/s)值,分为 N7、N10、N22、N32、N46、N68 和 N100 号等牌号。机械油性能一般,能满足一般机械的润滑要求,所以被广泛使用。煤矿机械多属中低速传动,在轻载和中载条件下,可用机械油进行润滑。

2. 透平油(又称汽轮机油)

透平油的性能优于机械油的性能。它有较高的纯度、较好的抗氧化性和抗乳化性,但价格较高。按 50 ℃时的运动黏度(mm^2/s)值,分为 20、30、40、45、55 等牌号。透平油在煤矿机械中主要用于某些要求较高的机械传动、液力联轴器和一般的液压系统中。

3. 压缩机油

压缩机油的特点是具有较高的黏度、高的闪点和良好的氧化安定性,用于空气压缩机和风动工具气缸的润滑。按 40 ℃时的运动黏度(mm^2/s)值,往复式压缩机油分 N68、N100、N150 三个牌号。

4. 齿轮油

齿轮油广泛用于齿轮传动的润滑,一般具有比较高的黏度和承载能力。

5. 液压油

液压油用于液压传动系统,要求有合适的黏度、良好的黏温性和润滑性能、良好的氧化安定性和抗锈性、抗乳化性,对橡胶密封元件有良好的密封性能。

第四节　润滑脂及固体润滑剂

润滑脂俗称黄油,是由矿物润滑油和金属皂等稠化制成的一种半固体润滑材料。实际上,它是稠化了的润滑油。

一、润滑脂的主要理化指标

1. 针入度

针入度是指在试验条件下,标准圆锥体沉入润滑脂的深度。润滑脂的牌号是根据针入度的数值范围来划分编号的。

用针入度可以评价脂的软硬程度。针入度愈小,润滑脂的稠度和硬度愈大、流动性愈差,承载能力就愈强,但不易进入摩擦表面,且内摩擦系数大,耗能多;反之,针入度大的润滑脂的稠度小、容易进入摩擦面,用于克服内摩擦的能量消耗也较小,但承载能力也较低,易从摩擦面中挤出。针入度还用来评价润滑脂的机械安定性,即检查润滑脂工作前的针入度与工作一定次数后针入度数值之差,针入度差值越小,机械安定性越好。

2. 滴点

润滑脂在规定的加热条件下,从脂杯中流出第一滴油或 25 mm 脂柱时的温度称为滴点。滴点反映润滑脂的抗热能力。从滴点的高低可以大致判定润滑脂适用的温度范围。为防止润滑脂在工作时熔化流失,一般使润滑脂的工作温度比其滴点低 20～30 ℃,甚至更多。

几种常用润滑脂的滴点见表 13-1。

表 13-1　　　　　　　　　　几种常用脂的滴点

名称	滴点/℃
烃基酯（凡士林）	40～70
钙基酯	75～95
钙钠基酯	120～135
钠基酯	140～150
锂基酯	170～185

3. 抗水性

抗水性反映润滑脂对水温环境的适应能力。以少量润滑脂加水掺和，若乳化、变稀，则抗水性差；若油水互不溶，水仍呈珠状，则抗水性好。

除上述指标外，润滑脂还有分油量、游离酸和碱、还原性、化学安定性、防护性等理化指标。

二、常用的润滑脂

1. 钙基润滑脂（代号 ZG）

钙基润滑脂是用脂肪酸钙稠化中等黏度的矿物润滑油，并用水（含量 1.5%～3.5%）作为胶溶剂制成的。它的特点是抗水性强，价格低廉，但使用寿命短，需要经常补充新脂。它既不能用于高温（一般工作温度不超过 60 ℃），也不能用于太低的温度。钙基润滑脂对煤矿井下中温、中载、潮湿条件下工作的机械，是十分适宜的润滑材料，所以用量很大，是中熔点通用润滑脂。

钙基脂共有 5 个牌号，牌号高的针入度小、稠度和硬度大。

2. 复合钙基脂（代号 ZFG）

复合钙基脂以醋酸钙代替水作为胶溶剂，不含水分，其工作温度可达 120～150 ℃，具有耐高温、抗水性强、胶体安定性和化学安定性好等优点，所以适用于高温、潮湿的工作条件。复合钙基脂有 4 个牌号。

3. 钠基润滑脂（代号 ZN）

钠基脂是用钠皂（脂肪酸钠）稠化中等黏度的矿物润滑油而成的。它是高熔点通用润滑脂，具有耐高温和使用寿命长的优点，工作温度可达 100～120 ℃。其缺点是抗水性极差，遇水即形成乳化液而失去润滑作用，因而不能用在潮湿环境。在贮存时，应防止受潮，以免变质。它适用于工作温度较高、中等载荷、环境干燥的润滑部位。钠基脂有 3 个牌号。

4. 钙钠基润滑脂（代号 ZGN）

钙钠基润滑脂是用钙钠混合皂稠化中等黏度矿物润滑油而成的。它的性能介于钙基脂与钠基脂之间，工作温度在 100 ℃ 左右，不能用于低温，其耐潮性优于钠基脂而不及钙基脂。在煤矿机械中，钙钠基脂用于工作温度较高的中载和较重载荷的滚动轴承的润滑。钙钠基脂只有 2 个牌号。

5. 锂基润滑脂（代号 ZL）

锂基润滑脂是用脂肪酸锂稠化中等黏度矿物油而成的。它耐潮、耐寒、耐高温，胶体安定性和化学安定性好,使用寿命长,是一种性能优良的高效润滑脂。因此,它被广泛应用于大功率采煤机和刮板输送机的电动机轴承以及带式输送机托滚轴承等重要润滑部位。锂基脂共有 5 个牌号。

6. 钢丝绳润滑脂

钢丝绳润滑脂是用固体烃类稠化高黏度矿物润滑油而成的深褐色油膏。它具有黏附力强(在较高气温下能提升机集中润滑图牢固地黏附在钢丝绳表面,低温时不龟裂脱落),有较好的抗水性和防锈性、渗透性好的特点,专门用作钢丝绳的润滑和防护。按照用途,它又可分为钢丝绳表面脂和钢丝绳麻芯脂两种。

三、固体润滑剂

具有润滑作用的固体粉末、薄膜或复合材料称为固体润滑剂。它能替代润滑油脂等隔离摩擦表面,起到减少摩擦和磨损的作用。固体润滑剂的摩擦系数一般较润滑油脂高,附着能力差,但其耐高温性能极佳。在多数情况下,固体润滑剂仅作为辅助润滑剂或作为添加剂来改善其他润滑剂的耐高温性能和抗压性能。

第十四章　设备的润滑与保养

第一节　设备的润滑方式及润滑装置

一、设备的润滑方式

选择润滑方式主要考虑设备零部件的工作状况、采用的润滑剂及供油量的要求等。设备常见的润滑方式及适用场合如下：

(1) 手工加油（或脂）方式。利用油壶、油枪（脂枪）和脂杯将润滑剂送到润滑部位的方式。使用这种润滑的关键是要及时加油。

(2) 飞溅（油池、油浴）润滑。依靠旋转的机体（如齿轮、曲轴）或附加于轴上的甩油盘、甩油片等，将油池中的油甩起，使油溅落到润滑部位上的方式。

(3) 滴油润滑。通过针阀滴油杯控制滴油量，使注入其中的润滑油能逐滴地向摩擦面滴入，润滑量可根据需用量通过调整油杯出油口的大小来控制。

(4) 油环和油链润滑。利用套在轴上的油环或油链将油带起，供给润滑部位的润滑方式。对于这种润滑，必须保证油池的油位，并定期换油。此方法仅适用对处于水平方向上的主轴轴承进行润滑。

(5) 油绳、油垫润滑。利用虹吸管原理和毛细管作用实现的方式。采用这种润滑，要定期清洗、更换油绳或油垫，并保持油位处于正常高，更换的油绳不能打结。

(6) 强制给油润滑。利用柱塞泵将润滑油间歇地压向润滑点的方式。对于这种润滑，要求保持装置内清洁，按规定油位加油，润滑油经过过滤，防止泵吸入油池中的沉淀物堵塞油路。

(7) 压力循环润滑。利用油泵使润滑油获得一定压力，润滑油被输送到各润滑点，用过的油回到油箱经冷却、过滤后供循环使用的方式。

(8) 油雾润滑。油雾润滑是利用压缩空气将油雾化，再经喷嘴喷射到需要润滑的部位。由于压缩空气和油一起被送到润滑部位，因此有较好的冷却润滑效果。

(9) 集中润滑。用一个位于中心的油箱和油泵及一些分配阀、分送管道，每隔一定的时间输送定量油、脂到各润滑点。

二、设备润滑装置的清洗保养

润滑装置是指设备润滑用的装置，如油绳、油毡、油杯、油箱（油池）、油泵、过滤装置、润滑系统的指示装置等，设备润滑装置必须保持清洁、完好，定期清洗保养。

1. 油绳、油毡的清洗

油绳、油毡都是用纯羊毛做成的,在润滑装置中起着吸油、过滤和防尘的作用。当使用到一定的期限后,由于残留的脏物堵塞在羊毛纤维的毛细管中,使其润滑性能下降,必须进行清洗,恢复原有功能。

2. 油杯的清洗

设备中常用的油杯有压注油杯、旋转油杯、旋套式注油油杯、弹簧盖油杯、针阀式注油杯等。油杯在使用中残留的脏物渐渐增多,特别是长期残留在油杯中的润滑脂与空气接触,极易变质。一旦这些残留物进入到设备润滑部位,就会破坏正常的润滑功能。所以对油杯应进行定期清洗。

3. 滤油器的清洗

(1) 网式滤油器的清洗

采用浸洗法清洗,将滤芯浸入煤油或柴油中,用皮头或软木堵住滤芯两端中心孔,以防污物进入滤芯内部,然后用软毛刷刷去滤芯表面的污物,再用洁净的煤油或柴油冲洗干净。

滤油器清洗干净后,要用压缩空气吹干。清洗过滤器时,要仔细清洗,不要将滤网弄破。如滤网损坏则必须更换,否则将影响过滤效果。

(2) 线隙式滤油器的清洗

线隙式滤油器是用铜丝或铝丝绕制而成的,因此强度较低,杂质堵塞后很难清洗,一般要更换新的滤网。

(3) 纸质滤油器的清洗

纸质滤油器堵塞后清洗较困难,当压降达到极限值时,一般采取更换滤芯的方法,很少对其进行清洗。

(4) 毛毡式滤油器

毛毡式滤油器的清洗较方便,可将毛毡从骨架上拆下在煤油或汽油中浸泡清洗。

(5) 烧结式滤油器

烧结式滤油器一旦堵塞,清洗相当困难,一般要更换新滤芯。也可反向通入清洗剂清洗,但效果不明显。

(6) 磁性滤油器

磁性滤油器的清洗方法较简单,取出强磁棒,浸入汽油或煤油中,用棉布将上面的铁屑擦掉,再用洁净的油冲洗干净即可。

4. 润滑系统的清洗

(1) 清洗用油选用 L-AN-15 或 L-AN22 全损耗系统用油,若将清洗油加热到 50～60 ℃,则对油管内壁黏附的橡胶、积炭的清除效果更好。

(2) 清洗时,将润滑系统进油口通入清洗油容器中,各润滑点用油管接至清洗油回路中作为回油油路。

(3) 清洗时,最好一边清洗一边轻敲油管,以加强清洗效果。清洗时间通常为 1 小时。

(4) 不要使用煤油、酒精等作为清洗液,以免腐蚀油泵、阀类元件。

(5) 油箱(油池)的清洗。在对润滑系统更换油前,必须将油箱清洗干净。

第二节　设备主要零部件的润滑

一、滑动轴承的润滑

滑动轴承是以轴瓦直接支承轴颈部分来承受轴的载荷,并保持的正常工作位置。为了减少磨损,延长轴承的使用寿命,必须使滑动轴承具有良好的润滑,滑动轴承可采用润滑油和润滑脂润滑。

1. 滑动轴承选择润滑油时考虑的因素

(1) 润滑油应具有较低的黏度,以减少液体内的摩擦热,并降低传动功率消耗。

(2) 润滑油应具有较高的散热能力,以保证轴承运行时温升不至于过高。

(3) 润滑油应具有较高的抗氧化安定性,以免因高温使润滑油在轴承微小的间隙内产生结胶而破坏油膜,造成润滑失败。

(4) 润滑油应具有较高的黏附性,以保证轴在启动或负荷改变时尚能维持一定的油膜厚度,以防出现干摩擦。

2. 滑动轴承用润滑油的选用

滑动轴承用润滑用主要从轴承轴颈的线速度、主轴与轴瓦间的间隙以及负荷大小来选择润滑油的牌号。

(1) 主轴转速越高、轴颈越大,润滑油的黏度应越小。

(2) 主轴与轴瓦的间隙越大,则选用的润滑油的黏度应越大。因为间隙大容易使润滑油从摩擦面间挤出来,如果润滑油的黏度相应加大,润滑油质点间彼此的连接力也越大,从摩擦面间挤出的阻力就越大。

(3) 负荷越大,润滑油的黏度应相应增大。一般来说,润滑油的黏度越大,其产生的油膜极压性能越好,因而能承受更大的负荷压力。

3. 滑动轴承对润滑脂的选用

滑动轴承选用润滑脂时,应根据单位载荷、轴颈圆周速度以及最高工作温度和工作环境选用,其选用一般要求如下:

(1) 轴承的负荷越大、转速越低时,润滑脂的针入度应该小些。

(2) 润滑脂的滴点一般应高于轴承工作温度 20～30 ℃。

(3) 滑动轴承在水淋或潮湿环境中工作时,应选用钙基脂或锂基脂。在环境温度较高的条件下工作时,应选用钙-钠基润滑脂。

(4) 具有良好的黏附性能。

二、滚动轴承的润滑

滚动轴承是支撑轴和轴上回转零件的主要部件。滚动轴承在负荷的作用下,滚动体与内外滚道之间、滚动体与保持架之间、保持架与内外滚道之间均存在摩擦。为减少磨损,延长轴承的使用寿命,必须使滚动轴承具有良好的润滑。滚轴轴承可采用润滑油或润滑脂润滑。

1. 滚动轴承润滑油的选用

滚动轴承润滑油选用的一般要求如下：

(1) 一般负荷越大，采用的润滑油的黏度也应越大。

(2) 轴承的运行速度越高，润滑油的黏度应越小。

(3) 对于高速滚动轴承(转速在 10 000 r/min 以上)，只能用低黏度润滑油，而且还要具有较好的黏附性，才能使油膜牢固地附着在轴承金属的表面。

(4) 对于高温、重载工作条件下的滚动轴承应选用高黏度油，以保证润滑。

(5) 对于用在精密主轴中的滚动轴承，为了保证主轴的旋转精度，常采用油雾润滑，因此，必须采用精密机床主轴油。

2. 滚动轴承润滑脂的选用

滚动轴承采用润滑油润滑的效果较好，但维修、保养和密封结构复杂。滚动轴承采用润滑脂润滑，可以在较长时间内不用更换或添加，并能较好地隔绝外界的尘屑、水分等，维修、保养和密封简单。

(1) 滚动轴承对润滑脂的选用要求润滑脂要能减少摩擦和磨损，防止腐蚀，并具有良好的密封性能。因此选用润滑脂时要注意其滴点、针入度和机械安定性等指标。此外，用于潮湿环境的润滑脂要具有抗水性。

(2) 滚动轴承润滑脂的选择。滚动轴承选择润滑脂主要是按工作温度来选择，但在极高或极低温度条件下工作，则需要采用合成油稠化的润滑脂。

3. 滚轴轴承用润滑脂的加脂量和换脂时间

(1) 滚动轴承用润滑脂的加脂量。润滑脂的加脂量对滚动轴承运转温度影响很大，必须严格控制。加脂量的多少是由轴承的结构和工作条件决定的，但不得多于轴承空隙容积的 1/2。

(2) 滚动轴承加润滑脂和换润滑脂的周期。滚动轴承的润滑脂要定期更换，更换周期应根据实际运作条件确定。以工作温度 65 ℃，每天运作 8 h 的中等负荷单列滚动轴承为例，其加脂周期见表 14-1。

表 14-1　　　　　　　　滚动轴承润滑脂的加脂周期

轴承速度因数/(mm·r/min)	50 000	100 000	200 000	300 000	400 000
加脂周期/月	36	18	6	2	1

注：推力轴承及球面或圆柱滚子轴承的加脂周期应缩短一半。

三、齿轮和变速箱的润滑

齿轮变速箱的主要零件是齿轮，选用润滑油液应以齿轮为主要依据进行选择。当主轴轴承与变速箱齿轮使用同一润滑系统时，应主要考虑主轴轴承的润滑需要，适当照顾齿轮的润滑需要。

1. 齿轮传动的特点

(1) 两齿轮的轮齿接触面啮合时间非常短，而且啮合时滑动运动和滚动运动同时存在，滑动速度及负荷不断变化。

(2) 因两齿轮啮合时的轮齿接触面积非常小，所以单位面积承受的压力很大。

2. 齿轮和变速箱润滑对润滑油的要求

(1) 齿轮的润滑主要依靠边界油膜，故要求润滑油有较高的黏度、较好的黏附性和极压性能。

(2) 润滑油的稳定性好。因为齿轮工作时油温较高，并且承受强烈的搅拌，容易被空气氧化变质和生成沉渣，故要求润滑油具有良好的稳定性。

(3) 良好的低温度流动性。因为润滑油在低温时黏度增大，不容易进入啮合面，使相互啮合的齿面形成于干摩擦而增加磨损，故选用润滑油的凝点应低于环境温度 5~8 ℃，才能保证正常的润滑。

(4) 良好的抗泡沫性。高速运作的齿轮与润滑油之间产生强烈的搅动与冲击，极易与空气混合而产生大量的气泡，使润滑油加速氧化变质。

(5) 良好的防锈性，防止齿轮锈蚀。

3. 齿轮传动用润滑油的选择

在选择齿轮传动的润滑油时，应考虑其负荷、转速、齿轮直径、工作温度以及密封条件等因素。负荷越大，所选用润滑油的黏度应越大；速度越快，所选用润滑油的黏度应越小；工作温度越高，所选用的润滑油的黏度应越大。

4. 齿轮箱加油量对齿轮润滑的影响

(1) 加油过少，会出现润滑不足，而产生干摩擦或半干摩擦。这加速磨损，甚至损坏齿轮。

(2) 加油过多，不仅浪费润滑油，还会增加运动阻力，使功率消耗增大和造成不必要的温升，加速润滑油的变质，从而破坏润滑作用并缩短润滑油的使用寿命。

(3) 一般低速直齿齿轮或圆锥齿轮变速箱采用油浴润滑，油面不能过低，最低应淹没齿轮的最下面的一个轮齿；在高速多级变速齿轮箱中，一般采用短齿小直径的辅助润滑齿轮与旋转最快的齿轮啮合形成飞溅润滑，此时油面可浸没润滑齿轮直径的 1/2 左右，至少应浸没最下面一个工作齿的齿根。

第三节　设备润滑状态的检查

设备故障的原因近一半是由于润滑不良所致。对设备的润滑状态进行检查，可及时发现和处理设备润滑中存在的问题，从而避免因润滑不良而导致机械磨损加剧，引起机械故障的事件发生。

设备的润滑检查包括日常检查、巡回检查、定期检查等。日常检查主要是由操作工人每班检查润滑系统及润滑装置是否完善、畅通，发现缺陷应立即通知维修工排除。巡回检查是由维修工在巡回检查时，有重点地查看主要润滑部位是否缺油、润滑系统的油温、油压是否正常、油路是否畅通，以排除润滑缺陷和故障。定期检查是由维修人员对设备的润滑状态进行全面的检查鉴定，做出记录，对不符合要求的，通过维修和更换，使其处于良好技术状态。

(1) 所有润滑部位、润滑点应按润滑图表中的要求，按期、按质、按量添加或更换润滑剂，消除缺油干磨情况。

(2) 所有润滑装置，如油嘴、油杯、油窗、油泵及系统管路等应齐全、清洁、好用，润滑系统畅通。

(3) 油线、油毡齐全清洁,放置正确。

(4) 导轨、丝杠等重要润滑部位干净,有薄油膜层。

(5) 润滑剂不变质,质量符合使用要求。

(6) 设备各润滑处密封良好,不漏油。

第四节　润滑剂的鉴别与更换

在使用过程中由于受内外因素变化的影响,润滑剂会逐渐发生物理和化学反应而变质,生成有害物质,从而劣化设备润滑状态,缩短设备使用寿命,甚至发生设备事故。润滑油变质的原因很多,而氧化、水分增加和杂质混入是较为重要的因素。为保证设备的正常运行,必须加强对设备润滑油品的检测,一旦油品恶化失效,应及时予更换。

一、润滑油的失效鉴别方法

1. 外观鉴别法

油品质量的优劣在很大程度上可以从外观进行鉴别,黏度相同的润滑油,其色泽越浅、越透明,则油质越纯。

2. 气味鉴别

优良的油品在使用过程中不应散发出刺激性气体或臭气。如果油品发出难闻的气味,说明润滑油已腐败变质失效,特别严重时会发黑、发臭,必须立即更换新油。

3. 黏度的鉴别

润滑油在使用过程中,黏度是会发生变化的,例如氧化变质、混入水分后乳化等,要定期检测润滑油的黏度,将它控制在允许范围内。在实验室里测定油品的黏度常用毛细管黏度计测定。

4. 酸值的鉴别

润滑油在使用过程中,因氧化分解,酸值不断增加,当增加到一定程度时,就应该更换新油。酸值的测定多采用滴定法,用测得中和 1 g 润滑油中含有的有机酸所需要的氢氧化钾的质量(mg)来表示,当酸值比规定值增加 0.5 倍时,说明润滑油已老化变质,应当考虑更换新油。

5. 水分的鉴别

可将一干净的棉纱浸入被测润滑油内,取出点燃观察,或将一根铜丝烧红,立即放入试样油中,如发现有"噼啪"的爆炸声或有闪光发生时,证明油中含水分。

6. 杂质含量的鉴别

(1) 机械杂质。它是悬浮或沉淀在润滑油中的不溶物质的统称(如尘土、泥沙、金属粉末等)。测定的方法是取一定的试样润滑油溶于规定的溶剂中,经过过滤后,不溶于溶剂的物质就会残留在滤纸上,以百分率表示,超过 0.005% 就认为试样油品含杂质严重。

(2) 苯不溶物与正戊烷不溶物的差值。正戊烷的溶解能力差,测得的杂质含量高。苯的溶解能力强,油中的老化产物大部分被溶解,因此,测得杂质含量较低。两者之差值变化显示油品的老化程度。

（3）清洁度。它主要指油中细微颗粒杂质的含量。检测清洁度的方法有两种：计数法和称重法。

7. 润滑油腐蚀试验

用细砂纸磨光一小块铜片，放在指定温度（100 ℃）的实验润滑油中保持 3 h，取出观察，如表面无云状斑点或铜绿时即为合格，反之不合格。

二、润滑油的更换标准

1. 液压油的更换标准

现场判断油质的标准见表 14-2，抗磨液压油的换油标准见表 14-3。

表 14-2　　　　　　　现场判断油质的标准

外观检查	气味	处理意见
透明、澄清	良好	可继续使用
透明、有小黑点	良好	过滤后使用
乳白色	良好	更换新油
黑褐色	恶臭	更换新油

注：试样静置后油液自下而上澄清，说明是油液中混入空气所致，排出空气后仍可使用。如果油液自上而下澄清，说明是油液中混入水分所致，不能继续使用。

表 14-3　　　　　　　抗磨液压油的换油标准

项目	换油指标	试验方法
运动黏度（40 ℃）变化率/%	超过±10	GB/T 265
水分/%	大于 0.1	GB/T 260
酸值大于/mg KOH/g	大于 0.3	GB/T 8030
色度比新油	大于或等于 3 个色号	GB/T 6540
铜片腐蚀（100 ℃，3 h）	大于 2 级	GB/T 5096
外观	不透明或浑浊	目测
机械杂质	大于 0.1	GB/T 511

2. 工业齿轮油的更换标准

工业齿轮油的更换主要取决于油的物理与化学性能的变化。在工作现场发现油液有强烈的刺激气味、颜色变成黑褐色或机械杂质严重超限等情况之一时，均应换油。工业闭式齿轮油换油标准（CKC 级）见表 14-4。

表 14-4　　　　　　　工业闭式齿轮油换油标准（CKC 级）

项目	换油指标	试验方法
运动黏度（100 ℃）变化率/%	超过+15、-20	GB/T 265
水分/%	大于 0.5	GB/T 260
铜片腐蚀（100 ℃，3 h）	大于 3b 级	GB/T 5096

续表 14-4

项目	换油指标	试验方法
机械杂质	大于 0.5	GB/T 511
外观	异常	目测
梯姆肯 OK 值	小于 133.4 N	GB/T 11144

三、润滑脂的失效鉴别方法

1. 纯度的鉴别

比较纯的润滑脂,色泽均匀而有光泽,用手指捻动时,没有颗粒状杂物;在玻璃上涂一层 1~2 mm 厚的润滑脂,透过光线观察,脂层均匀且没有块状物。

2. 老化和析油现象的鉴别

将润滑脂涂在玻璃上,若颜色变黑、结胶,说明润滑脂已老化并有氧化现象;将润滑脂放置一定时间,如润滑脂表面有一层硬皮并且变黑,也说明已老化;如脂面有润滑油析出,则是脂的胶体稳定性已被破坏。析油现象严重时,油皂分离,这是不允许使用的,必须更换。

3. 机械稳定性鉴别

取一些润滑脂在两指间捣动多次,如越捣越稀,分开两指拉不出脂尖(纤维样)时,说明脂的机械性能不好,骨架不坚强,在机械运转时润滑脂的稠度会发生较大变化。经过充分捣动而润滑脂的外观结构不变或改变很小,可认为这种润滑脂的机械性能比较稳定。

4. 水分的鉴别

取一些润滑脂捻动分开,如脂丝尖端明亮,根部乌暗,则该脂的水分合理。若脂丝尖端也乌暗,说明水分较高(水分超过 2%脂丝尖端就开始发暗)。润滑脂中水分含水量越高,润滑脂的颜色越浅,光泽越暗,且呈透明状。

5. 润滑脂"基"的识别

钠基脂的脂丝属长纤维,呈黄或暗褐色,颜色较钙基脂深;钙基脂"丝"较短,颜色为淡黄或褐色,为光滑膏状;钡基脂有粗大纤维;锂基脂有光洁细小纤维;复合钙基和铝基呈透明凝胶状结构;钙钠基脂为黄到棕黄色呈团状;石墨润滑脂涂在白纸上呈绿色;二硫化钼脂涂在白纸上呈灰黑色。

四、润滑剂更换的注意事项

(1) 超过润滑剂更换标准时,应立即更换。

(2) 不同牌号的润滑剂不得混合使用。

(3) 陈油排尽后,各油箱应用新油冲洗干净。

(4) 加注新油时要严格过滤,更换新油后,设备要空转 10~15 min。

五、润滑剂的存放、运送、加注要求

(1) 润滑剂存放时,必须注意防水、防尘、防氧化,要有清晰的油脂型号标记,以防误用。

(2) 从地面运送到井下的油,必须以专用的密封油桶运送井下工作地点。

(3) 注润滑剂时,仔细清理注油口周围,防止煤粉及水混入,然后用注油工具加注。加

注润滑油时必须进行过滤。

六、常用的润滑工具

在润滑剂的储存、分发和使用过程中,常用到的工具有油桶、液压泵、油壶和油枪等。

1. 油桶

润滑油一般使用 200 L 的大油桶盛装。标准的油桶做成圆筒形,两端压入封头。桶的一个端面开有小口,油从这个口装入,小口上有盖,盖上带有螺纹可以紧固。

2. 液压泵

润滑油一般采用液压泵进行分发,切记直接从油桶中向外倒油。分发用的液压泵有机动液压泵和手动液压泵两大类,机动泵是一由电动机带动的齿轮泵。手动泵又分为手摇齿轮泵和手提柱塞泵两种。

3. 油壶

油壶是对润滑点进行加油的工具,一般用薄镀锡铁板或镀锌铁板做成,带有一个细而长的壶嘴,以便顺利地伸入到空间狭小的润滑部位进行加油。

4. 油枪

油枪的主要用途是压注润滑油或润滑脂到润滑部位,根据油枪的结构不同,油枪可分为压杆式和手推式两种。油枪的注油嘴有两种,尖嘴式注油嘴用于压注润滑油,三爪式注油嘴用于压注润滑脂。使用油枪的注意事项与使用油壶的注意事项基本相同。

第五节　润滑系统的密封

一、密封的作用及分类

密封的作用是阻止液体、气体工作介质与润滑剂泄漏,防止环境中的灰尘、水分及其他杂质进入润滑部位。

密封装置的类型很多,根据密封对象是否运动,密封分为静密封(例如机壳端盖上的密封、油管接头中的密封)和动密封(如穿过机壳的轴与机壳间的密封);根据是否采用密封材料充填分非接触密封(如常见的迷宫式密封)、接触密封(各种使用密封圈的密封)和组合密封。

二、常用的密封方式

1. 填料密封

用各种填料填充在结合面间进行的密封称填料密封。填料密封分为毛毡圈密封和压盖填料密封(俗称盘根密封),填料密封结构简单、便于拆装更换、成本低廉,但容易造成运动部件表面的磨损。

2. O 形密封圈密封

O 形密封圈密封是一种横截面形状为圆形的耐油橡胶环。O 形密封圈密封性能好,适应工作温度范围广,具有耐油、耐低温、耐高温、结构简单、拆装方便的特点。拆卸或装配 O 形密封圈时要细心,防止 O 形密封圈被划伤、切断。

3. 唇形密封圈密封

唇形密封圈按断面不同，分为 U 形密封圈、Y 形密封圈、V 形密封圈、L 形密封圈和 J 形密封圈。

4. 油封

带有唇口密封的旋转轴密封件称为油封。油封由耐油橡胶制成，用金属骨架加强，并用环形弹簧加压。

油封安装前要在唇口和轴的表面涂润滑油或润滑脂，安装时要注意方向，弹簧一侧朝里，操作时要防止弹簧脱落、唇口翻转。

5. 防尘密封

防止外界粉尘进入到润滑部位的密封，称为防尘密封。油封本身可以作为防尘密封，但在安装时，密封唇口应朝外。防尘密封主要有毡封式、防尘迷宫、离心式防尘密封、防尘密封圈密封等几种类型。

6. 机械密封

利用机械装置，在旋转轴端面进行的密封，称为机械密封。此密封形式为轴用动密封。动密封面垂直于旋转轴线，并有弹性元件、辅助密封圈等构成的轴向磨损补偿机构，密封性能良好，泄漏量低于 10 mL/h，摩擦功率损伤小，对轴的磨损轻微，工作状况稳定、维修周期长，可用于高压、高温、高速、深冷、大直径、腐蚀、易燃易爆、放射性、稀有贵重介质等条件下的密封。

7. 迷宫式密封

迷宫式密封是在旋转件与静止件之间的泄漏通道内人为地加工出许多沟槽，用来增加泄漏流动的阻力，降低泄漏压力差减少泄漏的密封方式。

8. 垫片密封

垫片密封是较普遍的静密封方法。在结合面间加垫片，并在压力下使垫片产生弹性或塑性变形填满密封面上的不平之处，消除间隙，达到密封的目的。在常温、低压下，普通工作介质可采用纸、橡胶等材料的垫片；在高压及特殊高温和低温场合可采用聚四氟乙烯垫片；一般高温、高压下可采用金属垫片。

9. 胶密封

将密封胶涂敷在设备的各静止结合面上进行的密封，称胶密封。密封胶具有一定的流动性，容易充满结合面的间隙，使用方便，密封性能良好，可用在结合面复杂或不同材料的结合面上的密封。

第六节 泄漏及其防治

泄漏是设备维护工作中较普遍、较难治理的问题之一，对于设备中的各种泄漏问题要采用不同方法和措施进行有效防治。

一、漏油形态的分类

通常将漏油划分为渗油、滴油和流油三种形态。对于静结合面部位，每 30 min 滴一滴油为渗油；对于动结合面部位，每 6 min 滴一滴油为渗油。无论是动结合面还是静结合面，每 2~3 min 滴一滴油,认为是滴油;每分钟滴 5 滴及以上时,就认为是在流油。

二、机械系统漏油检查的一般方法

1. 按部件进行检查

检查设备的漏油情况时,应检查完一个部件后,再检查另一个部件。检查时,先将被检查部件的外表面用棉纱擦干净,再观察渗漏部位并测定漏油程度。

2. 对重点部件要进行细查

由于箱体大多储存大量的润滑油,又有旋转零件的作用及受负荷后的变形,从而使箱体成为最容易泄漏的部件,因此,在治漏时,要将其作为重点进行细查。

3. 重视设备使用过程中的日常观察工作

在日常维护中,设备操作者要重视设备表面及润滑系统各部位的清洁工作。通过这项工作可以观察设备各部位的渗漏情况,弄清楚渗漏部位,以便为查清漏因提供依据。

三、漏油常见原因

设备漏油常见的原因可归结为三个方面。

1. 设计不合理引起的漏油

(1) 没有合理的回油通路,使回油不畅造成设备漏油。

(2) 该密封的没有设计密封,或设计尺寸不当,与密封件相配的结构不合理,造成设备出现的漏油现象。

2. 缺陷引起的漏油

例如,铸造的箱体出现砂眼、气孔、裂纹、组织疏松等缺陷,而又未能及时发现,在设备使用过程中,这些缺陷往往就是设备漏油产生的根源。

3. 不按制造工艺施工和质量不合格造成的漏油

例如,在箱体和箱盖的结合面加工时,平面度超差以及表面粗糙度值太大,早期磨损,造成间隙过大引起的泄漏;铸件未经时效处理,残余内应力过大引起变形,使结合面不严密造成设备漏油。

4. 维护不当引起的漏油

(1) 密封件选用不当造成的泄漏。例如,当设备的密封压力达到 4.9~7.8 MPa 时,应选用高硬度的橡胶密封圈而却选用了低硬度的橡胶密封圈,密封圈的压力范围低于设备密封压力就会造成设备漏油故障。

(2) 相关件装配不合适引起漏油比较常见。例如,安装 U 形密封圈时,将唇口背向载荷方向安装,载荷加到密封圈的背面,使密封圈失去密封作用而产生泄漏;箱体和箱体盖之间结合面处有油漆、毛刺或碰伤,使结合面出现贴合不严引起的漏油;未加盖板密封垫片或垫片被损坏;螺钉、螺母拧得过松等原因使装配不合适的部位产生漏油现象等。

(3) 换油不符合要求引起设备漏油。换油中出现的问题主要表现以下三个方面:一是以低黏度润滑油替代高黏度润滑油,使设备中相应箱体的密封性能受到一定的影响;二是换油时不清洗油箱,污物进入润滑系统,堵塞油路造成漏油;三是换油时加油过多,在旋转零件的搅动下,容易产生溢油现象,造成漏油。

(4) 对润滑系统选用和调节不合适引起的漏油。例如,维修时选用的油泵压力过高或输出油量多大，或者调节的润滑系统油压过高，油量过大，与回油系统以及密封系统不相适应，而产生的漏油现象。

四、常用的治漏方法

1. 紧固法

通过紧固渗漏部位的螺钉、螺母、管接头等来消除连接部位因松动引起的漏油现象。

2. 疏通法

保证回流油路通常，不被污物堵住；或将过小的回油孔改成大直径回油孔或增加回油孔使油路通畅。

3. 封涂法

在渗漏处涂抹密封胶进行密封紧固，以消除渗漏现象。

4. 调整法

调整相关件的位置，如调整滑动轴承与轴颈之间的间隙，减少液压润滑系统的压力，调整刮油装置（如毛毡的松紧高低）等。调整法是治漏的首选方法。

5. 堵漏法

对于漏油的铸件砂眼，通孔进行堵塞的方法进行治漏。如在箱体的砂眼堵塞环氧树脂，在通孔堵塞铅块等。

6. 修理法

对箱盖结合面不严密时进行表面刮研修理，油管喇叭口不严密时对喇叭口进行修理，液压润滑件因毛刺、拉伤变形而漏油时对液压件进行修理，通过修理达到治漏的目的。

7. 换件法

对无法修复使用的密封件或相关件进行更换，达到治漏的目的。

8. 改造法

对因设计不合理而造成的漏油，可通过改造原有结构、改换密封材料、改变润滑介质、减少配合间隙、增加挡油板及接油盘的方法改造治漏。改造治漏时注意不要破坏设备原有的强度和刚度。

五、漏油治理的实例

1. 轴承漏油的治理

漏油的原因是回油孔在水平位置，回油不畅。其治漏方法是将水平孔改为75°斜孔。

2. 箱体的治漏

（1）铸造缺陷造成的箱体漏油的治理。微孔可采用浸渗密封胶密封；大的气孔则采用机械加工挖去缺陷部位后加堵头密封。有裂纹时，在裂纹两端先打止裂孔，然后用胶黏剂修补；焊接箱体的焊缝缺陷造成的泄露，一般采用补焊的方法治漏。

（2）固定结合面漏油的治理。可用环形密封圈、密封垫或密封胶密封。

（3）密闭式箱体由于温度升高，内部压力加大而发生泄露，可在箱盖上适当位置加一通气孔，排出多余气体，减少内部压力，以达到治漏的目的。

第十五章　金属焊接与切割基本知识

第一节　金属焊接与切割

一、金属焊接及其分类

1. 焊接

焊接是通过加热或加压,或者两者并用,并且用或不用填充材料,使焊件达到原子结合的一种加工方法。焊接属于永久性连接,即必须在毁坏零件后才能拆卸。焊接是钳工在进行检修作业时常用的一种修复工艺。

2. 焊接方法的分类

根据焊接过程中金属所处的状态不同,可将焊接分为:熔化焊、压力焊和钎焊三大类。

(1) 熔化焊。利用局部加热使连接处的金属熔化再加入(或不加入)填充金属而结合的方法。熔化焊的特点:焊件间产生原子的结合,焊接接头的力学性能较高,连接原件、大件时的生产率高。熔化焊缺点:产生的应力、变形较大,热影响区发生组织变化。熔化焊是工业生产中应用最广泛的一种焊接方法。常见的有气焊、电弧焊、电渣焊、气体保护焊、等离子弧焊等均属于熔化焊接的范畴。

(2) 压力焊。利用焊接时对焊件施加一定的压力而完成焊接的方法。这类焊接有两种形式:一是将被焊金属接触部分加热至塑性状态或局部熔化状态,然后施加一定压力,使金属原子间相互结合形成牢固的焊接接头,如锻焊、接触焊、摩擦焊和气压焊等就是这种类型的压力焊方法;二是不进行加热,仅在被焊金属接触面上施加足够大的压力,借助于压力所引起的塑性变形,使原子间相互接近而获得牢固的压挤接头,承重压力焊的方法有冷压焊、爆炸焊等。

(3) 钎焊。是把比被焊金属熔点低的钎料金属加热至熔化状态,然后使其渗透到被焊金属接缝的间隙中而达到一种结合方法。钎焊的优点:加热温度低,接头平整、光滑,外形美观,应力及变形小。钎焊的缺点:接头强度较低,装配时对装配间隙要求较高。常见的钎焊方法有烙铁钎焊、火焰钎焊和感应钎焊等。

二、金属切割及其分类

1. 金属切割

金属切割是指在高温或压力的作用下将金属材料断开的方法。切割是现代工业生产中的一个重要工序,也是钳工作业中最常用的一个工序。

2. 切割的分类

按照金属切割过程中加热方法的不同大致可以把切割方法分为：火焰切割、电弧切割和冷切割三类。

(1) 火焰切割。按加热气源的不同，分为以下四种：

① 气割。气割是利用氧-乙炔预热火焰使金属在纯氧气流中能够剧烈燃烧，生成熔渣和放出大量热量的原理而进行的。

② 液化石油气切割。液化石油气切割的原理与气割相同。不同的是液化石油气的燃烧特性与乙炔气不同，所使用的割炬也有所不同，它扩大了低压氧喷嘴孔径及燃料混合气喷口截面，还扩大了对吸管圆柱部分孔径。

③ 氢氧源切割。利用水电解氢氧发生器，用直流电将水电解成氢气和氧气，其气体比例恰好完全燃烧。温度可达 2 800～3 000 ℃，可以用于火焰加热。

④ 氧熔剂切割。氧熔剂切割是在切割氧流中加入纯铁粉或其他熔剂，利用它们的燃烧热和废渣作用实现气割的方法。

(2) 电弧切割。电弧切割按生成电弧的不同可分为：

① 等离子弧切割。等离子弧切割是利用高温高速的强劲的等离子射流，将被切割金属部熔化并随即吹除，形成狭窄的切口而完成切割的方法。

② 碳弧气割。碳弧气割是使用碳棒与工件之间产生的电弧将金属熔化，并用压缩空气将其吹除，实现切割的方法。

(3) 冷切割。切割后工件相对变形小的切割方法，有以下两种：

① 激光切割。激光切割是利用激光束把材料穿透，并使激光束移动而实现切割的方法。

② 水射流切割。水射流切割是利用高压换能泵产生出 200～400 MPa 的高压水流动能，来实现材料的切割。

第二节 电 弧 焊

手工电弧焊的优点是：设备简单，操作方便，工艺灵活，适应性强，易于通过工艺调整来控制变形和改善应力等。

手工电弧焊的缺点是：对焊工技术要求高，劳动条件差，生产率低。

应用范围：在造船、锅炉、机械制造、建筑结构、化工设备等制造维修行业中广泛使用。

下面以手工电弧焊为例进行讲述。

一、电焊设备及焊接工具

1. 电焊机

电焊机是利用正、负两极在瞬间短路时产生的高温电弧来熔化电焊条上的焊料和被焊材料，来达到使它们结合的目的。电焊机结构十分简单，就是一个大功率的变压器，电焊机一般按输出电源种类可分为两种：一种是交流电源，另一种是直流电源。手工电弧焊常用焊机为交流弧焊机，如图15-1所示，通过摇动面板上的电流调节手轮可以改变焊接电流大小。

图15-1 交流弧焊机

2. 电焊钳

电焊钳是夹持焊条并传导焊接电流的操作器具。对电焊钳的要求是：在任何斜度都能夹紧焊条，具有可靠的绝缘和良好的隔热性能，电缆的橡胶包皮应伸入到钳柄内部，使导体不外露，起到屏护作用，轻便、易于操作。电焊钳应具有良好的导电性，不易发热，质量轻，夹持焊条牢固，更换方便等特点。

3. 焊接电缆及接头

焊接电缆是传导焊接电流的，应柔软易弯曲，具有良好导电性能与绝缘性能。使用时按电流大小来选择焊接电缆，禁止拖拉。焊接电缆的长度一般不应超过20~30 m，且中间接头不应超过2个，接头处应可靠。

快速接头是一种快速方便地使焊接电缆与焊机相连接或接长焊接电缆的专用器具，它应具有良好的导电性能和绝缘性能，使用中不易松动，保证接触良好、安全可靠，禁止砸碰。

4. 焊接作业个人防护用品

焊接作业个人防护用品包括防护目镜、工作服、工作鞋、防护脚盖和电焊手套等，作业时，必须穿戴齐全。面罩及防护目镜用来保护焊接人员头部及颈部免受强烈弧光及金属飞溅熔珠的灼伤。面罩分为头盔式和手持式两种，要求质量轻，具有一定的防撞击能力。防护目镜的颜色及深浅应按焊接电流的大小来选择。面罩不得漏光，使用时应避免碰撞，禁止作承载工具使用。

二、焊接材料

焊条是涂有药皮的供手工弧焊用的熔化电极，由药皮和焊芯两部分组成。

1. 焊条的种类及选用

（1）焊条按用途分类：① 低碳钢和低合金高强度钢焊条（简称结构钢焊条）。这类焊条的熔敷金属在自然气候环境中具有一定的机械性能。② 钼和铬钼耐热钢焊条。这类焊条的熔敷金属，具有不同程度的高温工作能力。③ 不锈钢焊条。这类焊条的熔敷金属，在常温、高温或低温中具有不同程度的抗大气或腐蚀性介质腐蚀的能力和一定的机械性能。④ 堆焊焊条。这类焊条用于金属表面层堆焊，其熔敷金属在常温或高温中具有一定程度的耐不同类型磨耗或腐蚀等性能。⑤ 低温钢焊条。这类焊条的熔敷金属在不同的低温介质条件下,具有一定的低温工作能力。⑥ 铸铁焊条。这类焊条是指专用作焊补或焊接铸铁用的焊条。⑦ 镍及镍合金焊条。这类焊条用于镍及镍合金的焊接、焊补或堆焊。某些焊条可用于铸铁焊补、异种金属的焊接。⑧ 铜及铜合金焊条。这类焊条用于铜及铜合金的焊接、焊补或堆焊。某些焊条可用于铸铁焊补、异种金属的焊接。⑨ 铝及铝合金焊条。这类焊条用于铝及铝合金的焊接、焊补或堆焊。

(2) 按焊条药皮熔化后的熔渣特性分类:可分为酸性焊条和碱性焊条。采用酸性焊条焊接的特点是:焊缝力学性能差,热裂纹的倾向也较大,但其工艺性能好,对弧长、铁锈不敏感,且焊缝成形好,脱渣性能好,广泛用于一般结构钢的焊接。采用碱性焊条焊接的特点是:焊缝的力学性能和抗裂性能均比酸性焊条好,但焊接工艺性差,引弧困难,电弧稳定性差,飞溅较大,不易脱渣,必须采用短弧焊。一般用于合金钢和重要碳钢的焊接。

2. 焊条直径及选用

焊条的直径是以焊芯直径表示。常用的焊条直径有 2 mm、2.5 mm、3.2 mm、4 mm、5 mm 等几种,常用的焊条有 3.2 mm、4 mm、5 mm 三种。其长度"L"一般在 250~450 mm。焊接时,焊条直径可根据焊件的厚度进行选择,厚度越大,选用的焊条直径越粗,但一般不超过焊件的厚度。

三、焊接的接头形式及焊接位置

1. 焊接接头

用焊接方法连接的接头称为焊接接头,焊接接头包括焊缝熔合区和热影响区,一个焊接结构可以由多个焊接结构组成。最常见的焊接接头形式有:对接接头、T 型接头、角接接头和搭接接头。其中对接接头是各种焊接结构中应用最多的一种接头形式。当采用对接接头焊接时,应根据被焊接钢板的厚度及焊接技术要求,来确定是否开坡口和对厚板进行削薄处理。焊接接头形式如图 15-2 所示。

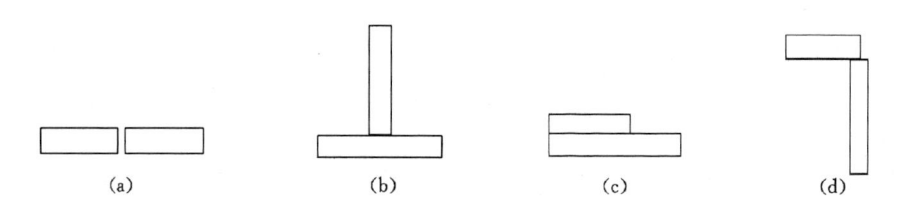

图 15-2 焊接接头形式
(a) 对接接头;(b) T 形接头;(c) 搭接接头;(d) 角接接头

2. 焊接位置的分类

根据焊缝在空间的相对位置可分为四类,即平焊、立焊、横焊和仰焊。

(1) 平焊。它是在水平面上任何方向进行焊接的一种操作方法。此种焊接的操作技术比较容易掌握,可选用较大直径焊条和较大焊接电流,生产效率高,应用较普遍。

(2) 立焊。它是在垂直方向进行焊接的一种操作方法。受重力作用,焊缝成形困难,质量受影响。立焊时选用的焊条直径及焊接电流均应小于平焊,并采用短弧焊接。

(3) 横焊。它是在垂直面上焊接水平焊缝的一种操作方法。熔化金属受重力作用,易下淌而产生各种缺陷。横焊时应采用短弧焊接,并选用较小焊条直径和较小焊接电流以及适当的运条手法。

(4) 仰焊。它是指焊缝位于燃烧电弧的上方,焊工在仰视位置进行焊接。仰焊劳动强度大,是最难焊的一种焊接位置。焊接时,尽量使用厚药皮焊条和维持最短的电弧,以促使焊缝成形。

四、焊条电弧焊的操作

焊条电弧焊的基本操作包括引弧、运条和收弧。其操作程序如下:先将工件进行定位,然后用敲击法或擦画法引弧,电弧引燃后,开始进行正常的运条焊接,焊接结束时,进行收尾。

焊条电弧焊操作注意事项:

(1) 引弧前,应将工件焊接处清理干净,尤其是坡口处的油污和铁锈,以免影响导电能力和防止熔池产生氧化物。

(2) 引弧时,焊条提起的速度要适当,过快电弧易熄灭,过慢焊条与工件易粘连在一起。焊条上提的高度保持在 2~4 mm 为宜。

(3) 引弧时位置选择要适当,开始引弧或中断引弧,一般均应在离始焊点后面 10~20 mm 处引弧,然后移至始焊点,待熔池熔透再继续移动焊条,以消除可能产生的引弧缺陷。

(4) 焊接过程中,要根据焊缝的焊接位置、被焊接材料的厚度等具体情况选用合适的运条手法,并且焊条的送进、摆动及沿焊缝移动的速度要相互协调好,以得到表面平整、焊波细而均匀的焊缝。

(5) 收尾时,应把收尾处的弧坑填满。当换焊条或临时停弧时,应将电弧逐渐引向坡口的斜前方,同时慢慢抬高焊条,使熔池逐渐缩小,以避免出现缺陷。

第三节 气 割

气割是利用可燃气体与氧气混合燃烧的火焰热能将工件切割处预热到一定温度后,喷出高速切割氧流,使金属剧烈氧化并放出热量,利用切割氧流把熔化状态的金属氧化物吹掉,而实现切割的方法。

气割的优点是:设备简单,使用灵活。气割的缺点是:对切口两侧金属的成分和组织产生一定的影响,引起被割工件的变形等。

一、气割用设施、工具及气割材料

1. 氧气瓶

氧气瓶是用来储存和运输氧气的高压容器。氧气瓶由瓶体、瓶箍、瓶阀、瓶帽、底座和防振胶圈等构成。氧气瓶外表为天蓝色,并用黑漆写有"氧气"字样。

氧气瓶常用的规格容积为 40 L,最高工作压力为 14.7 MPa,常压下可存储 6 m³氧气。氧气瓶应直立使用,若卧放使用时,减压器应处在最高位置。

氧气瓶的安全是由瓶阀内的安全膜实现的,一旦瓶内压力超过规定时(18~22.5 MPa),安全膜片即自行爆破泄压,确保瓶体安全。

2. 乙炔瓶

乙炔瓶又称溶解性乙炔瓶,是一种储存、运输乙炔用的压力容器。它由瓶体、瓶阀、硅酸钙填料、易熔塞、瓶帽、过滤网、瓶座等构成,硅酸钙填料内浸满了丙酮,乙炔瓶就是利用乙炔能溶解在丙酮内这一特性储运乙炔的。乙炔瓶外表为白色,并用红漆写有"乙炔"字样。

乙炔瓶常用的规格容积为 40 L,工作压力为 1.5 MPa。乙炔瓶应直立使用,严禁卧放使用。当卧放的乙炔瓶直立使用时,必须静置 20 min 后方能使用。

乙炔瓶肩上的易熔塞属气瓶的安全装置,当瓶体温度达到 100±5 ℃ 时,易熔塞熔化而泄压,确保瓶体安全。

3. 减压器

减压器是用来减压和稳压的,可将氧气压力降为 0.1~0.4 MPa,乙炔压力降为 0.15 MPa 以下。

减压器的安全要求:

(1) 各种气体专用的减压器,禁止换用。

(2) 减压器在专用气瓶上应安装牢固。采用螺纹连接时,应拧足 5 个螺纹以上,采用专门夹具夹紧时,装卡应平整牢靠。

(3) 同时使用两种不同气体进行焊接、气割时,不同气瓶减压器的出口端都应各自装有单向阀,防止相互倒灌。

(4) 禁止用棉、麻绳或一般橡胶等易燃物料作为氧气减压阀的密封垫圈。禁止油脂接触氧气减压阀。

(5) 不准在减压器上挂放任何物件。

4. 回火器

回火器的作用是当发生回火时,能阻止火焰倒流入乙炔瓶内,熄灭火焰,从而保障乙炔气瓶的安全。乙炔气瓶必须安装回火器。

5. 割炬

割炬是气割的主要工具,其作用是使乙炔与氧气按比例进行混合,形成预热火焰,并将高压纯氧喷射到被切割的工件上,使被切割金属在氧射流中燃烧,氧射流把燃烧生成的熔渣(氧化物)吹走而形成割缝。

6. 橡皮胶管及接头

橡皮胶管是用来输送气体的,按输送气体的不同分为氧气胶管和乙炔胶管。氧气胶管的管壁厚,工作压力为 1.5 MPa;乙炔胶管的管壁较氧气管的管壁薄,工作压力为 0.3 MPa。按照 GB 9448—1999《焊接与切割安全》相关规定,氧气胶管为蓝色,乙炔胶管为红色。胶管接头是用于胶管连接的。

7. 其他辅助工具

气割辅助工具包括点火枪、防目镜、通针(清理割嘴用)和启、闭气瓶用的工具等。

8. 气割用材料

气割用材料包括氧气和乙炔。

二、气割工艺

气割过程分为预热、燃烧和吹渣三个阶段。

1. 气割工艺参数的选择

(1) 切割氧的压力。切割氧的压力随着切割件的厚度和割嘴的孔径增大而增大。

(2) 气割速度。割件越厚,气割速度越慢。

(3) 预热火焰的能率。其与割件的厚度有关,常与气割速度综合考虑。

(4) 割嘴与割件间的倾角。其大小主要根据割件的厚度来定。

(5) 割嘴与割件表面的距离。其应根据预热火焰的长度和割件的厚度来决定。通常火焰焰芯离开割件表面的距离应保持在 3~5 mm,一般来说切割薄板离表面的距离可大些。

2. 气割操作的步骤

(1) 气割前的准备。检查气割设施、作业场地符合安全生产条件,垫高割件,清除割缝表面的氧化皮和污垢,按图画线放样,选择割炬和割嘴试割等。

(2) 起割。先预热起割点至燃烧温度,慢慢开启切割氧,当看到有铁水被氧气吹动时,可加大切割氧至割件被割穿。然后可按割件厚度灵活掌握切割速度,沿切割线切割。

(3) 切割。切割过程中,割嘴沿气割方向应后倾 20°~30°,保持焰芯距割炬表面的距离及切割速度。切割长缝时应每割 300~500 mm 后及时移动操作位置。

(4) 终端的切割。割嘴应向气割方向后倾一定的角度,使割件下部先割穿,并注意余料下落位置,然后将割件全部割断,使收尾割缝平整。

(5) 停割。先关闭切割氧,抬起割炬,再关闭乙炔,最后关闭预热氧。如切割过程中发生回火,应立即关闭切割氧,再关闭乙炔和预热氧。

(6) 收工。当气割工作完工时,应关闭氧气与乙炔瓶阀,松开减压阀调压螺钉,放出胶管内的余气。卸下减压阀,收起割炬及胶管,清扫场地卫生。

第十六章 液压传动基础知识

第一节 液压传动的基本知识

一、液体的静力学基本知识

1. 液体的压力

液体在静止状态下单位面积上所承受的作用力称为液体的压力,用符号 p 表示,单位为 Pa,即有:

$$p = F/A \tag{16-1}$$

式中　F——作用力,N;

　　　A——作用面积,m²。

2. 静压力的传递——帕斯卡原理

加在密闭液体上的压力,能够均匀地、大小不变地被液体向各个方向传递,这个规律称为帕斯卡原理。

如图 16-1 所示,两个相互连通密闭装有油液的液压缸,小活塞和大活塞的面积分别用 A_1 和 A_2 表示。如果在小活塞上作用一个外力 F_1,则由 F_1 所形成的油液压力为 F_1/A_1。根据帕斯卡原理,在大活塞的底面上也将有同样的压力 F_1/A_1。则作用在大活塞上的力 $F_2 = F_1 A_2/A_1$。两活塞的面积比越大,大活塞输出的力越大。

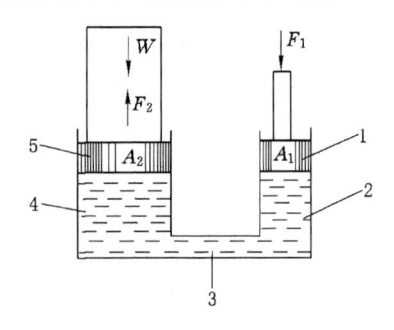

图 16-1　液压千斤顶简图
1,5——活塞;2,4——液压缸;3——油管

二、液体的动力学基本知识

1. 流速

液体在某点流动时的速度称为流速,由于液体具有黏性,同一断面内各点的流速是不同

的,管道中心处的流速远比靠管壁处大,一般所说的流速是指断面液体的平均流速。流速用符号 v 表示,单位为 m/s。

2. 流量

液体在单位时间内流过某断面的液体的体积称为该断面的流量,用符号 Q 表示,即有:

$$Q = Av \tag{16-2}$$

式中　A——管道横截面积,m^2;

　　　v——液流在该断面的平均流速,m/s。

3. 液流的连续性

如果忽略不计液体的压缩性,液体在管道内作稳定流动(液体的压力、速度和密度都不随时间而变的流动),则在单位时间内流经管子任一断面的液体质量是相等的,这就是液体的连续性原理。其表达式为:

$$v_1 A_1 = v_2 A_2 = Q = 常量$$

或

$$v_1/v_2 = A_2/A_1$$

可见稳定流动时,各个断面的平均流速与其断面积的大小成反比。

4. 液流传递的功率与流量、压力的关系

如果液压缸活塞杆在时间 t 内以力 F 推动负载移动距离 s,则所做的功 W 为:

$$W = Fs$$

功率 P 为:

$$P = W/t = Fs/t = Fv$$

因为

$$F = pA, v = Q/A$$

经单位换算后得到:

$$P = pQ/60 \tag{16-3}$$

式中　P——功率,kW;

　　　p——压力,MPa;

　　　Q——流量,L/min。

由于液压系统在实际工作过程中存在着容积损失 η_v 和机械损失 η_m。所以,液压泵的实际要输入的功率 $P_入$ 为:

$$P_入 = pQ/60\eta \tag{16-4}$$

式中　η——液压泵的总效率,$\eta = \eta_v \eta_m$。

第二节　液压传动的工作原理及系统组成

一、液压传动的工作原理

液压传动是利用处在封闭系统中的压力液体实现能量转换、传递运动和力的一种传动形式。液压系统工作时,液压泵将外界输入的机械能转变为工作液体的压力能,经过管道及各种液压控制元件输送到执行机构——液压缸或马达,再将其转变为机械能输出,使执行机构完成各种需要的动作。现以液压千斤顶为例来简述液压传动的工作原理。

图 16-2 为液压千斤顶的工作原理图,缸体 6 和大活塞 7 组成举升缸。杠杆手柄 1、小活塞 2、小缸体 3 和单向阀 4 和 5 组成手动液压泵。活塞和缸体之间保持良好的配合关系,又能实现可靠的密封。当抬起手柄 1 时,使小活塞 2 向上移动,活塞下腔密封容积增大形成局部真空时,单向阀 4 打开,单向阀 5 关闭,油箱中的油在大气压力作用下通过吸油管进入活塞下腔,完成吸油动作。当用力压下手柄时,活塞 2 下移,其下腔容积减小,油压升高,单向阀 4 关闭,单向阀 5 打开,油液进入举升缸下腔,驱动活塞 7 使重物 8 上升一段距离,完成一次回油动作。反复抬、压手柄,就能使油液不断地被压入举升缸,使重物不断升高,达到起重的目的。如果将放油阀 9 旋转 90°,在活塞 7 自重和外力作用下,大缸中的油液流回油箱,大活塞下降到原位。这就是液压千斤顶的工作过程。

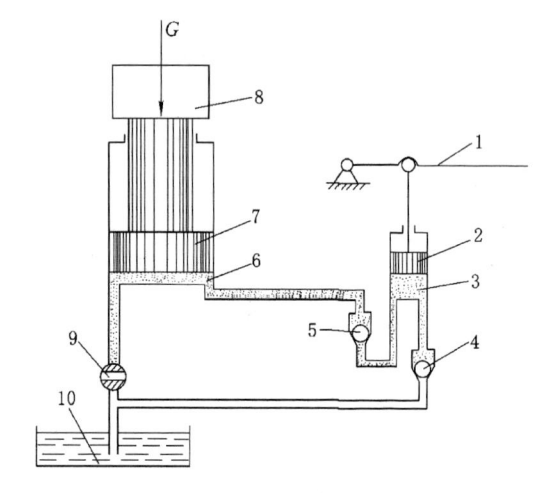

图 16-2 液压千斤顶工作原理图
1——杠杆手柄;2——小活塞;3,6——液压缸;4,5——单向阀;
7——大活塞;8——重物;9——放油阀;10——油箱

从此例可以看出,液压千斤顶是一个简单的液压传动装置。液压传动装置本质上是一种能量转换装置,它先将机械能转换为便于输送的液压能,后又将液压能转换为机械能做功。

二、液压传动系统的组成

工程实际中的液压传动系统是在液压泵-液压缸的基础上设置一些控制液压缸的运动方向、运动速度和最大推力的装置。现以图 16-3 所示的典型液压系统为例,说明其组成。

液压泵 3 由电动机驱动旋转,从油箱 1 经过过滤器 2 吸油。当换向阀 5 阀芯处于图示位置时,压力油经阀 4、阀 5 和管道 9 进入液压缸 7 的左腔,推动活塞向右运动。液压缸右腔的油液经管道 6、阀 5 和管道 10 流回油箱。改变阀 5 阀芯工作位置,使之处于左端位置,压力油推动液压缸活塞向左运动。

改变流量控制阀 4 的开口,可以改变进入液压缸的流量,从而控制液压缸活塞的运动速度。液压缸排出的多余油液经溢流阀 11 和管道 12 流回油箱。液压缸的工作压力取决于负载。液压泵的最大工作压力由溢流阀 11 调定,其调定值应为液压缸的最大工作压力及系统中油液流经阀和管道的压力损失之总和。因此,系统的工作压力不会超过溢流阀的调定值,

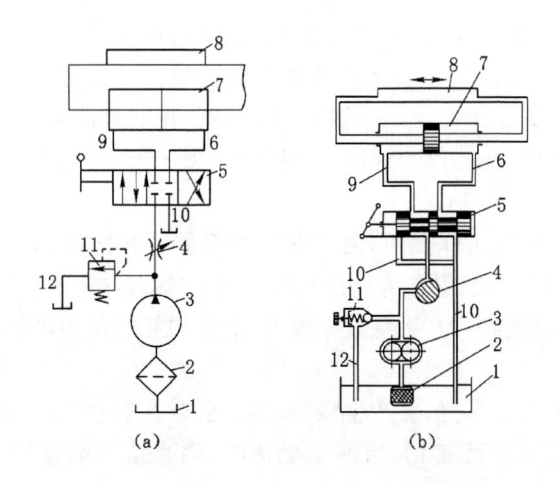

图 16-3 典型的液压系统工作原理图

1——油箱;2——过滤器;3——液压泵;4——流量控制阀;5——换向阀;
6,9,10,12——管道;7——液压缸;8——工作台(与活塞相连);11——溢流阀

溢流阀对系统还起着过载保护作用。

从上面的例子可以看出,液压传动系统主要由动力元件、执行元件、控制元件、辅助元件和工作介质等组成,其功能如下所述。

(1) 动力元件。它是指各种类型的油泵,如齿轮泵、柱塞泵和叶片泵等,是将机械能转变为液压能的装置。

(2) 执行元件。它是指液压缸或液压马达(作直线往复运动的是液压缸,做旋转运动的是液压马达),是将液压能转换为机械能的输出装置。

(3) 控制元件。它是指各种液压阀件,如压力控制阀、流量控制阀和方向控制阀等,对液压系统中液体的压力、流量和方向进行调节和控制。

(4) 辅助元件。它是指油箱、滤油器、冷却器、管道以及各种液体参数的监测仪表等。它们的作用是提供必要的条件使系统得以正常工作和便于监测控制。

(5) 工作介质。工作介质即传动液体,通常称之为液压油。液压系统就是通过工作介质实现运动和动力传递的。

三、液压系统的技术参数

液压传动最基本的技术参数是工作介质的压力 p 和流量 Q。压力的单位是 Pa,常用单位是 MPa,1 MPa $= 10^6$ Pa;流量的单位是 m^3/s,常用单位是 L/min,1 $m^3/s = 6 \times 10^4$ L/min。

四、液压传动的优缺点

液压传动与机械传动、电气传动相比较,具有以下优点:

(1) 易于在较大的速度范围内实现无级变速。

(2) 易于获得很大的力或力矩,因此承载能力大。

(3) 在功率相同的情况下,液压传动的体积小、质量轻,因而动作灵敏、惯性小。

(4) 传动平稳,吸振能力强,便于实现频繁换向和过载保护。
(5) 操纵简便,易于采用电气、液压联合控制以实现自动化。
(6) 由于采用油液为工作介质,对元件具有防锈作用和自润滑能力,使用寿命长。
(7) 液压元件易于实现系列化、标准化、通用化,便于设计、制造,有利于推广应用。

液压传动系统的缺点如下:

(1) 因采用了油液作为工作介质,由于泄露和管件的弹性变形以及油液具有一定的可压缩性,传动比不能恒定,不适用于传动比要求严格的场合。
(2) 液压传动的能量损失大,系统效率较低,而且均能转化为热量,易引起热变形,影响系统的正常工作。
(3) 液压系统中混入空气时,会产生噪声,容易引起振动和爬行,影响传动的平稳。
(4) 油液的黏度随温度而变化,当油温变化时,会直接影响传动机构的工作性能。此外,在低温条件或高温条件下采用液压传动有较大的困难。
(5) 油液污染后,机械杂质会堵塞小孔、缝隙,影响动作的可靠性。
(6) 液压系统产生故障时,故障原因不易查找,排除较困难。维修保养工作量大。
(7) 液压元件的制造精度和密封性能要求高,增加设备成本。

第三节 液压油的物理性质及液压油的选用

液体是液压传动的工作介质,最常用的工作介质是液压油。此外,也有乳化型传动液及合成型传动液。

一、液压油的物理性质

1. 密度

单位体积液体的质量称为液体的密度,常用符号 ρ 表示,单位为 kg/m³。其公式为:

$$\rho = m/V \tag{16-5}$$

式中 m——液体的质量,kg;
V——液体的体积,m³。

我国采用 20 ℃时的密度作为油液的标准密度。

2. 黏性和黏度

液体流动时,流层之间产生内部摩擦阻力的特性称为液体的黏性。表示黏性大小的指标叫黏度。黏度分为动力黏度、运动黏度和相对黏度(又称条件黏度)三种,国际规定液压油的黏度用 40 ℃时的运动黏度的平均数值表示油的黏度(m²/s),并在数字前加"N",如 N32、N68 等。

液体的黏度随温度升高而降低,随着压力的增加而增大。一般用黏度指数来表示黏度随温度变化的程度。黏度指数越高,表示黏度随温度变化越小,即黏温性越好,越有利于液压传动系统。

3. 压缩性

一般情况下,液体的压缩性可以不计,但在精确计算时,尤其是在考虑系统的动态过程时,液压油的可压缩性是一个很重要的因素。液压传动用油的可压缩性约比钢的可压缩性大 100～140 倍。当液压油中混入空气时,其可压缩性将显著增加,常使液压系统产生更大的噪声,从而降低控制系统的动态响应速度和工作可靠性。

二、液压油的选用

选用液压油时,应首先考虑液压系统的工作条件、周围环境,同时还应按照泵、阀等元件产品说明书的规定选取可采用的液压用油。

(1) 根据工作压力选择。系统工作压力高,宜选用黏度较高的油液;工作压力较低时,宜选用黏度较低的油液。

(2) 根据工作环境温度选择。如果液压系统温度高或环境温度高,宜选用黏度较高的油液;反之,则选用黏度较低的油液。

(3) 根据工作机构运动速度选择。当液压系统中工作机构的速度(或转速)高时,油流速度高,宜选用黏度较低的油液;反之,宜选用黏度较高的油液。

(4) 在选用液压油时,还要考虑一些特殊因素。如对高速、高压系统中的元件,应选用抗磨液压油。环境温度在 −15 ℃ 以下的高压、高速液压系统,应选用低凝点液压油。

第十七章 液压传动技术

第一节 液 压 泵

液压泵俗称油泵,是由电动机或其他原动机带动,使机械能转换为油液的压力能(液压能)的能量转换装置。液压泵不断输出具有一定压力和流量的油液,驱动液压缸或液压马达进行工作。在液压传动系统中,液压泵是动力元件,是液压传动系统的重要组成部分。

一、液压泵的类型和工作原理

液压泵的种类很多,按其结构不同,可分为齿轮泵、叶片泵、柱塞泵等;按其输油方向能否改变,可分为单向泵和双向泵;按其输出的流量能否调节,可分为定量泵和变量泵;按其额定压力的高低,可分为低压泵、中压泵、高压泵等。无论哪一种液压泵,其工作原理都是利用密封容积的变化进行吸油和压油。下面以齿轮泵为例,说明液压泵的工作原理。

常用的外啮合齿轮泵的工作原理如图 17-1 所示。一对相互啮合的齿轮和泵体把吸油腔和压油腔隔开。齿轮由电动机带动旋转(按图示方向),吸油腔一侧的齿轮脱开啮合,其密封容积变大,形成局部真空,油液在大气压的作用下进入油腔并填满齿间。吸入到齿间的油液随齿轮的旋转带到另一侧的压油腔,这时齿轮进入啮合,容积逐渐减小,齿间部分的油液被挤出,形成压油过程,油被压出送入油路系统。

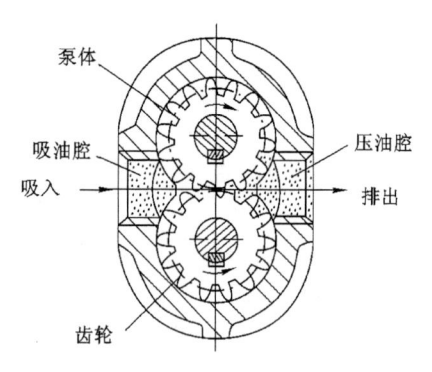

图 17-1 齿轮泵的工作原理

二、液压泵的工作条件

(1)密封容积的变化是液压泵实现吸液和排液的根本条件,因此液压泵必须具有密封而又可以变化的容积。

（2）液压泵具有隔离吸、排液腔的配流装置。

（3）油箱内的工作液体始终具有不低于1个大气压的绝对压力，这是保证液压泵能从油箱吸液的必要外部条件。

三、液压泵的主要性能参数

（1）排量(mL/r)。液压泵主轴每旋转一周所排出的液体体积称为排量。

（2）流量(mL/r)。液压泵单位时间内所排出的液体体积称为流量，按是否考虑泄露，流量又分为理论流量和实际流量。

（3）压力(MPa)。额定压力是指在正常工作条件下，液压泵连续运转的最高压力；最大压力是指泵在短时间内超载所运行的极限压力；实际工作压力是指液压泵在工作时实际所达到的具体压力值，其大小取决于实际负载的大小。

（4）转速(r/min)。额定转速是指泵在额定压力下，连续运转的最大转速；最高转速是指泵在额定压力下，允许短暂运行的最大转速；最低转速是指允许泵正常运行的最小转速。一般情况下，液压泵应在额定转速下运转。

（5）容积效率。实际流量与理论流量的比值就是液压泵的容积效率。液压泵的容积效率一般为0.7～0.9。

四、液压泵的特点及应用

目前常用的液压泵为齿轮泵、叶片泵和柱塞泵。

1. 齿轮泵

齿轮泵结构简单，成本低，抗污及自吸性好，故得到广泛应用。但其噪声较大且压力较低，一般用于低压系统。

2. 叶片泵

和齿轮泵相比，叶片泵流量均匀，运转较平稳，噪声小，压力较高，使用寿命长，广泛应用于机床的液压传动系统。叶片泵有定量泵和变量泵之分。

3. 柱塞式油泵

柱塞式油泵的显著特点是压力高，流量大，便于调节流量。柱塞式油泵多用于高压、大功率设备的液压系统。

第二节　液压马达与液压缸

一、液压马达

1. 液压马达的特点

液压马达是液压系统中的执行元件，它将液压泵提供的液体压力液转变为机械能，输出扭矩和转速。液压马达的结构类似于液压泵，但是由于两者的用途和工作条件不同，对它们的性能要求也不一样，因此结构类型相同的液压泵和液压马达之间存在一定的差别。

（1）液压马达能正、反转运行，其内部结构具有对称性，而液压泵通常是单向旋转，在结构上没有对称要求。

(2) 液压泵通常必须具有自吸能力,为改善吸液性能和避免出现汽蚀现象,通常把吸液口做得比排液口大,而液压马达没有此要求。

(3) 为适应调速需要,液压马达的转速范围大,特别对它的最低稳定转速有一定的要求;液压泵是在高速运转下稳定工作,其转速基本不变。为保证液压马达良好的低速运转性能,通常采用滚动轴承或静压滑动轴承。

(4) 由于液压马达一般具有背压,故必须设置独立的泄漏口,将马达的泄漏液体引回油箱。

在实际工作中,液压泵和马达不可互换使用。

2. 液压马达的分类及工作原理

液压马达在分类上与液压泵基本相同。按其结构不同,液压马达可分为齿轮式、叶片式和柱塞式。柱塞式液压马达又分为轴向柱塞液压马达和径向柱塞液压马达。

图 17-2 所示为齿轮马达的工作原理图,当压力油进入齿轮马达时,压力油液分别作用在两齿轮齿面上,在齿轮上产生使其转矩的作用力,推动两个齿轮按图示方向旋转,齿轮马达输出轴上就输出旋转力矩。

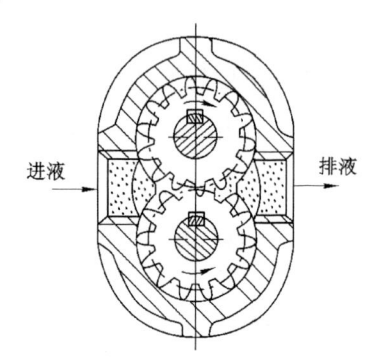

图 17-2 齿轮马达的工作原理

3. 液压马达的主要性能参数

(1) 排量(mL/r)。马达主轴每旋转一周所输入的液体体积称为排量。

(2) 额定压力(MPa)。在额定转数范围内连续运转,能够达到设计寿命的最高压力称为额定压力。

(3) 最高压力(MPa)。允许短暂运行的最高压力。

(4) 背压(MPa)。液压马达运转时出口侧的压力称为背压。

(5) 转速(r/min)。液压马达在单位时间内转过的圈数称为转速。

(6) 容积效率。实际流量与理论流量的比值就是液压泵的容积效率称为总效率。

(7) 总效率 η。液压马达的总效率为输出功率与输入功率之比。

二、液压缸

液压缸同液压马达一样,也是液压传动系统中的执行元件,是将液压能转换为机械能的能量转换装置,一般用来实现往复直线运动或周期性摆动。

1. 液压缸的种类

常用液压缸按作用方式来分类,有单作用缸和双作用缸两大类。在压力油作用下只能做单方向运动的液压缸称为单作用缸。单作用油缸又分为柱塞式、活塞式和伸缩套筒式。

往复两个方向的运动都由压力油作用实现的液压缸称为双作用缸。双作用液压缸又分为单活塞式、双活塞式和伸缩套筒式等。

2. 液压缸的结构与工作原理

图 17-3 所示为一单作用柱塞式液压缸,由缸筒、柱塞、导向套、密封圈和缸盖等组成,其端部只有一油孔用于连接液压油管供油液进出,当从油孔向缸体内输入压力油时,柱塞向外伸出,产生推力。单作用油缸不能自动返程,须借助于运动件的自重或其他外力(如弹簧力)的作用下,使柱塞缩回,将缸内的油液从油孔排回油箱。

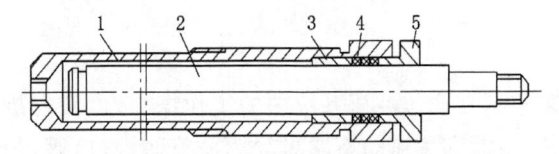

图 17-3 单作用柱塞式液压缸
1——缸筒;2——柱塞;3——导向套;4——密封圈;5——缸盖

图 17-4 所示为双作用单活塞杆液压缸。该油缸由缸筒、缸底、缸盖、活塞、活塞杆和导向套等组成。为了防止油液泄露和油液被污染,在活塞上端和导向套的内部均装有密封件。缸筒两端设两个油孔 A 和 B 与液压油管相连接,液压缸两端的耳环分别用来固定或连接负载。导向套用来为活塞导向,使活塞杆运动时保持与缸筒同轴。当 A 孔输入压力油时,活塞杆伸出,产生推力,使活塞杆腔内的油液从 B 孔排回油箱;从 B 孔输入压力油时,活塞杆缩回,产生拉力,使活塞杆腔内的油液从 A 孔排回油箱。

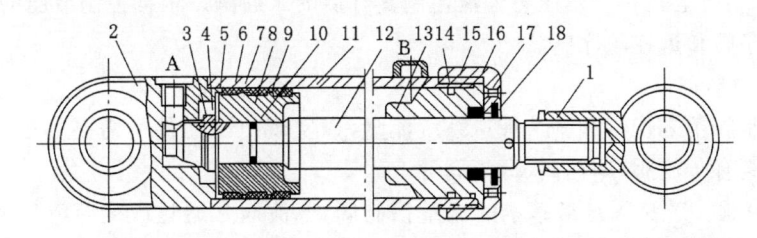

图 17-4 双作用单活塞杆液压缸
1——连接头;2——缸底;3——挡圈;4——卡键帽;5——卡键;6——Y 形密封圈;
7,17——挡圈;8——活塞;9——支撑环;10,14——O 形密封圈;11——缸筒;12——活塞杆;
13——导向套;15——缸盖;16——Y 形密封圈;18——防尘圈

第三节 液压控制阀

一、液压控制阀的功能及基本要求

在液压传动系统中,用来对液流的方向、压力和流量进行控制和调节以满足执行元件工作需要的装置称为液压控制阀,又称液压阀。液压控制阀是液压系统中不可缺少的重要元件。控制阀通过对液流的方向、压力和流量的控制和调节,控制执行元件的运动方向、输出的力或转矩、运动速度、动作顺序,还可限制和调节液压系统的工作压力和防止过载。为了确保液压控制阀功能的可靠实现,对液压控制阀的基本要求如下：

(1) 动作准确、灵敏、可靠,工作平稳,无冲击和振动。

(2) 密封性能好,泄漏少。

(3) 结构简单,制造方便,通用性好。

二、液压控制阀的种类、工作原理及应用

根据液压控制阀的用途和工作特点不同,液压控制阀可分为三大类:压力控制阀、流量控制阀和方向控制阀。

1. 压力控制阀

压力控制阀是用来控制和调节液压系统中的工作压力,以实现执行元件所要求的力或力矩,简称压力阀。按其性能和用途的不同可分为溢流阀、减压阀、顺序阀等。这些阀都是利用油液的液压作用力与弹簧力相平衡的原理来进行工作。

(1) 溢流阀。溢流阀在液压系统中的功用主要有两个方面:一是起溢流和稳压作用,随时溢出液压系统中多余的流量,保持液压传动系统的压力恒定,一般称为溢流阀。二是限制系统的最高压力,防止液压传动系统过载,起限压保护作用,通常称安全阀。

(2) 减压阀。减压阀是用来将主回路中的工作液体高压降低为所需要的压力值,以满足系统分支执行机构的工作需要。按减压阀调节要求的不同,可分为定压、定比和定差减压阀,其中定压减压阀应用最多。减压阀有直动式和先导式两种。

(3) 顺序阀。顺序阀是利用液体压力来控制液压传动系统各执行元件先后顺序动作的压力控制阀,实质上是一个由压力油液控制其开启的二通阀。根据控制液压的来源不同,可分为直控顺序阀和远控顺序阀。

2. 流量控制阀

流量控制阀用来控制和调节液压系统流量,以实现执行元件所需要的运动速度。常用的流量控制阀有节流阀、调速阀、分流阀等。

(1) 节流阀。节流阀是最基本的流量控制阀,节流阀是通过改变节流口的开口大小来调节通过阀口的流量,从而改变执行元件的运动速度,节流阀通常用于定量泵供油的小流量液压传动系统中,也可用来进行加载和提供背压。

(2) 调速阀。调速阀是由一个定差减压阀和一个可调节流阀串联组合而成的。用定差减压阀来保证可调节流阀前后的压力差 Δp 不受负载变化的影响,从而使通过节流阀的流量保持稳定。调速阀中的减压阀又称压力补偿器。

(3) 分流阀。分流阀的作用是将来自液压泵的油液,按照一定的流量比例分配给两个或多个执行元件(液压马达或液压缸),对其运动速度进行控制。

3. 方向控制阀

方向控制阀是控制液压系统中油液流动方向,以改变执行机构的运动方向或工作顺序的。按其在液压系统中的功用,方向控制阀分为单向阀和换向阀。

(1) 单向阀。单向阀是保证通过阀的液流只向一个方向流动而不能反向流动的方向控制阀,一般由阀体、阀芯和弹簧等零件构成。在液压传动系统中,有时需要使被单向阀所闭锁的油路重新接通,为此可把单向阀做成闭锁方向能够控制的结构,这种单向阀称为液控单向阀。

(2) 换向阀。换向阀是通过改变阀芯和阀体间的相对位置来控制油液流动方向,接通

或关闭油路,改变液压传动系统的工作状态的方向。

第四节　液压辅助元件的种类及应用

液压辅助元件是液压系统必不可少的组成部分。它对液压系统的动态特性、工作可靠性、工作寿命等均有直接的影响。液压系统常用的辅助元件有油箱、过滤器、冷却器、蓄能器、密封件、压力继电器与压力计、油管和管接头等。

一、油箱

油箱是用来储存油液的,并起着散热、沉淀杂质和分离油中所含的水、空气等作用。油箱分为开式和闭式两种。开式油箱上部设有通气孔,使油箱与大气相通,油面保持1个大气压力;闭式油箱完全封闭,油面压力一般高于1个大气压。

二、过滤器

过滤器又称滤油器,其基本作用是滤去油中杂质,使油液保持清洁,防止混入杂质,保证液压系统的正常工作并提高液压元件的使用寿命。过滤器一般安装在液压泵的吸油口、压油口及重要元件的前面。

三、冷却器

冷却器是降低或控制油箱温度的专用装置。它的功能是控制油箱温度,减小油箱体积,保证液压系统正常工作,延长液压系统使用寿命。按冷却介质的不同,冷却器分为水冷却器和风冷却器。冷却器一般安装液压系统的回油管路上。

四、蓄能器

蓄能器是能储存油液的液压能,待需要时又能将其释放出来的一种装置。它的主要功用是储蓄压力能、缓和液压冲击和消除压力脉动影响。常见的储能器有弹簧式储能器、重锤式储能器、活塞式储能器和气囊式蓄能器等。由于气囊式储能器具有惯性小、反应灵敏、安装简单、充气方便和容易维护等特点,目前使用最多。

五、密封件

密封件的作用就是防止液压系统的油液泄露(内泄与外泄)以及外界的杂质(灰尘、空气和水等)进入液压系统。液压系统中常用的密封件是O形密封圈和唇形密封圈,常用的唇形密封圈又分为Y形、V形密封圈。

六、压力继电器与压力计

压力继电器是用来将液压信号转换为电信号的辅助元器件,其作用是根据液压传动系统的压力变化自动接通或断开有关电路,以实现程序控制和安全保护功能。

压力计用于观察液压传动系统中各工作点(如液压泵出口、减压阀后等)的油液压力,以便操作人员把系统的压力调整到要求的工作压力。

七、油管和管接头

油管的作用是保证液压系统的油液循环和能量的传递,管接头是将油管和油管或油管和液压组件连接起来的可拆卸连接件。

(1) 油管液压传动系统中常用的油管有钢管、紫铜管、尼龙管、塑料管、橡胶软管等,可按使用要求不同选用。

(2) 管接头在液压系统中,金属管之间以及金属管与液压组件之间的连接可采用直接焊接、法兰连接或螺纹连接。对于小直径的金属管,目前普遍采用的是管接头连接,常用的管接头主要有焊接式、卡套式、薄壁扩口式和软管接头等。

第五节 液压基本回路

一个完善的液压系统,不论其简单或复杂,都是由主回路和基本控制回路组成的。虽然各个系统的作用、性能和工况不相同,但构成系统的许多回路都有着相同的工作原理、工作特性和作用。

一、液压系统的主回路

主回路是指油液从液压泵到执行元件,再从执行元件回到液压泵的流动循环路线。根据油液流动循环路线的不同,主回路可分为开式循环主回路和闭式循环主回路两种基本形式。由液压泵到液压马达构成的系统称为泵-马达系统,由液压泵和液压缸构成的系统称为泵-缸系统。

二、液压系统的基本回路

液压基本回路就是由一些液压装置(元件)组成的,用来实现特定功能的典型回路。液压基本回路很多,常见的液压基本回路有压力控制回路、方向控制回路、速度控制回路等。

1. 压力控制回路

压力控制回路是利用压力控制阀控制整个液压系统或局部油路的压力,以实现系统的调压、增压、减压、卸荷、顺序动作等。常用的压力控制回路有以下几种。

(1) 调压回路

调压回路控制系统的工作压力,使系统压力不超过某一预先调定的值,或使工作机构运动过程中的各个阶段具有不同的压力。通常用溢流阀来调定泵的工作压力。

(2) 增压回路

增压回路的功用是使系统中某一支路获得比系统压力高且流量不大的油液。利用增压回路,液压系统可以采用低压泵来获得较高压力的压力油。

(3) 减压回路

减压回路的功用是使系统中的某一部分油路获得比系统压力低且稳定的工作压力。

(4) 卸荷回路

卸荷回路的功用是在系统执行元件短时间不工作时,不频繁启闭驱动泵的电动机,而使液压泵在零压或很低压力下运转,以减少功率损耗,降低系统发热,延长泵和电动机的使用寿命。

(5) 顺序动作回路

当用一个液压泵驱动几个要求按照一定顺序依次动作的工作机构时,可采用顺序动作回路。实现顺序动作可采用压力控制、行程控制和时间控制等方法。

(6) 保压回路

保压回路的功用是使系统在液压缸不动或因工件变形而产生微小位移的情况下保持稳定不变的压力。保压性能的两个主要指标为保压时间和压力稳定性。

2. 方向控制回路

在液压系统中,利用各种换向阀或单向阀组成的来控制执行元件的启动、停止或改变运动方向的回路,称为方向控制回路。常用的方向控制回路有换向回路、锁紧回路、定向回路等。

(1) 换向回路

换向回路的主要作用是改变执行组件的运动方向。可分为换向阀换向回路和双向变量泵换向回路。

(2) 锁紧回路

锁紧回路的功用是通过切断液压执行元件的进油、出油通道来确切地使它停在既定位置上,并防止停止运动后因外界因素而发生窜动。常见的锁紧回路有换向阀锁紧回路、液压锁锁紧回路及平衡阀锁紧回路等。

(3) 定向回路

定向回路的功用是在液压系统中,当主回路或某支路上液流方向发生变化时,保证某些管路液流的方向不变。定向回路通常由四个单向阀组成,也称整流回路。

3. 速度控制回路

在液压系统中,用来控制和调节执行元件的运动速度的回路,称为速度控制回路。它常见的速度控制回路有调速回路、限速回路、快速运动回路、同步回路等。

(1) 调速回路

调速回路的功用是用来调节执行元件的速度。执行元件(液压缸和液压马达)的工作速度或转速与输入流量及其几何参数有关。液压系统常用的调速回路有节流调速、容积调速和容积节流调速三种。

(2) 快速运动回路

快速运动回路的功用是使执行元件获得尽可能大的工作速度,以提高生产率或充分利用功率。

(3) 同步回路

当液压设备上有两个或两个以上的执行元件在运动时要求能保持相同的位移或速度,或要求以一定的速比运动时,可采用同步回路。

第六节 液压系统图的识读

一、常用液压元件的图形符号

用于表达液压元件的图形符号有两种,一种是结构符号,结构符号直观性强,容易理解,检查分析故障方便,但是图形复杂,绘制不便;另一种是职能符号,职能符号简单明了,绘制简单,在实际工作中常用于分析系统性能和元件功能。液压系统中常用液压图形符号见表 17-1。

表 17-1　　　　　　　　　　常用液压元件图形符号

类别	名称	符号	说明	类别	名称	符号	说明
液压泵	液压泵		一般符号	双作用缸	不可调单向缓冲缸		简化符号
	单向定量泵		单向旋转,单向流动,定排量		可调单向缓冲缸		简化符号
	双向定量泵		双向旋转,双向流动,定排量		不可调双向缓冲缸		简化符号
	单向变量泵		单向旋转,单向流动,变排量		可调双向缓冲缸		简化符号
	双向变量泵		双向旋转,双向流动,变排量		伸缩缸		
液压马达	液压马达		一般符号	蓄能器	蓄能器		一般符号
	单向定量液压马达		单向旋转,单向流动,定排量		气体隔离式		
	双向定量液压马达		双向旋转,双向流动,定排量		重锤式		
	单向变量液压马达		单向旋转,单向流动,变排量		弹簧式		
	双向变量液压马达		双向旋转,双向流动,变排量	能量源	液压源		一般符号
泵-马达	定量液压泵-马达		单向旋转,单向流动,定排量		气压源		一般符号
单作用缸	单活塞杆缸		简化符号		电动机		
	弹簧复位单活塞杆缸		简化符号		原动机	M	除电动机外
	柱塞缸			压力控制阀	溢流阀		一般符号或直动型溢流阀
	伸缩缸				先导型溢流阀		
双作用缸	单活塞杆缸		简化符号		直动式比例溢流阀		
	双活塞杆缸		简化符号		卸荷溢流阀		$p_2 > p_1$ 时卸荷

· 178 ·

续表 17-1

类别	名称	符号	说明	类别	名称	符号	说明
压力控制阀	双向溢流阀		直动式,外部泄油	方向控制阀	二位三通电磁阀		
方向控制阀	减压阀		一般符号或直动型减压阀	流量控制阀	二位四通电磁阀		
	先导型减压阀				三位四通电磁阀		
	溢流减压阀				三位六通手动阀		
	顺序阀		一般符号或直动型顺序阀		可调节流阀		简化符号
	先导型顺序阀				不可调节流阀		一般符号
	单向顺序阀（平衡阀）				单向节流阀		
	卸荷阀		一般符号或直动型卸荷阀		双单向节流阀		
	单向阀		简化符号（弹簧可省略）		截止阀		
方向控制阀辅助元件	液控单向阀		简化符号（控制压力关闭阀）	流量控制阀辅助元件	调速阀		简化符号
	液控单向阀		简化符号（控制压力打开阀）		单向调速阀		简化符号
	双液控单向阀				分流阀		
	或门型梭阀		简化符号		集流阀		
	二位二通电磁阀		常断	辅助元件	管端在油面上的油箱		
	二位二通电磁阀		常开		管端在油面下的油箱		
	过滤器		一般符号		温度计		
	磁性过滤器			管路	压力继电器		一般符号

续表 17-1

类别	名称	符号	说明	类别	名称	符号	说明
	空气过滤器			管路	行程开关		一般符号
	冷却器		一般符号		管路		压力管路回油管路
	加热器		一般符号		连接管路		两油管相交连接
	压力表				控制管路		可表示泄油管路
	液位计				交叉管路		两管路相交叉不连接
	流量计				柔性管路		

二、阅读液压系统图的基本要求

(1) 掌握液压传动的基础知识，了解液压系统的基本组成部分、液压传动的基本参数等。

(2) 熟悉各种液压元件(特别是各种阀和变量机构)的工作原理和特性。

(3) 熟悉油路的一些基本性质及液压系统中的一些基本回路。

(4) 熟悉液压系统中的各种控制方式及液压图形符号的含义与标准。

三、液压系统图的识读步骤

液压系统是根据液压设备的工作要求，选用适当的基本回路构成的。液压系统图反映了液压系统所采用的液压元件的类型、电动机规格、液压系统的动作顺序、控制方式等内容。分析一个较复杂的液压系统，大致可以按以下步骤进行。

(1) 了解设备对液压系统的要求。

(2) 根据设备对系统的要求，以执行元件为中心将整个系统分解为若干个子系统。

(3) 根据对执行元件的动作要求，参照电磁铁动作顺序表，逐步分析各子系统的换向回路、调速回路、压力控制回路等。

(4) 根据设备各执行元件间的互锁、同步、顺序动作和互不干扰等要求，分析各子系统之间的联系。

(5) 归纳总结整个系统的特点，以加深对系统的理解。

四、典型液压系统

以图 17-5 采煤机割煤滚筒调高装置液压系统图为例，对液压系统工作原理图进行分析[图 17-5(a)为结构符号图，图 17-5(b)为职能符号图]。

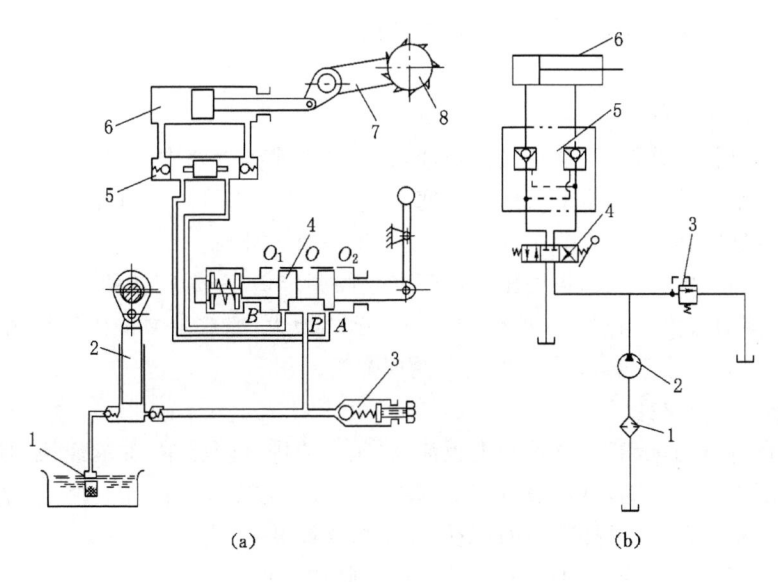

图 17-5 采煤机割煤滚筒调高装置液压系统图
(a) 结构图；(b) 符号图
1——过滤器；2——柱塞泵；3——安全阀；4——换向阀；
5——液压锁；6——液压缸；7——摇臂；8——滚筒

1. 设备对液压系统的要求分析

为了保证采煤机正常割煤，对割煤滚筒的液压系统在功能方面有以下要求：

(1) 采煤机滚筒的高度应能在一定范围内升降，以满足合理的割煤高度和适应煤层厚度的变化。

(2) 为防止采煤机滚筒在升高时受阻过大而造成元件损坏，要求液压系统具有超压保护功能。

(3) 在采煤机正常割煤行进时，要求采煤机滚筒能够可靠地稳定保持在一定的高度，使割出的煤壁整齐一致。

2. 熟悉系统各液压元件的组成及作用

从系统图上可看出，该采煤机滚筒调高液压传动系统是由泵-缸组成液压循环系统，主要由柱塞泵、双作用液压缸、安全阀、换向阀、液压锁、油箱、过滤器等元件组成。原动机为电动机，柱塞泵是动力元件，在电动机的拖动下，为系统提供压力油；双作用油缸为执行元件，其活塞杆与摇臂相连接，通过活塞杆的伸缩可带动割煤滚筒升、降；安全阀在系统内其超压保护功能；液压锁的作用是当换向阀处在中位时，将液压缸的油液可靠地锁在缸体内，使割煤滚筒停在既定位置上，并防止因外界因素影响使活塞杆发生窜动；换向阀为三位四通手控换向阀，其作用是通过变换阀芯位置，控制液压缸的动作，进而控制割煤滚筒所处位置高度；油箱的主要作用是储油；过滤器的作用是过滤油液中的杂质，防止杂质进入造成堵塞。

3. 液压系统的动作程序及功能分析

(1) 换向阀处于图 17-5 所示位置（中间位置）

柱塞泵 2 在电机的拖动下，从油箱内吸油，将压力油排到管路中，油液经换向阀 4 流回油箱，柱塞泵 2 卸荷。由于卸荷压力很低，因此，安全阀 3 处于封闭状态。液压锁中的两个液控单向阀均处于关闭状态,由于没有油液进出液压缸,液压缸处于停止状态,割煤滚筒高度位置不变。

(2)换向阀处于右位

柱塞泵在电机的拖动下,从油箱内吸油,将压力油排到管路中,油液经换向阀4、液压锁流5进入液压缸6的左腔,推动液压缸活塞右移。液压缸右腔内的油液则经液压锁、换向阀流回油箱。活塞右移,通过摇臂7的摆动,使割煤滚筒8升高。

在割煤滚筒正常上升时,供油压力低于安全阀调定值,安全阀依然关闭,当滚筒升高遇到阻力时,如阻力很大,则柱塞泵的供油压力将随之增大,当柱塞泵的供油压力超过安全阀3的调定值时,安全阀打开,压力油经安全阀回油箱。

(3)换向阀处于左位

柱塞泵在电机的拖动下,从油箱内吸油,将压力油排到管路中,油液经换向阀4、液压锁流5进入液压缸6的右腔,推动液压缸活塞左移。液压缸左腔内的油液则经液压锁、换向阀流回油箱。活塞左移,通过摇臂7的摆动,使割煤滚筒8降低。

在割煤滚筒正常下降时,供油压力低于安全阀调定值,安全阀依然关闭,当滚筒下降到规定位置时,应及时将换向阀达到中间位置。如滚筒下降受阻,致使液压泵的供油压力超过安全阀3的调定值时,安全阀打开,压力油经安全阀回油箱。

第五部分
矿井维修钳工中级基本技能要求

本部分主要内容

▶ 第十八章　机械制图

▶ 第十九章　钳工基本操作知识

▶ 第二十章　零部件的装配与修理

▶ 第二十一章　钢丝绳的使用和维护

▶ 第二十二章　矿井固定设备的结构原理与性能

▶ 第二十三章　煤矿固定设备完好标准

第十八章 机械制图

第一节 制图的基本规定

一、国家标准的有关规定

1. 图纸幅面和图框格式

(1) 图纸幅面是指图纸宽度与长度组成的图面。其基本幅面代号有 A0、A1、A2、A3、A4 五种。

(2) 图纸幅面及图框格式尺寸如表 18-1 所示。

表 18-1　　　　　　　　图纸幅面及图框格式尺寸　　　　　　　　单位:mm

幅面代号	幅面尺寸 $B \times L$	a	c	e
A0	841×1 189	25	10	20
A1	594×841			
A2	420×594			
A3	297×420		5	10
A4	210×297			

(3) 基本幅面及加长幅面的尺寸如图 18-1 所示。图 18-1 中粗实线所示为基本幅面(第一选择)。必要时,可按规定加长图纸的幅面。细实线、细虚线所示分别为第二选择和第三选择加长幅面。

(4) 图纸上限定绘图区域的线框称为图框,如图 18-2 所示。图框在图纸上必须用粗实线画出,图样绘制在图框内部。其格式分为不留装订边和留装订边两种。为复制或缩微摄影时定位方便,应在图纸各边长的中点处绘制对中符号。对中符号是从纸边界画入图框内 5 mm 的一段粗实线。

2. 标题栏

标题栏是由名称及代号区、签字区、更改区和其他区组成的栏目,如图 18-3 和图 18-4 所示。标题栏位于图纸的右下角。

3. 比例

比例是图中图形与实物相应要素的线性尺寸之比。比例的选取尽量采用机件的实际大小(1∶1)画图,以反映其真实大小。比值为 1 的比例称为原值比例,比值大于 1 的比例称

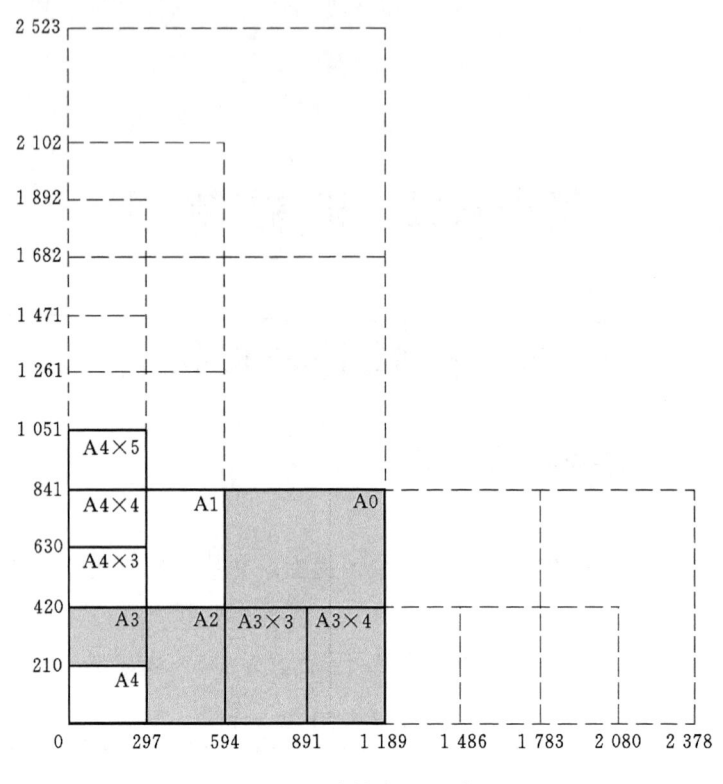

图 18-1　图纸幅面尺寸

为放大比例，比值小于 1 比例称为缩小比例。

绘制图样时，一般应从表 18-2 中规定的系列中选取不带括号的适当比例，必要时也允许选取表中带括号的比例。同一机件的各个视图应采用相同的比例，并在标题栏中标明。当某视图采用不同的比例时，必须另行标注。不同比例画出的图形如图 18-5 所示。

表 18-2　　　　　　　　　　　绘图的标准比例系列

原值比例	1∶1
缩小比例	(1∶1.5)　1∶2　(1∶2.5)　(1∶3)　(1∶4)　1∶5　(1∶6) 1∶1×10^n　(1∶1.5×10^n)　1∶2×10^n　(1∶2.5×10^n) (1∶3×10^n)　(1∶4×10^n)　1∶5×10^n　(1∶6×10^n)
放大比例	2∶1　(2.5∶1)　(4∶1) 5∶1　1×10^n∶1 2×10^n∶1　(2.5×10^n∶1)　(4×10^n∶1)　5×10^n∶1

注：n 为正整数。

注意：标注尺寸一定要注写实际尺寸，如图 18-5 所示。

4. 字体

字体指图中汉字、字母、数字的书写形式。图样中的字体书写必须做到：字体工整、笔划清楚、间隔均匀、排列整齐。

字体号数（即字体高度，用 h 表示，单位为 mm）的公称尺寸系列为：1.8，2.5，3.5，5，7，

图 18-2 图框格式

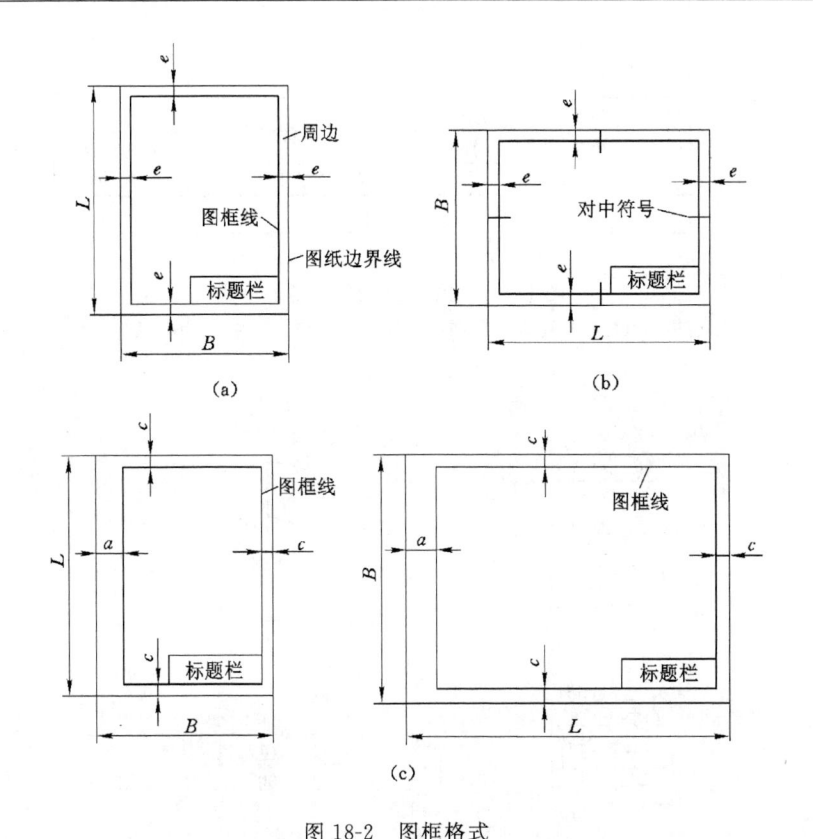

(a) 不留装订边的图框格式；(b)不留装订边、带对中符号的图框格式；(c)留装订边的图框格式

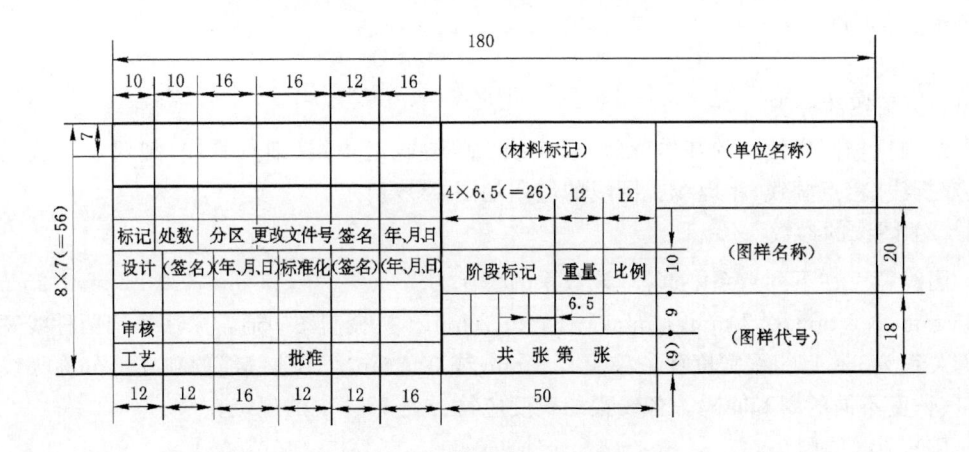

图 18-3 国家标准规定的标题栏格式

10,14,20。

  汉字应写成长仿宋体字，并应采用国家正式公布推行的简化字。高：宽＝3∶2；字与字间隔约为字高的 1/4,行与行的间隔约为字高的 1/3,笔划宽度约为字高的 1/10。

  数字和字母分为 A 型和 B 型。A 型字体的笔划宽度 d 为字高 h 的 1/14；B 型字体的笔划宽度 d 为字高 h 的 1/10。数字和字母有斜体和直体之分。斜体字字头向右倾斜，与水平

图 18-4　教学中采用的标题栏格式

注：表中的"（材料或质量）"项，在零件图中为"（材料）"，在装配图中为"（质量）"

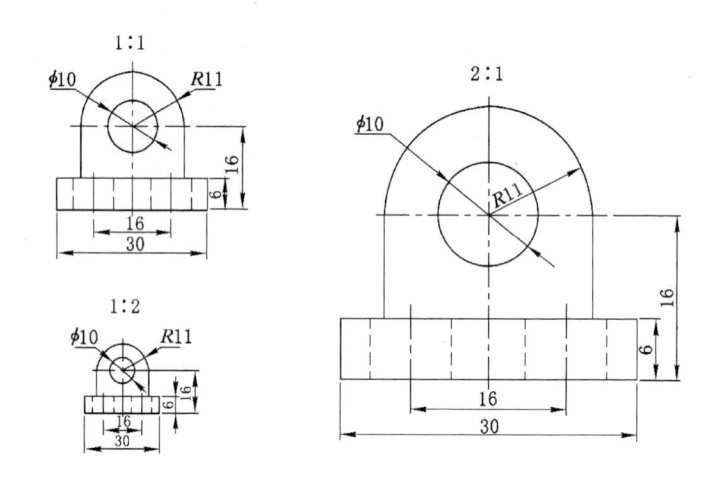

图 18-5　不同比例画出的图形

基准线成 75°角。

5．图线

（1）图线的分类

绘制机械图样使用的基本图线：粗实线、细实线、细虚线、细点画线、细双点画线、波浪线、双折线、粗点画线、粗虚线。图线的应用如图 18-6 所示。

（2）图线的参数

图线宽度在下列数系中选择（该数系的公比为 $1:\sqrt{2}$ ）：0.13 mm，0.18 mm，0.25 mm，0.35 mm，0.5 mm，0.7 mm，1 mm，1.4 mm，2 mm。机械制图中通常采用粗细两种线宽，其比例关系为 2∶1，粗线宽度优先采用 0.5 mm 或 0.7 mm。不连续线的独立部分称为线素，如点、长度不同的划和间隔。各线素的长度应符合表 18-3 中的规定。

（3）图线的画法

① 实线相交不应有间隙或超出现象。

② 在画点画线，双点画线时，其始末两端应为划（线段）。点画线和虚线各自相交、彼此相交或与其他图线相交时，均应以划（线段）相交，相交处不留空隙。

③ 细虚线直接在实线延长线上相接时，细虚线应留出空隙。细虚线圆弧与实线相切时，细虚线圆弧应留出间隙。

④ 画圆的中心线时，圆心应是长划的交点，点画线、双点画线作为轴线、对称中心线和中断线时，线段应超出轮廓线 2～5 mm。

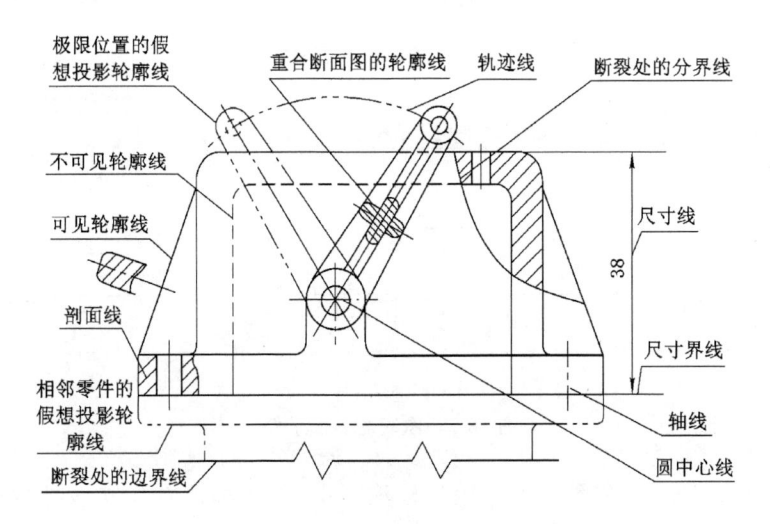

图 18-6　图线的应用

表 18-3　各图线的基本规定

名称	线型	线宽	主要用途	
细实线	———	0.5d	过渡线、尺寸线、尺寸界线、剖面线、指引线、基准线、重合断面的轮廓线等	
粗实线	———	d	可见轮廓线、可见棱边线、可见相贯线等	
细虚线	- - - - -	0.5d	不可见轮廓线、不可见棱边线等	划长 12d 短间隔长 3d
粗虚线	- - - - -	d	允许表面处理的表示线	
细点画线	—·—·—	0.5d	轴线、对称中心线等	划长 24d 短间隔长 3d 点长 0.5d
粗点画线	—·—·—	d	限定范围表示线	
细双点画线	—··—··—	0.5d	相邻辅助零件的轮廓线、轨迹线、中断线等	
波浪线	～～	0.5d	断裂处边界线、视图与剖视图的分界线。在同一张图样上一般采用一种线型，即采用波浪线或双折线	
双折线	—/\—	0.5d		

⑤ 考虑缩微制图的需要，两条平行线之间的最小间隙一般不小于 0.7 mm。

图线的画法示例如图 18-7 所示。

6. 尺寸

(1) 尺寸标注

机件结构形状的大小和相对位置需用尺寸表示。尺寸标注方法应符合国家标准的规定。

尺寸标注基本规则如下：

① 机件的真实大小应以图样中所标注的尺寸为依据，与图形的比例和绘图的准确度无关。

② 图样中(包括技术要求和其他说明)的尺寸，以毫米(mm)为单位时，不需标注计量单位的名称或代号；若采用其他单位，则必须注明相应的计量单位名称或代号。

③ 图样中所标注的尺寸，为该机件的最后完工尺寸，否则应另加说明。

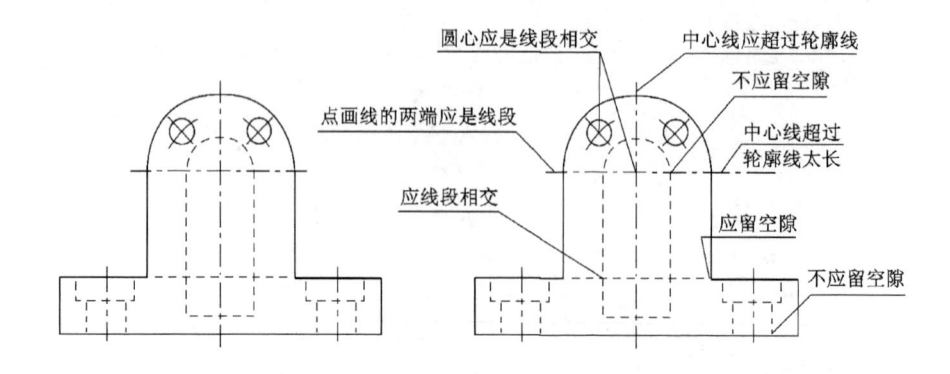

图 18-7　图线的画法示例

④ 机件的每一尺寸,在图样中一般只标注一次,并应标注在反映该结构最清晰的图形上。

⑤ 在不致引起误解和不产生理解多义性的前提下,力求简化标注。

尺寸标注的画法示例如图 18-8 所示。

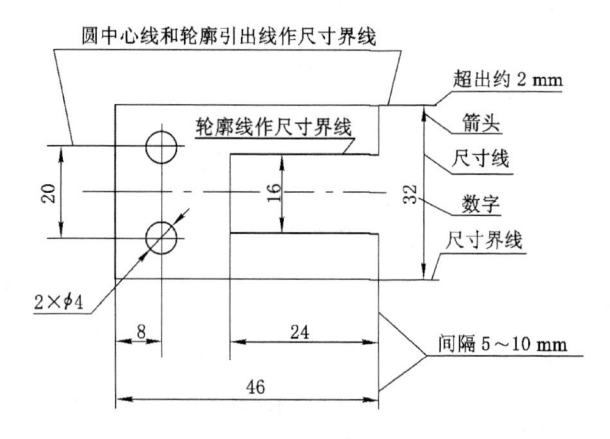

图 18-8　尺寸标注的画法示例

(2) 尺寸要素

尺寸要素包括:尺寸界线、尺寸线、尺寸线终端(箭头)、尺寸数字,如图 18-9 所示。

① 尺寸界线。尺寸界线表示尺寸的起止范围。

② 尺寸线。尺寸线表示尺寸度量的方向,用细实线绘制。

③ 尺寸数字。尺寸数字表示所注机件的实际大小。

④ 尺寸线终端。尺寸线终端有两种形式:箭头和细斜线。

(3) 常用的几种尺寸标注方法

① 线性尺寸的注法(见图 18-10)

(a) 尺寸界线:细实线,超出尺寸线约 2 mm,一般应与尺寸线垂直,由图形的轮廓线、轴线或对称线引出。

(b) 尺寸线:带箭头的细实线,不得与图线重合或画在延长线上,尺寸线的两端与尺寸界线相交,但不得与其他尺寸界线相交,必须与被注的线段平行且等长。

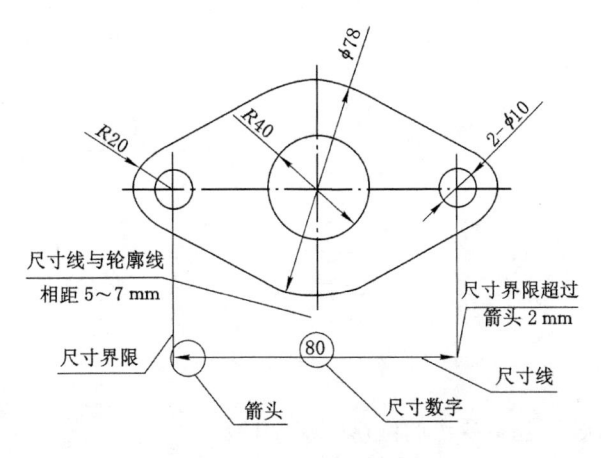

图 18-9 尺寸四要素

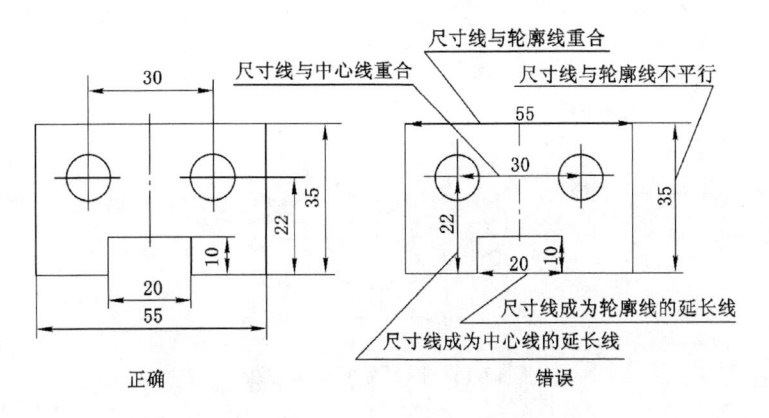

图 18-10 线性尺寸的注法

(c) 尺寸数字：一般标注在尺寸线上方（允许注写在尺寸线中断处），水平标注的字头朝上、垂直标注的字头朝左、倾斜标注的字头有朝上的趋势。注意：尽可能避免在图 18-11(a)所示 30°范围内标注尺寸，无法避免可按图 18-11(b)图表示；尺寸写在尺寸线的中断处，字头向上。

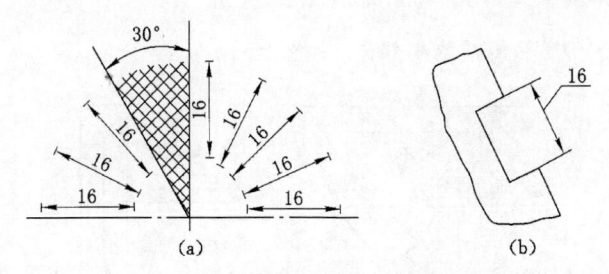

图 18-11 尺寸标注中数字的标注方法

② 角度尺寸的注法（见图 18-12）
(a) 尺寸界线：细实线或图的中心线，沿直径方向引出。
(b) 尺寸线：带箭头的细实线，角顶为圆心，适当长度为半径所画的圆弧。

(c) 尺寸数字：一般标注在尺寸线的中断处（允许写在外面或引出标注），数字一律水平方向书写。

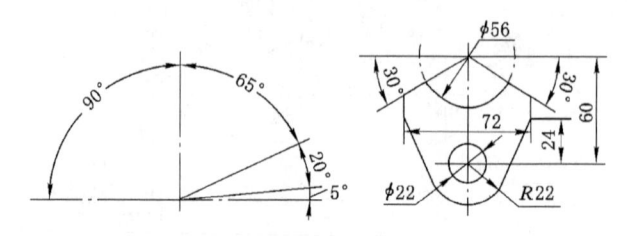

图 18-12　角度尺寸的标注方法

③ 圆尺寸的注法（不包括狭小部位，见图 18-13）

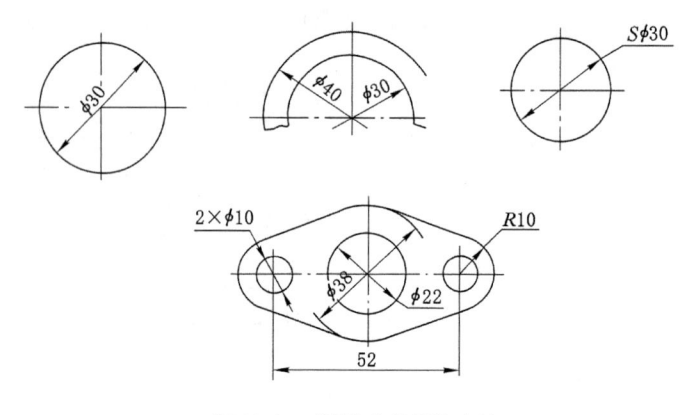

图 18-13　圆尺寸的标注方法

(a) 尺寸界线：一般由圆形轮廓线代替
(b) 尺寸线：通过圆心并止于圆周的带箭头的细实线，不得与图线重合，对于局部视图中断开的圆只画一个箭头，但尺寸线应超过圆心。
(c) 尺寸数字：标注在尺寸线上方，数字方向水平，则字头朝上；数字方向垂直，则字头朝左；数字方向倾斜，则字头有朝上的趋势。数字加注：圆"ϕ"、球面"$S\phi$"、多个圆"$n\phi$"或 $n \times \phi$"。

④ 圆弧尺寸的注法（不包括狭小部位，见图 18-14）

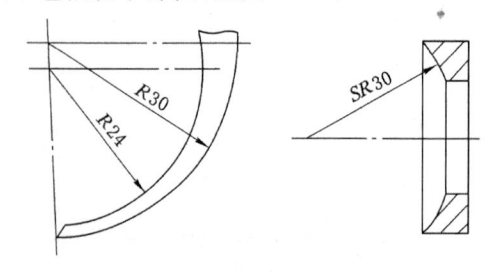

图 18-14　圆弧尺寸的标注方法

(a) 尺寸界线：一般是圆弧轮廓线代替。
(b) 尺寸线：起于圆心止于圆周的带箭头的细实线（连接圆弧除外）。

（c）尺寸数字：标注在尺寸线上方，数字方向水平，则字头朝上；数字方向垂直，则字头朝左；数字方向倾斜，则字头有朝上的趋势。数字加注：圆弧"R"、球面"SR"。

⑤ 过大圆弧的标注（见图 18-15）

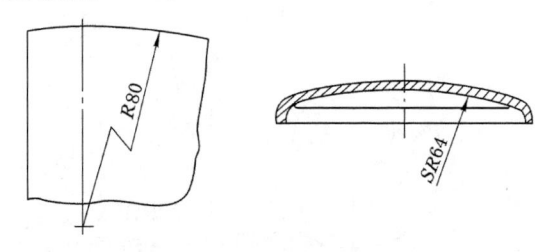

图 18-15　过大圆弧尺寸的标注方法

（a）需标出圆心：圆心位置在中心线上适当处自画，尺寸线由折线表示。
（b）不需标出圆心：指向圆弧的尺寸线。
（4）尺寸标准示例

狭小部位尺寸标注示例如图 18-16 所示。

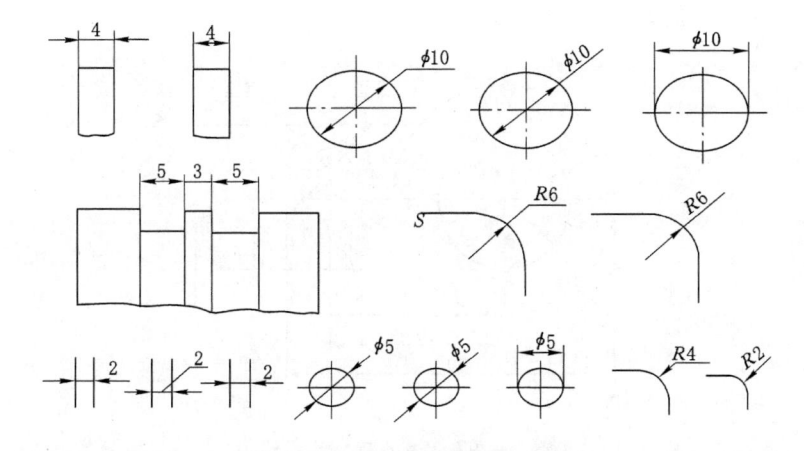

图 18-16　狭小部位尺寸的标注方法

尺寸错误标注示例如图 18-17 所示。

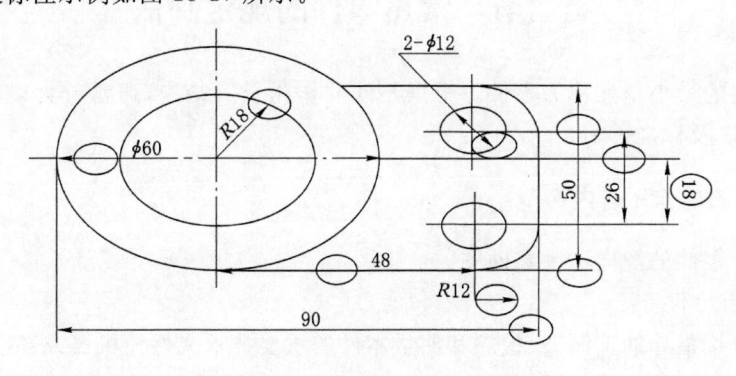

图 18-17　尺寸错误标注示例

尺寸错误标注的原因分析如图 18-18 所示。

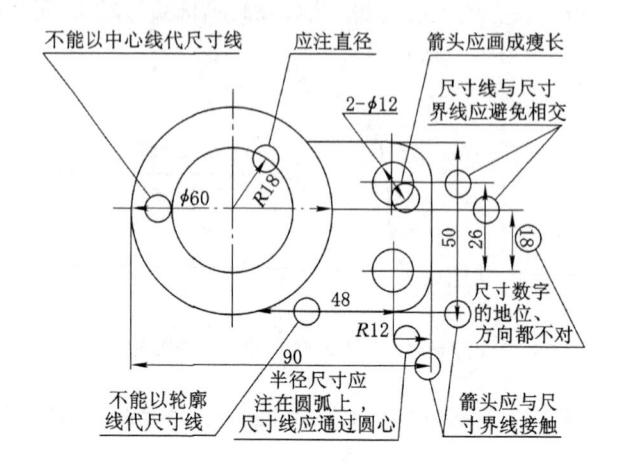

图 18-18　尺寸错误标注的原因分析

尺寸正确标注示例如图 18-19 所示。

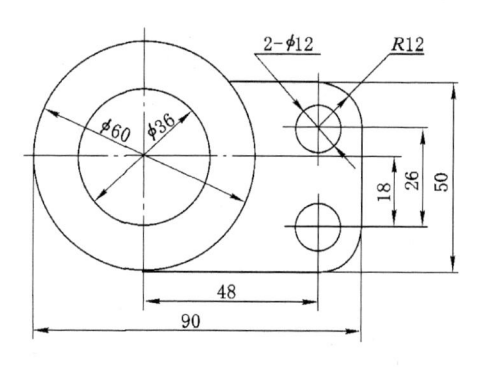

图 18-19　尺寸正确标注示例

第二节　常用零件的规定画法

组成机器的最小单元称为零件。根据零件的作用及其结构,通常分为以下几类:轴类、盘类、箱体类以及标准件等。

一、零件图的作用与内容

表达单个零件的图样称为零件图。
1. 零件图的作用

零件图直接指导加工制造、检验和测量零件的重要技术文件。机器或部件中,除标准件外,其余零件,一般均应绘制零件图。

2. 零件图的内容

(1) 一组视图：用以完整、清晰地表达零件的结构形状。

(2) 完整的尺寸：用以正确、完整、清晰、合理地表达零件各部分的大小和各部分之间的相对位置关系。

(3) 技术要求：用以表示或说明零件在加工、检验过程中所需的要求，如尺寸公差、形状和位置公差、表面粗糙度、材料、热处理、硬度及其他要求。技术要求常用符号或文字来表示。

(4) 标题栏：标准的标题栏由更改区、签字区、其他区、名称及代号区组成。一般填写零件的名称、材料标记、阶段标记、重量、比例、图样代号、单位名称以及设计、制图、审核、工艺、标准化、更改、批准等人员的签名和日期等内容。

二、零件图的视图选择

1. 主视图的选择

主视图是零件的视图中最重要的视图。选择零件图的主视图时，一般应从主视图的投射方向和零件的摆放位置两方面来考虑。

(1) 选择主视图的投射方向

选择主视图的投射方向时按照形体特征原则：所选择的投射方向所得到的主视图应最能反映零件的形状特征，如图 18-20 所示。

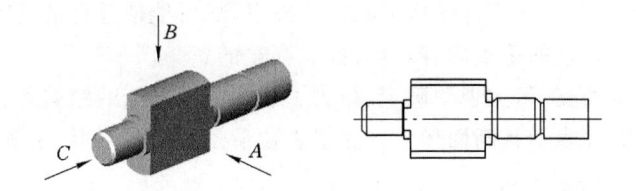

图 18-20　主视图 A 向好

(2) 选择主视图的位置

当零件主视图的投射方向确定以后，还需确定主视图的位置。所谓主视图的位置，即是零件的摆放位置。选择主视图的位置时一般分别从以下几个原则来考虑：

① 工作位置原则：所选择的主视图的位置，应尽可能与零件在机械或部件中的工作位置相一致。

② 加工位置原则：工作位置不易确定或按工作位置画图不方便的零件，主视图一般按零件在机械加工中所处的位置作为主视图的位置，方便工人加工时看图。

图 18-21 所示零件的主要加工方法是车削，有些重要表面还要在磨床上进一步加工。为了便于工人对照图样进行加工，故按该轴在车床和磨床上加工时所处的位置(轴线侧垂放置)来绘制主视图。

③ 自然摆放稳定原则：如果零件为运动件，工作位置不固定，或零件的加工工序较多而其加工位置多变，则可按其自然摆放平稳的位置作为画主视图的位置。

主视图的选择，应根据具体情况进行分析，从有利于看图出发，在满足形体特征原则的

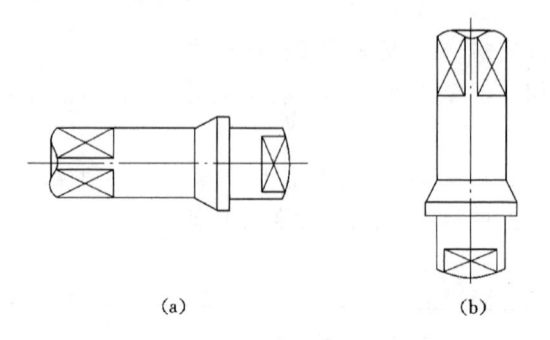

图 18-21 零件的加工与工作位置
(a) 加工位置；(b) 工作位置

前提下，充分考虑零件的工作位置和加工位置。

2. 其他视图的选择

对于简单的轴、套、球类零件，一般只用一个视图，再加所注的尺寸，就能把其结构形状表达清楚。对于一些较复杂的零件，一个主视图是很难把整个零件的结构形状表达完全的。一般在选择好主视图后，还应选择适当数量的其他视图与之配合，才能将零件的结构形状表达清楚。一般应优先选用左、俯视图，然后再选用其他视图。

一个零件需要多少个视图才能表达清楚，只能根据零件的具体情况分析确定。考虑的一般原则是：在保证充分表达零件结构形状的前提下，尽可能使零件的视图数目为最少。应使每一个视图都有其表达的重点内容，具有独立存在的意义。

图 18-22(a)所示的支架，主视图确定后，为了表达中间部分的结构形状，选用左视图，并在主视图上做移出断面表示其断面形状。为了表达清楚底板的形状，补充了 B 向局部视图（也可画成 B 向完整视图）。

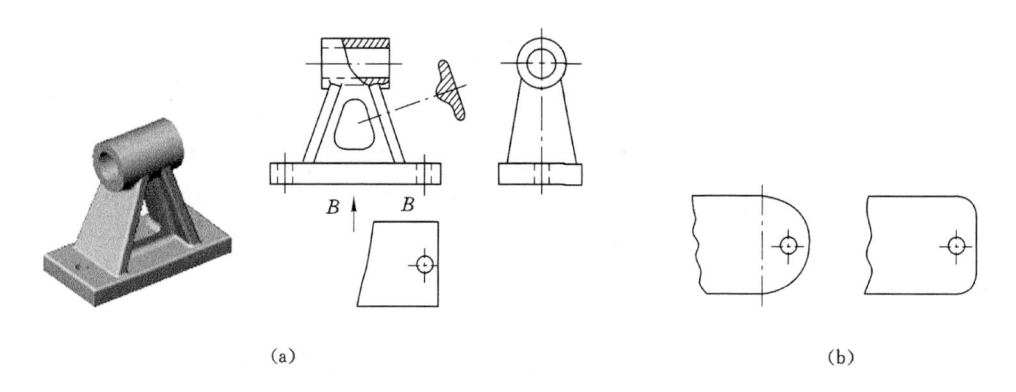

图 18-22 支架的视图选择

如果没有 B 向局部视图，仅以主、左两个视图是不能完全确定底板的形状的。因为底板如果做成图 18-22(b)所示的两种不同的形状，仍然符合主、左视图的投影关系。

在零件的视图选择时，应多考虑几种方案，加以比较后，力求用较好的方案表达零件。另外，通过多画、多看、多比较、多总结，不断实践，才能逐步提高作图表达能力。

三、零件图的尺寸标注

零件的视图只用来表示零件的结构形状,其各组成部分的大小和相对位置,是根据视图上所标注的尺寸数值来确定的。

(一) 对零件图上标注尺寸的要求

零件图上的尺寸是加工和检验零件的重要依据,是零件图的重要内容之一,是图样中指令性最强的部分。

在零件图上标注尺寸,必须做到正确、完整、清晰、合理。正确、完整、清晰这三项要求,组合体的尺寸标注中已经进行过较详细的讨论。这里着重讨论尺寸标注的合理性问题和常见结构的尺寸注法,并进一步说明清晰标注尺寸的注意事项。

(二) 合理标注尺寸的初步知识

标注尺寸的合理性,就是要求图样上所标注的尺寸既要符合零件的设计要求,又要符合生产实际,便于加工和测量,并有利于装配。这里只介绍一些合理标注尺寸的初步知识。

1. 合理选择尺寸基准

(1) 尺寸基准的定义

标注尺寸的起点,称为尺寸基准(简称基准)。

零件上的面、线、点,均可作为尺寸基准,如图 18-23 所示。

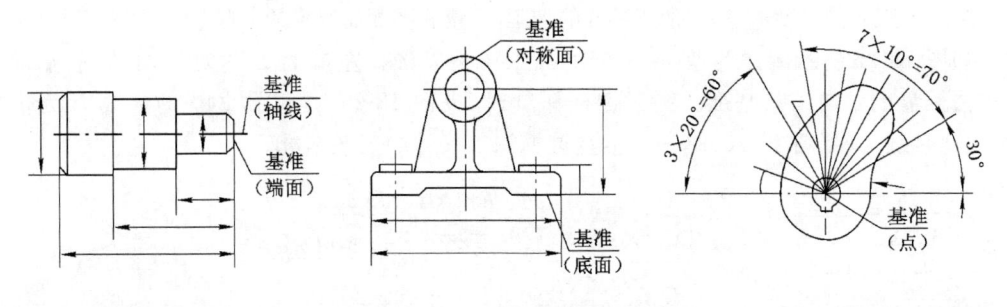

图 18-23 尺寸基准的选择

(2) 尺寸基准的种类

从设计和工艺不同角度可把基准分成设计基准和工艺基准两类。

① 设计基准

从设计角度考虑,为满足零件在机器或部件中对其结构、性能的特定要求而选定的一些基准,称为设计基准。任何一个零件都有长、宽、高三个方向的尺寸,也应有三个方向的尺寸基准。

如图 18-24 所示的轴承座,从设计的角度来研究,通常一根轴需两个轴承来支承,两个轴承孔的轴线应处于同一 $\phi60$ 高度方向的定位尺寸时,应以轴承座的底面 B 为基准。为了保证底板两个螺栓过孔对于轴承孔的对称关系,在标注两孔长度方向的定位尺寸时,应以轴承座的对称平面 C 为基准。D 面是轴承座宽度方向的定位面,是宽度方向的设计基准。底面 B、对称面 C 和 D 面就是该轴承座的设计基准。

② 工艺基准

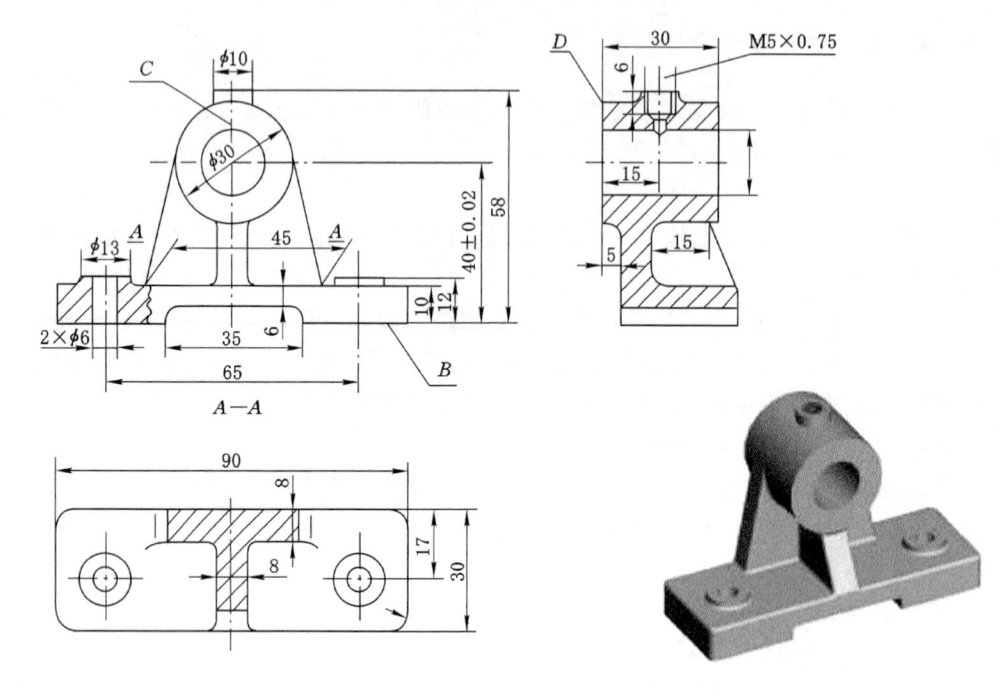

图 18-24 轴承座设计基准的选择

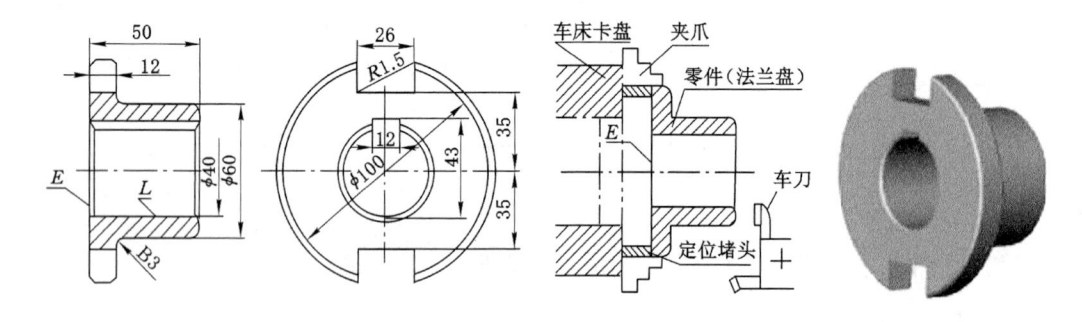

从加工工艺的角度考虑,为便于零件的加工、测量和装配而选定的一些基准,称为工艺基准。

如图 18-25 所示的法兰盘,在车床上加工时是以法盘左端面 E 为定位面的,故端面 E 是该法兰盘的轴向工艺基准。测量键槽深度时(见图 18-25)是以孔 $\phi40$ 的素线 L 为依据的,因此素线 L(见图 18-25)是该法兰盘键槽深度尺寸的工艺基准。

图 18-25 法兰盘加工基准的选择

(3)尺寸基准的选择

从设计基准标注尺寸时,可以满足设计要求,能保证零件的功能要求,而从工艺基准标注尺寸,则便于加工和测量。实际上有不少尺寸,从设计基准标注与工艺要求并无矛盾,即有些基准既是设计基准也是工艺基准。在考虑选择零件的尺寸基准时,应尽量使设计基准与工艺基准重合,以减少尺寸误差,保证产品质量。

2. 重要尺寸必须从设计基准直接注出

零件上凡是影响产品性能、工作精度和互换性的尺寸都是重要尺寸。为保证产品质量,重要尺寸必须从设计基准直接注出。如图 18-26 所示的轴承座,轴承支承孔的中心高是高度方向的重要尺寸,应按图 18-26(a)所示那样从设计基准(轴承座底面)直接注出尺寸 A,而不能像图 18-26(b) 那样注成尺寸 B 和尺寸 C。因为在制造过程中,任何一个尺寸都不可能加工得绝对准确,总是有误差的。如果按图 18-26(b) 那样标注尺寸,则中心高 A 将受到尺寸 B 和尺寸 C 的加工误差的影响,若最后误差太大,则不能满足设计要求。同理,轴承座上的两个安装过孔的中心距 L 应按图 18-26(a) 那样直接注出。如果按图 18-26(b) 所示分别标注尺寸 E,则中心距 L 将常受到尺寸 90 和两个尺寸 E 的制造误差的影响。

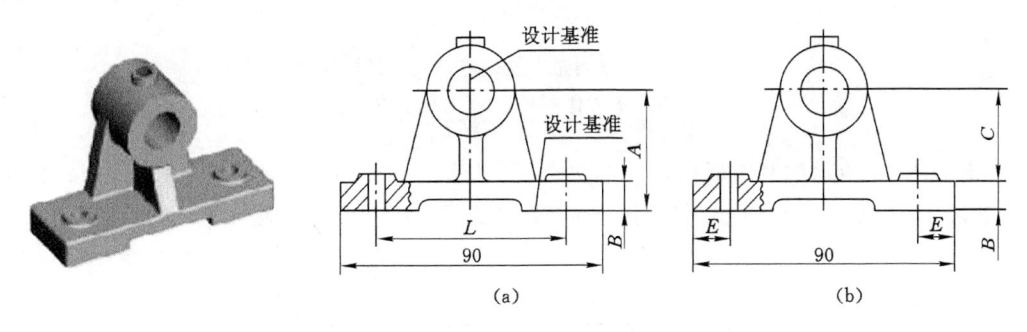

图 18-26 零件重要尺寸基准的选择

3. 避免注成封闭尺寸链

一组首尾相连的链状尺寸称为尺寸链,如图 18-27 中 A、B、C、D 尺寸就组成一个尺寸链。组成尺寸链的每一个尺寸称为尺寸链的环。如果尺寸链中所有各环都注上尺寸,如图 18-27(a) 所示,这样的尺寸链称封闭尺寸链。

从加工的角度来看,在一个尺寸链中,总有一个尺寸是其他尺寸都加工完后自然得到的。例如,图 18-27(b) 中加工完尺寸 A、B 和 D 后,尺寸 C 就自然得到了。这个自然得到的尺寸称为尺寸链的封闭环。

在标注尺寸时,应避免注成封闭尺寸链。通常是将尺寸链中最不重要的那个尺寸作为封闭环,不注写尺寸,如图 18-27(c) 所示。这样,使该尺寸链中其他尺寸的制造误差都集中到这个封闭环上来,从而保证主要尺寸的精度。

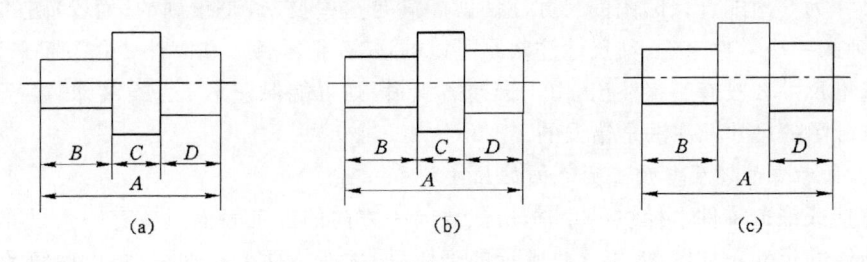

图 18-27 尺寸链

4. 适当考虑从工艺基准标注尺寸

零件上除主要尺寸应从设计基准直接注出外,其他尺寸则应适当考虑按加工顺序从工艺基准标注尺寸,以便于工人看图、加工和测量,减少差错。

5. 考虑测量的方便与可能

图 18-28 中，显然(a)组图中所注各尺寸测量不方便，不能直接测量；而(b)组图中的注法测量就方便，能直接测量。

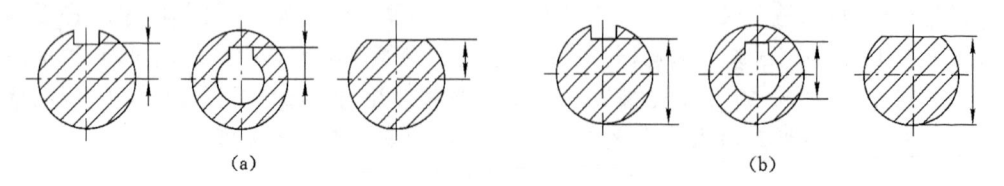

图 18-28 考虑测量方便的零件尺寸标注方法
(a) 不方便测量；(b) 方便测量

如图 18-29 所示的套筒轴向尺寸注法中，很显然(a)中尺寸 A 测量就比较困难，特别是当孔很小时，根本就无法直接测量；而(b)中标注的尺寸测量就很方便。

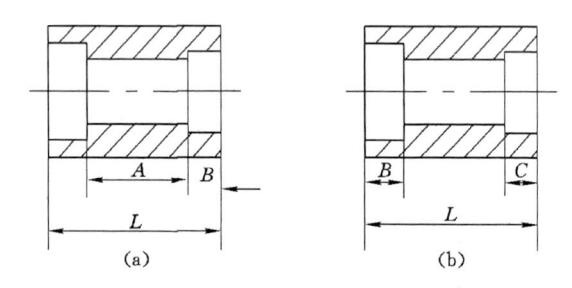

图 18-29 套筒类零件的尺寸标注方法
(a) 不方便测量；(b) 方便测量

6. 关联零件间的尺寸应协调

关联零件间的尺寸必须协调(所选基准应一致，相配合的基本尺寸应相同，并应直接注出)，组装时才能顺利装配，并满足设计要求。

图 18-30(a)所示零件 2 和零件 1 的槽配合，要求零件 1 和零件 2 右端面保持平齐，并满足基本尺寸为 8 的配合；(b)图的尺寸注法就能满足这些要求，是正确的；而(c)图的尺寸注法，就单独的一个零件来看，其尺寸注法是可以的，然而把零件 1 和零件 2 联系起来看，配合部分的基本尺寸 8 没有直接注出，由于误差的积累，则可能保证不了配合要求，甚至不能装配，所以(c)图的尺寸标注法是错误的。

7. 注意考虑毛坯面与加工面之间的尺寸联系

在铸造或锻造零件上标注尺寸时，应注意同一方向的加工表面只应有一个以非加工面作基准标注的尺寸。如图 18-31 (a)所示的壳体，图中所指两个非加工面，已由铸造或锻造工序完成，加工底面时，不能同时保证尺寸 8 和 21，所以(a)图的注法是错误的；如果按(b)图的标注，加工底面时，先保证尺寸 8，然后再加工顶面，显然也不能同时保证尺寸 35 和 14，因而这种注法也不行；(c)图的注法正确，因为，尺寸 13 已由毛坯制造时完成，先按尺寸 8 加工底面，然后按尺寸 35 加工顶面，即能保证要求。

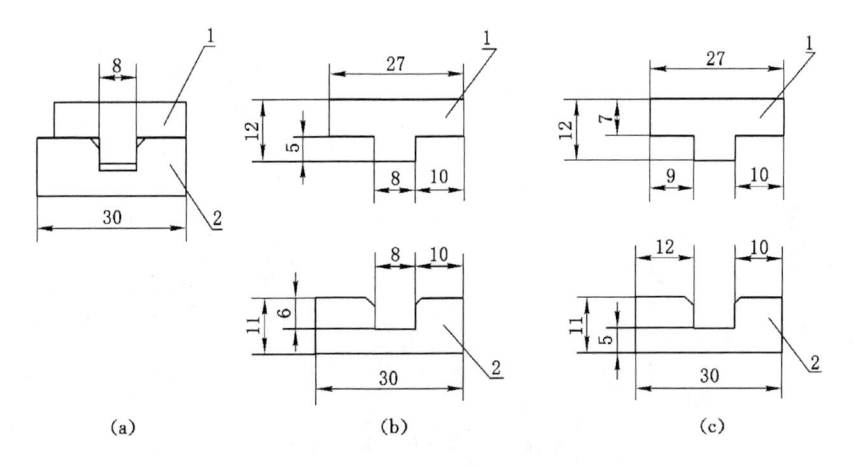

图 18-30 关联零件间的尺寸标注方法

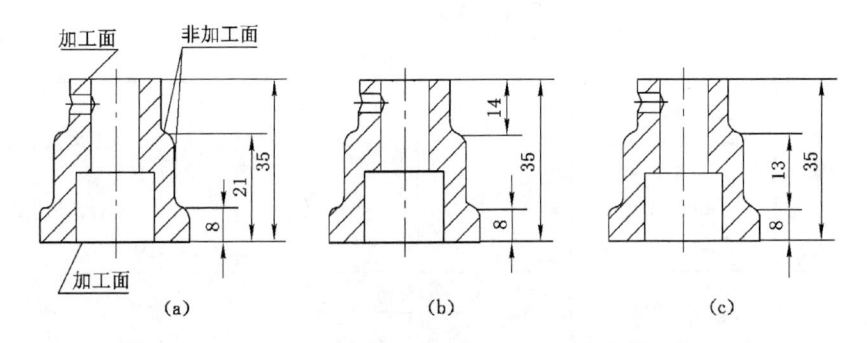

图 18-31 关联零件间的尺寸标注方法

四、清晰标注尺寸的注意事项

要使零件图上所标的尺寸清晰,便于查找,除了要注意组合体中介绍的有关标注要求以外,还应注意以下几个方面。

1. 零件的外部结构尺寸和内部尺寸宜分开标注

图 18-32(a)中,外部结构的轴向尺寸全部标注在视图的上方,内部结构的轴向尺寸全部标注在视图的下方。这样内外尺寸一目了然,查找方便,加工时也不易出错。

2. 不同工种的尺寸宜分开标注

图 18-32(b)中,铣削加工的轴向尺寸全部标注在视图的上方,而车削加工的轴向尺寸全部标注在视图的下方。这样标注其清晰程度是显而易见的,工人看图是方便的。

3. 适当集中标注尺寸

零件上某一结构在同工序中应保证的尺寸,应尽量集中标注在一个或两个表示该结构最清晰的视图中,不要分散注在几个地方,以免看图时到处寻找,浪费时间。

五、零件上常见孔的尺寸标注

零件上常见结构较多,它们的尺寸注法已基本标准化。表 18-4 所示为零件上常见孔的尺寸注法。

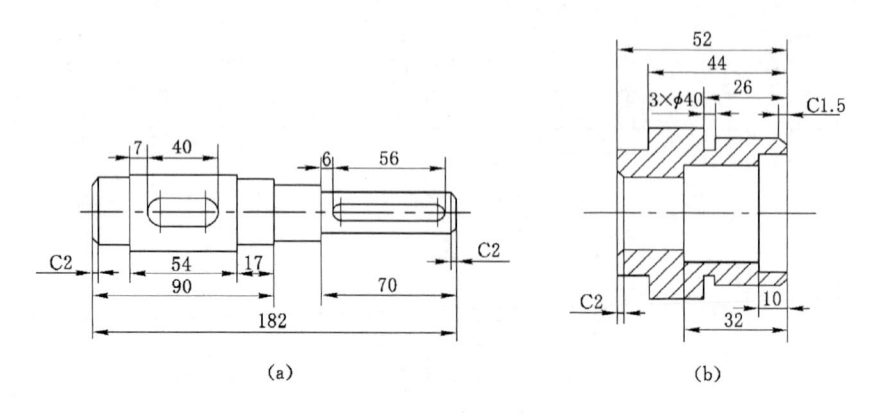

图 18-32 零件尺寸标注方法

表 18-4　　零件上常见孔的尺寸注法

结构类型		普通注法	旁注法		说明
光孔	一般孔	4×φ4	4×φ4↓10	4×φ4↓10	4×φ5 表示四个孔的直径均为 φ5。三种注法均正确(下同)
	精加工孔	4×φ4H7	4×φ4H7↓10 ↓12	4×φ4H7↓10	钻孔深为12,钻孔后需加工至 $\phi 5_0^{+0.012}$,精加工深度为10
	锥销孔	锥销孔 φ6	锥销孔 φ5	锥销孔 φ5	φ5 为与锥销孔相配的圆锥销小头直径(公称直径)。锥销孔通常是相邻两零件装配在一起时加工的
沉孔	锥形沉孔	90° φ13 6×φ6.6	6×φ6.6 ⌵φ13×90°	6×φ6.6 ⌵φ13×90°	6×φ7 表示 6 个孔的直径均为 φ7。锥形部分大端直径为 φ13,锥角为 90°
	柱形沉孔	φ12 4×φ6.4	4×φ6.4 ⌴φ12↓4.6	4×φ6.4 ⌴φ12↓4.6	四个柱形沉孔的小孔直径为 φ64,大孔直径为 φ12,深度为 45

续表 18-4

结构类型		普通注法	旁注法		说明
螺孔	通孔	3×M6—7H	3×M6—7H	3×M6—7H	3×M6-7H 表示 3 个直径为 6，螺纹中径、顶径公差带为 7H 的螺孔
	不通孔	3×M6—7H	3×M6—7H▽10	3×M6—7H▽10	深 10 是指螺孔的有效深度尺寸为 10，钻孔深度以保证螺孔有效深度为准，也可查有关手册确定
		3×M6	3×M6▽10 孔▽12	3×M6—6H▽10 孔▽12	需要注出钻孔深度时，应明确标注出钻孔深度尺寸

第三节　零件图的测绘

一、零件测绘的概念及步骤

1. 零件测绘的概念

零件测绘是指对已有零件进行分析，以目测估计图形与实物的比例，徒手画出草图，测量并标注尺寸和技术要求，然后经整理画成零件图的过程。

测绘零件大多在车间现场进行，由于场地和时间限制，一般都不用或只用少数简单绘图工具，徒手目测绘出图形，其线型不可能像用直尺和仪器绘制的那样均匀笔直，但不能马虎潦草，而应努力做到线型明显清晰、内容完整、投影关系正确、比例匀称、字迹工整。

2. 零件测绘的步骤

（1）分析零件

为了把被测零件准确完整地表达出来，应先对被测零件进行认真的分析，了解零件的类型、在机器中的作用、所使用的材料及大致的加工方法。

（2）确定零件的视图表达方案

关于零件的表达方案，前面已经讨论过。需要重申的是：一个零件，其表达方案并非是唯一的，可多考虑几种方案后，选择最佳方案。

（3）目测徒手画零件草图

① 确定绘图比例并定位布局：根据零件大小、视图数量、现有图纸大小，确定适当的比例。粗略确定各视图应占的图纸面积，在图纸上做出主要视图的作图基准线、中心线。注意留出标注尺寸和画其他补充视图的地方。

② 详细画出零件内外结构和形状，检查、加深有关图线。注意各部分结构之间的比例

应协调。

③ 将应该标注的尺寸的尺寸界线、尺寸线全部画出,然后集中测量、注写各个尺寸。注意遗漏、重复或注错尺寸。

④ 注写技术要求:确定表面粗糙度,确定零件的材料、尺寸公差、形位公差及热处理等要求。

⑤ 最后检查、修改全图并填写标题栏,完成草图。

(4) 绘制零件工作图

由于绘制零件草图时,往往受某些条件的限制,有些问题可能处理得不够完善。

一般应将零件草图整理、修改后画成正式的零件工作图,经批准后才能投入生产。在画零件工作图时,要对草图进一步检查和校对,对于零件上标准结构,查表并正确注出尺寸。用仪器或计算机画出零件工作图。

画出零件工作图后,整个零件测绘工作就完成了。

二、零件测绘的注意事项

(1) 测量尺寸时,应正确选择测量基准,以减少测量误差。零件上磨损部位的尺寸,应参考其配合的零件的相关尺寸,或参考有关的技术资料予以确定。

(2) 零件间相配合结构的基本尺寸必须一致,并应精确测量,查阅有关手册,给出恰当的尺寸偏差。

(3) 零件上的非配合尺寸,如果测得为小数,应圆整为整数标出。

(4) 零件上的截交线和相贯线,不能机械地照实物绘制。因为它们常常由于制造上的缺陷而被歪曲。画图时要分析弄清它们是怎样形成的,然后用学过的相应方法画出。

(5) 要重视零件上的一些细小结构,如倒角、圆角、凹坑、凸台和退刀槽、中心孔等,若系标准结构,在测得尺寸后,应参照相应的标准查出其标准值,注写在图纸上。

(6) 对于零件上的缺陷,如铸造缩孔、砂眼、加工的疵点、磨损等,不要在图上画出。

(7) 技术要求的确定:测绘零件时,可根据实物并结合有关资料分析,确定零件的有关技术要求,如尺寸公差、表面粗糙度、形位公差、热处理和表面处理等。

第十九章 钳工基本操作知识

第一节 画　　线

一、画线的概述

在毛坯或工件上,用画线工具画出待加工部位的轮廓线或作为基准的点、线称为画线。只需在工件的一个表面上画线后即能表示加工界线的,称为平面画线。需要在工件几个互成不同角度(通常是互相垂直)的表面上画线,才能明确表示加工界线的,称为立体画线。按线在加工过程中的作用不同,所画的线又分为找正线、加工线和检验线。

1. 画线的作用

(1) 确定工件的加工余量,使加工有明显的尺寸界限。

(2) 检查毛坯尺寸和校对毛坯的几何形状是否符合图纸要求,并通过画线合理地分配加工表面余量。

2. 画线的要求

画线时,要求画出的线条清晰均匀,尺寸准确。一般画线的尺寸公差为 0.4 mm,角度误差不超过 15′。

3. 画线的步骤

(1) 研究图样要求,了解加工工艺。

(2) 检查毛坯是否合格,清理表面和涂色。

(3) 确定画线基准。

(4) 正确安放工件和选用合适的画线工具。

(5) 画线。

(6) 详细检查画线的正确性,是否有漏画或错画。

(7) 在线条上打样冲眼。

二、画线基准的选择

在画线时选择工件上的某个点、线、面作为依据,用它来确定工件的各部分尺寸、几何形状及工件上各要素的相对位置,此依据称为画线基准。

在零件图样上,用来确定其他点、线、面位置的基准,称为设计基准。画线应从画线基准开始。选择画线基准的基本原则是尽可能使画线基准和设计基准重合,这样能够直接量取画线尺寸,简化尺寸换算过程。

三、画线前的准备工作

(1) 看懂图样和工艺要求,了解工件加工部位和要求,选择画线基准。

(2) 清理工件,对铸、锻毛坯件应将型砂、毛刺、氧化皮除掉,并用钢丝刷刷净,对已生锈的半成品应将浮锈刷掉。

(3) 在工件的画线部位涂色,要求涂得薄而均匀。铸件和锻件常用石灰水作涂色剂,用粉笔作涂色剂也很方便。已加工表面的涂色常用酒精溶液加蓝色漆片作涂色剂,这种涂色剂涂覆均匀、吸附力强,干得快,可用酒精擦掉。

(4) 在工件孔中安装中心塞块。

(5) 擦净画线平板,准备好画线工具。

四、画线工具的种类

常用的画线工具,按用途可分为以下四类:

(1) 基准用具:是用来在画线时安放零件,利用其一个或几个尺寸精度及形状位置较高的表面作为引导画线并控制画线质量的工具。常用的画线基准工具有画线平台、方箱、直角铁、中心规和曲线板等。

(2) 量具:是用来在工件量取尺寸,确定画线位置的工具。画线常用的量具有钢直尺、钢卷尺、游标高度尺和万能角度尺等。

(3) 绘画工具:是直接用来在工件上画线的工具。常用的绘画工具有画针、画线盘、画规、游标高度尺和样冲等。

(4) 辅助工具:是在画线时,起支撑、调整、装夹等辅助作用的工具。常用的辅助工具有V形架、千斤顶、C形夹头、垫铁、中心架以及找中心画圆时打入工件孔中的木条、铅条等。

五、零件或毛坯的找正

找正是利用画线工具将零件或毛坯上有关表面与基准面之间调整到合适位置的过程。零件的找正是依照零件选择画线基准的要求进行的。零件的画线基准又是通过找正的途径来最后确定在零件上的准确位置。

六、借料

借料就是通过试画和调整,使各加工表面的余量互相借用,合理分配,从而保证各加表面都有足够的加工余量,排除误差和缺陷。借料画线时,应首先测量出毛坯的误差程度,确定借料的方向和大小,然后从基准开始逐一画线。若发现某一加工面的余量不足时,应再次借料,重新画线,直至各加工表面都有允许的最小加工余量为止。

第二节 平 面 加 工

一、錾削

用锤子打击錾子对金属工件进行切削加工的方法称为錾削。錾削所使用的工具主要是錾子和锤子。

錾子是錾削工件的刀具,一般用优质碳素工具钢锻打成形后再进行刃磨和热处理而成。錾子由头部和錾身及切削部分组成。切削部分刃磨成楔形,经热处理后使其硬度达到 56～62 HRC。

1. 錾子的种类

钳工常用的錾子主要有阔錾、狭錾(尖錾)、油槽錾和扁冲錾四种,如图 19-1 所示。阔錾用于錾切平面、切割和去毛刺;狭錾用于开槽;油槽錾用于錾切润滑油槽;扁冲錾用于打通两个钻孔之间的间隔。

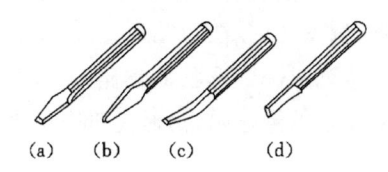

图 19-1 錾子的种类
(a) 阔錾;(b) 狭錾;(c) 油槽錾;(d) 扁冲錾

2. 錾子的几何角度

图 19-2 所示为錾削时的几何角度。錾子切削部分由前刀面、后刀面和切削刃组成。

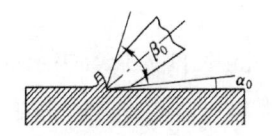

图 19-2 錾子削时的几何角度

3. 锤子

按锤头的质量、大小,锤子分为 0.25 kg、0.5 kg 和 1 kg 等几种。錾削用锤子由锤头、木柄和楔子组成,木柄装入锤孔后,用楔子楔紧,防止锤头脱落。

4. 錾削方法

(1) 錾削步骤。錾削可分为起錾、錾切、錾出三个步骤。

(2) 錾削余量。錾削余量选取以 0.5～2 mm 为宜,当錾削余量大于 2 mm 时,应分几次錾削。

(3) 錾削平面。錾削较窄平面时,錾子切削刃与前进方向成适当倾斜角度,倾角大小以容易掌稳为宜。较宽平面錾削时,通常选用窄錾开数条槽,然后再用扁錾錾平,槽间宽度约为扁刃口宽度的 3/4,扁錾刃口应与槽的方向成 45°角。

(4) 錾削板材。对于薄板小件,可装在台虎钳上,用扁錾的切削刃自右向左錾削。厚度在 4 mm 以下的较大型板材可在铁砧上垫软铁后錾削。形状复杂的工件,应先沿轮廓线钻排孔后,用扁錾或窄錾逐步錾削。

(5) 錾削油槽。首先将油槽錾子切削刃磨成图样要求的油槽端面形状。錾削平面上的油槽錾削方法同平面錾削方法。曲面上的油槽錾削时应保持錾子后角不变,錾子随曲面曲率而改变倾角。錾后用锉刀、油石修整毛刺。

二、锯削

用手锯对材料或工件进行切断或切槽的加工方法称为锯削。

钳工常用的手锯由锯弓和锯条两部分组成。锯弓有固定式和可调式两种,锯弓用于安装和张紧锯条,锯条用来直接锯削材料或工件。锯弓上锯柄的形状要便于握持和用力。

1. 锯条及其安装

(1) 锯条的基础知识

锯条是规格化的标准工具,常用的有普通碳素钢锯条和双金属锯条两种。锯条的长度以两端安装孔的中心距来表示,锯条长度有 200 mm、250 mm 和 300 mm 几种。锯条在制造时,锯齿按一定规律左右错开,排列成一定形状的锯路,有交叉形和波浪形两种。其作用是为了减少锯削时锯缝两侧面对锯条的摩擦阻力,避免锯条被夹住或折断。

(2) 锯条的安装

① 手锯是在向前推进时进行切削作业的,安装锯条时,锯齿应朝向前进的方向。

② 锯条平面要与锯弓中心平面平行,以防锯削时锯缝歪斜。一般使锯条紧贴在挂钩定位面即可。

③ 锯弓上的蝶形螺母可调节锯条的程度。锯条调得过紧,锯削时容易折断;锯条调得过松,锯削时锯缝容易发生歪斜。可调整至用手扳锯条感觉硬实不弯曲即可。

2. 锯条的选用

锯齿的粗细是按锯条上每 25 mm 长度内齿数表示的。14~18 齿的为粗齿;24 齿的为中齿;32 齿的为细齿。锯齿的粗细也可按齿距 t 的大小来划分:粗齿的齿距 $t=1.4~1.8$ mm;中齿的齿距 $t=1.0~1.2$ mm;细齿的齿距 $t=0.8$ mm。

3. 锯割方法

锯割时要掌握好起锯、锯割的压力、速度和往复长度等。

(1) 起锯有远起锯和近起锯,一般情况下应尽量采用远起锯。

(2) 锯割时,可采用小幅度的上下摆动式运动。

(3) 锯条应全长工作,以免中间部分迅速磨钝。

4. 各种材料的锯割方法

(1) 薄板料锯割。锯割时应从宽面上锯下去,当只有在板料的狭面上锯下时,可用两块木块夹持,连木块一起锯下。

(2) 管子锯割。锯割圆管时不可以从上到下一次锯断,应当在管壁透时,将圆管向着推锯的方向转过一个角度,锯条仍从原锯缝锯下去,不断转动,直到锯断为止。

(3) 深缝锯割。当锯缝深度超过锯弓的高度时,应将锯条转过 90°重新装夹,使锯弓转到工件旁边,当锯弓横下来,其高度仍不够时,也可以把锯条装夹成使锯齿朝向锯内进行锯削。

三、锉削

用锉刀对工件进行切削加工的方法称为锉削。锉削可用于加工工件的平面、曲面以及各种形状复杂表面。其锉削的精度可达 0.01 mm,表面粗糙度可达 0.8 μm。

1. 锉刀的结构与种类

锉刀由优质碳素工具钢 T12、T13 或 T12A、T13A 制成,经热处理后切削硬度达 62~72 HRC。它由锉身和锉柄两部分组成。锉刀有大量的锉齿,按锉齿的排列方向分为单齿纹和双齿纹两种。单齿纹的强度弱,适用于锉软材料;双齿纹的强度高,适用于锉硬材料。

锉刀的分类方法有很多,按齿纹齿距大小可分为粗齿锉、中齿锉、细齿锉和油光锉等;按用途不同可分为普通锉、特种锉和整形锉(什锦锉)等。

2. 锉刀的规格

锉刀的规格有两部分:锉刀的尺寸规格和锉纹的粗细规格。

对于锉刀的尺寸规格,圆锉是用其断面的直径表示的;方锉使用其边长表示;其他锉刀以锉刀的锉身长度表示。常用的有 100 mm、150 mm、200 mm、250 mm 和 300 mm 等几种。

对于锉纹的粗细规格,是以锉刀每 10 mm 轴向长度内主锉纹的条数表示。主锉纹是指锉刀上起主要切削作用的齿纹,另一个方向的起分屑作用的齿纹称为辅助齿纹。

3. 锉刀的选用

锉刀的选择要考虑锉刀的粗细齿和锉刀的大小及形状。锉刀粗细齿,取决于加工工件余量的大小、加工精度的高低和工件材料的性能。一般粗齿锉刀用于加工软金属,加工余量在 0.5~1 mm 精度和粗糙度要求低的工件;细齿锉刀用于加工硬材料,加工余量小、精度和表面粗糙度要求高的工件。

锉刀的大小尺寸和形状的选择取决于加工工件的大小及加工面的形状。

4. 锉削方法

(1) 平面锉削方法

平面锉削是锉削中最基本的一种,常用顺向锉、交叉锉和推锉三种。

(2) 曲面锉削方法

曲面锉削有外圆弧面锉削、内圆弧面锉削和球面锉削等。锉削外圆弧面时,锉刀要同时完成前进运动和锉刀绕工件圆弧中心转动,其方法有顺着圆弧面锉和对着圆弧面锉。锉削内圆弧面时,锉刀随圆弧面向左或向右移动和绕锉刀中心线转动。球面锉削时,锉刀完成外圆弧锉削复合运动的同时,还必须环绕球中心作周向摆动。

(3) 配锉方法

配锉是用锉削加工使两个或两个以上的零件达到一定配合精度的方法。通常先锉好配合零件中的外表面零件,然后以该零件为标准,配锉内表面零件使之达到配合精度要求。

四、刮削

用刮刀刮去工件表面金属薄层的加工方法称为刮削。刮削分平面刮削和曲面刮削两种。

1. 刮刀的材料及种类

刮刀一般采用碳素工具钢(如 T12A)和弹性较好的轴承钢(GGr15)经过锻造、加工、热处理及刃磨而成,刮刀的刃部要求有较低的表面粗糙度值、合理的角度和刃口形状。刮刀硬度在 60 HRC 以上。刮刀有平面刮刀和曲面刮刀两种。

2. 显示剂

显示剂的作用是显示刮削零件与标准工具的接触状况。它的选择原则是:粒度细腻,点子显示真实而清楚,对零件无腐蚀,对操作者的健康无损害。

3. 刮削方法

(1) 平面刮削。平面刮削按粗刮、细刮、精刮和刮花纹四个步骤进行。

(2) 曲面刮削。曲面刮削主要是对套、轴瓦等零件的内圆柱面、内圆锥面和球面的刮削。

五、研磨

用研磨工具和研磨剂从工件表面上研去一层极薄金属层的精加工方法称为研磨。

1. 研磨剂

研磨剂是磨料、研磨液和辅助材料的混合剂。

2. 研磨步骤

(1) 研磨前的准备

① 研具的选用。对研具的要求是:材料比零件硬度稍低,要有良好的嵌砂性、耐磨性和足够的刚性及较高的几何精度。粗研时一般选用带槽研具,精研时选用嵌砂研具。研具材料一般有铸铁、球墨铸铁、软钢和铜等。

② 运动轨迹的选择。对研磨运动轨迹的要求是:研磨过程中零件上各点行程基本一样;零件运动遍及整个研具表面并避免大曲率转角和周期性重复;运动轨迹形成应适应零件的外形特点。直线运动的轨迹适合研磨有台阶的狭长平面;螺旋运动轨迹适合圆形零件端面的研磨;"8"字形和仿"8"字形轨迹常用于量规类小平面的研磨。

③ 研磨压力的选择。研磨时,零件受压面的压力分布要均匀,大小要适当。一般粗研时宜用 10~20 Pa 的压力;精研时,宜用 10~50 Pa 的压力。

④ 研磨速度。研磨速度不能太快,精度要求较高或易于受热变形的零件,其研磨速度不超过 30 m/min。手工粗研时,每分钟往复 40~60 次;精研磨时,每分钟往复 20~40 次,否则会引起零件发热变形,降低研磨质量。

(2) 研磨不同的工件表面

① 平面手工研磨要点

平面手工研磨要根据零件的特点选择好合适的研具、研磨剂、研磨运动轨迹、研磨压力和研磨速度,分粗研、半精研和精研三步完成。粗研质量要求达到零件加工表面机械加工痕迹基本消除,平面度接近图样要求;半精研质量要求达到零件加工表面机构加工痕迹完全消除,零件精度基本达到图样要求;精研质量要求进一步细化加工面的表面粗糙度,直到工作面磨纹色泽一致,精度完全符合图样要求为止。

② 外圆柱面和外圆锥面的研磨方法

外圆柱面和外圆锥面可采用手工与机械相配合的方法进行研磨。研磨时,首先将零件夹紧在车床主轴上,转速要根据零件直径确定。直径小于 80 mm 时,转速取 100 r/min 左右;直径大于 100 mm 时,转速取 50 r/min 左右。然后用手握住套在零件上的研磨环,使之做直线往复运动并同时缓慢转动,以防重力引起研具下坠而影响零件的圆度。这样研磨出的磨纹互相交错,根据网纹可判断手移动速度是否与车床转速协调,正确的磨纹与轴线的交角成 45°;若移动太慢,则大于 45°;反之,则小于 45°。

③ 内孔研磨方法

内孔研磨时要保持研磨棒夹紧在车床上转动,把零件套在研磨棒上研磨。

第五节　弯形和矫正

一、弯形

将坯料弯曲成所需要形状的加工方法称为弯形。弯形分为冷弯和热弯两种,在常温下进行弯曲称为冷弯;热弯是将材料预热后进行的。对于厚度大于 5 mm 的板料以及直径较大的棒料和管子等,常采用热弯加工。弯形加工要求所用的材料有较好的塑性。弯形过程也有弹性,为抵消材料的弹性变形,弯形过程中应多弯些。

1. 弯形坯料长度的计算

弯形后,材料的外层伸长,内层压缩,只有中间一层材料的长度不变,称为中性层。因此弯形工件的坯料长度可按中性层的长度计算。中性层的位置一般不在材料厚度的中间,它的位置与材料弯形半径 r 和材料的厚度 t 有关。

2. 弯形的方法

(1) 弯制钢板

① 板料在厚度方向上弯形,小的工件可在台虎钳上进行,先在弯形的地方画好线,然后夹在台虎钳上,使弯形线和钳口平齐接近画线处锤击,或用木垫与铁垫垫住再敲击垫块。如果台虎钳钳口比工件短,可用角铁制作的夹具夹持工件。

② 板料在宽度方向上弯形,可利用金属材料的延伸性能,在弯形的外形部分进行锤击,使材料向一个方向逐渐延伸,达到弯形的目的。

(2) 弯制管件

直径大于 12 mm 的管子一般采用热弯,直径小于 12 mm 的管子则采用冷弯。弯曲前,必须向管内灌满干黄沙,并用轴向带小孔的木塞堵住管口,以防止弯曲部位发生凹瘪缺陷。焊管弯曲时,应注意将焊缝放在中性层位置,放置弯形开裂。手工弯管通常在专用工具上进行。

(3) 绕制圆柱形弹簧

弹簧是利用材料的弹性和结构特点,通过变形和储能进行工作的一种机械零件。弹簧使用弹簧丝卷制而成的。手工绕制圆柱形弹簧应先做一根一端开有通槽或钻有小孔的芯棒,另一端弯成直角形弯头。

二、矫正

消除材料或工件弯曲、翘曲、凸凹不平等缺陷的加工方法称为矫正。矫正可在机床进行,也可手工进行,这里主要介绍钳工常用的手工矫正法。手工矫正是将材料(或工件)放在平板、铁砧或台虎钳上,采用锤击、弯形、延展或伸长等进行的矫正方法。

矫正的实质就是让金属材料产生一种塑性变形,来消除原来不应存在的塑性变形。矫正过程中,材料要受锤击、弯形等外力作用,使材料内部组织发生变化,造成硬度提高、性质变脆,这种现象称为冷作硬化。冷作硬化给后继矫正或下道工序加工带来困难,必要时应进行退火处理,恢复材料原来的力学性能。

1. 手工矫正常用工具

(1) 平板、铁砧和台虎钳作为矫正板材或型材的基座。

(2) 软锤和硬锤矫正一般材料均可采用钳工常用的锤子,矫正已加工表面、薄钢件或有色金属制件时,应采用铜锤、木槌或橡胶锤等软锤子。

(3) 抽条和拍板。抽条是采用条状薄板料弯成的简易手工工具矫正,它用于抽打较大面积的板料。拍板是用质地较硬的檀木制成的专业工具矫正,主要用于敲打板料。

(4) 螺旋压力工具(或压板)。适用于矫正较大的轴类工件或棒料。

2. 矫正方法

(1) 延展法。这种方法用手锤敲击材料,使它延展伸长达到矫正的目的,通常又叫锤击矫正法。金属薄板最容易产生中部凸凹、边缘呈波浪形,以及翘曲等变形。

(2) 扭转法。扭转法是用来矫正受扭曲变形的条料。

(3) 伸张法。伸张法是用来矫正各种细长的线材。

(4) 弯形法。弯形法是用来矫正各种弯曲的棒料和在宽度方向上变形的条料。

(5) 热矫正法。这种方法利用金属的热胀冷缩特性对轴、型材进行矫直。用乙炔火焰对弯曲的最高点加热,使其受热膨胀,由于材料在高温时力学性能下降,不易向周围处于低温的材料方向膨胀,而冷却后加热部位材料收缩,使弯曲部分得到矫正。

第六节　铆　　接

用铆钉将两个或两个以上工件组成不可拆卸的连接,称铆接。目前,在很多工件的连接中,铆接已逐渐被焊接所代替,但因铆接有操作方便、连接可靠等优点,所以在机器设备、工具制造中,仍有较多应用。

1. 铆钉的种类

按制造材料的不同,铆钉有钢质、铜质、铝质铆钉等,按其形状不同,可分为平头、半圆头、沉头、半沉头、管状空心、胶带铆钉等。标记铆钉时,一般用铆钉的直径、长度和国家标准序号。例如铆钉5×20GB 867—1986 表示铆钉的直径是 5 mm,铆钉长度为 20 mm,国家标准序号为 GB 867—1986。

2. 铆接的种类及应用

按使用要求不同,铆接可分为活动铆接和固定铆接两种,固定铆接根据使用的不同要求又可分为坚固铆接、紧密铆接和坚固紧密铆接等。按铆接方法不同,可分为冷铆、热铆和混合铆。

3. 铆钉尺寸的确定

铆钉的尺寸包括铆钉的直径和铆钉的长度,为了保证铆钉的铆接质量,必须对铆钉的尺寸进行计算。

4. 铆接方法

(1) 半圆头铆钉的铆接方法

把铆接件彼此贴合,按画线、钻孔、倒角、去毛刺等,然后插入铆钉,把铆钉圆头放在顶模上,用压紧冲头压紧板料,再用锤子镦粗铆钉伸出部分,并对四周锤打成形,最后用罩模修整。

(2) 埋头铆钉的铆接方法

前几个步骤与半圆头铆钉的铆接相同,然后正中冲镦粗面(2个面),然后铆面(2个面),最后修平高出的部分。如果用标准的埋头铆钉铆接,只需将伸长的铆合头经铆打填满埋头孔以后锉平即可。

(3) 多孔铆钉的铆接方法

把铆接件彼此贴合,画线后,先钻1~2个孔,孔口倒角、去毛刺;然后用螺栓紧固铆合板料或铆紧1~2个孔;再按画线钻完其余各孔,倒角、去毛刺,从板料的中心位置的钉孔向四周逐步铆紧其余各孔;最后清理和修整各铆合头。

第二十章 零部件的装配与修理

第一节 固定连接件的装配与修理

一、固定连接的定义及分类

1. 定义

在机器中有相当多的零件需要彼此连接,连接件间不能做相对运动的称为固定连接;能按照一定的运动形式做相对运动的称为活动连接。通常所谓的连接主要是指固定连接。

2. 分类

固定连接可分为可拆卸连接和不可拆卸连接两大类。

(1) 可拆卸连接即拆开时不破坏连接件和被连接件,例如螺纹连接、键联结、销连接等。

(2) 不可拆卸连接即拆开时会破坏连接件或被连接件,例如焊接、铆接、黏接等。

二、螺纹连接的装配与修理

1. 螺纹连接的特点

(1) 螺纹拧紧时能产生很大的轴向力;

(2) 能方便地实现自锁;

(3) 结构简单、外形尺寸小;

(4) 制造简单,能保持较高的精度;

(5) 螺纹紧固件多为标准件。

2. 螺纹连接的技术要求

(1) 保证一定的拧紧力矩,使得纹牙间产生足够的预紧力。

(2) 螺纹有一定的自锁性,通常情况下不会自行松脱,但是在冲击、振动或者交变载荷下,为了避免连接松动,还应该有可靠的防松装置。

(3) 保证螺纹连接的配合精度。

3. 螺纹连接的种类

螺纹连接主要有普通螺栓连接、精密螺栓连接、双头螺柱连接、螺钉连接、紧定螺钉连接等连接方式。

(1) 普通螺栓连接

被连接件不太厚,螺杆带钉头,通孔不带螺纹,螺杆穿过通孔与螺母配合使用。装配后孔与杆间有间隙,并在工作中不许消失,结构简单,拆装方便,可多个装拆,应用较广。

(2) 精密螺栓连接

装配后无间隙,主要承受横向载荷,也可作定位用,采用基孔制配合铰制孔螺栓连接。

(3) 双头螺柱连接

螺杆两端无钉头,但均有螺纹,装配时一端旋入被连接件,另一端配以螺母。适于常拆卸而被连接件之一较厚时。拆装时只需拆螺母,而不必将双头螺栓从被连接件中拧出。

(4) 螺钉连接

适用于被连接件之一较厚(上带螺纹孔)、不需经常装拆、一端有螺钉头、不需螺母、受载较小的情况。

(5) 紧定螺钉连接

拧入后,利用杆末端顶住另一零件表面或旋入零件相应的缺口中以固定零件的相对位置。可传递不大的轴向力或扭矩。

4. 螺纹连接的预紧与防松

(1) 螺纹连接的预紧

为了增强连接的刚性,增加紧密性和提高防松能力,对于受轴向拉力的螺栓连接,还可以提高螺栓的疲劳强度;对于受横向载荷的普通螺栓连接,有利于增大连接中接合面间的摩擦。

(2) 螺纹连接的防松

在静载荷作用下,连接螺纹升角较小,能满足自锁条件。但在受冲击、振动或变载荷以及温度变化大时,连接有可能自动松脱,容易发生事故。因此,在设计螺纹连接时,必须考虑防松问题。

防松的根本问题在于防止螺纹副的相对转动。按工作原理分,它有四种防松方式:利用摩擦力防松;利用机械元件直接锁住防松;破坏螺纹副的运动关系防松;化学防松。

摩擦防松:主要有双螺母防松[图20-1(a)]、弹簧垫圈防松[图20-1(b)]、自锁螺母防松[图20-1(c)]等。

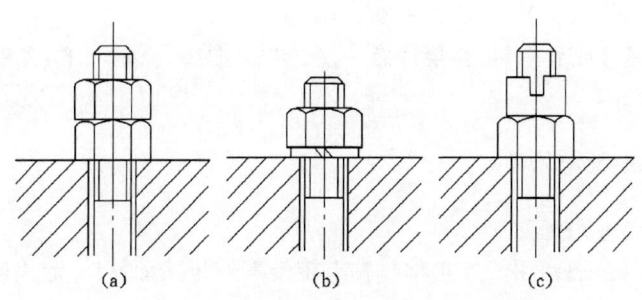

图20-1 摩擦防松主要方式
(a) 双螺母防松;(b) 弹簧垫圈防松;(c) 自锁螺母防松

机械防松:主要有开口销与槽形螺母防松[图20-2(a)]、止动垫圈防松[图20-2(b)]和图20-2(c)]、串联钢丝防松[图20-2(d)]等。

破坏螺纹副的运动关系防松,也称永久防松,如端铆、冲点、点焊。

化学防松,如黏合。

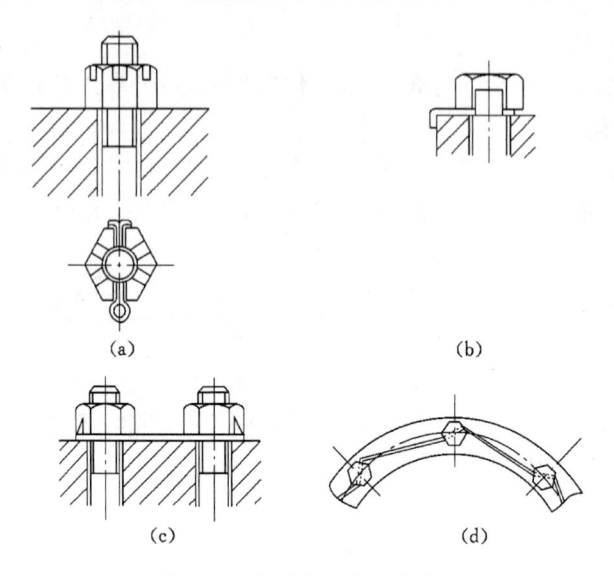

图 20-2 机械防松主要方式

(a) 开口销与槽形螺母防松;(b) 止动垫圈防松;(c) 止动垫圈防松;(d) 串联钢丝防松

5．螺纹连接装配的要点

(1) 双头螺柱的装配要点

① 保证双头螺柱与机体螺纹的配合有足够的紧固性；

② 双头螺柱的轴心线必须与机体表面垂直；

③ 装入双头螺柱时必须使用润滑剂；

④ 注意常用双头螺柱的拧紧方法。

(2) 螺母、螺钉的装配要点

① 螺杆不产生弯曲变形,螺钉的头部、螺母底面应该与连接件接触良好；

② 被连接件应受压均匀,互相紧密贴合,连接牢固；

③ 拧紧成组螺母或者螺钉时,要注意一定的拧紧顺序,原则如下:先中间、后两边,分层次,对称,逐步拧紧。

三、键连接的装配与修理

1．键连接的定义及类型

键是一种标准件,通常用于连接轴与轴上旋转零件与摆动零件,起周向固定零件的作用以传递旋转运动成扭矩,而导键、滑键、花键还可用作轴上移动的导向装置。

其主要类型有平键、半圆键、楔键、切向键。

(1) 平键(主要有普通平键、薄型平键、导向平键与滑键)

① 普通平键

用于静连接,即轴与轮毂间无相对轴向移动,其两侧面为工作面,靠键与槽的挤压和键的剪切传递扭矩;轴上的槽用盘铣刀或指状铣刀加工;轮毂槽用拉刀或插刀加工。

普通平键有圆头、方头和半圆头之分,如图 20-3 所示。

② 薄型平键

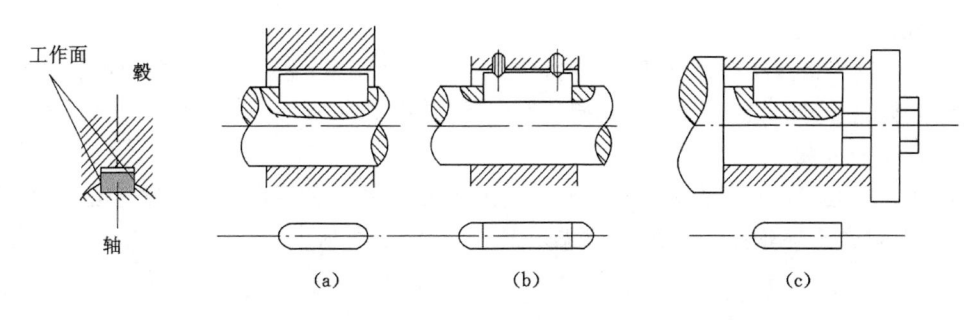

图 20-3 普通平键的分类
(a) 圆头;(b) 方头;(c) 一端圆头,一端方头

键高约为普通平键的 60%～70%,有圆头、方头、单圆头等类型,用于薄壁结构、空心轴等径向尺寸受限制的连接。

③ 导向平键与滑键

用于动连接,即轴与轮毂之间有相对轴向移动的连接。

(2) 半圆键

轴槽用与半圆键形状相同的铣刀加工,键能在槽中绕几何中心摆动,键的侧面为工作面,工作时靠其侧面的挤压来传递扭矩。其特点是工艺性好,装配方便,适用于锥形轴与轮毂的连接,但由于轴槽对轴的强度削弱较大,只适宜轻载连接。

(3) 楔键

楔键分为普通楔键和钩头楔键。普通楔键有圆头、方头或单圆头三种。钩头楔键的钩头是为了拆键用的。楔键适用于低速轻载、精度要求不高,对中性较差,力有偏心,不宜高速和精度要求高的连接,变载下易松动。钩头键只用于轴端连接,如在中间用键槽应比键长 2 倍才能装入,且要罩安全罩。

(4) 切向键

切向键是由两个斜度为 1∶100 的楔键连接,上、下两面为工作面(打入),布置在圆周的切向,主要靠工作面与轴及轮毂相挤压来传递扭矩。其特点是:能传递很大的转矩,当双向传递转矩时,需用两对切向键并分布成 120°～130°。

2. 花键连接

轴和轮毂孔周向均布多个凸齿和凹槽所构成的连接称为花键连接。齿的侧面是工作面。

(1) 花键连接的特点

① 齿较多、工作面积大、承载能力较强。
② 键均匀分布,各键齿受力较均匀。
③ 齿槽线、齿根应力集中小,对轴的强度削弱减少。
④ 轴上零件对中性好。
⑤ 导向性较好。
⑥ 加工需专用设备、制造成本高。

(2) 花键连接类型

按齿形分,主要有矩形花键连接和渐开线花键连接两种。

① 矩形花键连接

矩形花键连接按相关标准要求为内径定心,定心精度高,定心稳定性好,配合面均要研磨,磨削消除热处理后变形。这类花键应用广泛,如图 20-4 所示。

② 渐开线花键

渐开线花键的定心方式为齿形定心。当齿受载时,齿上的径向力能自动定心,有利于各齿均载,因此这类花键应用广泛,宜优先采用,如图 20-5 所示。

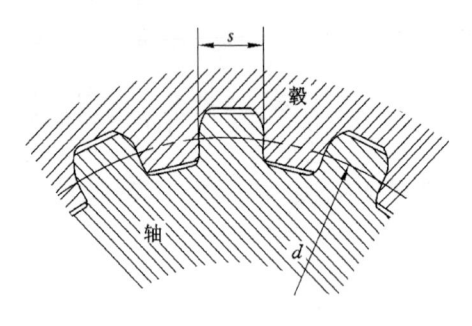

图 20-4　矩形花键　　　　　　　图 20-5　渐开线花键

四、销连接的装配与修理

销连接的分类简述如下。

(1) 定位销:主要用于零件间位置定位,常用作组合加工和装配时的主要辅助零件。

(2) 连接销:主要用于零件间的连接或锁定,可传递不大的载荷。

(3) 安全销:主要用次安全保护装置中的过载剪断元件。

(4) 圆柱销:不能多次装拆(否则定位精度下降)。

(5) 圆锥销:1∶50 锥度,可自锁,定位精度较高,允许多次装拆,且便于拆卸。

(6) 其他特殊性销:带螺纹锥销(可用于盲孔)、槽销(适用于承受振动和变载荷的连接)、开尾锥销(多用于振动冲击场合)、弹性圆柱销(具有弹性,用于冲击振动场合)、开口销(用于锁紧其他紧固件)等。

五、过盈连接的装配

1. 过盈连接的定义

过盈连接利用两个被连接件本身的过盈配合来实现,其配合表面多为圆柱面,也有圆锥或其他形式的配合面。

2. 过盈连接的装配方法

(1) 压入法:利用压力机将被包容件压入包容件中,由于压入过程中表面微观不平的峰尖被擦伤或压平,因而降低了连接的紧固性。

(2) 温差法:加热包容件,冷却被包容件。可避免擦伤连接表面,连接牢固。

六、管道连接的装配

为了加强密封性,使用螺纹管接头时,在螺纹处还要加填料,如聚四氯乙烯薄膜;用连接盘连接时,必须在结合面之间垫以衬垫,如石棉板、橡皮或软金属等。

第二节　轴承与轴的装配与修理

轴承是在机械中用来支承轴和轴上旋转件的重要部件。它的种类很多,根据轴承与轴工作表面间摩擦性质的不同,轴承可分为滚动轴承和滑动轴承两大类。

一、滚动轴承的装配与修理

滚动轴承一般由内圈、外圈、滚动体及保持架组成,如图 20-6 所示。内圈与轴颈采用基孔制配合,外圈与轴承座孔采用基轴制配合。工作时,滚动体在内、外圈的滚道上滚动,形成滚动摩擦。滚动轴承具有摩擦力小、轴向尺寸小、旋转精度高、润滑维修方便等优点,其缺点是承受冲击能力较差、径向尺寸较大、对安装的要求较高。

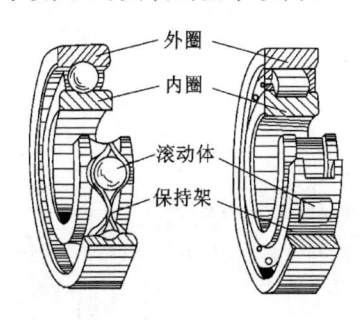

图 20-6　滚动轴承

1. 滚动轴承装配的技术要求
(1) 装配前,应用煤油等清洗轴承和清除其配合表面的毛刺、锈蚀等缺陷。
(2) 装配时,应将标记代号的端面装在可见方向,以便更换时查对。
(3) 轴承必须紧贴在轴肩或孔肩上,不允许有间隙或歪斜现象。
(4) 同轴的两个轴承中,必须有一个轴承在轴受热膨胀时有轴向移动的余地。
(5) 装配轴承时,作用力应均匀地作用在待配合的轴承环上,不允许通过滚动体传递压力。
(6) 装配过程中应保持清洁,防止异物进入轴承内。
(7) 装配后的轴承应运转灵活、噪声小,温升不得超过允许值。
(8) 与轴承相配零件的加工精度应与轴承精度相对应,一般轴的加工精度取轴承同级精度或高一级精度;轴承座孔则取同级精度或低一级精度。滚动轴承配合示意如图 20-7 所示。

2. 滚动轴承的装配
滚动轴承的装配应根据轴承的结构、尺寸大小和轴承部件的配合性质而定。一般滚动轴承的装配方法有锤击法、压入法、热装法及冷缩法等。
(1) 装配前的准备工作
① 按所要装配的轴承准备好需要的工具和量具。按图样要求检查与轴承相配零件是否有缺陷、锈蚀和毛刺等。
② 用汽油或煤油清洗与轴承配合的零件,用干净的布擦净或用压缩空气吹干,然后涂

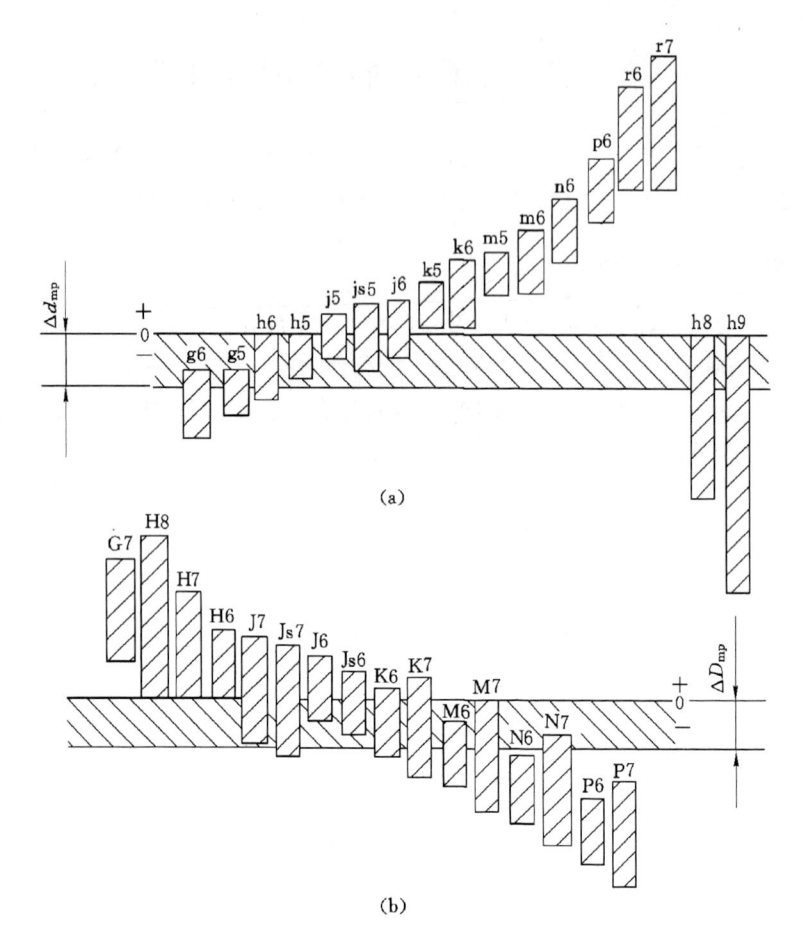

图 20-7 滚动轴承配合示意图
(a)轴承内径与轴配合；(b)轴承外径与轴承座孔配合

上一层薄油。

③ 核对轴承型号是否与图样一致。

④ 用防锈油封存的轴承可用汽油或煤油清洗；用厚油和防锈油脂封存的可用轻质矿物油加热溶解清洗，冷却后再用汽油或煤油清洗，擦拭干净待用；对于两面带防尘盖、密封圈或涂有防锈、润滑两用油脂的轴承则不需要进行清洗。

(2) 装配方法

① 圆柱孔轴承的装配

a. 不可分离型轴承（如深沟球轴承、调心球轴承、调心滚子轴承、角接触轴承等）应按座圈配合的松紧程度决定其装配顺序。当内圈与轴颈配合较紧、外圈与壳体配合较松时，先将轴承装在轴上，然后，连同轴一起装入壳体中。当轴承外圈与壳体孔为紧配合、内圈与轴颈为较松配合时，应将轴承先压入壳体中；当内圈与轴、外圈与壳体孔都是紧配合时，应把轴承同时压在轴上和壳体孔中。

b. 由于分离型轴承（如圆锥滚子轴承、圆柱滚子轴承、滚针轴承等）内、外圈可以自由脱开，装配时内圈和滚动体一起装在轴上，外圈装在壳体内，然后再调整它们之间的游隙。

轴承常用的装配方法有锤击法和压入法。图 20-8(a)是用特制套压入,图 20-8(b)是用铜棒对称地在轴承内圈(或外圈)端面均匀敲入。图 20-9 是用压入法将轴承内、外圈分别压入轴颈和轴承孔中的方法。

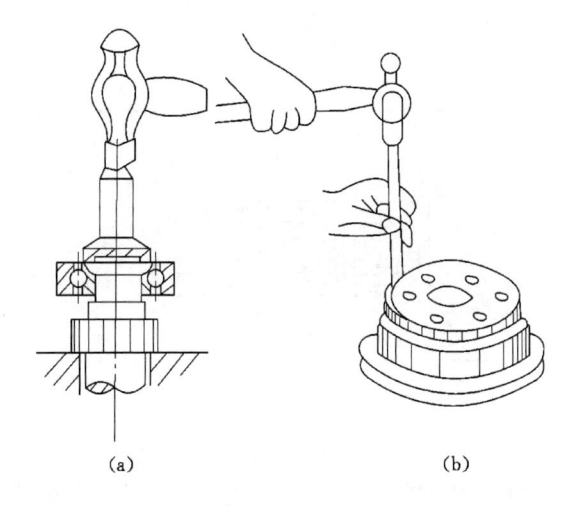

图 20-8 锤击法装配滚动轴承
(a)用特制套压入;(b)用铜棒敲入

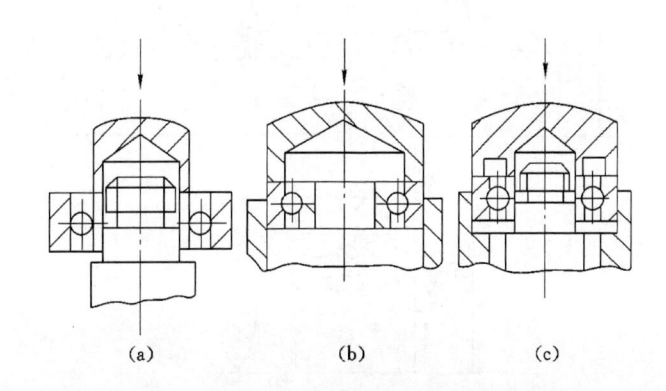

图 20-9 压入法装配滚动轴承
(a)将内圈装到轴颈上;(b)将外圈装入轴承孔中;(c)将内、外圈同时压入轴承孔中

如果轴颈尺寸较大、过盈量也较大时,为装配方便可用热装法,即先将轴承放在温度为 80~100 ℃的油中加热,然后和常温状态下的轴配合。轴承加热时应搁在油槽内网格上(图 20-10),以避免轴承接触到比油温高得多的箱底,又可防止与箱底沉淀污物接触。对于小型轴承,可以挂在吊钩上并浸在油中加热。内部充满润滑油脂带防尘盖或密封圈的轴承,不能采用热装法装配。

② 圆锥孔轴承的装配

过盈量较小时可直接装在有锥度的轴颈上,也可以装在紧定套或退卸套的锥面上(图 20-11);对于轴颈尺寸较大或配合过盈量较大而又经常拆卸的圆锥孔轴承,常用液压套合法(图 20-12)拆卸。

③ 推力球轴承的装配

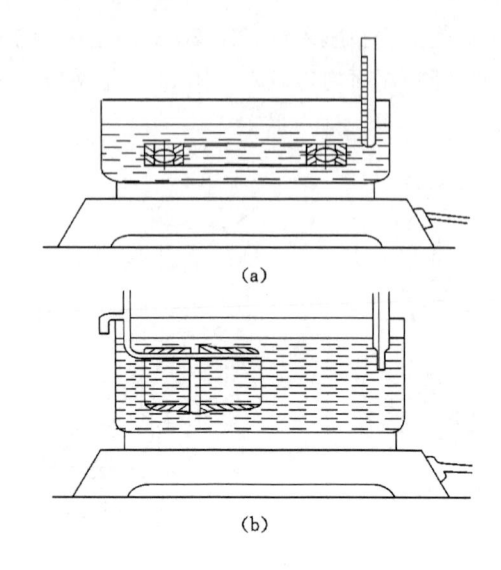

图 20-10 轴承在油箱中加热的方法
(a)轴承放在细槽内网格上;(b)小型轴承挂在吊钩上放在油箱中

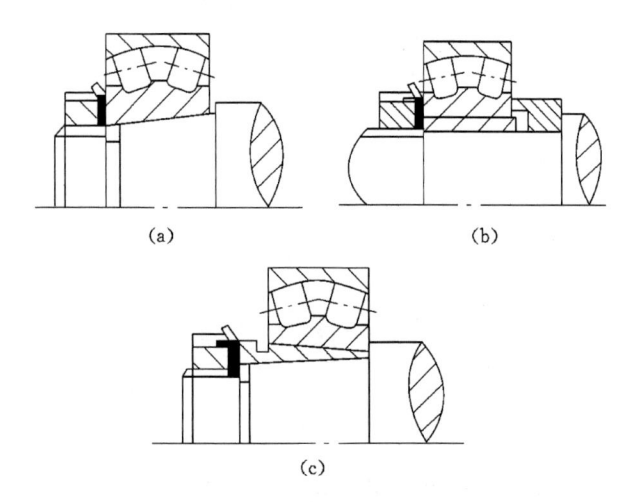

图 20-11 圆锥孔轴承的装配
(a)直接装在锥轴颈上;(b)装在紧定套上;(c)装在退卸套上

推力球轴承有松圈和紧圈之分,装配时应使紧圈靠在转动零件的端面上,松圈靠在静止零件的端面上(图 20-13),否则会使滚动体丧失作用,同时会加速配合零件间的磨损。

3. 滚动轴承的调整与预紧

(1) 滚动轴承游隙的调整

滚动轴承的游隙是指将轴承的一个套圈固定,另一个套圈沿径向或轴向的最大活动量。它分径向游隙和轴向游隙两种。

滚动轴承的游隙不能太大,也不能太小。游隙太大,会造成同时承受载荷的滚动体的数量减少,使单个滚动体的载荷增大,从而缩短和降低轴承的寿命和旋转精度,引起振动和噪声。游隙过小,轴承发热,硬度降低,磨损加快,同样会使轴承的使用寿命缩短。因此,许多

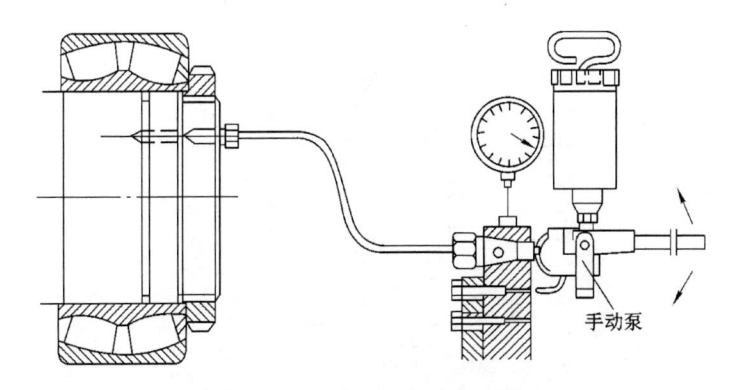

图 20-12 液压套合法装配轴承

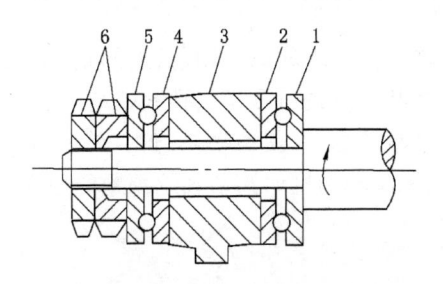

图 20-13 推力球轴承的装配
1,5——紧圈；2,4——松圈；3——箱体；6——螺母

轴承在装配时都要严格控制和调整游隙。其方法是使轴承的内、外圈作适当的轴向相对位移来保证游隙。

① 调整垫片法

通过调整轴承盖与壳体端面间的垫片厚度(δ)，来调整轴承的轴向游隙(图 20-14)。

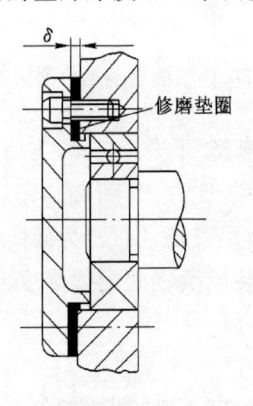

图 20-14 滚动轴承游隙的调整

② 螺钉调整法

如图 20-15 所示的结构中，该法调整的顺序是：先松开锁紧螺母 2，再调整螺钉 3，待游隙调整好后再拧紧锁紧螺母 2。

(2) 滚动轴承的预紧

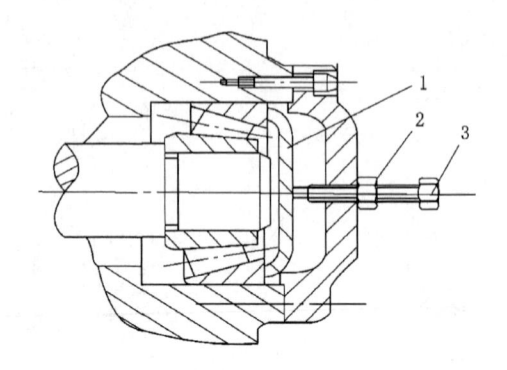

图 20-15　用螺钉调整轴承游隙
1——压盖；2——锁紧螺母；3——螺钉

对于承受载荷较大，旋转精度要求较高的轴承，大都是在无游隙甚至有少量过盈的状态下工作的，这些都需要轴承在装配时进行预紧。预紧就是轴承在装配时，给轴承的内圈或外圈施加一个轴向力，以消除轴承游隙，并使滚动体与内、外圈接触处产生初变形。预紧能提高轴承在工作状态下的刚度和旋转精度。滚动轴承预紧的原理如图 20-16 所示。预紧方法如下所述。

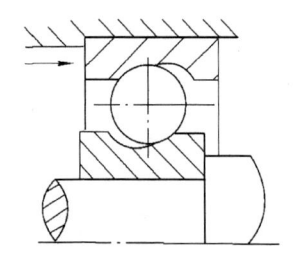

图 20-16　滚动轴承的预紧原理

① 成对使用角接触球轴承的预紧

成对使用角接触球轴承有三种装配方式（图 20-17）：图(a)为背靠背式（外圈宽边相对）安装；图(b)为面对面（外圈窄边相对）安装；图(c)为同向排列式（外圈宽窄相对）安装。按图示方向施加预紧力，通过在成对安装轴承之间配置厚度不同的轴承内、外圈间隔套使轴承紧靠在一起，来达到预紧的目的。

② 单个角接触球轴承预紧

如图 20-18(a)所示，轴承内圈固定不动，调整螺母 4 改变圆柱弹簧 3 的轴向弹力大小来达到轴承预紧。如图 20-18(b)所示，轴承内圈固定不动，在轴承外圈 1 的右端面安装圆形弹簧片对轴承进行预紧。

③ 内圈为圆锥孔轴承的预紧

如图 20-19 所示，拧紧螺母 1 可以使锥形孔内圈往轴颈大端移动，使内圈直径增大形成预负荷来实现预紧。

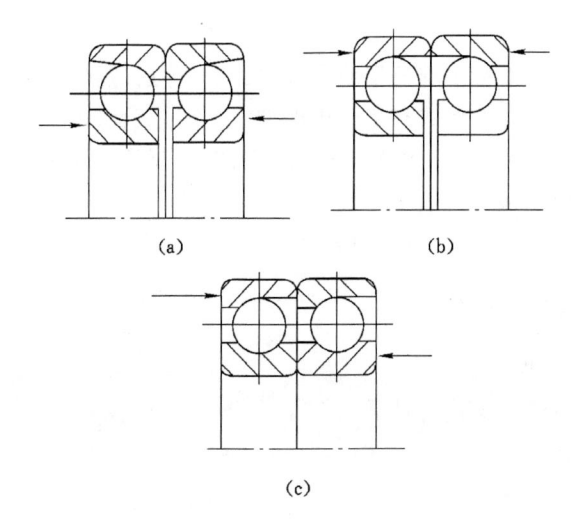

图 20-17 成对安装角接触球轴承
(a)背靠背式;(b)面对面式;(c)同向排列式

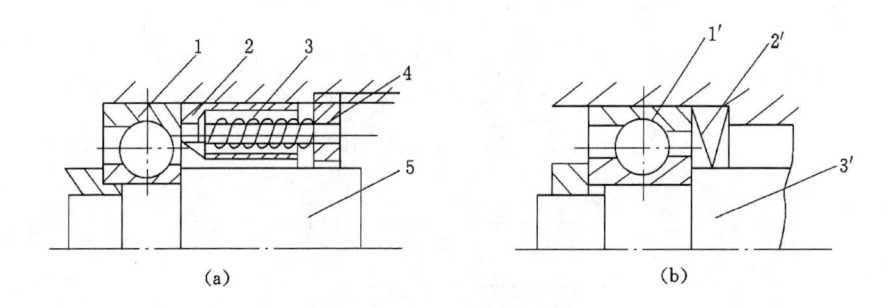

图 20-18 单个角接触轴承预紧
(a)可调式圆柱压缩弹簧预紧装置;(b)固定圆形片式弹簧预紧装置
1——轴承外圈;2——预紧环;3——圆柱弹簧;4——螺母;5——轴;
1′——轴承外圈;2′——圆形弹簧片;3′——轴

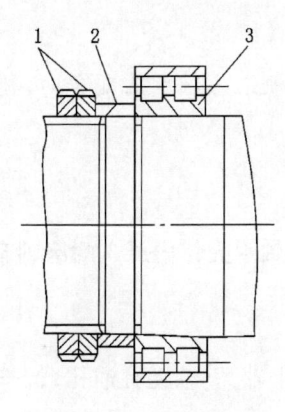

图 20-19 内圈为圆锥孔轴承的预紧
1——螺母;2——隔套;3——轴承内圈

4. 滚动轴承的修理

滚动轴承在长期使用中会出现磨损或损坏,发现故障后应及时调整或修理,否则轴承将会很快损坏。滚动轴承损坏的形式有工作游隙增大,工作表面产生麻点、凹坑和裂纹等。

对于轻度磨损的轴承可通过清洗轴承、轴承壳体,重新更换润滑油和精确调整间隙的方法来恢复轴承的工作精度和工作效率。

对于磨损严重的轴承,一般采取更换处理。

二、滑动轴承的装配与修理

1. 滑动轴承的分类和特点

滑动轴承是仅发生滑动摩擦的轴承。

(1) 滑动轴承的分类

① 按滑动轴承的摩擦状态分

a. 动压润滑轴承

如图 20-20 所示,利用润滑油的黏性和高速旋转把油液带进轴承的楔形空间建立起压力油膜,使轴颈与轴承之间被油膜隔开,这种轴承称为动压润滑轴承。

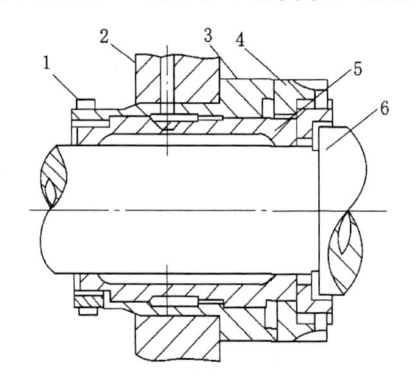

图 20-20 内柱外锥式动压润滑轴承
1——后螺母;2——箱体;3——轴承外套;4——前螺母;5——轴承;6——轴

b. 静压润滑轴承

如图 20-21 所示,将压力油强制送入轴承的配合面,利用液体静压力支承载荷,这种轴承称为静压润滑轴承。

② 按滑动轴承的结构分

a. 整体式滑动轴承

如图 20-22 所示,其结构是在轴承壳体内压入耐磨轴套,套内开有油孔、油槽,以便润滑轴承配合面。

b. 剖分式滑动轴承

其结构是由轴承座、轴承盖、上轴瓦(轴瓦有油孔)、下轴瓦和双头螺栓等组成,润滑油从油孔进入润滑轴承。

c. 锥形表面滑动轴承

它有内锥外柱式和内柱外锥式两种。

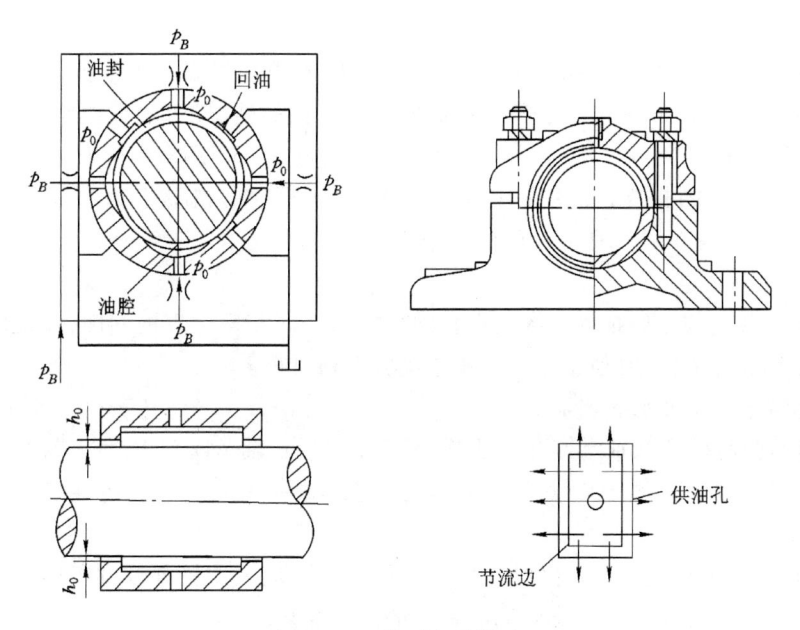

图 20-21 静压润滑轴承

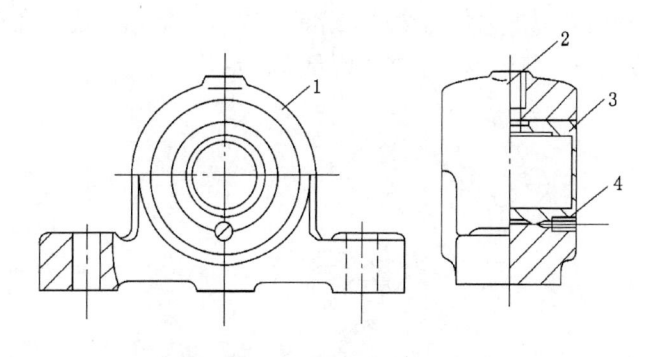

图 20-22 整体式滑动轴承
1——轴承座；2——润滑孔；3——轴套；4——紧固螺钉

d. 多瓦式自动调位轴承

如图 20-23 所示，其结构有三瓦式、五瓦式两种，而轴瓦又分长轴瓦和短轴瓦两种。

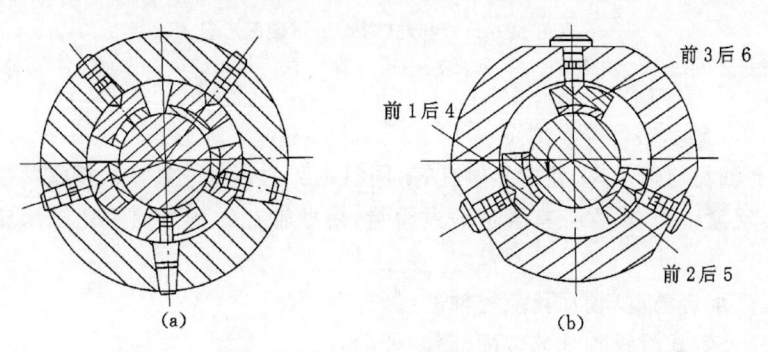

图 20-23 多瓦式自动调位轴承
(a) 五瓦式；(b) 三瓦式

(2) 滑动轴承的特点

滑动轴承具有结构简单、制造方便、径向尺寸小、润滑油膜吸振能力强等优点,能承受较大的冲击载荷,因而工作平稳,无噪声,在保证液体摩擦的情况下,轴可长期高速运转,适合于精密、高速及重载的转动场合。由于轴颈与轴承之间应获得所需的间隙才能正常工作,因而影响了回转精度的提高;即使在液体润滑状态,润滑油的滑动阻力摩擦因数一般仍在 0.08~0.12 之间,故其温升较高,润滑及维护较困难。

2. 滑动轴承的装配

滑动轴承装配的主要技术要求是在轴颈与轴承之间获得合理的间隙,保证轴颈与轴承的良好接触和充分的润滑,使轴颈在轴承中旋转平稳可靠。

(1) 整体式滑动轴承的装配

① 装配前,将轴套和轴承座孔去毛刺,清理干净后在轴承座孔内涂润滑油。

② 根据轴套尺寸和配合时过盈量的大小,采取敲入法或压入法将轴套装入轴承座孔内,并进行固定。

③ 轴套压入轴承座孔后,易发生尺寸和形状变化,应采用铰削或刮削的方法对内孔进行修整、检验,以保证轴颈与轴套之间有良好的间隙配合。

(2) 剖分式滑动轴承的装配

剖分式滑动轴承的装配工艺如图 20-24 所示。先将下轴瓦 4 装入轴承座 3 内,再装垫片 5,然后装上轴瓦 6,最后装轴承盖 7 并用螺母 1 固定。

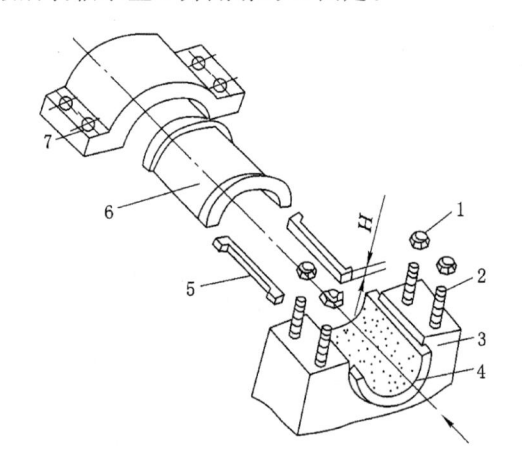

图 20-24 剖分式滑动轴承装配工艺

1——螺母;2——双头螺栓;3——轴承座;4——下轴瓦;5——垫片;6——上轴瓦;7——轴承盖

剖分式滑动轴承装配要点如下:

① 上、下轴瓦与轴承座、盖应接触良好,同时轴瓦的台肩应紧靠轴承座两端面。

② 为实现紧密配合,保证有合适的过盈量,薄壁轴瓦的剖分面应比轴承座的剖分面高一些。

③ 为提高配合精度,轴瓦孔应与轴进行研点配刮。

(3) 内柱外锥式滑动轴承的装配(图 20-25)

① 将轴承外套 3 压入箱体 2 的孔中,并保证有 H7/r6 级的配合要求。

② 用心棒研点,修刮轴承外套 3 的内锥孔,并保证前、后轴承孔的同轴度。
③ 在轴承 5 上钻油孔,要求与箱体、轴承外套油孔相对应,并与自身油槽相接。
④ 以轴承外套 3 的内孔为基准研点,配刮轴承 5 的外圆锥面,使接触精度符合要求。
⑤ 把轴承 5 装入轴承外套 3 的孔中,两端拧上螺母 1、4,并调整好轴承 5 的轴向位置。
⑥ 以主轴为基准,配刮轴承 5 的内孔,使接触精度合格,并保证前、后轴承孔的同轴度符合要求。
⑦ 清洗轴颈及轴承孔,重新装入主轴,并调整好间隙。

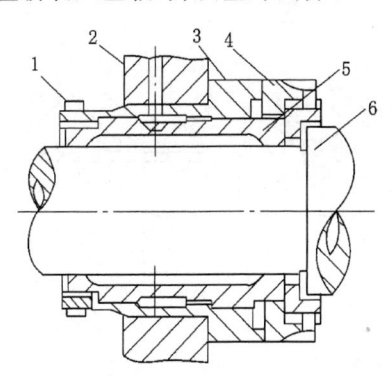

图 20-25 内柱外锥式滑动轴承装配
1——后螺母;2——箱体;3——轴承外套;4——前螺母;5——轴承;6——轴

3. 滑动轴承的修理

滑动轴承的损坏形式有工作表面的磨损、烧熔、剥落及裂纹等。造成这些缺陷的主要原因是油膜因某种原因被破坏,从而导致轴颈与轴承表面产生直接摩擦。

对于不同轴承形式的缺陷,采取的修理方法也不同。

(1) 整体式滑动轴承的修理,一般采用更换轴套的方法。

(2) 剖分式滑动轴承轻微磨损,可通过调整垫片、重新修刮的办法处理。

(3) 内柱外锥式滑动轴承,如工作表面没有严重擦伤,仅作精度修整时,可以通过螺母来调整间隙;当工作表面有严重擦伤时,应将主轴拆卸,重新刮研轴承,恢复其配合精度。当没有调整余量时,可采用喷涂法等加大轴承外锥圆直径,或车去轴承小端部分圆锥面。加长螺纹长度以增加调整范围等方法。当轴承变形、磨损严重时,则必须更换。

(4) 对于多瓦式滑动轴承,当工作表面出现轻微擦伤时,可通过研磨的方法对轴承的内表面进行研抛修理。当工作表面因抱轴烧伤或磨损较严重时,可采用刮研的方法对轴承的内表面进行修理。

三、轴组的装配与修理

1. 轴及轴组的基本概念

轴是机械中重要的零件,它与轴上零件,如齿轮、带轮及两端轴承支座等的组合称为轴组。轴组的装配是将装配好的轴组组件,正确地安装在机器中,并保证其正常工作要求。轴组装配主要是将轴组装入箱体(或机架)中,进行轴承固定、游隙调整、轴承预紧、轴承密封和轴承润滑装置的装配等。

2. 轴承的固定方式

轴正常工作时,不允许有径向跳动和轴向移动存在,但又要保证不致受热膨胀卡死,所以要求轴承有合理的固定方式。轴承的径向固定靠外圈与外壳孔的配合来解决;轴承的轴向固定有两种基本方式。

(1) 两端单向固定方式

如图20-26所示,在轴两端的支承点,用轴承盖单向固定,分别限制两个方向的轴向移动。为避免轴受热伸长而使轴承卡住,在右端轴承外圈与端盖间留有不大的间隙(0.5～1mm),以便游动。

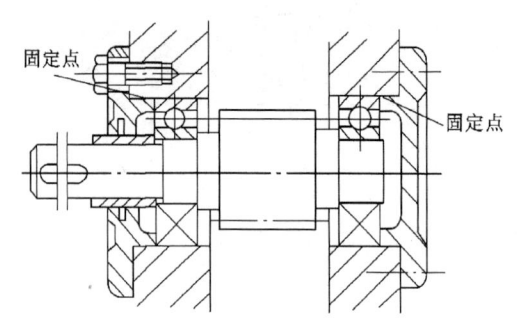

图 20-26 两端单向固定

(2) 一端双向固定方式

如图20-27(a)所示,将右端轴承双向轴向固定,左端轴承可随轴作轴向游动。这种固定方式工作时不会发生轴向窜动,受热时又能自由地向另一端伸长,轴不致被卡死。若游动端采用内、外圈可分的圆柱滚子轴承,此时,轴承内、外圈均需双向轴向固定,如图20-27(b)所示。当轴受热伸长时,轴带着内圈相对外圈游动。

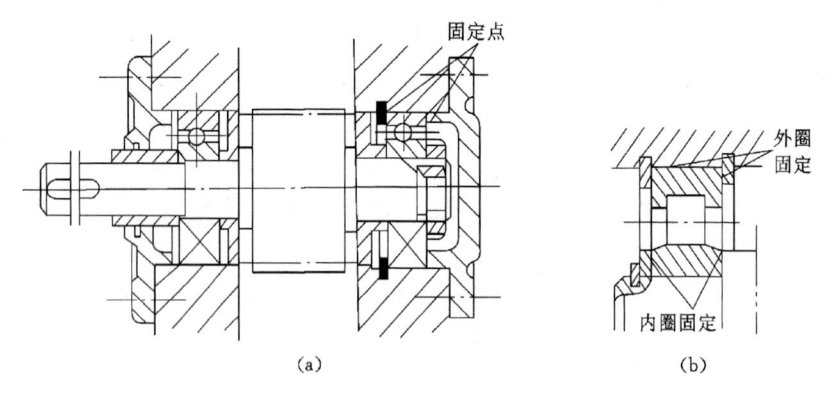

图 20-27 轴承双向固定方式
(a) 一端双向固定方式;(b) 轴承内、外圈均双向轴向固定

如果游动端采用内、外圈不可分离型深沟球轴承或调心球轴承,此时,只需轴承内圈双向固定,外圈可在轴承座孔内游动,轴承外圈与座孔之间应取间隙配合,如图20-28所示。

四、滚动轴承的定向装配

对精度要求较高的主轴部件,为了提高主轴的回转精度,轴承内圈与主轴装配及轴承外

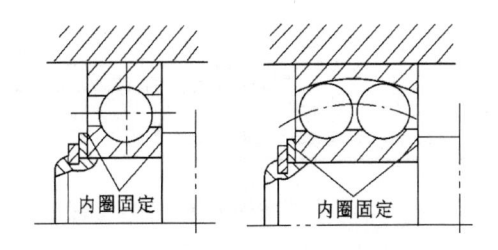

图 20-28　轴承仅内圈双向固定

圈与箱体孔装配时,常采用定向装配的方法。定向装配就是人为地控制各装配件径向跳动的方向,合理组合,采用误差相互抵消来提高装配精度的一种方法。装配前需对主轴轴端锥孔中心线偏差及轴承的内、外圈径向跳动进行测量,确定误差方向并作好标记。

1. 装配件误差的检测方法

(1) 轴承外圈径向圆跳动检测

如图 20-29 所示,测量时,转动外圈并沿百分表方向压迫外圈,百分表的最大读数则为外圈最大径向圆跳动量。

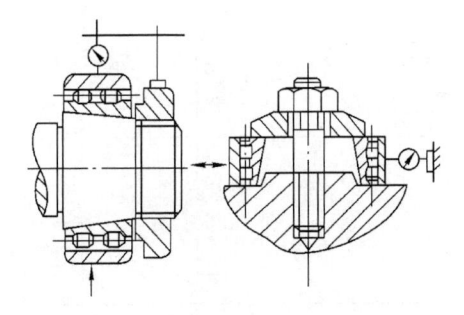

图 20-29　轴承外圈径向圆跳动检测

(2) 轴承内圈径向圆跳动检测

如图 20-30 所示,测量时外圈固定不转,内圈端面上施以均匀的测量负荷 F,F 的数值根据轴承类型及直径变化,然后使内圈旋转一周以上,便可测得轴承内圈内孔表面的径向圆跳动量及其方向。

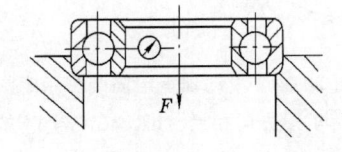

图 20-30　轴承内圈径向圆跳动检测

(3) 主轴锥孔中心线的检测

如图 20-31 所示,测量时将主轴轴颈置于 V 形架上,在主轴锥孔中插入测量用心轴,转动主轴一周以上,便可测得锥孔中心线的偏差数值及方向。

2. 滚动轴承定向装配的要点

(1) 主轴前轴承的精度比后轴承的精度高一级。

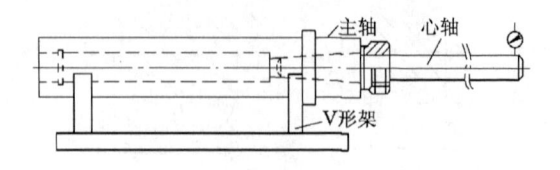

图 20-31 测量主轴锥孔中心线偏差

(2) 前后两个轴承内圈径向圆跳动量最大的方向置于同一轴向截面内,并位于旋转中心线的同一侧。

(3) 前后两个轴承内圈径向圆跳动量最大的方向与主轴锥孔中心线的偏差方向相反。按不同方法进行装配后的主轴精度的比较,如图 20-32 所示。

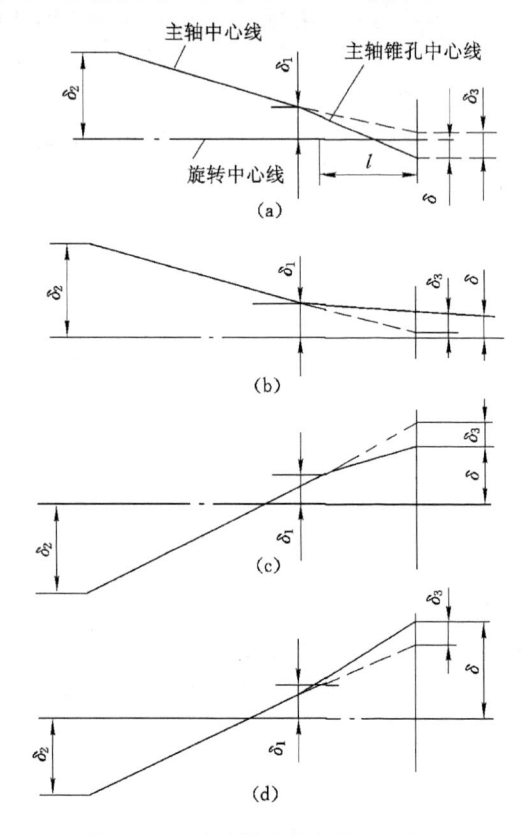

图 20-32 滚动轴承定向装配示意图
(a) δ_1、δ_2 与 δ_3 方向相反;(b) δ_1、δ_2 与 δ_3 方向相同;
(c) δ_1 与 δ_2 方向相反,δ_3 在主轴中心线内侧;
(d) δ_1 与 δ_2 方向相反,δ_3 在主轴中心线外侧

图中 δ_1、δ_2 分别为主轴前、后轴承内圈的径向圆跳动量;δ_3 为主轴锥孔中心线对主轴回转中心线的径向圆跳动量;δ 为主轴的径向圆跳动量。

如图 20-32(a)所示,按定向装配要求进行装配的主轴的径向圆跳动量 δ 最小,$\delta < \delta_3 < \delta_1 < \delta_2$。如果前后轴承精度相同,主轴的径向圆跳动量反而增大。

同理,轴承外圈也应按上述方法定向装配。对于箱体部件,由于检测轴承孔偏差较费时间,可将前后轴承外圈的最大径向跳动点在箱体孔内装在一条直线上即可。

第三节　传动机构的拆卸与修理

一、带传动机构的装配与修理

1. 带传动机构的装配技术要求

(1) 带轮的安装要正确

其径向圆跳动量和端面圆跳动量应控制在规定范围内。

(2) 两带轮的中间平面应重合

其倾斜角和轴向偏移量不得超过规定要求。一般倾斜角不应超过 1°,否则带易脱落或加快带侧面磨损。

(3) 带轮工作表面粗糙度要符合要求

带轮工作表面粗糙度一般为 3.2 μm。其过于粗糙,带轮工作时加剧带的磨损;其过于光滑,带轮加工经济性差,且带易打滑。

(4) 带的张紧力要适当

张紧力过小,带不能传递一定的功率;张紧力过大,带、轴和轴承都将迅速磨损。

2. 带轮与轴的装配

(1) 带轮与轴的连接

一般带轮孔与轴为过渡配合(H7/k6),有少量过盈,同轴度较高,并且用紧固件做周向和轴向固定。带轮与轴的连接方式如图所 20-33 所示。

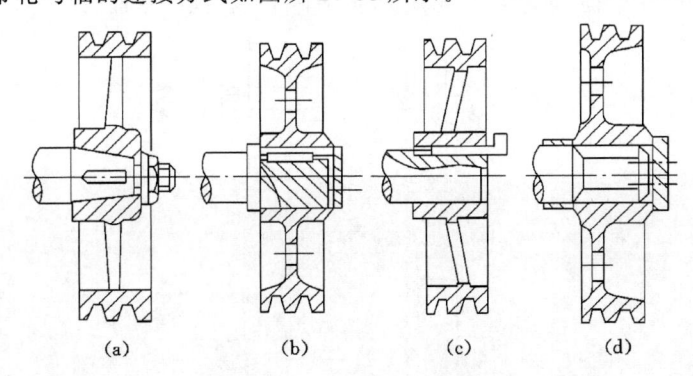

图 20-33　带轮与轴的连接
(a) 圆锥形轴头连接;(b) 平键连接;(c) 楔键连接;(d) 花键连接

(2) 带轮与轴的装配

① 装配前,应做好如下准备工作:

a. 清除带轮孔、轮缘、轮槽表面上的污物和毛刺。

b. 检验带轮孔径的径向圆跳动和端面圆跳动误差,如图 20-34 所示。

(a) 将检验棒插入带轮孔中,用两顶尖支顶检验棒。

(b) 将百分表测头置于带轮圆柱面和带轮端面靠近轮缘处。

(c) 旋转带轮一周，百分表在圆柱面上的最大读数差即为带轮径向圆跳动误差，百分表在端面上的最大读数差即为带轮端面的圆跳动误差。

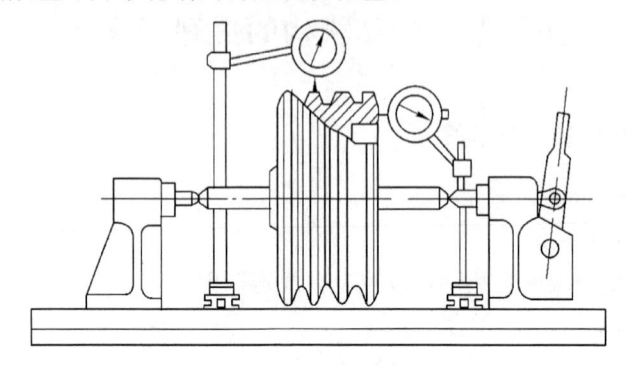

图 20-34 带轮跳动量的检查

② 锉配平键，保证键连接的各项技术要求。

③ 把带轮孔、轴颈清洗干净，涂上润滑油。

④ 装配带轮时，使带轮键槽与轴颈上的键对准，当孔与轴的轴线同轴后，用铜棒敲击带轮靠近孔端面处，将带轮装配到轴颈上。

⑤ 检查两带轮的相互位置精度。如图 20-35 所示，当两带轮的中心距较小时，可用较长的钢直尺紧贴一个带轮的端面，观察另一个带轮端面是否与该带轮端面平行或在同一平面内。若其检验结果不符合技术要求，可通过调整电动机的位置来解决。当两带轮的中心距较大无法用钢直尺来检验时，可用拉线法检查，即使拉线紧贴一个带轮的端面，以此为射线延长至另一个带轮端面，观察两带轮端面是否平行或在同一平面内。

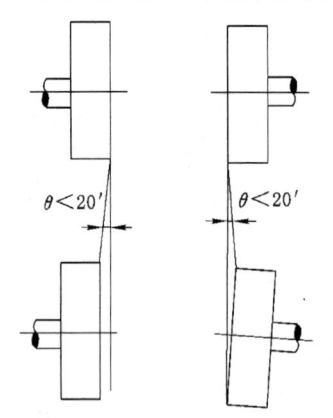

图 20-35 带轮相互位置正确性的检查

3. V 带的安装

(1) V 带的型号

根据国家标准(GB/T 11544—1997)，我国生产的 V 带共分为 Y、Z、A、B、C、D、E 七种型号，而线绳结构的 V 带，目前主要生产的有 Y、Z、A、B 四种型号。Y 型 V 带的节宽、顶宽和高度尺寸最小(即截面积最小)，E 型的节宽、顶宽和高度尺寸最大(即截面积最大)。生产中使用最多的 V 带是 Z、A、B 三种型号。

(2) V 带的安装

① 将 V 带套入小带轮最外端的第一个轮槽中。

② 将 V 带套入大带轮轮槽,左手按住大带轮上的 V 带,右手握住 V 带往上拉,在拉力作用下,V 带沿着转动的方向即可全部进入大带轮的轮槽内。

③ 用一字旋具撬起大带轮(或小带轮)上的 V 带,旋转带轮,即可使 V 带进入大带轮(或小带轮)的第二个轮槽内。

④ 重复上述步骤③,即可将第一根 V 带逐步拨到两个带轮的最后一个轮槽中。

⑤ 检查 V 带装入轮槽中的位置是否正确。

(3) V 带张紧力的检查与调整

① V 带张紧力的检查,如图 20-36 所示。

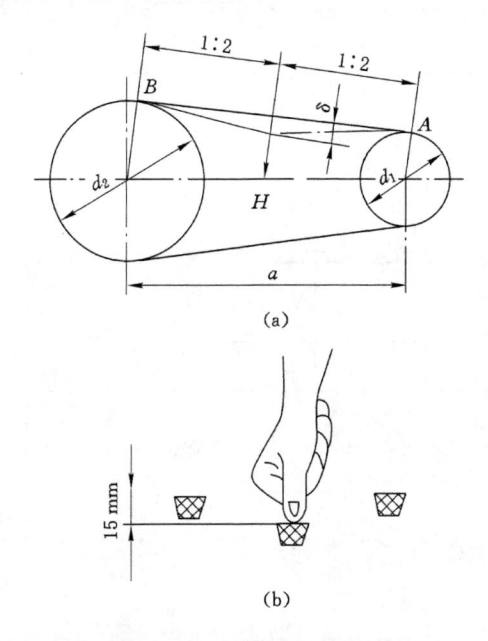

图 20-36　V 带张紧力的检查

② V 带张紧力的调整,如表 20-1 所示。

4. 带传动机构的修复

(1) 轴颈弯曲

用画针盘或百分表检查弯曲程度,采用矫直或更换的方法修复。

(2) 带轮孔与轴配合松动

当带轮孔和轴颈磨损量不大时,可将带轮孔用车床修圆修光,轴颈用镀铬、堆焊或喷镀法加大直径,然后磨削至配合尺寸。当带轮孔磨损严重时,可将带轮孔镗大后压装衬套,用骑缝螺钉固定,再加工出新的键槽。

(3) 带轮槽磨损

可适当车深轮槽,并修整轮缘。

(4) V 带拉长

V 带拉长在正常范围内时,可通过调整中心距进行张紧。若其超过正常的拉伸量,则应更换新带。更换 V 带时,应将一组 V 带同时更换,不得新旧混用。

表 20-1　　　　　　　　　　　V 带张紧力的调整

张紧方法		简图	特点及应用
调整中心距	定期张紧	(a) (b)	此方法是最简单的通用方法。图(a)多用于水平或接近于水平的传动;图(b)多用于垂直或接近于垂直的传动
	自动张紧		靠电机的自重或定子的反力距张紧,多用于小功率的传动。应使电机和带轮的转向有利于减轻配重或减小偏心距
使用张紧轮	定期张紧		适用于当中心距不便调整时,可任意调节张紧力的大小,但影响带的寿命,不能逆转。张紧轮的直径 $d_z \geqslant (0.8 \sim 1)d_1$,应装在带的松边

(5) 带轮崩碎

应更换新带轮。

二、链传动机构的装配与修理

1. 链轮的装配

(1) 链传动机构的装配技术要求

① 两链轮轴线必须平行。链轮轴线平行度的测量如图 20-37 所示。

② 两链轮之间轴向偏移量必须在要求范围内。链轮轴向偏移量的测量如图 20-37 所示。

③ 链轮的跳动量必须符合要求。链轮跳动量的检查如图 20-38 所示。

④ 链条的松紧度要适当

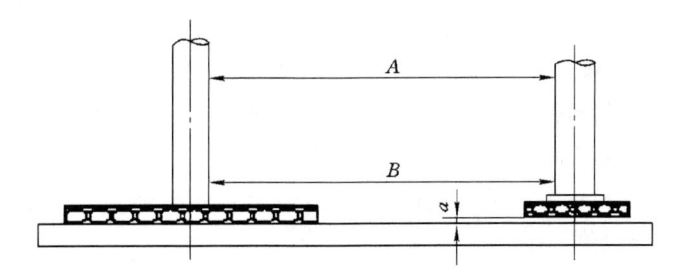

图 20-37　链轮轴线平行度及轴向偏移量的测量

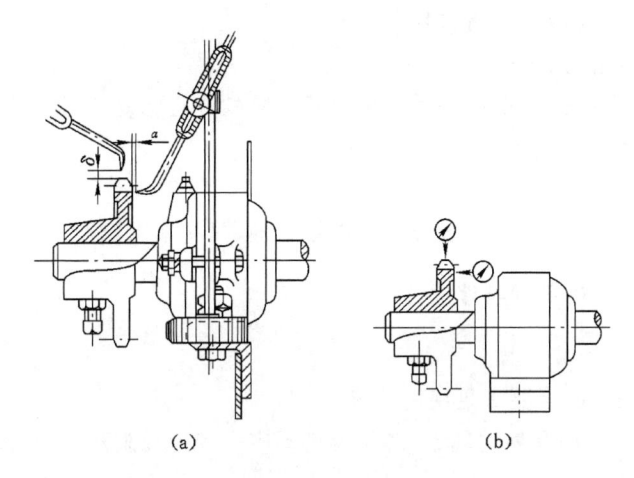

图 20-38　链轮跳动量的检查
(a) 用画线盘检查；(b) 用百分表检查

(2) 链轮在轴上的固定方法。

键连接后再用螺钉固定,过盈连接后再用圆柱销固定。其具体步骤如下：

① 清除链轮孔、链轮轴及键表面的污物和毛刺。

② 将各配合表面清洗干净后涂上润滑油。

③ 用捶击法或压入法将链轮压入轴的固定位置,拧紧紧定螺钉。

④ 对于用圆柱销固定的链轮,当链轮压入轴上后,按规定位置钻、铰圆柱销孔。将销孔清洗干净,涂润滑油后将圆柱销敲入销孔至配合要求。

⑤ 检查链轮装配后的径向圆跳动和端面圆跳动。

⑥ 检查链轮装配后两链轮轴线的平行度和轴向偏移量。

2. 链条的装配

套筒滚子链的精度分为 A 级和 B 级。A 级的链条的用于重载或重要传动,B 级的链条用于一般的普通传动。在链轮上安装链条的步骤如下：

(1) 将链条及接头零件用煤油清洗干净,并用擦布擦干。

(2) 先将链条套在链轮上,再将链条的接头引到便于装配的位置。

(3) 用链条拉紧工具拉链条首尾到位,使链条的首尾对齐。

(4) 用尖嘴钳将接头零件中的圆柱销组件、挡板及弹簧卡片装配到位。

3. 链传动机构的维护与修复

(1) 链传动机构的维护

① 链传动机构的润滑。应根据链传动机构的结构特点和润滑要求,分别采用人工定期润滑、定期浸油润滑、油浴润滑和压力循环润滑等方法。

② 链条下垂度的检查。当链条磨损拉长后,会产生下垂和脱链(俗称掉链)现象,所以要定期检查链条的下垂度。

(2) 链节断裂的修复

将断裂的链节放在带有孔的铁砧上,用锤子敲击冲头将链节心轴冲出,然后换装新的链节,最后将心轴两端铆合或用弹簧卡片卡住即可。

(3) 链轮个别齿折断的修复

当链轮个别齿折断时,一般都是采用更换新链轮的方法修复。对于较大尺寸的链轮,为节约费用也可采用堆焊后再加工的方法修复。

(4) 链轮磨损的修复

当链轮磨损到一定程度时,一般都不再进行修理,只能采用更换新的链轮方法来解决。

三、齿轮传动机构的装配与修理

1. 齿轮传动机构的装配技术要求

(1) 齿轮孔与轴的配合要满足使用要求

空套齿轮在轴上不得有晃动现象;滑移齿轮不应有咬死或阻滞现象;固定齿轮不得有偏心或歪斜现象。

(2) 保证齿轮有准确的安装中心距和适当的齿侧间隙

齿侧间隙(简称侧隙)是指齿轮副非工作表面间法线方向的距离。

(3) 保证齿面接触正确

齿面应有正确的接触位置和足够的接触面积。

(4) 进行必要的平衡试验

对转速高、直径大的齿轮,装配前应进行动平衡检查,以免工作时产生过大的振动。

2. 圆柱齿轮传动机构的装配

装配圆柱齿轮传动机构时,一般是先把齿轮装在轴上,再把齿轮轴组件装入箱体。

(1) 齿轮装在轴上

① 在轴上空套或滑移的齿轮,一般与轴为间隙配合。其装配精度主要取决于零件本身的加工精度。这类齿轮装配较方便。

② 在轴上固定的齿轮,与轴的配合多为过渡配合,有少量的过盈。

③ 对于精度要求高的齿轮传动机构,压装后应检查齿轮径向圆跳动量和端面圆跳动量。其检查方法如下:

a. 齿轮径向圆跳动误差检查如图 20-39 所示。

b. 齿轮端面圆跳动误差的检查如图 20-40 所示。用两顶尖顶住齿轮轴,并使百分表的触头抵在齿轮端面上,在齿轮旋转一周范围内,百分表的最大读数与最小读数之差即为齿轮端面圆跳动误差。

(2) 齿轮轴装入箱体

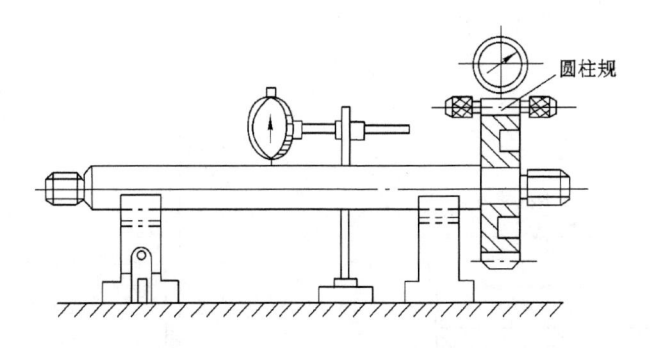

图 20-39 齿轮径向圆跳动误差的检查

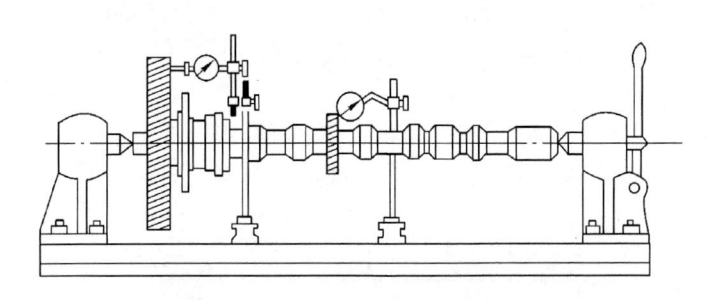

图 20-40 齿轮端面圆跳动误差的检查

① 进行箱体孔距检查，如图 20-41 所示。

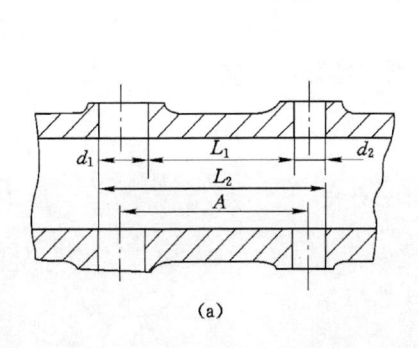

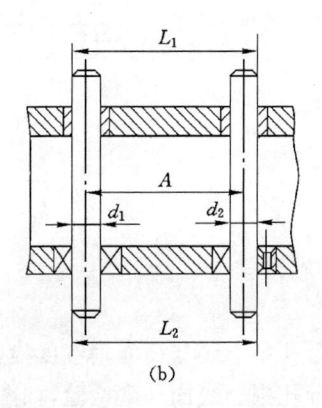

图 20-41 箱体孔距检查
(a) 用游标卡尺测量；(b) 用游标卡尺和心棒测量

② 进行孔系（轴系）平行度检验。

a. 如图 20-42(a)所示，用游标卡尺分别测得 d_1、d_2、L_1 和 L_2，然后计算出中心距。其公式为：

$$A = L_1 + \left(\frac{d_1}{2} + \frac{d_2}{2}\right) \tag{20-1}$$

或

$$A = L_2 - \left(\frac{d_1}{2} + \frac{d_2}{2}\right) \tag{20-2}$$

b. 图 21-42(b)所示可作为齿轮安装孔中心线平行度的测量方法。分别测量出心棒两

端尺寸 L_1、L_2，则 L_1-L_2 就是两孔轴线的平行度误差值。

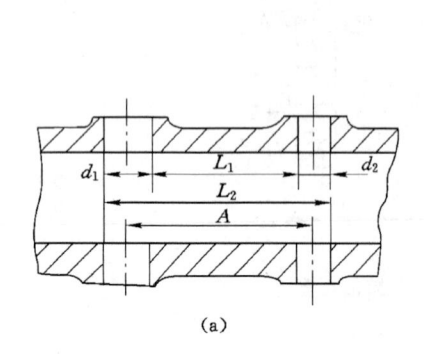

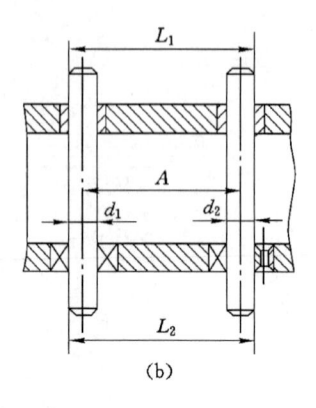

图 20-42　孔系（轴系）平行度检验

③ 进行孔轴线与基面距离尺寸精度和平行度检验，如图 20-43 所示。用游标高度卡尺（或量块与百分表）测量心棒两端尺寸 h_1 和 h_2，则轴线与基面的距离为：

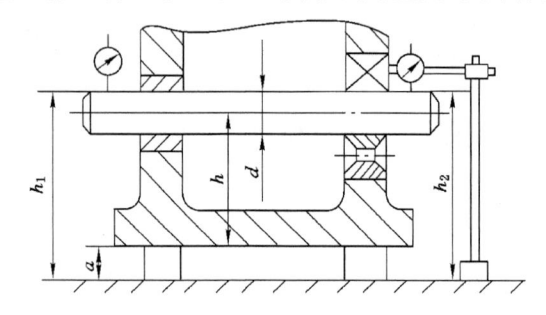

图 20-43　孔轴线与基础距离尺寸精度和平行度检验

$$h=\frac{h_1+h_2}{2}-\frac{d}{2}-a \qquad (20-3)$$

则其平行度误差 Δ 为：

$$\Delta=h_1-h_2 \qquad (20-4)$$

④ 进行孔中心线与端面垂直度检验，如图 20-44 所示。
⑤ 进行孔中心线同轴度检验，如图 20-45 所示。
(3) 检验与调整装配质量
① 齿侧间隙的检验
(a) 采用压铅丝检验法，如图 20-46(a) 所示。
(b) 采用百分表检验法，如图 20-46(b) 所示。
② 接触精度的检验

接触精度的主要指标是接触斑点（即接触位置和接触面积），其检验一般用涂色法。将红丹粉涂于主动齿轮齿面上，转动主动齿轮并使从动齿轮轻微制动后，即可检查其接触斑点。齿轮上接触斑点的面积大小，应该随齿轮精度而定。通过接触斑点的位置及面积的大小，可以判断装配时产生误差的原因。

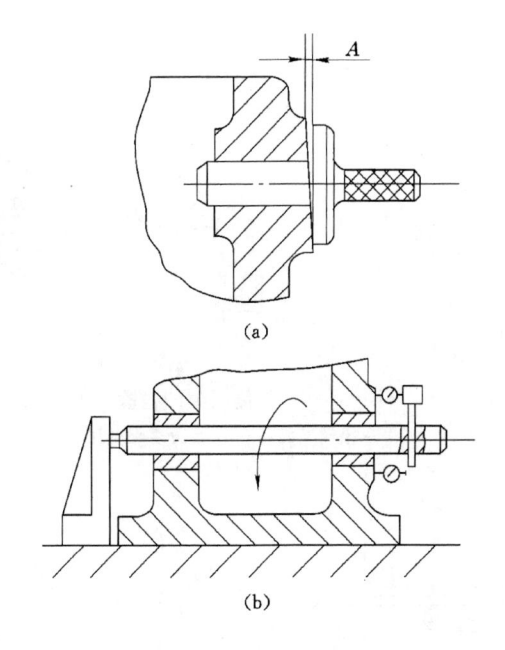

图 20-44　孔中心线与端面垂直度检验

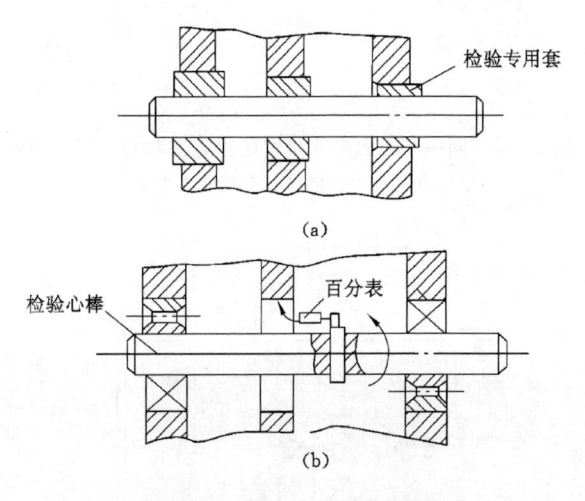

图 20-45　孔中心线同轴度检验

3. 圆锥齿轮传动机构的装配

圆锥齿轮一般用来传递互相垂直的两根轴之间的运动。其装配顺序应根据箱体的结构而定,一般是先装主动轮再装从动轮,把齿轮装到轴上的方法与圆柱齿轮的相似,通常要做的工作是两齿轮在轴上的轴向定位和啮合精度的调整。

(1) 检查箱体

圆锥齿轮装配之前需检验两安装孔轴线的垂直度和相交程度,如图 20-47 和图 20-48 所示。

(2) 确定圆锥齿轮轴向位置

① 安装距离确定时,必须使两齿轮分度圆锥相切,两锥顶重合,据此来确定小齿轮的轴向位置。若此时大齿轮尚未装好,可用工艺轴代替,然后按侧隙要求决定大齿轮的轴向位置。

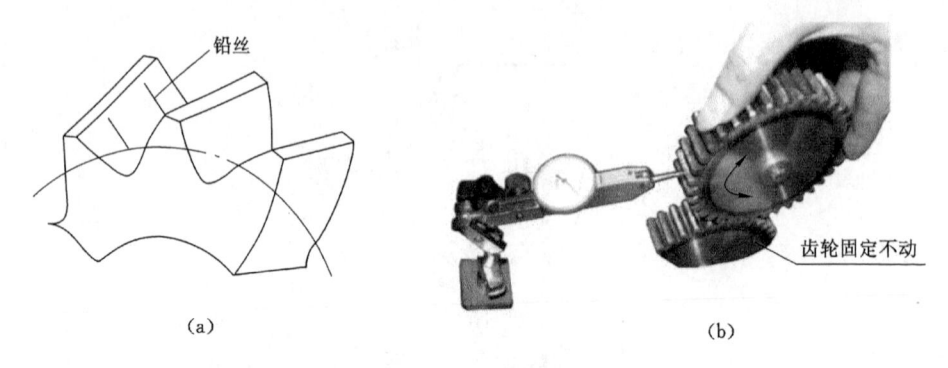

图 20-46 齿侧间隙的检验
(a) 压铅丝检验法；(b) 百分表检验法

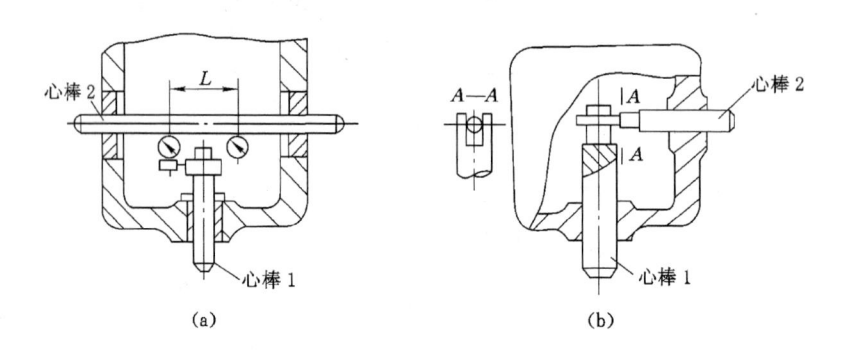

图 20-47 同一平面内两孔轴线的垂直度和相交程度检验
(a) 检验垂直度；(b) 检验相交程度

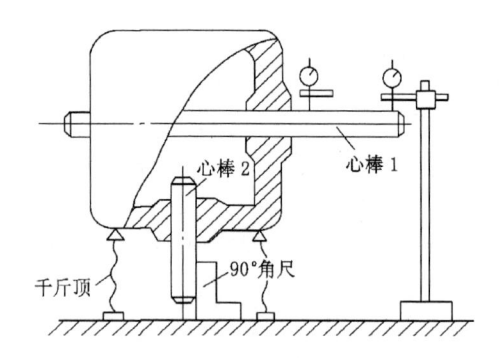

图 20-48 不在同一平面内两孔轴线的垂直度检验

② 背锥面作基准的圆锥齿轮的装配,应将背锥面对齐、对平。图 20-49 中,圆锥齿轮 1 的轴向位置,通过改变垫片厚度来调整；圆锥齿轮 2 的轴向位置,可通过调整固定垫圈位置确定。

(3) 检验圆锥齿轮啮合质量

① 齿侧间隙的检验

其检验方法与圆柱齿轮的基本相同。

② 接触斑点的检验

接触斑点检验一般用涂色法,如图 20-50 所示。

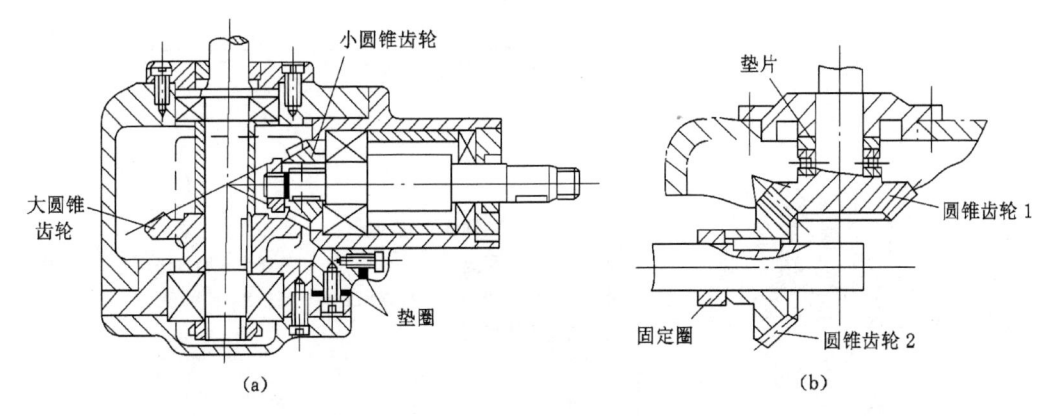

图 20-49 锥齿轮轴向调整
(a)调整垫圈调整;(b)背锥面调整

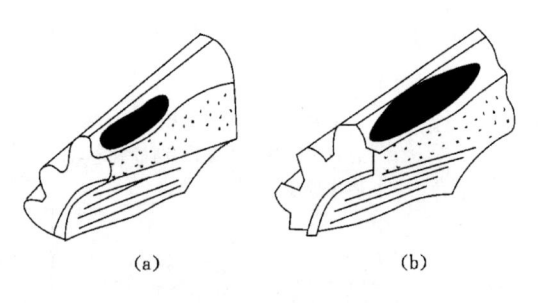

图 20-50 接触斑点检验

直齿圆锥齿轮接触斑点状况分析及调整方法见表 20-2。

表 20-2 直齿圆锥齿轮接触斑点状况分析及调整方法

接触斑点	接触状况及原因	调整方法
正常接触（中部偏小端接触）	在轻微负荷下,接触区在齿宽中部,略宽于齿宽的一半,稍近于小端,在小齿轮齿面上较高,大齿轮齿面上较低,但都不到齿顶	—
低接触 高接触	小齿轮接触区太高,大齿轮太低,由小齿轮轴向定位误差所致	小齿轮沿轴向移出。如侧隙过大,可将大齿轮沿轴向移进
	小齿轮接触区太低,大齿轮太高,原因同上,但误差方向相反	小齿轮沿轴向移进。如侧隙过小,则将大齿轮沿轴向移出
高低接触	在同一齿的一侧接触区高,另一侧低,如小齿轮定位正确且侧隙正常,则为加工不良所致	装配无法调整,需调换零件;若只作单向传动,可按以上两种方法调换

续表 20-2

接触斑点	接触状况及原因	调整方法
小端接触 同向偏接触	两齿轮的齿两侧同在小端接触,由轴线交角太大所致; 两齿轮的齿两侧同在大端接触,由轴线交角太小所致	不能用一般方法调整,必要时修刮轴瓦
大端接触 小端接触 异向偏接触	大小齿轮在齿的一侧接触于大端,另一侧接触于小端,由两端轴心线偏移所致	应检查零件加工误差,必要时修刮轴瓦

4. 齿轮传动机构的修复

(1) 齿轮磨损严重或轮齿断裂时,应更换新的齿轮。

(2) 如果是小齿轮与大齿轮啮合,一般小齿轮比大齿轮磨损严重,应及时更换小齿轮,以免加速大齿轮磨损。

(3) 大模数、低转速的齿轮,个别轮齿断裂时,可用镶齿法修复。

(4) 大型齿轮轮齿磨损严重时,可采用更换轮缘法修复。这具有较好的经济性。

(5) 圆锥齿轮因轮齿磨损或调整垫圈磨损而造成侧隙增大时,应进行调整。

四、蜗杆传动机构的装配与修理

蜗杆传动机构用来传递互相垂直的空间交错两轴之间的运动和动力。它常用于转速需要急剧降低的场合。它具有降速比大、结构紧凑、有自锁性、传动平稳、噪声小等优点;具有传动效率较低、工作时发热大、需要有良好的润滑等缺点。

1. 蜗杆传动机构的装配技术要求

(1) 蜗杆轴心线应与蜗轮轴心线垂直。

(2) 蜗杆轴心线应在蜗轮轮齿的中间平面内。

(3) 蜗杆与蜗轮间的中心距要准确,要有适当的齿侧间隙和正确的接触斑点。

2. 蜗杆传动机构的装配顺序

(1) 若蜗轮不是整体时,应先将蜗轮齿圈压入轮毂上,然后用螺钉固定。

(2) 将蜗轮装到轴上,其装配方法和圆柱齿轮的相似。

(3) 把蜗轮组件装入箱体后再装蜗杆,蜗杆的位置由箱体精度确定。要使蜗杆轴线位于蜗轮轮齿的对称中心平面内,应通过调整蜗轮的轴向位置来达到要求。

3．蜗杆传动机构装配质量的检验

(1) 蜗轮的轴向位置及接触斑点的检验

蜗杆蜗轮的接触精度用涂色法检验,如图 20-51 所示。图 20-51(a)所示为正确接触,其接触斑点在蜗轮齿侧面中部稍偏于蜗杆旋出方向一点。图 20-51(b)、20-51(c)所示表明蜗轮的位置不对,应通过配磨蜗轮垫圈的厚度来调整其轴向位置。

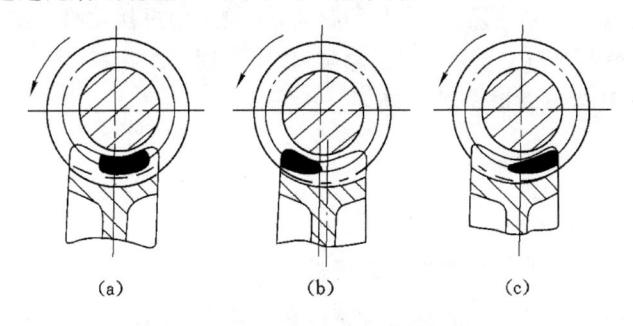

图 20-51　用涂色法检验蜗轮齿面接触斑点
(a) 正确；(b) 蜗轮偏右；(c) 蜗轮偏左

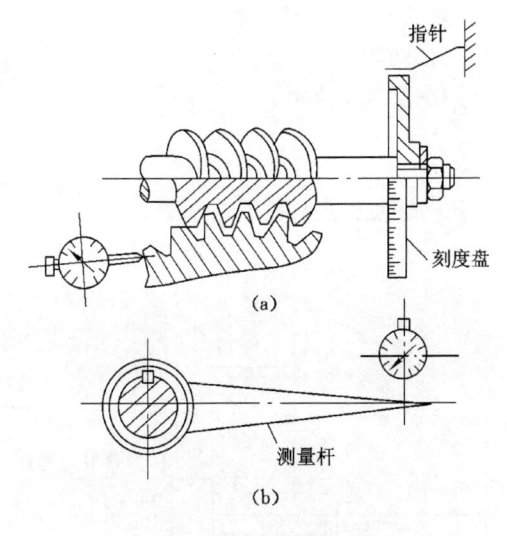

图 20-52　齿侧间隙检验
(a) 直接测量法；(b) 测量杆测量法

(2) 齿侧间隙的检验

蜗杆蜗轮齿侧间隙一般要用百分表来测量。如图 20-52 所示,在蜗杆轴上固定一个带有量角器的刻度盘2,把百分表测头支顶在蜗轮的侧面上,用手转动蜗杆,在百分表不动的条件下,根据刻度盘转角的大小计算出齿侧间隙。

侧隙与空程转角有如下的近似关系(蜗杆升角影响忽略不计)：

$$\alpha = C_n \frac{360° \times 60}{1\,000\pi z_1 m} = 6.9 \times \frac{C_n}{z_1 m} \tag{20-5}$$

式中　C_n——侧隙，mm；
　　　Z_1——蜗杆头数；
　　　m——模数，mm；
　　　α——空程转角，(°)。

4. 蜗杆传动机构的修理

(1) 一般传动的蜗杆磨损或划伤后，要更换新的。

(2) 大型蜗轮磨损或划伤后，为了节约材料，一般采用更换轮缘法修复。

(3) 分度用的蜗杆机构(又称分度蜗轮副)传动精度要求很高，修理工作也复杂和精细，一般采用精滚齿后剃齿或珩磨法进行修复。

五、螺旋传动机构的装配与修理

1. 螺旋传动机构的装配技术要求

(1) 螺旋副应有较高的配合精度和准确的配合间隙。

(2) 螺旋副轴线的同轴度及丝杠轴心线与基准面的平行度，应符合规定要求。

(3) 螺旋副相互转动应灵活。

(4) 丝杠的回转精度应在规定范围内。

2. 螺旋传动机构的装配方法

(1) 测量和调整螺旋副配合间隙。

① 其径向间隙的测量，如图 20-53 所示。

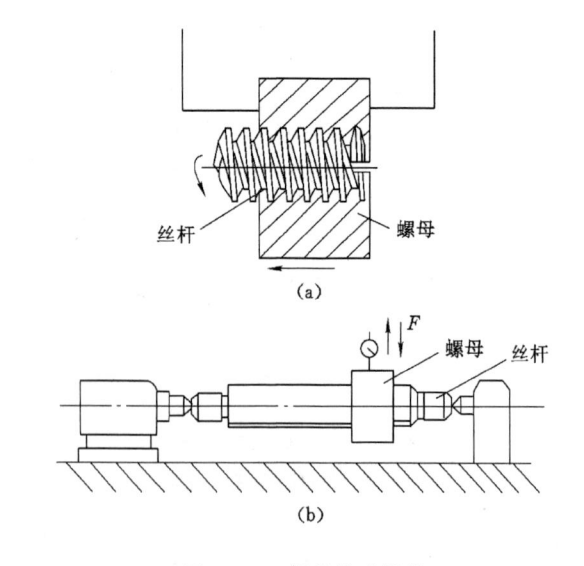

图 20-53　螺旋传动机构
(a) 螺旋传动机构的应用；(b) 螺旋副径向间隙的测量

② 其轴向间隙消除机构包括：单螺母消隙机构(如图 20-54 所示)和双螺母消隙机构(如图 20-55 所示)。

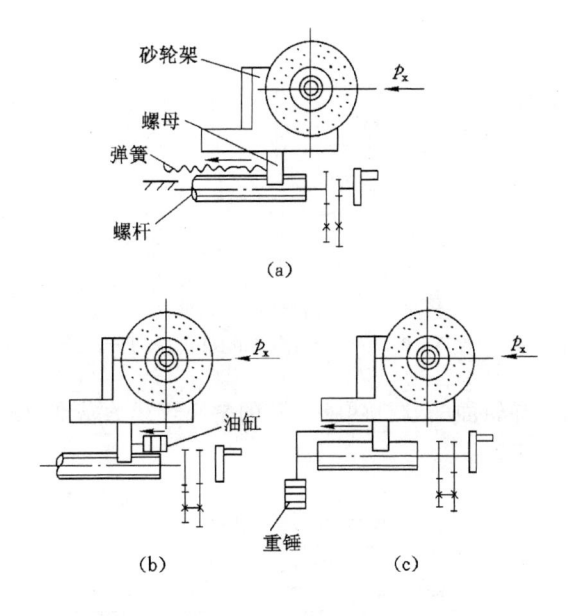

图 20-54 单螺母消隙机构
(a)弹簧拉力消隙；(b)油缸压力消隙；(c)重锤消隙

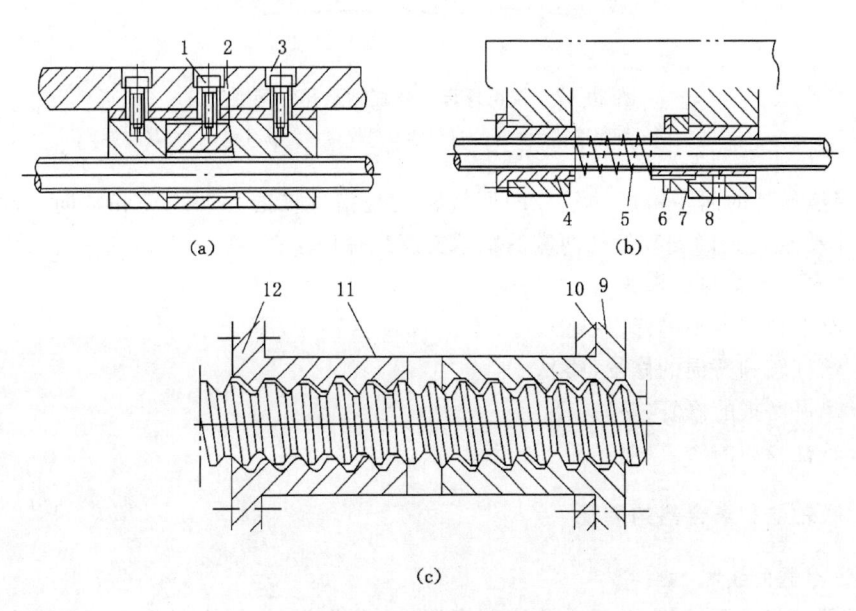

图 20-55 双螺母消隙机构
(a)楔块消隙；(b)弹簧消隙；(c)垫片消隙
1,3——螺钉；2——楔块；4,8,9,12——螺母；5——弹簧；
6——垫圈；7——调整螺母；10——垫片；11——工作台

(2)校正丝杠螺母的同轴度及丝杠轴心线与基准面的平行度。

① 先正确安装丝杠两轴承支座，用专用检验心棒和百分表校正，使两轴承孔轴心线在同一直线上，且与螺母移动时的基准导轨平行，如图 20-56 所示。

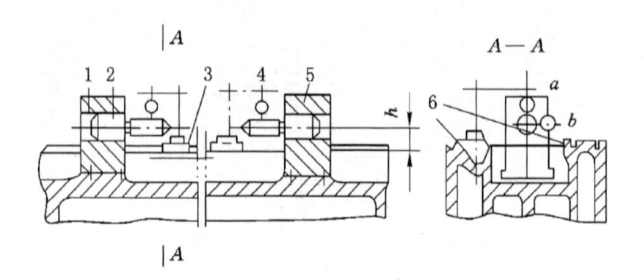

图 20-56　安装丝杠两轴承支座

1,5——前后轴承座；2——检验心棒；3——磁力表座滑板；4——百分表；6——螺母移动基准导轨

② 再以平行于基准导轨面的丝杠两轴承孔的中心连线为基准，校正螺母与丝杠轴承孔的同轴度，如图 20-57 所示。

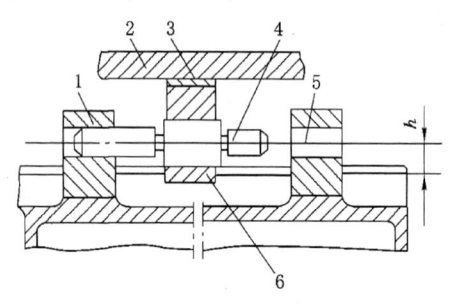

图 20-57　校正螺母与丝杠轴承孔的同轴度

1,5——前后轴承座；2——工作台；3——垫片；4——检验棒；6——螺母座

③ 调整丝杠的回转精度。丝杠的回转精度是指丝杠的径向跳动和轴向窜动的大小。装配时，主要通过正确安装丝杠两端的轴承支座来保证。

3．螺旋传动机构的修复

(1) 丝杠螺纹磨损的修复(略)。

(2) 丝杠轴颈磨损的修复(略)。

(3) 螺母磨损的修复(略)。

(4) 丝杠弯曲的修复(略)。

六、联轴器和离合器的装配

1．联轴器的装配

联轴器按结构形式不同，可分为锥销套筒式、凸缘式、十字滑块式、弹性圆柱销式、万向联轴式等。

(1) 装配技术要求

无论哪种形式的联轴器，其装配的主要技术要求是应保证两轴的同轴度，否则被连接的两轴在转动时将产生附加阻力并增加机械的振动，严重时还会使轴产生变形，以致造成轴和轴承的过早损坏。对于高速旋转的刚性联轴器，这一要求尤为重要。对于挠性联轴器，由于其具有一定的挠性作用和吸收振动的能力，所以其同轴度要求比刚性联轴器的稍低。

(2) 装配方法

如图 20-58 所示,凸缘式联轴器的装配方法如下:
① 将凸缘盘 3、4 用平键分别装在轴 1 和轴 2 上,并固定齿轮箱。
② 将百分表固定在凸缘盘 4 上,并使百分表触头抵在凸缘盘 3 的外圆上,找正凸缘盘 3 和 4 的同轴度。
③ 移动电动机,使凸缘盘 3 的凸台少许插进凸缘盘 4 的凹孔内。
④ 转动轴 2,测量两凸缘盘端面间的间隙。如果其间隙均匀,则移动电动机使两凸缘盘端面靠近,固定电动机,最后用螺栓紧固两凸缘盘。

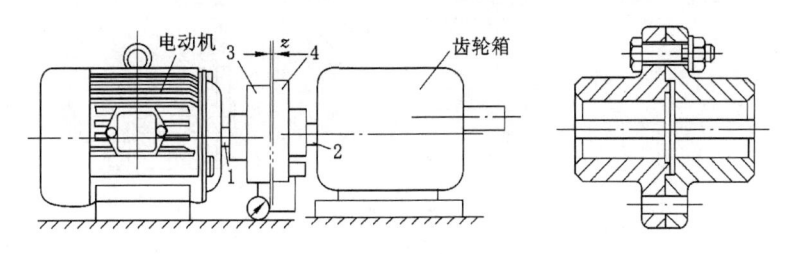

图 20-58 凸缘式联轴器机器装配
1,2——轴;3,4——凸缘盘

2. 离合器的装配
(1) 装配技术要求
离合器结合与分离动作灵敏,能传递足够的转矩,工作平稳。对于摩擦离合器,应解决其发热和磨损补偿问题。
(2) 装配方法
圆锥式摩擦离合器装配如图 20-59 所示。双向片式摩擦离合器装配如图 20-60 所示。

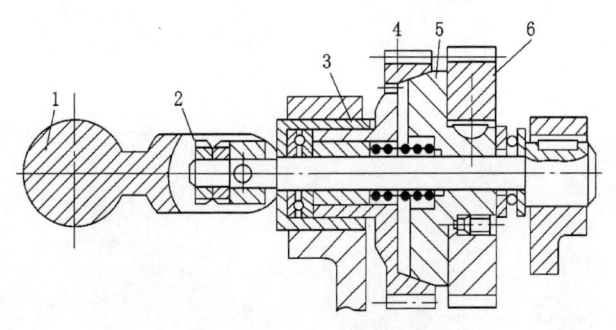

图 20-59 圆锥式摩擦离合器装配
1——手柄;2——螺母;3——套筒;4,6——齿轮;5——锥体

3. 联轴器和离合器的修理
(1) 联轴器的修复
联轴器与轴配合松动时,可将轴颈镀铬或喷涂,以增大轴颈的方法来修复;连接件磨损严重时应更换新的联轴器。
(2) 离合器的修复
圆锥式摩擦离合器表面出现不均匀磨损时,可重新磨削或刮研。双向片式摩擦离合器出现弯曲或严重擦伤时,可调平或更换摩擦片。

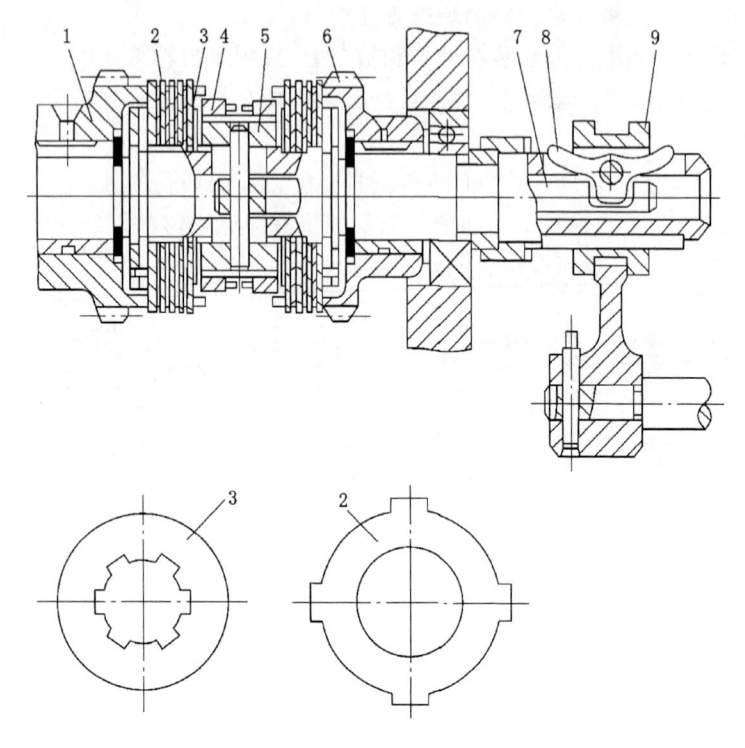

图 20-60 双向片式摩擦离合器装配

1,6——套筒齿轮；2——外摩擦片；3——内摩擦片；4——螺母；
5——花键轴；7——拉杆；8——元宝键；9——滑环

第二十一章　钢丝绳的使用和维护

第一节　钢丝绳的插接

一、钢丝绳插接相关要求

煤矿行业标准及《煤矿安全规程》规定钢丝绳的插接质量应符合下列要求：
(1) 钢丝绳的插接长度不得小于钢丝绳直径的 1 000 倍；
(2) 插接的两条钢丝绳必须同型号、同直径，其两端插接的长度必须相等；
(3) 填如钢丝绳内部的绳股，必须填满除去麻芯的空间；
(4) 钢丝绳长插接部位的直径与钢丝绳直径应基本相同，不得与原直径增加 10%；
(5) 各对应股相交的部分应均匀分布，不得有松弛现象；
(6) 应进行钢丝绳插接试样的拉力实验，插接段抗拉力的损失不得大于原绳破断力的 4%。

二、钢丝绳插接技术

1. 矿用钢丝绳的插接技术

(1) 破股。先把要插接的钢丝绳两绳头破股。根据《煤矿安全规程》钢丝绳插接长度不少于钢丝绳直径 1 000 倍的规定，在破股时，从绳头量取大于钢丝绳直径 500 倍的长度，并在该处用扎丝扎紧（见图 21-1）。破股时按照钢丝绳的旋向隔一股取一股钢丝绳并盘圈，破股时长绳要按钢丝绳的捻距盘成直径 500 mm 左右的圈，便于操作。待取下的三股绳长度达到钢丝绳直径的 500 倍时，停止破绳。把取下的三股钢丝绳分别盘圈放置，并把另三股带绳芯的钢丝绳在离扎丝 150~200 mm 处截断，另一根钢丝绳头也用同样的方法进行破开。

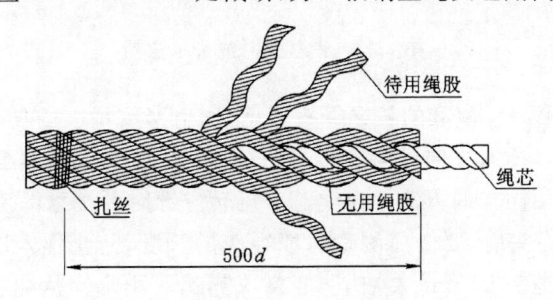

图 21-1　钢丝绳破头示意图

(2) 对绳头。对绳头时要拉紧使两端绳的捻距一致，然后先将一侧的长绳全都绕远后再走另一侧的三根长绳。把破开的两个绳头对头放在一起,按照一左一右、短短长长及钢丝绳的旋向逐个交叉在一起(见图21-2)。部分人员托起两侧主绳,分别抓住两侧的三股长绳头,用力拉紧。待长绳和短绳的捻距走向一致时,解开一边扎丝,采取短绳进长绳退的方式,走第一股绳(见图21-3)。待到长绳的剩下部分为钢丝绳直径的60倍时,将短绳也按钢丝绳直径的60倍截断;再走第二股钢丝绳,待到第二股钢丝绳长短绳搭接点距第一股绳长短绳搭接点为钢丝绳直径140倍时,停止走绳,第二股长绳与短绳的长度均按钢丝绳直径的60倍截断;走第三股钢丝绳时,待第三股钢丝绳长短绳搭接点距第二股绳长短绳搭接点为钢丝绳直径120倍时,停止走绳,同样要按绳径60倍留取相等的长度并截断。另一侧三股绳的对绳头方式类同。

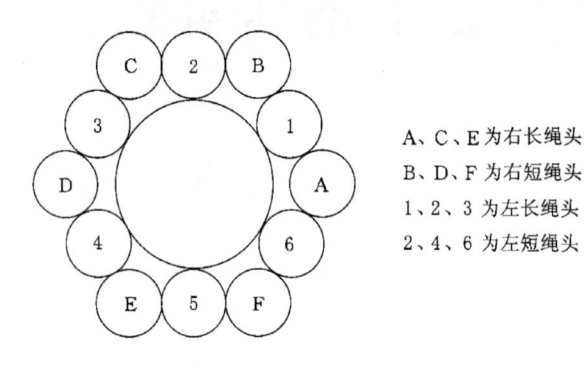

A、C、E 为右长绳头
B、D、F 为右短绳头
1、2、3 为左长绳头
2、4、6 为左短绳头

图 21-2　钢丝绳对绳头剖面示意图

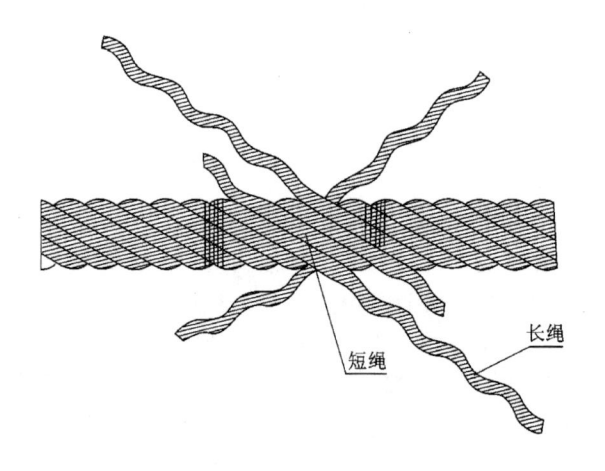

图 21-3　钢丝绳对绳头示意图

(3) 抽绳芯。从第一根留取的长绳绳头开始,用扁锉按每边三股破绳,正反旋转切断绳芯,用钩锉钩出绳芯后,插入方锉反向旋转,另一人顺势抽出绳芯,抽至第三根短绳留下的绳头处为止。另一侧也用同样的方法抽出绳芯。旋转方锉时要注意保持方锉两边均为三股。

(4) 埋绳头。埋绳头前,要提前测量每股绳头的长度,防止埋入的两股绳头顶在一起;要用麻绳或胶布包扎绳头 50 mm 左右,防止绳头露出。用扁锉从绳背面插入绳头搭接处,钩锉从搭接处插入并钩在绳背面,扁锉尖压下绳头反向旋转,将绳头压入原绳芯的空间。其他绳头依次按此操作,直至绳头全部进入主绳体。

2. 矿用钢丝绳插接时的注意事项

矿用钢丝绳采用大插头接法时,需要注意以下问题:

(1) 预留的钢丝绳埋头长度只能长于设计长度,否则,插完的绳索的抗拉力达不到原绳索的抗拉力。

(2) 压绳代替麻芯处的两股钢丝绳必须十字交叉,这样做是为了增加接头绳处的抗拉力。

(3) 用钢丝绳代替麻芯时,麻芯不能多拉,拉出麻芯长度与填进的一股钢丝绳应有一点搭在一处,中间芯不能脱开。

(4) 接头处由于麻芯抽出,这样绳索的保养就不如原绳,因此在使用中,要经常加油进行保养,以延长使用时间。

(5) 大接绳头虽然能达到原绳索的技术性能,但由于插接时的工艺不高,而产生不利因素。因此,在使用中,最好将此处绳索安排在工作不频繁的地方,以免发生意外。

(6) 该方法适用于普通捻六股钢丝绳插接连接。大接绳头在使用中,要经常对其进行检查。

第二节　钢丝绳的使用与维护

一、钢丝绳使用与维护的相关规定

新钢丝绳的使用与管理,必须遵守下列规定:

(1) 钢丝绳到货后,应当进行性能检验。合格后应当妥善保管备用,防止损坏或者锈蚀。

(2) 每根钢丝绳的出厂合格证、验收检验报告等原始资料应当保存完整。

(3) 存放时间超过 1 年的钢丝绳,在悬挂前必须再进行性能检测,合格后方可使用。

(4) 钢丝绳悬挂前,必须对每根钢丝做拉断、弯曲和扭转 3 种试验,以公称直径为准对试验结果进行计算和判定:

① 不合格钢丝的断面积与钢丝总断面积之比达到 6%,不得用做升降人员;达到 10%,不得用做升降物料。

② 钢丝绳的安全系数小于 $9.2-0.0005H$(H 为由驱动轮到尾部绳轮的长度,m)时,该钢丝绳不得使用。

在用钢丝绳的检验、检查与维护,应当遵守下列规定:

(1) 升降人员或者升降人员和物料用的缠绕式提升钢丝绳,自悬挂使用后每 6 个月进行 1 次性能检验;悬挂吊盘的钢丝绳,每 12 个月检验 1 次。

(2) 升降物料用的缠绕式提升钢丝绳,悬挂使用 12 个月内必须进行第 1 次性能检验,以后每 6 个月检验 1 次。

(3) 缠绕式提升钢丝绳的定期检验,可以只做每根钢丝的拉断和弯曲 2 种试验。试验结果,以公称直径为准进行计算和判定。出现下列情况的钢丝绳,必须停止使用:

① 不合格钢丝的断面积与钢丝总断面积之比达到 25% 时;

② 钢丝绳的安全系数小于 $9.2-0.0005H$(H 为由驱动轮到尾部绳轮的长度,m)时。

(4) 摩擦式提升钢丝绳及平衡钢丝绳在直径不大于 18 mm 的钢丝绳,不受(1)、(2)条限制。

(5) 提升钢丝绳必须每天检查 1 次,平衡钢丝绳、罐道绳、防坠器制动绳(包括缓冲绳)、架空乘人装置钢丝绳、钢丝绳牵引带式输送机钢丝绳和井筒悬吊钢丝绳必须每周至少检查 1 次。对易损坏和断丝或者锈蚀较多的一段应当停车详细检查。断丝的突出部分应当在检查时剪下。检查结果应当记入钢丝绳检查记录簿。

(6) 对使用中的钢丝绳,应当根据井巷条件及锈蚀情况,采取防腐措施。摩擦提升钢丝绳的摩擦传动段应当涂、浸专用的钢丝绳增摩脂。

(7) 平衡钢丝绳的长度必须与提升容器过卷高度相适应,防止过卷时损坏平衡钢丝绳。使用圆形平衡钢丝绳时,必须有避免平衡钢丝绳扭结的装置。

(8) 严禁平衡钢丝绳浸泡水中。

(9) 多绳提升的任一根钢丝绳的张力与平均张力之差不得超过±10%。

钢丝绳的报废和更换,应当遵守下列规定:

(1) 钢丝绳的报废类型、内容及标准应当符合表 21-1 的要求。达到其中一项的,必须报废。

表 21-1　　　　　　　　　　钢丝绳的报废类型、内容及标准

项目	钢丝绳类别		报废标准	说明
使用期限	摩擦式提升机	提升钢丝绳	2 年	如果钢丝绳的断丝、直径缩小和锈蚀程度不超过本表断丝、直径缩小、锈蚀类型的规定,可继续使用 1 年
		平衡钢丝绳	4 年	
	井筒中悬挂水泵、抓岩机的钢丝绳		1 年	到期后经检查鉴定,锈蚀程度不超过本表锈蚀类型的规定,可以继续使用
	悬挂风管、输料管、安全梯和电缆的钢丝绳		2 年	
断丝	升降人员或升降人员和物料用钢丝绳		5%	各种股捻钢丝绳在 1 个捻距内断丝断面积与钢丝总断面积之比
	专为升降物料用的钢丝绳、平衡钢丝绳、防坠器的制动钢丝绳(包括缓冲绳)、兼作运人的钢丝绳牵引带式输送机的钢丝绳和架空乘人装置的钢丝绳		10%	
	罐道钢丝绳		15%	
	无极绳运输和专为运物料的钢丝绳牵引带式输送机用的钢丝绳		25%	
直径缩小	提升钢丝绳、架空乘人装置或制动钢丝绳		10%	(1) 以钢丝绳公称直径为准计算的直径减小量。(2) 使用密封式钢丝绳时,外层钢丝厚度磨损量达到 50%时,应更换
	罐道钢丝绳		15%	
锈蚀	各类钢丝绳			(1) 钢丝出现变黑、锈皮、点蚀麻坑等损伤时,不得再用作升降人员。(2) 钢丝绳锈蚀严重,或点蚀麻坑形成沟纹,或外层钢丝松动时,不论断丝数多少或绳径是否变化,应立即更换

(2) 更换摩擦式提升机钢丝绳时,必须同时更换全部钢丝绳。

(3) 在钢丝绳使用期间,断丝数突然增加或者伸长突然加快,必须立即更换。

(4) 钢丝绳在运行中遭受到卡罐、突然停车等猛烈拉力时,必须立即停车检查,发现下列情况之一者,必须将受损段剁掉或者更换全绳:

① 钢丝绳产生严重扭曲或者变形。

② 断丝或直径减小量超过规定。

③ 遭受猛烈拉力的一段的长度伸长 0.5% 以上。

二、钢丝绳使用与维护的相关要求和方法

1. 钢丝绳使用的一般要求

(1) 钢丝绳要正确开卷。钢丝绳开卷时,要避免钢丝绳扭结,强度降低以致随坏。钢丝绳切断时要扎紧防止松散。

(2) 钢丝绳不得超负荷使用,不能再冲击载荷下工作,工作时速度应平稳。

(3) 严禁钢丝绳与电线接触,以免被打坏或发生触电。靠近高温物体时,要采取隔热措施。

(4) 钢丝绳应防止磨损、腐蚀或其他物理条件、化学条件造成的性能降低。

(5) 使用前要根据使用情况选择合适直径的钢丝绳。

(6) 在使用过程中,要经常检查钢丝绳的负荷能力及破损情况。

(7) 钢丝绳使用后及时保养,正确存放。

2. 钢丝绳的安全检查

钢丝绳的检查分为日常检验、定期检验和特殊检验。日常检验就是自检;定期检验是根据装置类型、使用率、环境以及上次检验的结果,来确定采用月检还是年检。

钢丝绳具体检验内容及方法如下:

(1) 断丝。在一个捻距统计断丝数,包括外部和内部的断丝。即使在同一根钢丝上有 2 处断丝,统计时也应按 2 根断丝数统计。钢丝断裂部门超过本身半径者,应以断丝处理。① 检验时应注意断丝的位置(如距末端多远)和断丝的集中程度,以决定处理方法。② 注意断丝的部位和形态,即断丝发生在绳股的凸出部位还是凹谷部位。根据断丝的形态,可以判断出断丝的原因。

(2) 磨损。磨损检验主要是磨损状态和直径的测量。磨损的状态有两种:一种是同心磨损,另一种是偏心磨损。偏心磨损的钢丝绳多数发生在绳索移动量不大、吊具较重、拉力变化较大的场合。例如,电磁吸盘起重机的起升绳易发生这种磨损。偏心磨损和同心磨损同样使钢丝绳强度降低。

(3) 腐蚀。腐蚀有外部腐蚀和内部腐蚀两种。外部腐蚀的检验:目视钢丝绳生锈、点蚀,钢丝松弛状态。内部腐蚀不易检验。如果是直径较细($\leqslant 20$ mm)的钢丝绳,可以用手把钢丝绳弄弯进行检验;如果直径较大的钢丝绳,可用钢丝绳插接纤子进行内部检验,检验后要把钢丝绳恢复原状,注意不要损伤绳芯。

3. 钢丝绳直径的检测方法及允许偏差的规定

(1) 钢丝绳直径应用游标卡尺测量,检测应在无张力的情况下,在检测点选 2 个相距至少 1 m 的检测截面,在同一截面互相垂直测取 2 个数据,4 个绳径数据的平均值作为钢丝绳的实测直径。

(2) 直径大于 8 mm 的钢丝绳实测绳径允许偏差为 +5%(例如,公称直径为 26 mm 的钢丝绳,实测绳径允许偏差范围为 26～27.3 mm)。

第二十二章 矿井固定设备的结构原理与性能

第一节 矿井提升设备的结构原理与性能

一、矿井提升设备的组成

矿井提升设备主要由提升容器、钢丝绳、提升机、井架、天轮、井筒装备以及装、卸载附属设备组成。

二、矿井提升设备的分类

矿井提升设备按用途分为：主井提升设备，专门提升煤炭等有用矿物；副井提升设备，用于提升矸石、升降人员和设备，下放材料等。

矿井提升设备按提升容器分为：箕斗提升设备，用于主井提升；罐笼提升设备，用于副井提升，对于小型矿井也可用作主井提升。

矿井提升设备按提升机类型分为：单绳缠绕式提升设备、多绳摩擦式提升设备。

矿井提升设备按井筒的角度分为：竖井提升设备、斜井提升设备。

矿井提升设备按平衡方式分为：无尾绳不平衡提升设备、有尾绳平衡提升设备。

三、提升容器及附属装置

提升容器是装运煤炭、矸石、人员、材料和设备的工具。煤矿使用的容器有罐笼、箕斗、矿车、斜井人车和吊桶之分。矿车与斜井人员主要用于斜井。吊桶是立井凿井时使用的提升容器。这里主要介绍在煤矿生产中应用最多的罐笼和箕斗两种容器。

（一）罐笼

罐笼是一种多用途的提升容器，既可用来提升矸石、升降人员、运送材料和设备，又可以提升煤炭。罐笼有普通罐笼和翻转罐笼之分。

1. 普通罐笼的分类

普通罐笼一般可分为单层、多层和单车、多车以及单绳、多绳等。标准的普通罐笼载荷按固定车厢式矿车的名义载重分为1 t、1.5 t和3 t三种。

2. 普通罐笼的结构

普通罐笼一般为钢混合式结构。图22-1为单绳单层1 t标准普通罐笼结构图。单绳单层1 t标准普通罐笼主要由以下几部分组成。

（1）罐体

罐体由骨架（横梁7和立柱8）、侧板、罐顶、罐底及轨道等组成。罐笼顶部设有半圆弧

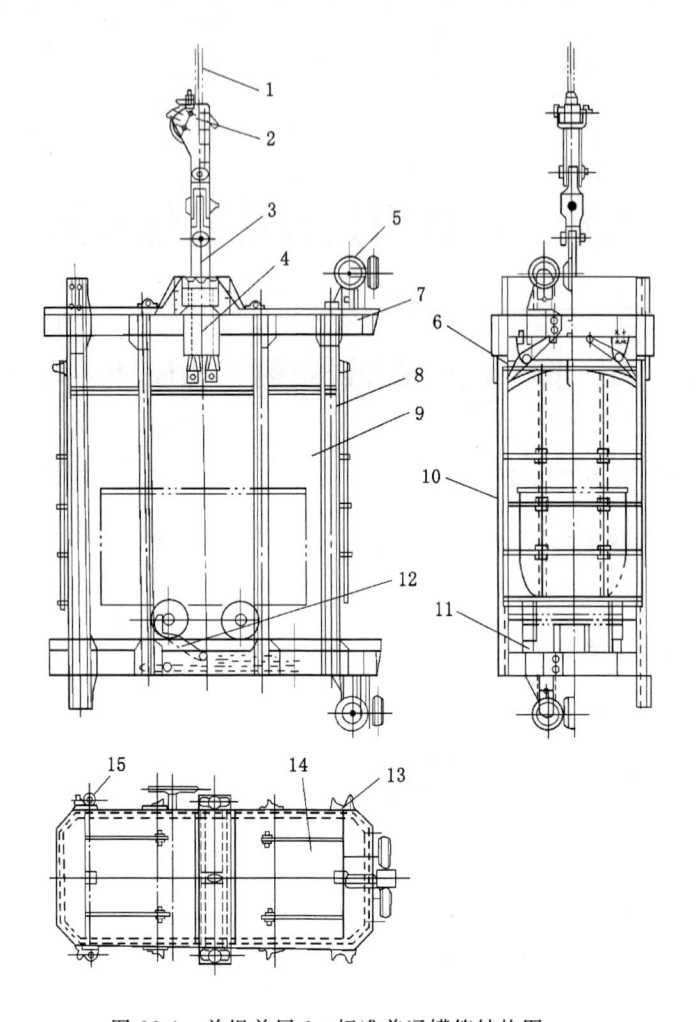

图 22-1 单绳单层 1 t 标准普通罐笼结构图

1——提升钢丝绳；2——双面夹紧楔形绳环；3——主拉杆；4——防坠器；5——橡胶滚轮罐耳；
6——淋水棚；7——横梁；8——立柱；9——钢板；10——罐门；11——轨道；
12——阻车器；13——稳罐罐耳；14——罐盖；15——套管罐耳（用于绳罐道）

形的淋水棚 6 和可以打开的罐盖 14（以供运送长料之用），罐笼两端设有罐门 10（以保证提升人员的安全）。

(2) 连接装置

连接装置为双面夹紧楔形绳环，是连接钢丝绳和提升容器的装置，包括主拉杆、夹板、楔形环等。图 22-2 为双面夹紧自位楔形绳卡连接装置结构图。两块梯形铁 4 和 5 被两块夹板 2 通过螺栓夹紧，并组成中空的楔壳。钢丝绳绕装在楔形环 1 上并挤入楔壳而卡紧。吊环 3 和调整孔 6/7 用来调整绳长，限位板 8 在拉紧钢丝绳之后用螺栓拧紧，以防止楔形环松脱。

(3) 罐耳

罐耳与罐道配合，使提升容器在井筒中稳定运行，防止发生扭转和摆动。罐耳有滑动罐耳（配合木罐道和钢轨罐道使用）、胶轮滚动罐耳（配合钢组合罐道使用）、套管罐耳（配合钢丝绳罐道使用）等。图 22-3 为橡胶滚轮罐耳结构图。

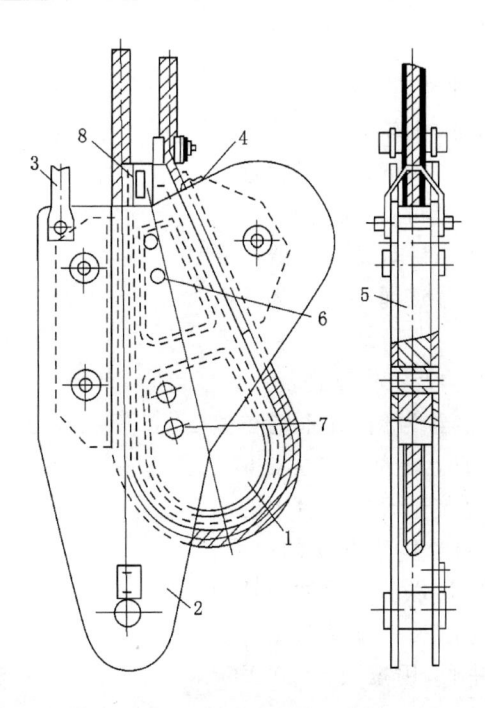

图 22-2　双面夹紧自位楔形绳卡连接装置结构图
1——楔形环；2——夹板；3——吊环；4，5——梯形铁；
6，7——调整孔；8——限位板

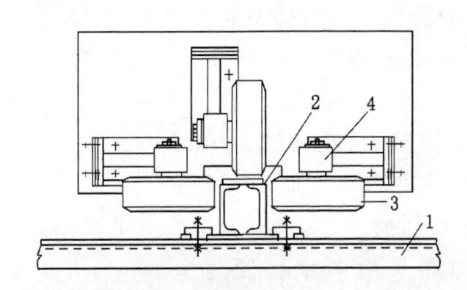

图 22-3　橡胶滚轮罐耳结构图
1——罐道梁；2——组合罐道；3——橡胶滚轮；4——支承座

（4）阻车器
在罐笼底部设有可自动开闭的阻车器，防止提升过程中矿车在罐笼内移动或跑出罐笼。
（5）防坠器
① 作用
当提升钢丝绳或连接装置万一断裂时，防坠器可使罐笼平稳的支撑在井筒中的罐道或特设的制动绳上，以免罐笼坠入井底，造成重大的事故。多绳罐笼不设置防坠器。
② 组成
防坠器一般由开动机构、传动机构、抓捕机构和缓冲机构等 4 部分组成。当发生坠罐时，开动机构动作，并通过传动机构传递到抓捕机构，抓捕机构将罐笼支承在井筒中的支承物上，罐笼下坠的动能由缓冲器来吸收。

③ 种类

根据防坠器的使用条件和工作原理,防坠器可分为木罐道切割式防坠器、钢轨罐道摩擦式防坠器、制动绳摩擦式防坠器。木罐道和钢轨罐道防坠器中,罐道既是罐笼运行的导向装置,又是防坠器抓捕罐笼的支承物。制动绳防坠器需专门设置制动绳作为支承物,罐道绳不能作为防坠器支承用。

④ 制动绳防坠器的结构及工作原理

以 BF-152 型标准防坠器为例,其系统布置如图 22-4 所示。制动绳 7 的上端通过连接器 6 与缓冲绳 4 相连,缓冲绳通过装于天轮平台上的缓冲器 5 后,绕过圆木 3 自由悬垂于井架的一边,绳端用合金浇筑成锥形杯 1,以防止缓冲绳从缓冲器中全部拔出。制动绳的另一端穿过罐笼 9 上的抓捕器 8 之后垂于井底,用拉紧器 10 固定在井底水窝的固定梁上。

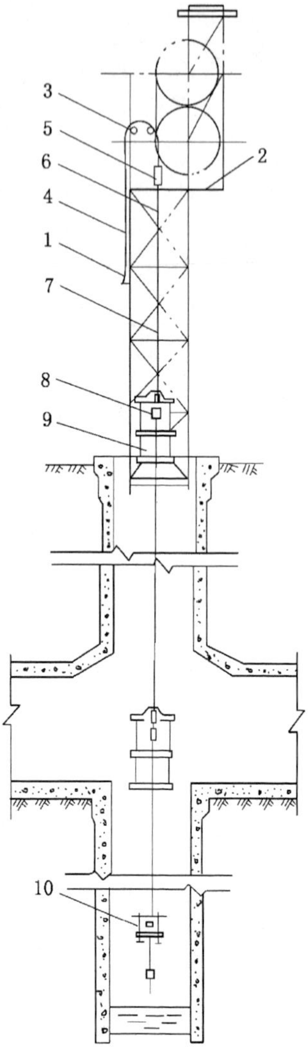

如图 22-5 所示,BF-152 型防坠器的开动机构与传动机构是相互连在一起的机构。它采用垂直布置的弹簧 1 作为开动机构。正常提升时,钢丝绳拉起主拉杆 3,通过横梁 4、连板 5,使两个拨杆 6 的下端处于最底位置,此时,弹簧 1 受拉。当发生断绳时,主拉杆不再受拉力,在弹簧 1 的作用下,拨杆 6 的端部抬起,使滑楔 2 与制动绳 7 接触,并挤压制动绳实现定点抓捕。

如图 22-6 所示,抓捕器采用两个斜度为 1∶10、带有绳槽和滑楔 3 的楔形抓捕器。正常情况下,滑楔与穿过抓捕器的制动绳每边有 8mm 间隙,断绳后滑楔被拨杆的端部抬起上移消除间隙并挤压制动绳实现抓捕。

如图 22-7 所示,缓冲器中有 3 个圆轴 5,2 个带圆头的滑块 6。缓冲绳 3 在期间穿过并受到弯曲,绳弯曲程度可以通过螺杆 1 和螺母 2 来调节。发生断绳时,抓捕器抓住制动绳,从而拉动缓冲绳,使之从缓冲器中拔出,靠缓冲绳的弯曲变形和摩擦阻力吸收罐笼的动能使之停止。

图 22-4 BF-152 型标准防坠器结构图
1——锥形环;2——导向套;3——圆木;
4——缓冲绳;5——缓冲器;6——连接器;
7——制动绳;8——抓捕器;9——罐笼;
10——拉紧器

(二)罐笼承接装置

1. 罐笼承接装置的作用和种类

罐笼承接装置的作用是在井底、中间水平及井口车场,将罐笼内的轨道与各水平平台的固定轨道斜街起来,便于矿车出入罐笼。目前,矿井中常用的罐笼承接装置有罐座、支罐机

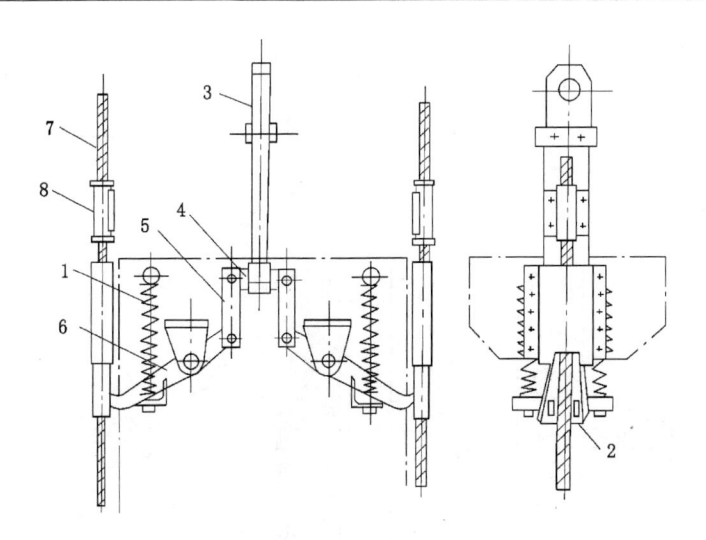

图 22-5　BF-152型标准防坠器开动机构与传动机构结构图
1——弹簧；2——滑楔；3——主拉杆；4——横梁；
5——连板；6——拨杆；7——制动绳；8——导向套

和摇台。由于罐座的操作性能较差，易造成蹲罐事故，新设计的矿井已不再采用。

2. 摇台的结构与工作原理

如图22-8所示，摇台安装在通向罐笼进出口处。当罐笼停于装、卸载位置时，动力缸3中的压缩空气排出，装有轨道的钢臂1靠自重绕轴5转动落下搭在罐笼底座上，将罐笼内轨道与车场轨道连接起来。矿车进出罐笼后，压缩空气进入动力缸3，推动滑车8，滑车8推动摆杆套9前的滚子10，使轴5转动而使钢臂抬起。当动力缸发生故障或因其他原因不能动作时，也可临时用手把2进行人工操作。此时要将销子7去掉，并使配重4的重力大于钢臂部分的重力。这时钢臂的下落靠手把2转动轴5，抬起靠配重4实现。

摇台应用范围广，特别对于摩擦式提升机，其钢丝绳不能松弛，必须使用摇台。但摇台对停罐的准确性要求较高。

(三) 箕斗及装、卸载设备

1. 箕斗的作用和种类

箕斗是用来提升煤炭和矸石的容器，通常只用于主井。根据其卸载方式，箕斗可分为翻转式、底卸式和侧卸式。根据提升钢丝绳数目不同，箕斗可分为单绳和多绳箕斗。箕斗容积载荷有 3 t、4 t、6 t、8 t、9 t、12 t、16 t、20 t、25 t 等规格。

2. 箕斗的结构

箕斗由斗箱、悬挂装置和卸载闸门三部分组成。斗箱由直立的槽钢与横向槽钢组成框架，四侧由钢板焊接，其外用钢筋加固而成。卸载闸门以扇形、下开折页平板闸门及插板闸门为多见。平板闸门底卸式箕斗结构如图22-9所示。

3. 底卸式箕斗的卸载过程

当箕斗提升到地面煤仓时，井架上的卸载曲轨使连杆8带动转动轴上的滚轮12沿曲轴10运动，滚轮12通过连杆的销角等于零的位置后，闸门7就借煤的压力打开，开始卸载。箕斗关闭闸门时与上述过程相反。

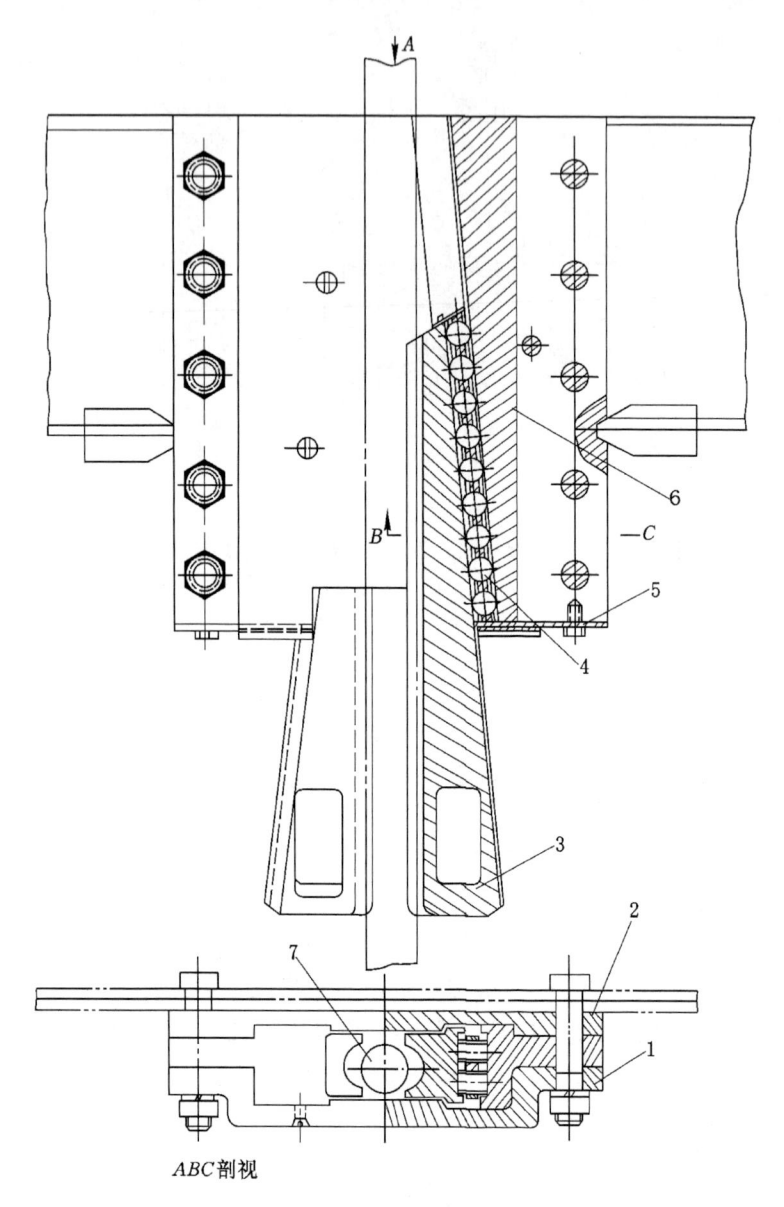

图 22-6 抓捕器结构图

1——上壁板;2——下壁板;3——滑楔;4——滚子;5——下挡板;6——背楔;7——制动钢丝绳

4. 箕斗的装载设备

当采用箕斗提煤时,必须在井底设置装载设备。

箕斗装载设备主要有定量斗箱式和定量输送机式两种。

(1) 定量斗箱式装载设备

如图 22-10 所示,它主要由斗箱、溜槽、闸门、控制缸和测重装置等组成。斗箱装煤量是靠测重装置控制。当箕斗到达装载位置时,通过控制元件开动控制缸 2,将闸门 4 打开,斗箱 1 中的煤便沿溜槽 5 装入箕斗。

(2) 定量输送机装载设备

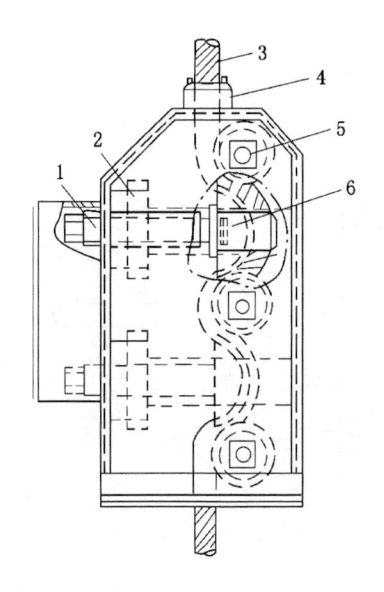

图 22-7 缓冲器结构图

1—螺杆;2—螺母;3—缓冲绳;4—密封;5—小轴;6—滑块

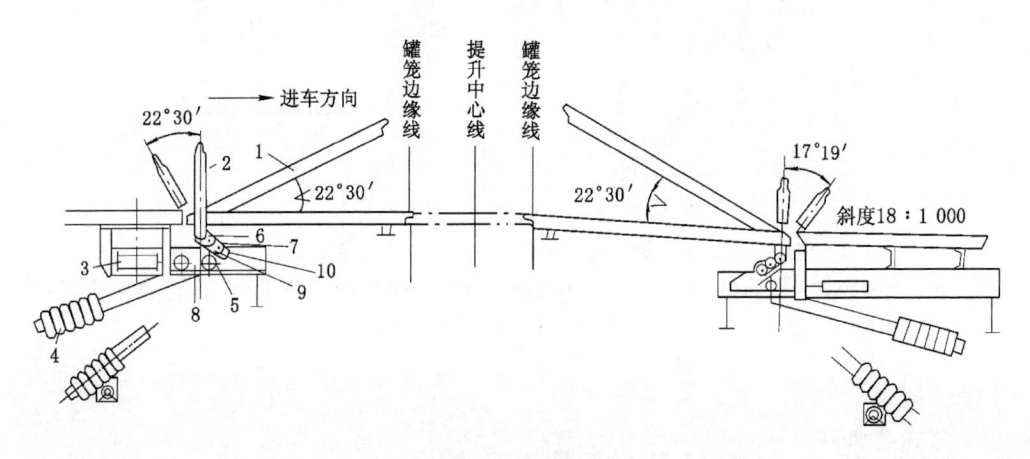

图 22-8 摇台结构图

1—钢壁;2—手把;3—动力缸;4—配重;5—轴;
6—摆杆;7—销子;8—滑车;9—螺杆套;10—滚子

如图 22-11 所示,它主要由煤仓、定量输送机、活动过渡溜槽、中间溜槽、负荷传感器、煤仓闸门等组成。定量输送机 2 安放于负荷传感器 6 上。定量输送机先以 0.15~0.3 m/s 的速度通过煤仓闸门 7 装煤,当煤量达到负荷传感器调定值时,负荷传感器发出信号,煤仓闸门关闭,胶带输送机停止运行。待空箕斗到达装煤位置时,胶带输送机以 0.9~1.2 m/s 的速度运行,将煤装入箕斗。

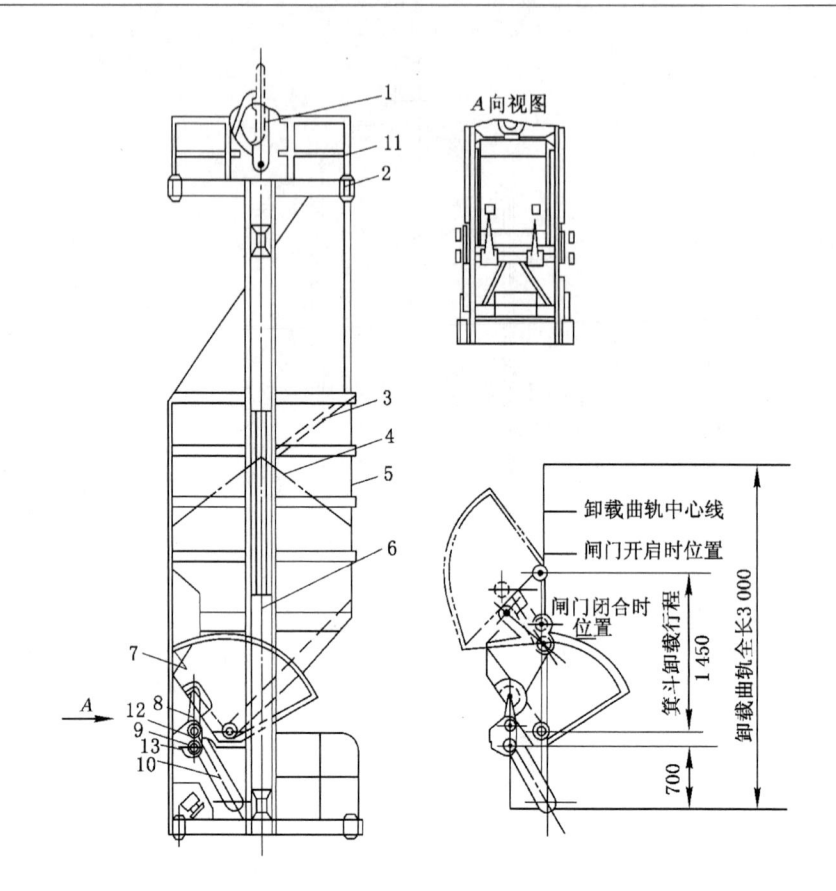

图 22-9　平板闸门底卸式箕斗结构图

1——连接装置；2——罐耳；3——活动溜槽板；4——煤堆线；5——斗箱；
6——框架；7——闸门；8——连杆；9——滚轮；10——曲轴；11——平台；12——滚轮；
13——机械闭锁装置

（四）罐道

1. 罐道的作用

消除提升容器在井筒中运行时做横向摆动和旋转，以利于容器高速、安全、平稳的运行，是提升容器沿井筒运行的导向装置。

2. 罐道的种类及特点

罐道按材质结构分为木罐道、钢轨罐道、组合罐道和钢丝绳罐道四种。前三种又称刚性罐道，后一种又称为柔性罐道。

（1）木罐道。木罐道断面为矩形，强度低、使用寿命短、维修费用高，目前已基本不再采用。

（2）钢轨罐道。钢轨罐道采用标准钢轨，强度大，容器运行平稳，易于取材，但与滑动罐耳配套使用，易磨损，费钢材。

（3）组合罐道。组合罐道一般有两块角钢或槽钢焊接而成，截面形状为空心矩形。这种罐道抗弯和抗扭能力大，刚性强，配合胶轮滚动罐耳使用，磨损小，寿命长。

（4）钢丝绳罐道。钢丝绳罐道是将钢丝绳上端固定在井架或井塔上，下端用螺旋式拉

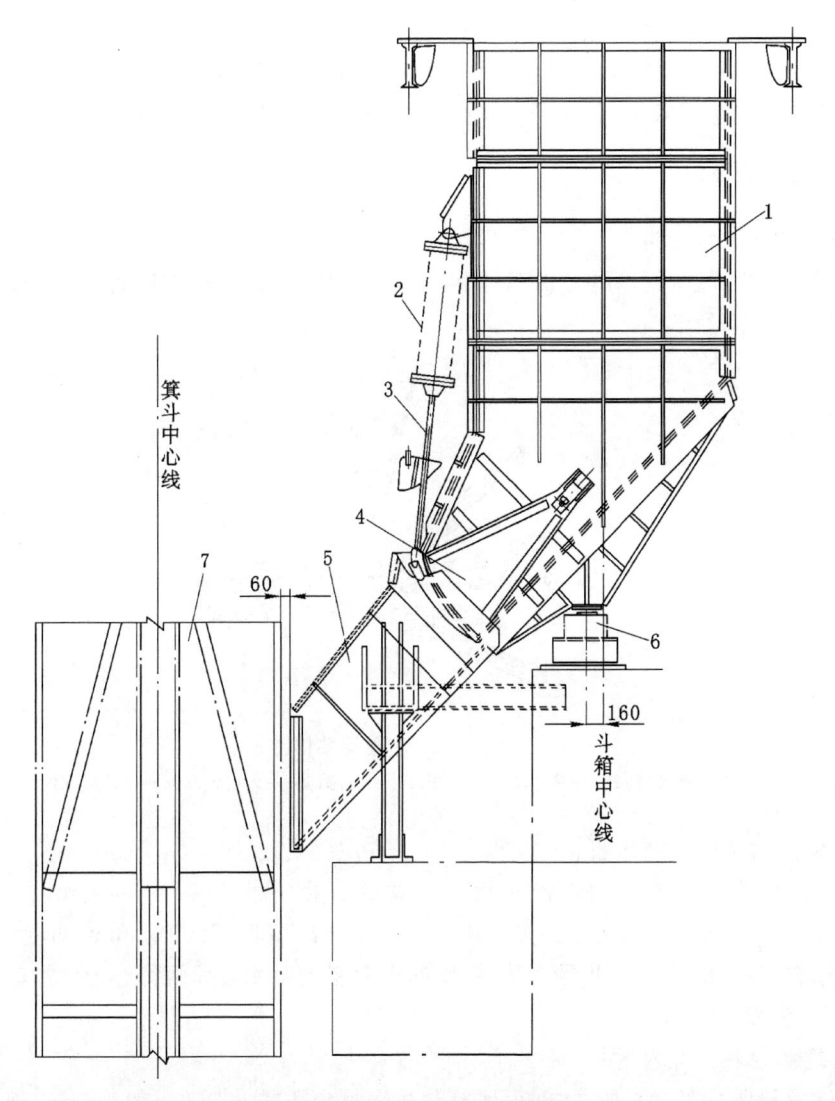

图 22-10 定量斗装载设备结构图
1——斗箱;2——控制缸;3——拉杆;4——闸门;5——溜槽;6——压磁测重装置

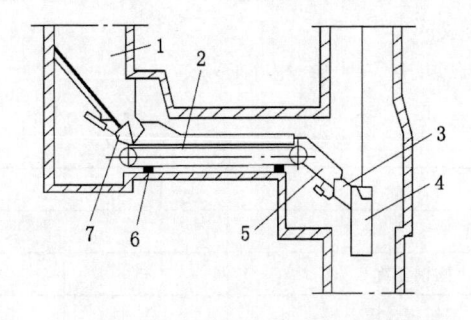

图 22-11 定量输送机装载设备结构图
1——煤仓;2——定量输送机;3——活动过渡溜槽;4——箕斗;
5——中间溜槽;6——负荷传感器;7——煤仓闸门

紧装置固定在井底,保持一定张力。这种罐道安装工作量小,建设时间短,维护方便,高速运行平稳可靠,井塔中无需罐梁,节省钢材,通风阻力小。但这种罐道存在容器间及容器与井筒壁间的安全间隙要求大,井筒断面加大,井架或井塔因悬挂罐道绳而负荷增大等缺点。

四、提升钢丝绳

(一)钢丝绳的结构

如图 22-12 所示,钢丝绳是由钢丝、绳股、钢丝绳组成,即钢丝绳是由丝捻制成绳股,再由绳股捻制成钢丝绳。

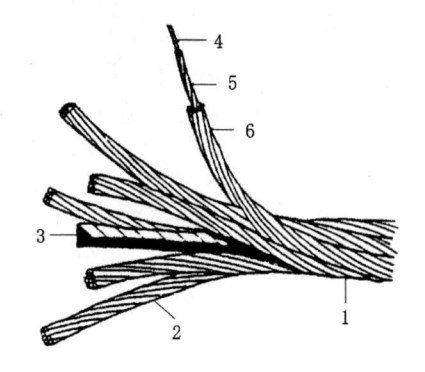

图 22-12 钢丝绳结构图
1——钢丝绳;2——绳股;3——绳芯;4——股芯;5——内层钢丝;6——外层钢丝

1. 钢丝的性能及技术指标

钢丝是由优质碳素结构钢冷拔而成。丝的直径一般在 0.4～4 mm,其抗拉强度为 1 400～2 000 N/mm²。我国立井多采用 1 550 N/mm² 和 1 700 N/mm² 两种钢丝,钢丝的其韧性标志有特号、Ⅰ号和Ⅱ号 3 种,钢丝的表面有光面和镀锌两种。为增加钢丝的抗腐蚀能力,钢丝表面可镀锌。

2. 绳芯的种类与作用

由钢丝捻制成股时有股芯,在由股捻制成绳时有绳芯。股芯一般为钢丝,绳芯分为有金属绳芯和纤维绳芯。绳芯的作用是支持绳股,减少绳股的变形,使钢丝绳富于弹性。纤维绳芯还能储存油,起润滑作用,以减少工作时钢丝间的磨损和防止钢丝锈蚀。

(二)钢丝绳的型号含义

钢丝绳型号中各符号代表意义如表 22-1 所示。

表 22-1　　　　　　　　　钢丝绳型号中符合代表意义

代号	含义	代号	含义
钢丝绳		股(横截面)	
—	圆钢丝绳	—	圆形股
Y	编织钢丝绳	V	三角形股
P	扁钢丝绳	R	扁形股
T	面接触钢丝绳	Q	椭圆形股

续表 22-1

代号	含义	代号	含义
钢丝绳		股(横截面)	
S*	西鲁式钢丝绳		
W*	瓦林吞式钢丝绳		
WS*	瓦林吞-西鲁钢丝绳		
Fi	填充钢丝绳		
钢丝		钢丝表面状态	
—	圆形钢丝	NAT	光面钢丝
V	三角形钢丝	ZAA	A级镀锌钢丝
R	矩形或扁形钢丝	ZAB	AB级镀锌钢丝
T	梯形钢丝	ZBB	B级镀锌钢丝
Q	椭圆形钢丝		
H	半密封钢丝(或钢轨形钢丝)与圆形钢丝搭配		
Z	Z形钢丝		
绳(股)芯		捻向	
FC	纤维芯(天然或合成)	Z	右向捻
NF	天然纤维芯	S	左向捻
SF	合成纤维芯	ZZ	右同向捻
IWR	金属丝绳芯	SS	左同向捻
IWS	金属丝股芯	SZ	左交互捻
IWS	金属丝股芯	ZS	右交互捻

钢丝绳型号及含义示例如图 22-13 所示。

(三) 钢丝绳的分类及特点

1. 按股在绳中的捻向分

左捻钢丝绳:股在绳中以左螺旋方向捻制。

右捻钢丝绳:股在绳中以右螺旋方向捻制。

一般采用捻向的原则是钢丝绳在滚筒上缠绕时方向一致,以免松捻。

2. 按丝在股中和股在绳中捻向的关系分

同向捻(顺捻)钢丝绳:丝在股中和股在绳中的捻向相同。

交互捻(逆捻)钢丝绳:丝在股中和股在绳中的捻向不同。

同向捻钢丝绳表面光滑,与天轮、滚筒接触面积大,磨损均匀,弯曲应力小,使用寿命长,断丝后断头翘起易发现,但易打结和松散。矿井提升中一般多采用同向捻绳。

习惯上又把左捻、右捻、同向捻、交互捻结合起来,钢丝绳又可分为:左同向捻绳、左交互捻绳、右同向捻绳、右交互捻绳。

3. 按钢丝在股中相互接触的情况分

点接触钢丝绳:一般以相同直径钢丝制造时,股中内外层钢丝以等捻角不等捻距捻制而

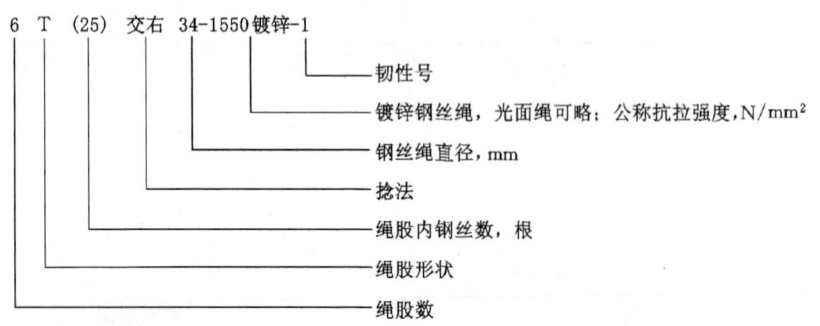

```
6  T  (25)  交右  34-1550镀锌-1
                              └── 韧性号
                        └────── 镀锌钢丝绳，光面绳可略；公称抗拉强度，N/mm²
                   └─────────── 钢丝绳直径，mm
             └────────────────── 捻法
        └────────────────────── 绳股内钢丝数，根
   └─────────────────────────── 绳股形状
└────────────────────────────── 绳股数
```

结构的标记符号也可以采用全写，即将括号内钢丝数目改写成分层的记号。

例如：

6×19改写成6（1+6+12）；

6×(19)改写成6×(1+9+9)。

注：X——西鲁式（或称外粗式）；

　　W——瓦林吞式（或成粗细丝式）；

　　T——填充丝式。

图 22-13　钢丝绳型号及含义示例

成，如图 22-14(a)所示。由于钢丝间为点接触，有压力集中和二次弯曲现象，易磨损。

线接触钢丝绳：一般股中内外层钢丝直径不同，内外层钢丝以相等捻距不等捻角捻制而成，丝间呈线接触状态，如图 22-14(b)所示。西鲁型（标记为 X）、瓦林吞型（标记为 W）、填充型（标记为 T）均为线接触钢丝绳。这种钢丝绳与点接触绳相比，较柔软，不易产生应力集中，使用寿命长，但股中内层钢丝较外层承受的拉力大。

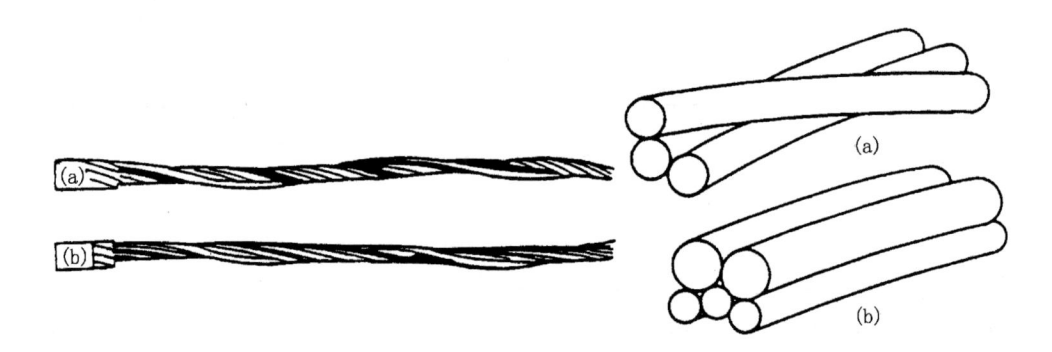

图 22-14　股中钢丝接触情况示意图

(a) 点接股；(b) 线接触

面接触钢丝绳：线接触式绳股经过特殊挤压加工，使钢丝产生塑性变形而呈面接触状态，然后捻制成绳。这种绳结构紧密，表面光滑，强度高，耐磨损，抗腐蚀，寿命长。

4. 按绳股断面形状分

圆股绳：绳股断面为圆形，如图 22-15(c)所示。这种绳易于制造，价格低，矿井提升中被应用最多。

三角股绳：绳股断面形状为三角形，如图 22-15(a)所示。这种绳承压面积大，耐磨损，强度高，寿命长。

椭圆股绳:绳股断面形状为椭圆形,如图22-15(b)所示。这种绳有较大的支承面积和良好的抗磨性能,但稳定性较差,不易承受较大的挤压力。

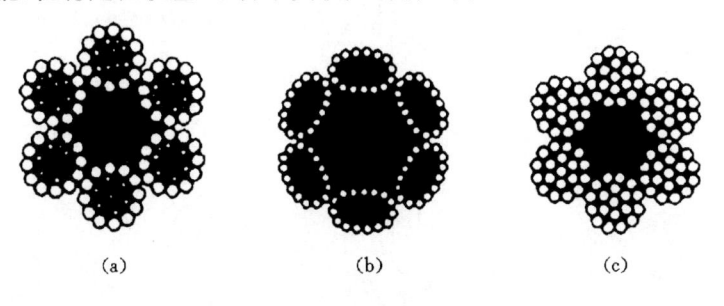

图 22-15 钢丝绳断面图
(a) 三角股绳;(b) 椭圆股绳;(c) 圆股绳

五、井架和天轮

1. 井架的作用与种类

(1) 井架的作用。井架是用来支承天轮和承受全部提升载荷,固定罐道和卸载曲轨。

(2) 井架的种类。目前矿井使用的井架主要有以下两种:金属井架;钢筋混凝土井架。多绳摩擦式提升机的井塔多采用混凝土的结构。

2. 天轮的作用与种类

(1) 天轮的作用。天轮安装在井架上,用来支承连接提升机卷筒与提升容器之间的提升钢丝绳,提升容器及提升载荷的重量,并做钢丝绳导向用。

(2) 天轮的类型。天轮按材质和结构分为:铸铁天轮、铸钢天轮、钢模压冲制天轮;按是否带衬垫分:不带衬垫天轮和带衬垫天轮;按固定与否分:固定天轮和游动天轮。

六、矿井提升机

提升机一般都由工作机构(包括主轴装置和离合器),制动系统(包括制动器和液压传动装置),机械传动系统(包括减速器和联轴器),润滑系统,观测和操纵系统(包括深度指示器、操纵台和测速发电装置),拖动、控制和安全保护系统(包括主电机、电气控制系统、微拖动装置、自动保护系统和信号系统)以及辅助部分(包括机座、机架、导向轮和车槽装置)等组成。

提升机可分为单绳缠绕式提升机和多绳摩擦式提升机。

(一) 单绳缠绕式提升机

1. 单绳缠绕式提升机的主要特点

主轴上有两个滚筒,一个为固定滚筒(死滚筒),另一个为游动滚筒(活滚筒),固定滚筒与主轴固接,游动滚筒通过离合器与主轴相连。其优点是两个滚筒可以相对转动,便于调节绳长或更换水平。

2. 单绳缠绕式提升机的工作原理

如图22-16所示,将提升钢丝绳的一端固定到提升机滚筒上,另一端绕过井架上的天轮与提升容器相连,利用两个滚筒上的钢丝绳缠绕方向不同,当驱动提升机滚筒时,钢丝绳在滚筒上缠绕和放出,实现容器的提升和下放来完成提升任务。

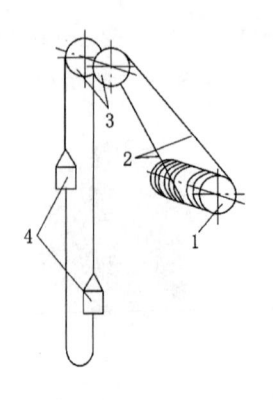

图 22-16 单绳缠绕式提升机工作原理示意图
1——提升机；2——钢丝绳；3——天轮；4——容器

3. 单绳缠绕式提升机的类型

过去我国生产的 KJ 型、JKA 型单绳缠绕式提升机是仿造苏联而改进的产品，虽早已停止生产，但老矿井中仍有使用。20 世纪 70 年代后期，我国自行设计生产了 JK 型单绳缠绕式提升机系列产品，并得到了大量的应用。

4. 单绳缠绕式提升机的型号及含义

单绳缠绕式提升机的型号及含义示例如图 22-17 所示。

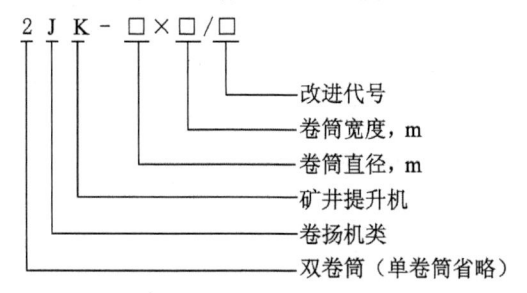

```
2 J K - □ × □ / □
              │   │   │
              │   │   └── 改进代号
              │   └────── 卷筒宽度，m
              └────────── 卷筒直径，m
      │ │
      │ └── 矿井提升机
      └──── 卷扬机类
  └──────── 双卷筒（单卷筒省略）
```

图 22-17 单绳缠绕式提升机的型号及含义示例

4. 单绳缠绕式提升机的主要结构

以 JK 型双滚筒提升机为例，介绍单绳缠绕式提升机的主要组成部件及其各部件的结构与工作原理。

（1）主轴装置

主轴装置是提升机的工作和承载部件，用来缠绕提升钢丝绳，承受提升过程的各种正常和非正常的载荷。对于双滚筒提升机，主轴装置还承担更换水平，调节钢丝绳长度。JK 型提升机的主轴装置（如图 22-18 所示），主要由卷筒、主轴、主轴承等主要部件组成。图 22-18 中右边的滚筒为固定滚筒，左边为游动滚筒，其左侧有齿轮式调绳离合器。

卷筒包括轮毂、轮辐、筒壳、挡绳板、制动盘、木衬、离合器及尼龙套等。卷筒筒壳的外面设有木衬，并通过螺栓与筒壳固定。木衬的作用为钢丝绳的软垫，以减少钢丝绳的磨损和变形。木衬表面必须车制螺旋式绳槽，以引导钢丝绳有规律地排列。目前，有的提升机直接在滚筒上车槽，但须相应增加筒壳的厚度。

固定滚筒 9 的右轮毂用切向键 10 固定在主轴 11 上，左轮毂滑装在主轴上。该轮毂上有油杯,应定期注油。游动滚筒5的右轮毂经过尼龙轴套滑装在主轴上,其上装有润滑油杯,应定期注入润滑油;游动滚筒的左轮毂用切向键固定在主轴上,其上装有液压齿轮调绳离合器3,并通过它实现游动滚筒与主轴的连接与脱开。

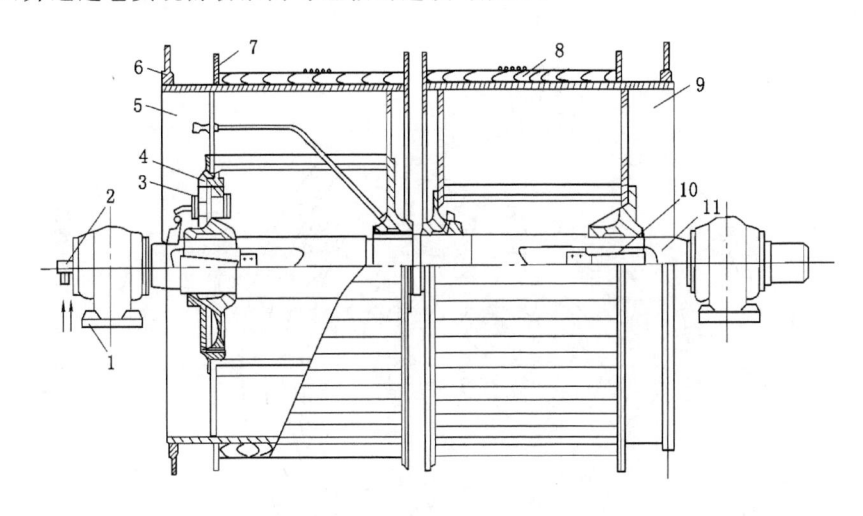

图 22-18 缠绕式提升机结构图

1——主轴承;2——密封头;3——调绳离合器;4——尼龙套;5——游动滚筒;6——制动盘;
7——挡绳板;8——木衬;9——固定滚筒;10——切向键;11——主轴

(2) 调绳离合器

① 调绳离合器的作用及类型

调绳离合器的作用是使游动滚筒与主轴连接或脱开,便于调节绳长或更换水平时,主轴带动固定滚筒转动,而游动滚筒被固定不动。调绳离合器分为齿轮调绳离合器(包括轴向移动式和径向移动式调绳离合器)、蜗轮蜗杆离合器和摩擦离合器。目前应用最多的为轴向移动式齿轮调绳离合器。径向移动式齿轮调绳离合器是近几年才出现的新产品。

② 调绳离合器的结构与工作原理

以 JK 系列提升机上的油压齿轮式快速调绳装置为例,介绍调绳离合器的结构与工作原理。

如图 22-19 所示,JK 系列提升机上的油压齿轮式快速调绳装置由 3 个调绳液压缸4、外齿轮6、内齿圈8、连锁阀13 及油压控制回路等组成。游动滚动左轮毂3 通过切向键与主轴固联,沿轮毂3 的圆周上分布 3 个孔;外齿轮6 活动地套装在轮毂3 上,沿其圆周分布 3 个孔,并与轮毂上的 3 个孔对应;3 个调绳液压缸4 分别放置在轮毂与外齿轮对应的 3 个孔内。调绳液压缸的活塞10 及活塞杆11 与右端盖固接,并固定在轮毂3 上,左缸盖连同缸体4 一起用螺钉固定在外齿轮6 上,并可在轮毂的孔内左右移动;内齿圈8 固定在滚筒轮辐上,并可与外齿轮6 啮合。游动滚筒上力的传递过程为:主轴11 上的力矩通过切向键或热装→轮毂3 并通过油缸→齿轮6 与内齿圈8 的啮合→轮辐9→卷筒。

如图 22-20 所示,调绳液压缸工作时,活塞10 及活塞杆11 与轮毂3 及主轴1 固联不动,缸体4 带动外齿轮6 左右移动。当液压缸左腔供油、右腔回油时,缸体带动外齿轮一起向左移动,使外齿轮与内齿圈脱离啮合,此时游动滚筒与主轴做相对转动,进行调节绳长或

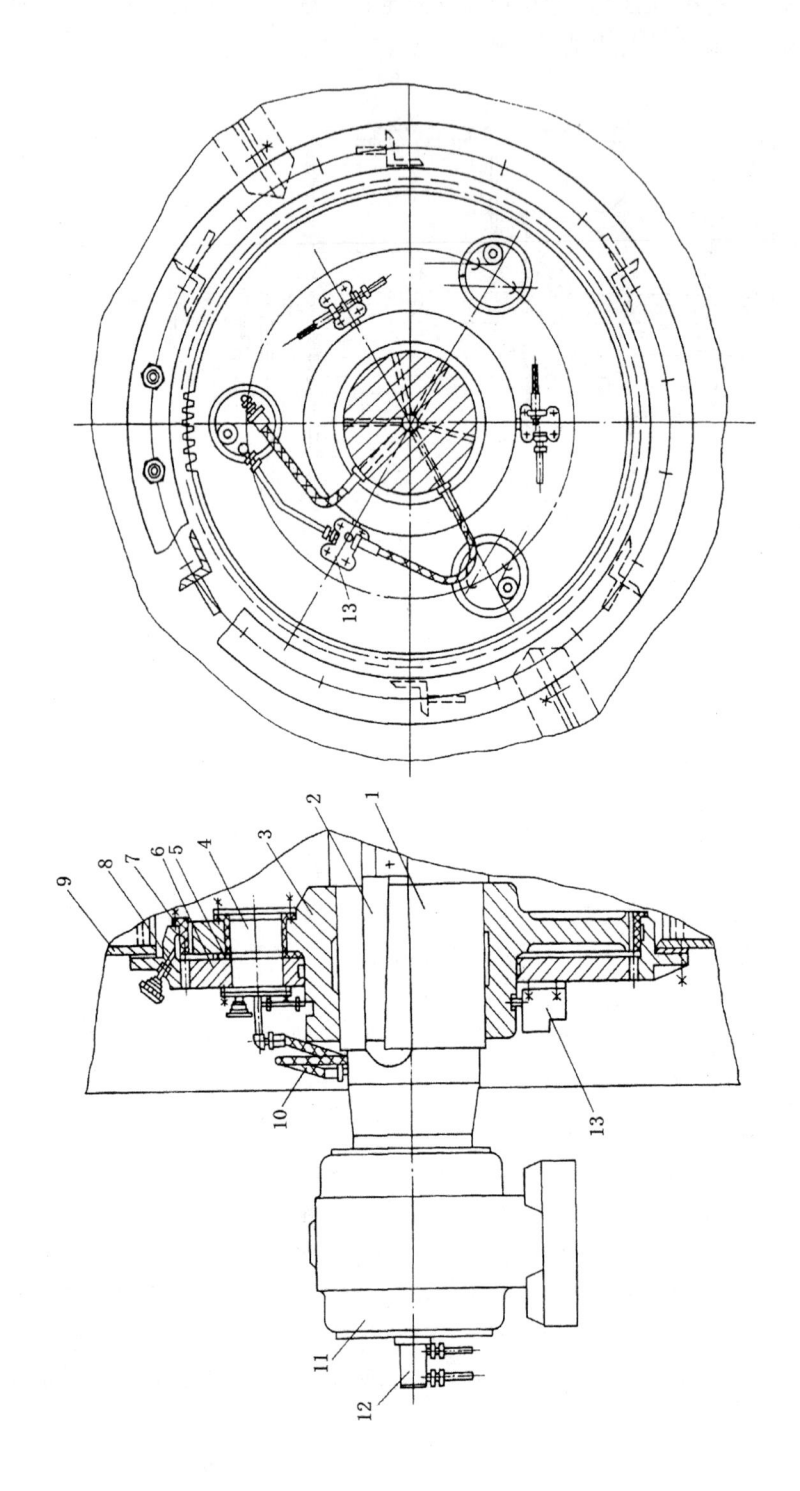

图 22-19 轴向移动式调绳离合器

1—主轴；2—键；3—滚筒轮辐；4—液压缸；5—橡胶缓冲垫；6—齿轮；7—尼龙瓦；8—内齿轮；9—轮毂；10—油管；11—轴承座；12—密封体；13—连锁阀

更换钢丝绳。当液压缸右腔供油、左腔回油时,缸体带动外齿轮一起向右移动,使外齿轮与内齿圈啮合,使游动滚筒与主轴连接,滚筒随主轴一起转动。

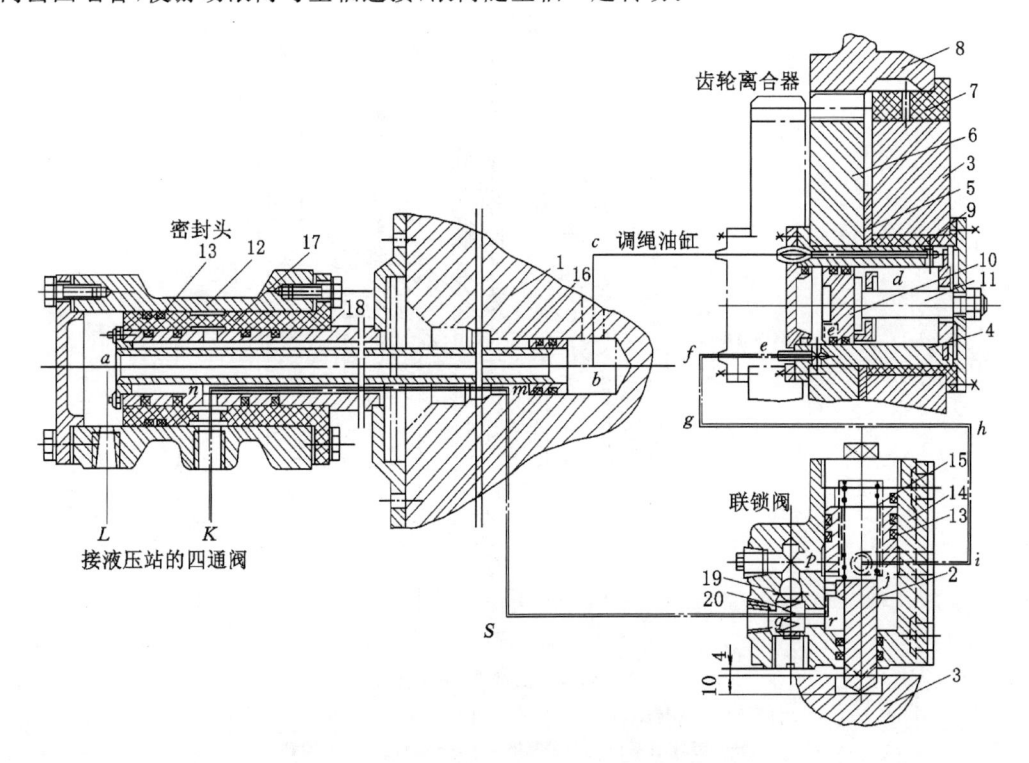

图 22-20 调绳离合器液压控制系统结构图
1—主轴;2—活塞销;3—轮毂;4—液压缸;5—橡胶缓冲垫;
6—齿轮;7—尼龙瓦;8—内齿轮;9—缸套;10—活塞;
11—活塞杆;12—密封体;13—O形密封圈;14—阀体;15—弹簧;
16—空心管;17—轴套;18—空心轴;19—钢球;20—弹簧

连锁阀用螺栓固定在外齿轮6上,其目的是防止提升机在运转时,外齿轮6自动外移,脱开与内齿圈的啮合,造成事故。如图 22-21 所示,提升机正常工作时,在弹簧7下压力作用下,活塞销8插入轮毂11的环形槽中,防止外齿轮自行外移。调绳时,压力油自阀体1的左侧下部的孔进入,推动活塞销8克服弹簧7的阻力上移,即从轮毂槽中拔出,解除闭锁,压力油输入调绳液压缸的左腔,打开调绳离合器。

(3) 联轴器

联轴器是用来连接两旋转部分的轴,使其同步旋转,并传递动力(力矩)。提升机使用的联轴器包括蛇形弹簧联轴器和齿轮联轴器。

① 蛇形弹簧联轴器

蛇形弹簧联轴器用于连接电动机的轴与减速器高速轴。弹簧的作用在于当扭矩由电动机传递到减速器输入轴上时,减轻提升机在启动、减速和安全制动过程中的冲击和振动。

如图 22-22 所示,两个轴套1和6分别安装在减速器输入轴端和电动机轴端,轴套外缘都开有同样数目和大小的槽,在槽中嵌入蛇形弹簧3。蛇形弹簧联轴器就是用它将电动机的扭矩传递到减速器上。弹簧罩2与4用螺栓连接。联轴器内需注入润滑油脂,以减轻弹

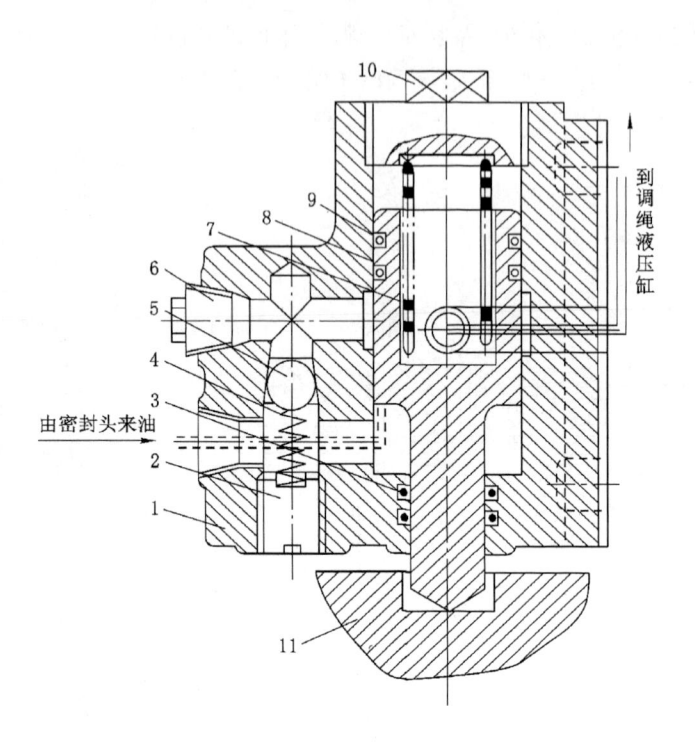

图 22-21　连锁阀结构图

1——阀体；2——螺塞；3,9——O形密封圈；4,7——弹簧；5——钢球；
6——锥体活塞；8——活塞销；10——螺母；11——轮毂

簧与齿槽间的摩擦。在靠近电动机的一面，有密封装置，防止漏油。

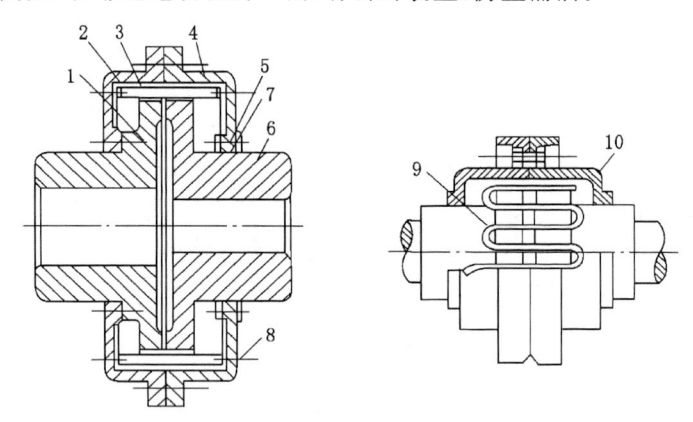

图 22-22　蛇形弹簧联轴器结构图

1——减速器轴套；2,4——弹簧罩；3——蛇形弹簧；5——端盖；6——电动机轴套；
7——密封装置；8——油杯；9——蛇形弹簧；10——轴套

② 齿轮联轴器

齿轮联轴器用于连接主轴与减速器的低速轴。这种减速器能传递较大的扭矩，且能补偿两轴线的微小误差，但不能缓和冲击。

如图 22-23 所示，齿轮联轴器主要由外齿套 1 和 2，内齿圈 3 和 4，端盖 5 和 6 及连接螺栓组成。外齿轴套 1 和 2 分别用键安装在减速器低速轴和主轴上。内齿圈 3 和 4 分别与外齿轮啮合,内齿圈的法兰用螺栓连接。为减轻两轴轴线的倾斜和不同心造成的影响,外齿轮的齿做成球面形,可自动调位,使齿上的载荷分布均匀,同时减轻轴承的负担。齿轮联轴器传递扭矩的过程为:减速器的低速轴→外齿套 2→内齿圈 4→连接螺栓(若干)→内齿圈 3→外齿轴套 1→主轴。端盖内装有密封圈 7 和 8 以防止润滑油由联轴器内漏出。联轴器上开有一注油孔,平时用螺钉 9 塞住。

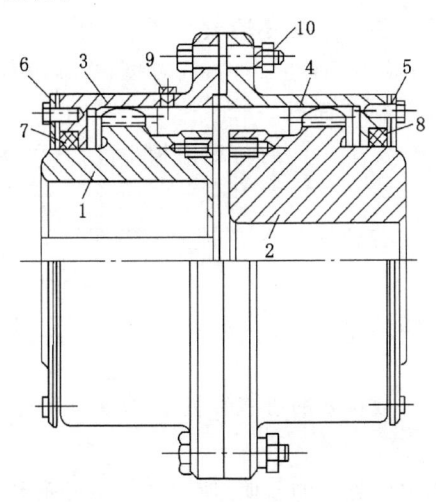

图 22-23　齿轮联轴器结构图

1,2——外齿套;3,4——内齿圈;5,6——端盖;7,8——密封圈;9——螺钉;10——连接螺栓

(二)多绳摩擦式提升机

1. 多绳摩擦式提升机的工作原理

如图 22-24 所示,多绳摩擦式提升机将数根(一般是 4 根或 6 根)钢丝绳 2 同时搭放在主导轮(又称摩擦轮)1 上,钢丝绳两端各悬挂一提升容器。当电动机通过减速器带动主导轮旋转时,借助主导轮上的摩擦衬垫与钢丝绳之间的摩擦力,使钢丝绳随滚筒一起转动,实现提升容器的上升和下放。

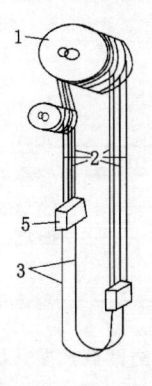

图 22-24　多绳摩擦式提升机工作原理示意图

1——主导轮;2——提升钢丝绳;3——尾绳;4——提升容器;5——导向轮

2. 多绳摩擦式提升机的种类

多绳摩擦式提升设备有井塔式和落地式两种布置方式。井塔式摩擦提升机是把提升机安装在井塔上。塔式摩擦式提升机又可分为有导向轮和无导向轮两种。我国多绳摩擦式提升机多采用井塔式布置方式。

3. 多绳摩擦式提升机的主要特点

多绳摩擦式提升机与单绳缠绕式提升机相比，其主要优点包括：

（1）由于采用多根钢丝绳共同承受终端载荷，每根绳平均载荷较小，绳径较细，所以主导轮直径显著减小，又因主导轮不起容绳作用，其宽度也小，故提升机质量和外形尺寸均大幅度减小，节约了钢材，减小了机房面积。

（2）由于多绳摩擦式提升机运动件的转动惯量小，所以可使用转速较高的电动机和较小传递比的减速器。

（3）由于偶数根钢丝绳左右捻各半，所以提升容器扭转减小，进而减小了罐耳与罐道的摩擦。

（4）钢丝绳搭放在主导轮上，减少了钢丝绳的弯曲次数，改善了钢丝绳的工作条件，提高了钢丝绳的使用寿命。

（5）由于多根钢丝绳同时被拉断的可能性极小，所以提高了安全性，因而提升罐笼上可不设防坠器。

（6）由于提升高度不受滚筒容量的限制，所以适用深井提升。

多绳摩擦式提升机的缺点包括：

（1）多根钢丝绳的悬挂、更换、调整、维护检修等工作较复杂，而且当一根钢丝绳损坏时，需要更换所有的钢丝绳。

（2）绳长不能调节，不适应多水平提升。

多绳摩擦式提升机型号及含义如图 22-25 所示。

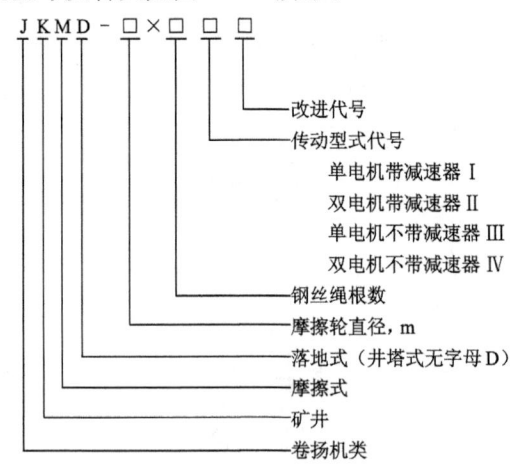

```
JKMD-□×□□□
        │ │ │ │──改进代号
        │ │ │────传动型式代号
        │ │           单电机带减速器 I
        │ │           双电机带减速器 II
        │ │           单电机不带减速器 III
        │ │           双电机不带减速器 IV
        │ │──────钢丝绳根数
        │────────摩擦轮直径，m
       ──────────落地式（井塔式无字母D）
                     摩擦式
                     矿井
                     卷扬机类
```

图 22-25 多绳摩擦式提升机型号及含义

5. 多绳摩擦式提升机的结构

以 JKM 型多绳摩擦式提升机为例，介绍多绳摩擦式提升机的结构。如图 22-26 所示，这种提升机由主轴装置 5（包括主导轮、主轴、主轴承）、减速器 4、电动机 1、制动装置（盘式制动器6、液压站9)、深度指示器7等组成。这种提升机的制动装置、联轴器及操纵等部件与JK型提升机的相同。多绳摩擦式提升机不同于缠绕式提升机的组成部件包括主轴装置、导向轮、减速器等。

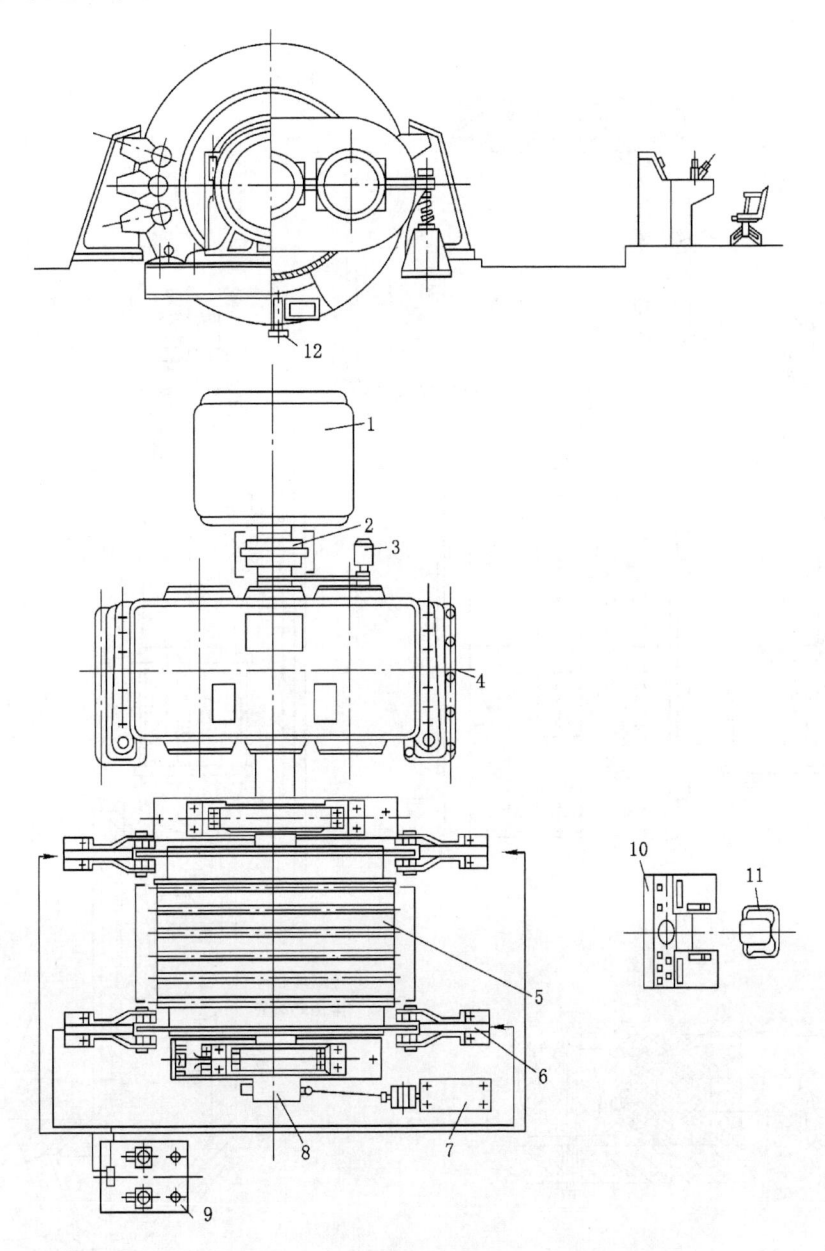

图22-26 JKM型多绳摩擦式提升机结构图
1——电动机；2——弹簧联轴器；3——测试发电机；4——减速器；5——主轴装置；6——盘式制动器；7——深度指示器；8——圆盘指示器发生装置；9——液压站；10——斜面操纵台；11——司机椅；12——车槽装置

(1) 主轴装置

如图22-27所示，主轴装置由主导轮、主轴及主轴承三部分组成。

主导轮由筒壳12、轮辐3和10、轮毂4、制动盘11构成。筒壳由厚20～20 mm的16Mn

钢板焊制。筒壳上用倒梯形的固定压块(铸铝或塑料制)将摩擦衬垫压紧并固定于主导轮表面上。摩擦衬垫形成衬圈,再车出绳槽。摩擦衬垫是与钢丝绳接触并传递摩擦力的重要零件,承担着提升容器及其载荷、钢丝绳、尾绳等的全部重力以及运行时产生的动载荷。

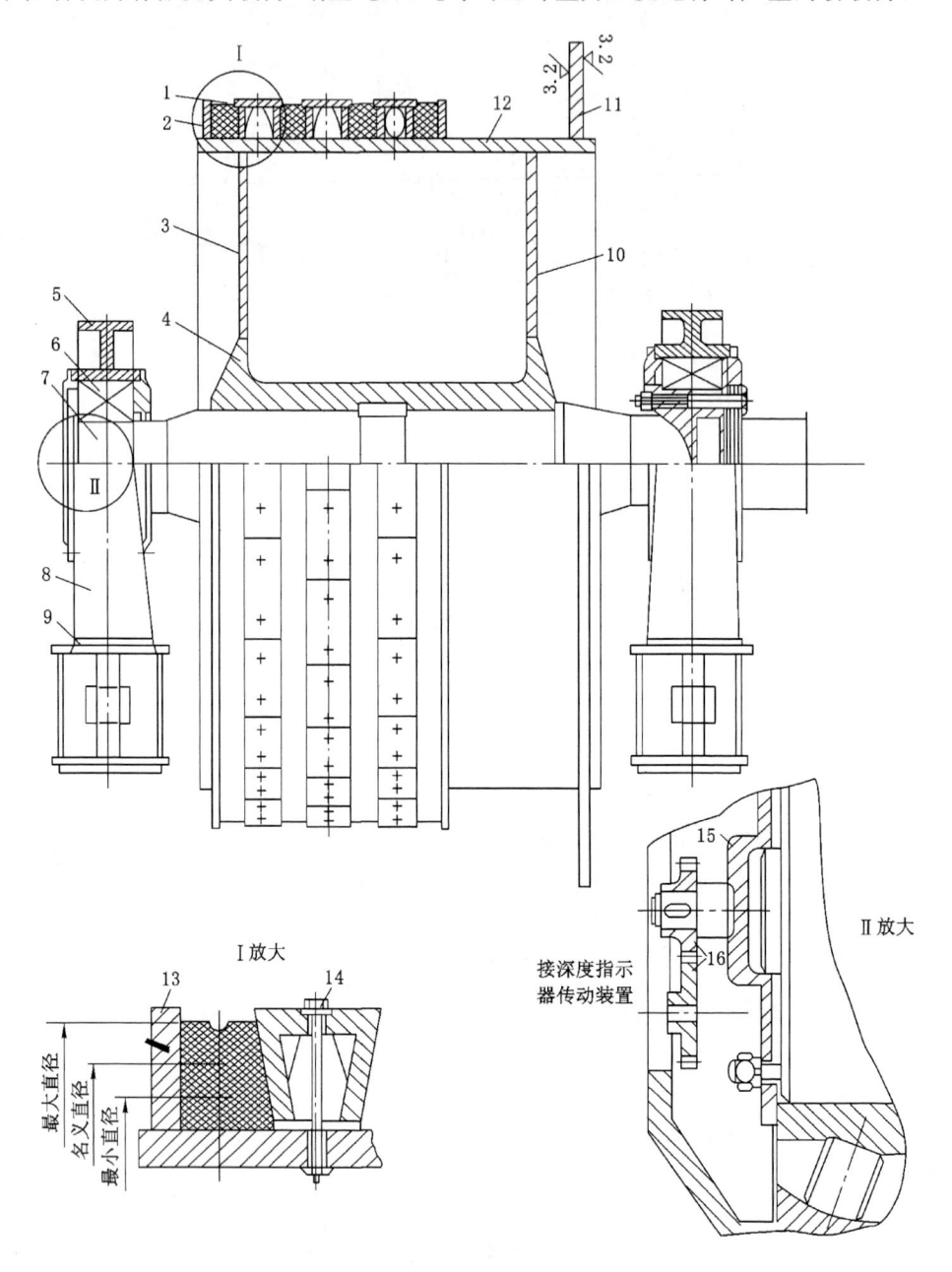

图 22-27 JKM-2.5/4 型多绳摩擦式提升机主轴装置结构图

1——固定衬块;2——摩擦衬块;3,10——轮辐;4——轮毂;5——轴承盖;6——主轴承;
7——主轴;8——轴承座;9——垫板;11——制动盘;12——筒壳;
13——挡板;14——螺栓;15——联结器;16——更换齿轮对

(2) 导向轮(主导轮直径 2 m 以下的不带导向轮)

导向轮的作用,一是可调整提升容器中心距;二是增大钢丝绳在主导轮上的包围角,以提高提升能力。导向轮的数目与主导轮上钢丝绳的根数相同,其中一个导向轮用键固定在轴上与轴一起转动,其余则游动地套装在轴上,这样可以保证各轮之间相对转动。游动导向轮套与轮轴间用黄油润滑。每个导向轮轮毂上都装有油杯,可方便地加油,以保证轮套与轮轴间充分润滑。

(3) 减速器

多绳摩擦式提升机的减速器包括带弹簧基础和不带弹簧基础两种。以下主要介绍弹簧基础中心驱动式减速器。

为了减少由于启动、加减速及安全制动时动负荷对传动齿轮及基础的影响,减速器采用弹簧支承基础和液压减震装置。由于采用弹簧支承,其传动形式必须用共轴传动。ZG型弹簧基础减速器如图22-28所示。它是两级共轴式减速器,如图22-29所示。输出轴10与输入高速轴1安装在同一轴线上,有两个对称的中间轴装置,电动机的动力经联轴器传递给高速轴1和高速小齿轮2、两侧对称的两个高速大齿轮3、两根对称的弹性轴5,再由低速小齿轮8传递到低速大齿轮12和低速轴10,从而带动提升机运转。各轴全部采用滚柱轴承。由于齿轮制造误差,使4对齿轮很难同时都啮合好,弹性轴5在承受较大的扭矩时会产生微小的弹性变形,使中间传动齿轮3和8之间产生相应的转角差,从而使齿轮2和12分别与之紧密啮合,载荷均匀。减速器安放在弹簧7构成的弹性基础上,并装有减震器6。

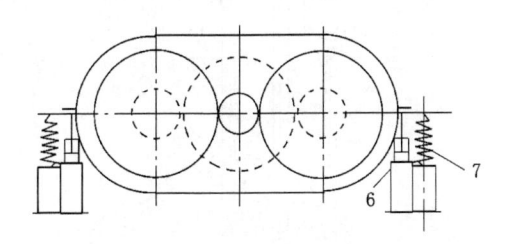

图 22-28 ZG型弹簧基础减速器示意图
6——减震器;7——弹簧

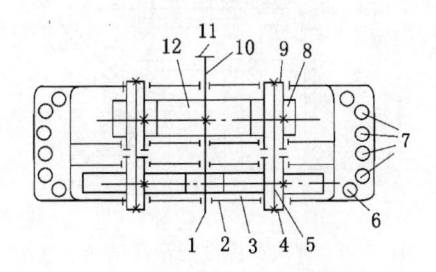

图 22-29 共轴式减速器结构示意图
1——高速轴;2——旋子齿轮;3——高速大齿轮;5——弹性轴;6——减震器;
7——弹簧;8——低速小齿轮;10——低速轴;12——低速大齿轮

(4) 深度指示器

深度指示器的作用包括:指示提升容器在井筒中的运行位置;当容器接近井口或井底停

车位置时,发出减速信号;限制提升容器过卷开关能切断安全保护回路,进行安全制动;在减速阶段,通过限速装置进行过速保护。

目前我国单绳缠绕式提升机上的深度指示器有牌坊式(立式)和圆盘式两种。KJ 型提升机采用牌坊式。JK 型提升机可选用牌坊式和圆牌式任一种。对于多绳摩擦式提升机采用带有调零补偿机构的深度指示器。

① 牌坊式深度指示器(用于单绳缠绕式提升机)

a. 牌坊式深度指示器结构

如图 22-30 所示,牌坊式深度指示器由 4 根立柱 13、两根丝杠 5、两个圆盘 15、数对齿轮及蜗轮蜗杆等组成。牌坊式深度指示器传动系统组成如图 22-31 所示。

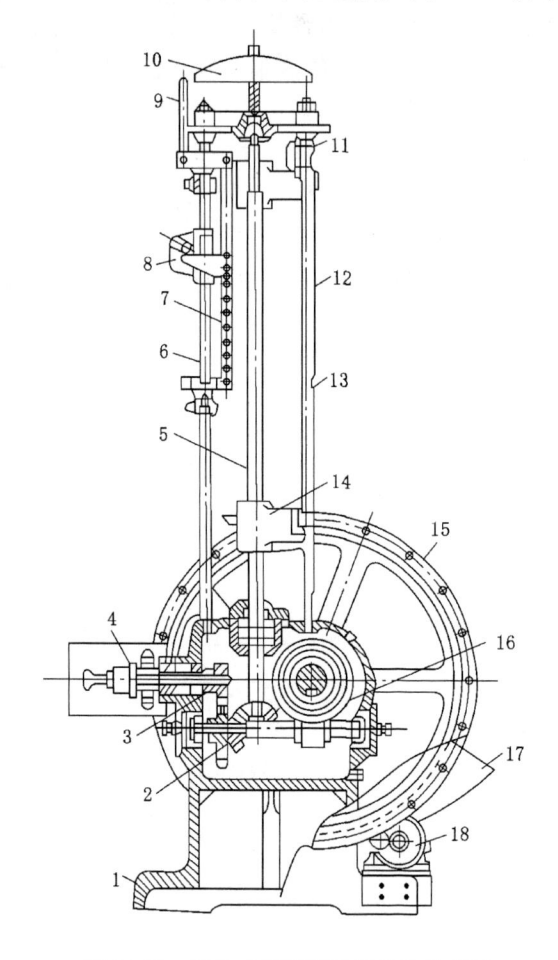

图 22-30 牌坊式深度指示器结构示意图

1——机座;2——伞齿轮;3——齿轮;4——离合器;5——丝杠;6——立杆;
7——信号拉条;8——减速限位开关;9——铃锤;10——信号铃;11——过卷限位开关;12——标尺;
13——支柱;14——螺母指针;15——限速圆盘;16——蜗轮蜗杆组;17——限速凸轮板;18——限速自整角机

b. 牌坊式深度指示器工作原理

如图 22-30 所示,提升机主轴的转动是通过锥齿轮带动传动轴、直齿轮副 3、伞尺寸副 2,使两根垂直的丝杠 5 做相反方向转动,并带动套在丝杠上的两个螺母 14 上下移动。深度

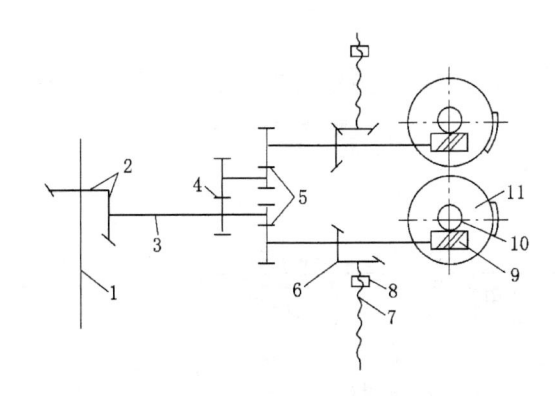

图 22-31　牌坊式深度指示器传动系统组成图
1——主轴；2——锥齿轮；3——传动轴；4,5——齿轮；6——锥齿轮；
7 和 8——丝杠和螺母指针；9,10——蜗杆蜗轮；11——限速圆盘

指示器丝杠的转数与提升机主轴的转数成反比，而主轴的转数与提升机容器的位置相对应，完成指示容器位置的任务。

提升容器接近井口到达减速位置时，移动的螺母 14 上的凸块拖住信号拉条 7 上的销子，将信号拉条抬起，拉条上的角板碰撞减速开关 8 的滚子，使提升机减速。同时信号杆上的铃锤 9 产生偏移，螺母继续上移，于是信号杆上的销就从凸块上脱落下来，铃锤敲响信号铃 10，向司机发出减速信号。此时，在限速圆盘下部装有减速行程开关，到减速位置时限速圆盘上的撞块挤压减速行程开关，发出声光信号，并使提升机投入减速运行。

当容器过卷时，螺母 14 上的碰铁顶开深度指示器上部的过卷限位开关 11，或限速圆盘上的撞块碰压在圆盘下部的过卷行程开关，进行安全制动。

深度指示器的限速圆盘 15 上装有限速凸轮板 17，它与限速自整角机 18 配合，参与减速阶段的速度控制。

② 圆盘式深度指示器（用于单绳缠绕式提升机）

圆盘式深度指示器由深度指示器传动装置（发送部分）和深度指示盘（接收部分）两部分组成。

a. 圆盘式深度指示器传动装置结构及工作原理

圆盘式深度指示器传动装置结构如图 22-32 所示。

传动轴 1 用法兰盘与减速器输出轴相连，通过更换齿轮对 2、蜗杆 4 和增速齿轮对 5，将主轴的旋转运动传递给发送自整角机 6。该自整角机再将所接收的信号传给圆盘指示器上的接收自整角机，两者组成电轴，实现同步联系，从而达到指示容器位置的目的。

更换齿轮对 2 应根据提升高度来选配，以使提升容器每完成一次提升时，深度指示盘上的指针的转角为 250°～350°。

蜗杆 4 的转动一方面通过蜗轮 3 带动限速圆盘转动，限速圆盘上装有撞块 11，以便在减速开始时碰撞减速开关 12，并使连击铃发出声响信号；另一方面装在限速圆盘上的限速凸轮板 7 开始挤压滚轮 10，通过杠杆拨动限速自整角机 15 回转进行电气限速保护。过卷开关 13 的作用是在容器过卷时，使安全保护回路动作，对系统进行保护。减速开关 12 和过卷开关 13 的装配位置必须根据具体使用条件确定。

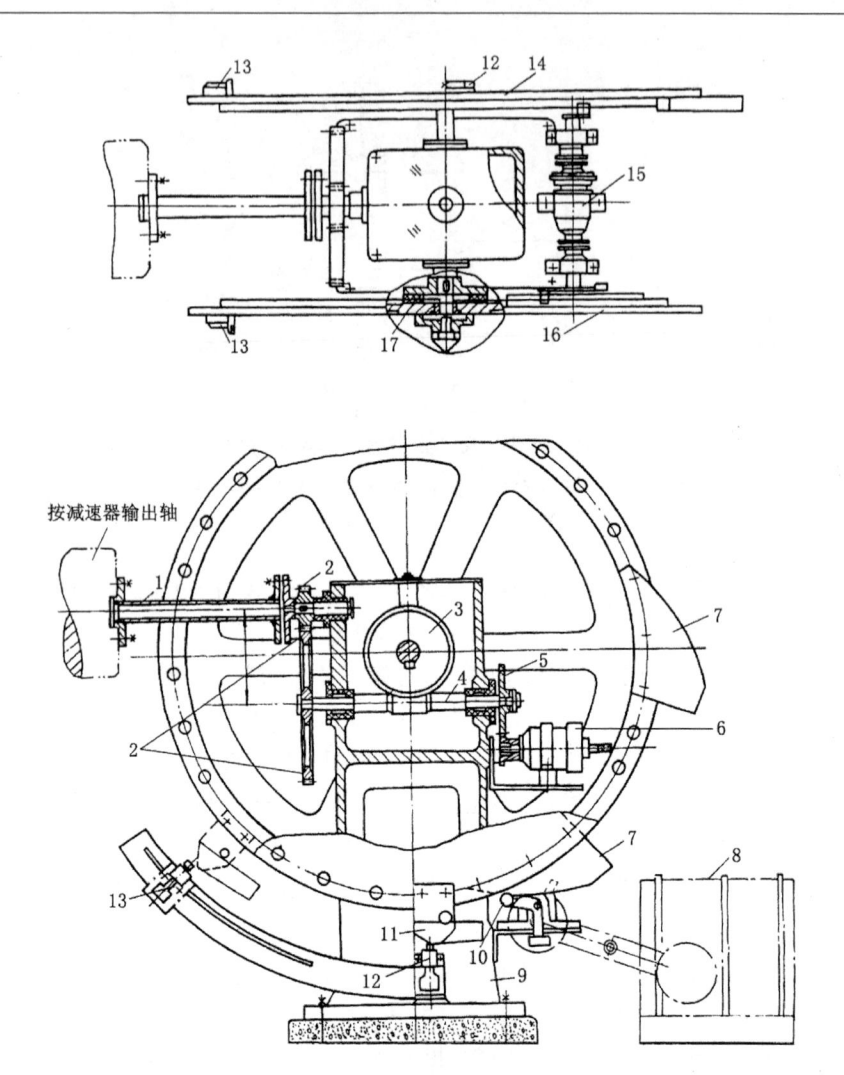

图 22-32　圆盘式深度指示器传动装置结构示意图

1——传动轴；2——更换齿轮对；3——蜗轮；4——蜗杆；5——增速齿轮对；6——发生自整角机；
7——限速凸轮板；8——限速变阻器；9——机座；10——滚轮；11——撞块；12——减速开关；
13——过卷开关；14——后限速圆盘；15——限速用自整角机；16——前限速圆盘；17——摩擦离合器

b. 深度指示盘结构及工作原理

深度指示盘结构和工作原理如图 22-33 所示。

圆盘指示盘安装在操纵台上，发生自整角机转动时，发出信号使指示盘上的接收自整角机随之转动，经过 3 对减速齿轮对带动粗指针 5（在一次提升过程中仅转动 250°～350°）转动进行粗指示。精指针 6 是一块圆形有机玻璃，其上刻有指针标记。精指针由接收自整角机经过一对减速齿轮带动，进行精针指示。

③ 多绳摩擦式提升机深度指示器

多绳摩擦式提升机由于钢丝绳搭放在摩擦轮上，工作中不可避免地会出现钢丝绳蠕动或滑动现象，钢丝绳与摩擦轮衬垫间会出现相对位移，这就使深度指示器的指针与提升容器在井筒中的位置不能对应。因此，多绳摩擦式提升机深度指示器需要设置调零机构。调零

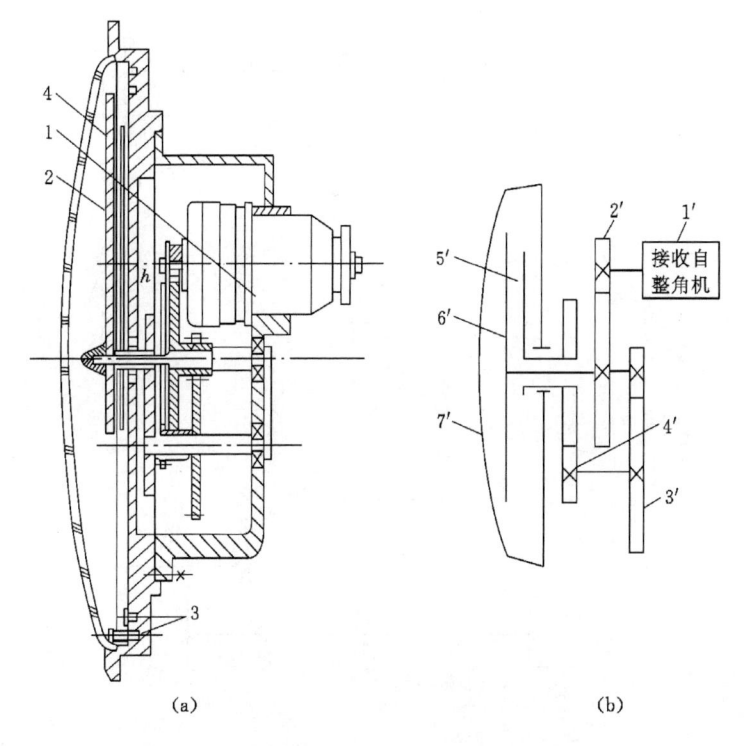

图 22-33 深度指示盘结构和工作原理示意图
(a) 结构图；(b) 工作原理图
1——接收自整角机；2——指示针；3——停车标记；4——精指示盘
1'——接收自整角机；2',3',4'——齿轮副；5'——粗针；6'——精指针；7'——有机玻璃罩

就是指每提升一循环后，在停车期间，自动校正一次，把指针调到零位，以防误差积累。

多绳摩擦式提升机深度指示器工作原理如图 22-34 所示。在正常工作状态下调零电机 31 并不转动，故与之相连的蜗杆 30、蜗轮 29 与圆锥齿轮 10 都不转动，此时由主轴传来的动力经轴 1 和 4 使差动轮系的圆锥齿轮 7、8、9 转动，再使轴 11、14 和丝杠 17 转动，粗针 18 便指示容器的位置。为更精确反映提升容器临近停车前的位置，设置一个精针 27 及刻度盘 28。在井筒中距离容器卸载位置前 10 m 处，安装一个电磁感应继电器，以控制电磁离合器 25。当提升容器在井筒过程中经过电磁感应器时，电磁离合器 25 合上，精针开始转动直到停车(约转 330°)。刻度盘上每格表示 1 m，与所积累的由于钢丝绳蠕动或滑动所产生的误差无关。如果钢丝绳由于蠕动或滑动而使容器已达到卸载位置而指针尚未到零位或已超过零位，自整角机 32 的转角与预定零位不对应，便会输出一相应的电压，通过电控系统使调零电机 31 运转，此时因提升机已停止运转，故齿轮 6、7 不动，蜗杆 30 和蜗轮 29 便带动轴 11、14 和 17 转动。直到指针返回预定零位为止。这时指针的位置与容器位置一致，自整角机的电压也为零，调零电机停转，调零结束。

(5) 制动装置

① 制动装置的作用及类型

制动装置的作用包括：正常停车制动，即在提升终了或停车时闸住提升机；正常工作制动，在减速阶段参与提升机的速度控制；安全制动，即当提升机工作不正常或发生紧急事故

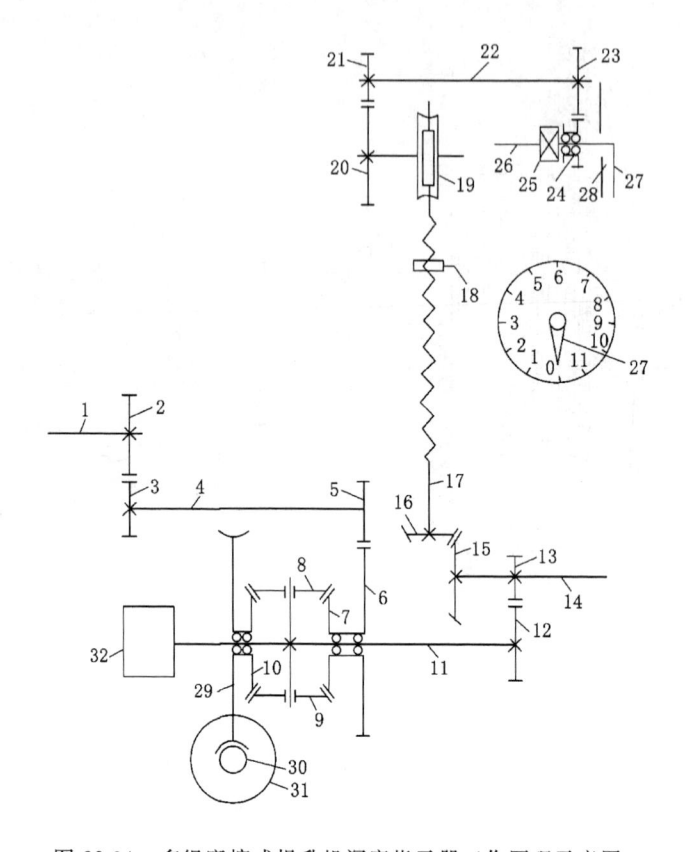

图 22-34　多绳摩擦式提升机深度指示器工作原理示意图

1,4,11,14,22,26——轴；2,3,5,6,12,13,20,21,23,24——齿轮；
7,8,9,10,15,16——圆锥齿轮；17——丝杆；18——粗针；19,30——蜗杆；
25——电磁离合器；27——精针；28——刻度盘；29——蜗轮；31——调零电动机；32——自整角机

时，迅速而及时地闸住提升机；调绳制动，即双滚筒提升机在调绳或更换水平时闸住活滚筒，松开固定滚筒。

提升机制动装置由制动器（通常称为闸）和传动装置两部分组成。制动器是直接作用到制动轮或制动盘上产生制动力矩的部分，按结构可分为块式制动闸与盘式制动闸。传动装置是控制、调节或解除制动的机构，按制动力的来源可分为重锤重力、弹簧、液压和气动等。我国国产提升机的制动装置分类见表 22-2。

表 22-2　　　　　　　　　　国产提升机的制动装置

序号	机型系列	工作制动			安全制动		
		制动闸	传动机构		制动闸	传动机构	
			抱闸	松闸		抱闸	松闸
1	KJ(2-3)系列	块闸	重锤	油压	块闸	重锤	油压
2	KJ(4-6)系列	块闸	气压	气压	块闸	重锤	气压
3	JK、JKM 等	盘闸	弹簧	油压	盘闸	弹簧	油压

② 提升机盘式制动装置的结构及工作原理

提升机盘式制动装置包括盘式制动器和液压站两部分。

a. 盘式制动器结构及工作原理

盘式制动器又称盘形制动闸，是制动力矩的产生和执行机构。根据提升机所需制动力矩的不同，一台提升机可同时配置 2 副、4 副、6 副等盘式制动闸。

（a）结构

盘式制动器结构如图 22-35 所示。制动器安装在机架上，液压缸 21 内装有活塞 10，连接螺栓 14 将活塞 10 和带筒体衬板 28 的柱塞连在一起，碟形弹簧 2 套装在柱塞上，闸瓦 29 与带筒体衬板的柱塞连城一体，调节螺母 20 是用来调整闸瓦间隙的。第一次向制动液压缸充油，或使用中发现松闸时间较长时，需将通气螺栓 22 拧松，将制动缸内的空气排尽。

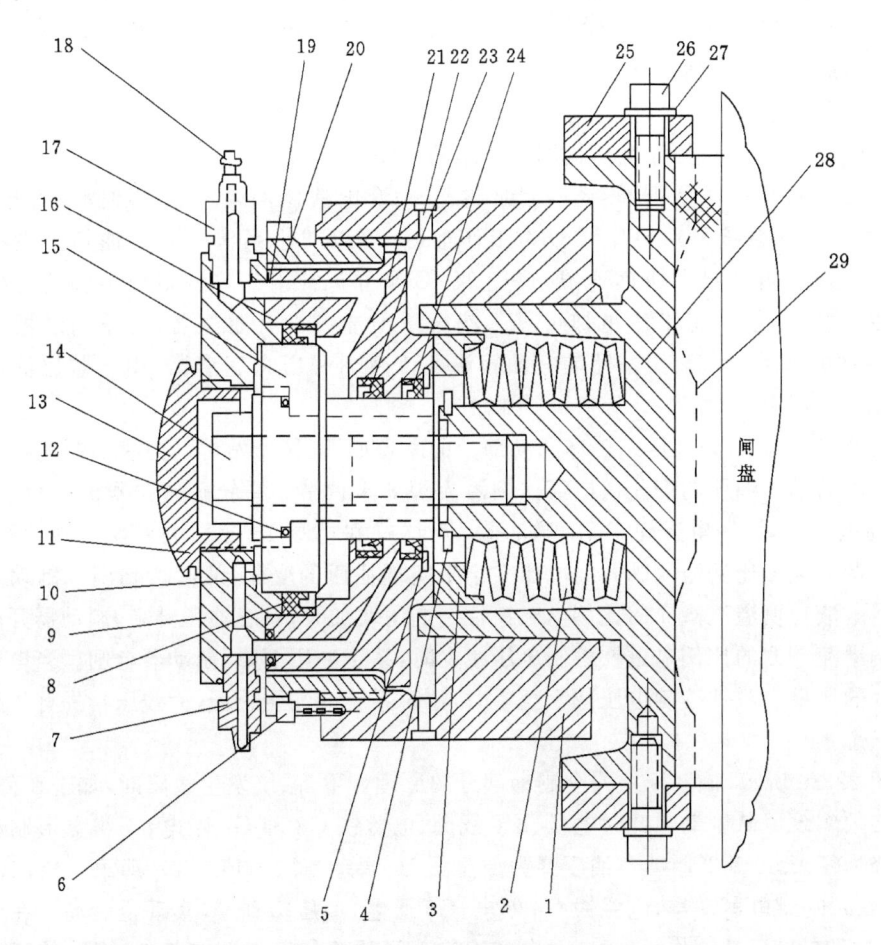

图 22-35 盘式制动器结构示意图

1——制动器体；2——碟形弹簧；3——弹簧垫；4，5——挡圈；6——锁紧螺栓；7,17——油管接头；8,12,13,16,19,23——密封圈；9——后缸盖；10——活塞；11——后盖；14——连接螺栓；15——活塞内套；18——短节；20——调节螺母；21——液压缸；22——放气螺钉；24——油封；25——压板；26——螺钉；27——垫圈；28——带筒体衬板；29——闸瓦

(b) 工作原理

盘式制动器是靠碟形弹簧产生制动力,靠油压松闸的。当压力油充入压力腔时,在压力油的作用下,推动活塞10并通过连接螺栓14带动带筒体衬板28的柱塞和闸瓦29压缩弹簧2向左移动,闸瓦29离开制动盘而松闸。当液压降低时,弹簧逐渐消除在松闸状态时的压缩变形,推动闸瓦向右移动而制动。

在制动状态时,闸瓦压向制动盘的正压力大小取决于油缸内工作油的压力大小,当缸内压力为最小值时(一般不等于零,有残压),弹簧力几乎全部作用在活塞上,此时的制动力最大,呈全制动状态。反之,当工作油压为系统最大油压时,则为全松闸状态。

b. 液压站作用及工作原理

(a) 作用

液压站的作用包括:在工作制动时,向盘式制动器提高所需的油压,以获得不同的工作力矩;在安全制动时,使盘式制动器迅速回油,实现二级安全制动或恒减速制动;为双滚筒提升机的调绳离合器提供压力油。

(b) 工作原理

下面以TE163型液压站为例说明液压站的工作原理。

TE163型液压站主要由油箱、一套泵装置、一套电液比例调压装置和阀组等组成,如图22-36所示。该系统采用恒压泵作为工作油源,可以减小系统发热。油箱上设有加热器,若油温过低,可以投入加热器,加热到15 ℃即可正常工作。该系统主阀组上的元件主要采用插装阀,使系统工作更加可靠。液压站出油口设有滤油器,防止制动器油缸回油时将杂质带入系统。液压站还装有油箱温度传感器和压力变送器,用于监控油温和压力的变化。

如图23-36所示,该液压站工作制动部分的原理如下:液压站可以为盘形制动器提供不同油压的压力油。油压的变化由电液比例溢流阀8来调节。系统正常工作时,电磁铁G3、G4、G5通电,压力油经电磁阀9、23,滤油器17,球式截止阀18分别进入盘形制动器;司机可以通过调节电液比例溢流阀8的电压大小来实现油压的变化,从而达到调节制动力矩的目的。当电液比例溢流阀8的比例电磁铁控制电压增加时,系统油压升高,制动器开闸。当电液比例溢流阀8的比例电磁铁控制电压减少时,系统油压下降,制动器合闸。当电液比例溢流阀8的比例电磁铁控制电压减少至零时,这时系统的油压最低(为残压),提升机处于完全制动状态。

如图22-36所示,该液压站安全制动部分的原理如下:系统发生故障时,如全矿停电时,提升机必须实现紧急制动。此时电机、KT线圈、电磁铁G3和G4断电,A组盘形制动器油压立刻降为零,B组盘形制动器油压降为溢流阀10调定的压力值(P_1),即第一级制动油压值,保压到时间继电器动作,电磁铁G5断电,G6通电,油压降到零,实现全制动。在延时过程中,蓄能器起稳压补油作用,调节单向节流截止阀的开口度可调节其补油量,使延时过程中压力值(P_1)基本稳定在要求值。

以上这个过程,液压站使提升机在紧急制动时,获得了良好的二级制动性能。二级制动油压变化情况如图22-37所示。从图22-37上看:从A点(即P_2点)降到B点,A组盘形制动器处于制动状态,整个卷筒受到1/2以上的制动力矩。B组盘形制动器的油压降到一级制动油压P_1级(从B点到C点)延时t_1秒后到达D点,此时提升机已停车,电磁换向阀G5

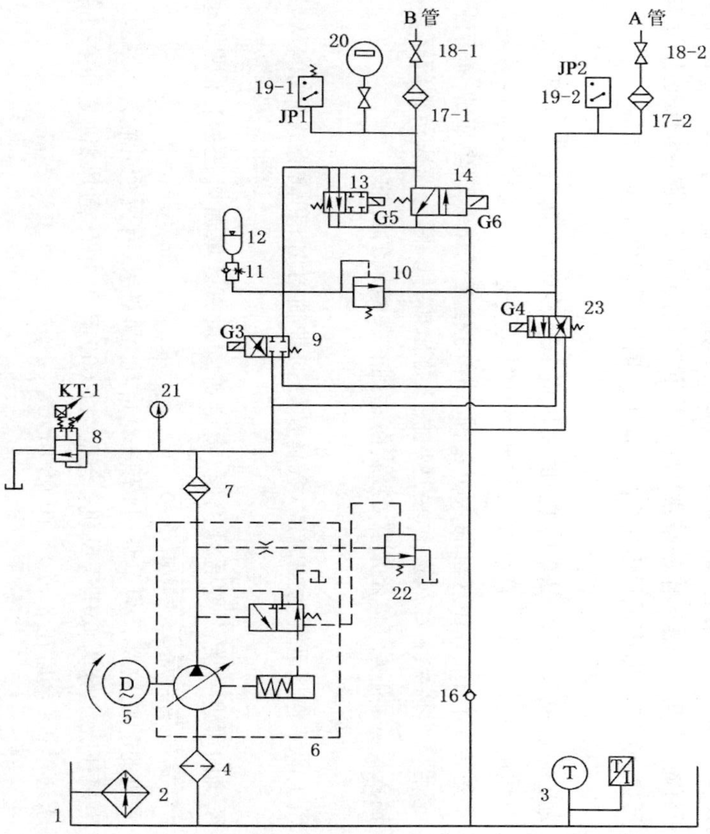

工作联锁表

联锁动作 电气元件	工作状态	正常松闸	工作制动	紧急制动 井口二级制动	紧急制动 井口一级制动
油泵电机		+	+	—	—
KT线圈		+	0→大 + 大→0	0	0
电磁铁	G3	+	+	—	—
	G4	+	+	延时 +	—
	G5	+	+	+	—
	G6	—	—	—	+
压力继电器	JP1	油压到最大油压值时动作，表示松闸				
	JP2	油压下降到 0.5 MPa时动作，表示合闸				

液压元件表

1. 油箱
2. 电加热器
3. 温度计（PT100）
4. 吸油滤油器
5. 电机
6. 柱塞泵
7. 出油滤油器
8. 比例溢流阀
9. 电磁换向阀
10. 溢流阀
11. 单向节流截止阀
12. 皮囊蓄能器
13. 电磁换向阀
14. 电磁球阀
15. 液动换向阀
16. 单向阀
17. 出口滤油器
18. 球式截止阀
19. 压力继电器
20. 压电传感器（数显）
21. 电接点压力表
22. 远程调压阀
23. 电磁换向阀

图 22-36　TE163型液压站工作原理示意图

延时后断电,G6 延时后通电,油压从 P_1 级降到零压(即从 D 点到 E 点),完成二级制动。盘形制动器以 3 倍的静力矩将卷筒牢固地闸住,使其安全地停止转动。

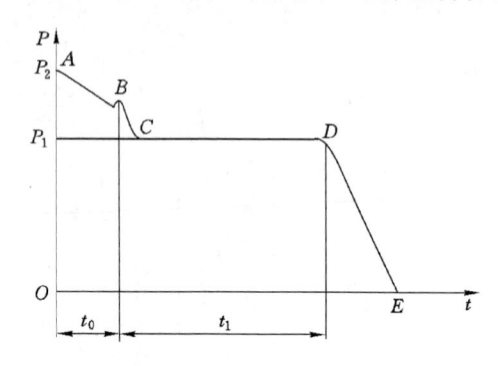

图 22-37 二级制动油压变化情况

第二节 矿井通风设备的结构原理及性能

一、概述

1. 矿井通风设备的作用

矿井通风设备的作用是把有害气体从井下排出,把地面新鲜空气送到井下,供井下工作人员呼吸,稀释有毒、有害、易爆气体的浓度,调节井下空气的温度和湿度,保证井下有良好的工作条件。所以,煤矿又称通风设备为"矿井肺脏",时刻不能停止运行。

2. 矿井通风系统的组成

图 22-38 为矿井通风系统图。装在地面的通风机 1 运转后,在通风机入口形成负压,由于外界大气压力作用,使井下空气产生流动。外界新鲜空气进入入风井 2,流经井底车场 3,通过运输大巷 5 到达工作面 6,在这里混入了各种各样的有害气体和煤尘而成为污浊气体,流经回风巷 7,最后经出风井 8 和风道 9,由通风机 1 排出矿井。因为通风机连续运转,外界新鲜空气不断输入矿井,有害气体不断排出,从而达到矿井通风的目的。

3. 矿井通风机的分类

(1) 按通风机的工作原理分为轴流式(气体从轴向进轴向出)和离心式(气体从轴向进径向出)。

(2) 按通风机的用途分为主要通风机(负责全矿或某一区域通风任务)和局部通风机(负责掘进工作面或加强采煤工作面通风)。

(3) 按通风机的叶轮数目分为单级(只有一个叶轮)和双级(有两个叶轮)。

(4) 按产生风压大小分为低压通风机(全压<1 000 Pa)、中压通风机(全压在 1 000~3000 Pa)和高压通风机(全压在 3 000~10 000 Pa)。

二、通风机的性能参数

1. 流量

通风机的流量通常是指单位时间内流过通风机的气体容积。如无特殊说明,通风机的

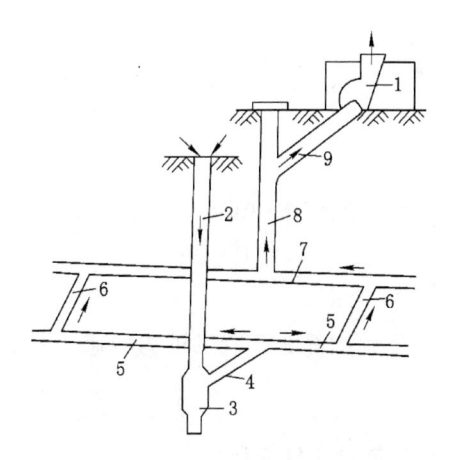

图 22-38 矿井通风系统示意图

1——通风机;2——入风井;3——井底车场;4——石门;5——运输平巷;6——工作面;
7——通风平巷 8——出风井;9——风道

体积流量,是特指通风机进口处的体积流量。

2. 压力

(1) 通风机的动压

通风机出口截面上气体的动能所表征的压力称为动压,是指单位体积空气在通风机中的动能增量。动压是空气在通风机出口以某一速度流出时的损失。

(2) 通风机的静压

通风机的静压是指风机的全压与通风机出口动压之差,是指单位体积空气在通风机中的势能增量。静压用来克服通风系统的阻力,是风机全压中的有效部分。

(3) 通风机的全压

通风机的全压是指通风机出口截面与通风机进口截面的全压之差,是指单位体积空气在通风机中所获得的总能量。

3. 功率

(1) 通风机的全压有效功率(P_{etF})

通风机所输送的气体,在单位时间内从通风机中所获得的有效能量,称为通风机的全压有效功率。

(2) 通风机的内功率(P_{in})

计入流动损失和泄漏损失,在单位时间里传给气体的有效功,称为通风机的内功率,即内功率等于有效功率加上通风机的内部流动损失功率。

(3) 风机的轴功率(P_{sh})

单位时间内原动机传递给通风机轴的能量,称为通风机的轴功率,它等于通风机的内功率(P_{in})加上轴承和传动装置的机械损失功率($\triangle P_{me}$)。

4. 通风机的的效率

(1) 通风机的全压效率(η_{tF})

它等于通风机全压有效功率(P_{etF})与轴功率(P_{sh})之比,即有:

$$\eta_{tF} = P_{etF}/P_{sh} \tag{22-1}$$

(2) 通风机的静压效率(η_{sF})

它等于通风机静压有效功率(P_{esF})与通风机轴功率(P_{sh})之比,即有:

$$\eta_{sF} = P_{esF}/P_{sh} \tag{22-2}$$

(3) 通风机的全压内效率(η_{in})

它等于通风机全压有效功率与通风机内部功率之比,即有:

$$\eta_{in} = P_{etF}/P_{in} \tag{22-3}$$

5. 转速

通风机的流量、压力、功率等参数都随着通风机的转速而改变。因此,通风机的转速也是一个特性参数。

三、离心式通风机的结构性能及工作原理

1. 离心式通风机的结构

矿用离心式通风机,一般分为具有前弯叶片和具有后弯叶片两种。前弯式叶片离心式通风机,压力系数较高,但效率较低,经济性差,属于淘汰产品。后弯式叶片离心式通风机,压力系数较低,但效率较高,经济性好,属于现代高效离心式通风机。离心式通风机结构如图 22-39 所示。其主要部件组成及功能详述如下。

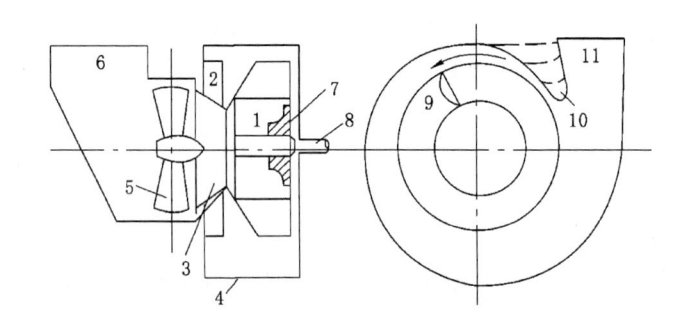

图 22-39 离心式通风机结构示意图

1——叶轮;2——整流器;3——集流器;4——机壳(蜗壳);5——调节器;6——进风箱;
7——轮毂;8——大轴;9——叶片;10——舌(喉部);11——扩散器

(1) 叶轮(风轮、工作轮)。它是离心式通风机的关键部件,由前盘、后盘、叶片和轮毂等零件焊接或铆接而成。后盘紧固在轮毂上用键与风机转轴或直接与电动机轴相连接,如图 22-40 所示。叶轮的作用在于使被吸入叶片间的空气强遣旋转,产生离心力而从叶轮中甩出来,以提高空气的压力。前盘的结构形式有平前盘、锥形前盘和弧形前盘等几种。

(2) 整流器(稳压器、扩压环)。它可起到减少机壳内涡流损失、入口区的压力差和泄漏,稳定气流的作用。

(3) 集流器(喇叭口、吸风口)。它可保证气流均匀地进入叶轮,使叶轮得到良好的进气条件,减少流动损失和降低进口涡流噪声。其开口有筒形、锥形、弧形和组合形等几种。目前大型离心式通风机多采用弧形或锥弧形集流器,以提高风机效率和降低噪声;中、小型离心式通风机多采用弧形集流器。

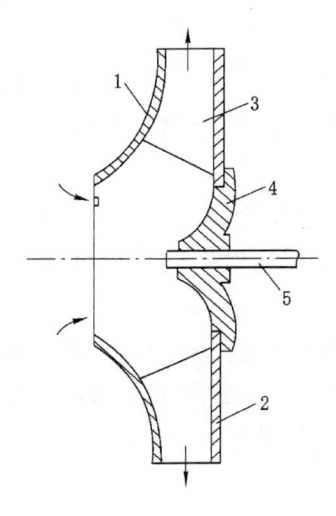

图 22-40 叶轮与轴的连接

1——前盘;2——后盘;3——叶片Ⅰ;4——轮毂Ⅰ;5——轴

(4) 机壳(蜗壳)。它是用钢板焊成包住叶轮的外壳,其形状呈螺旋线形。它是汇集从叶轮流出的气流,导致风机的出口,并将气体的部分动能转变为静压。

(5) 调节器(导流器、挡板)。通过改变其叶片开启度的大小,来控制进风量大小和叶轮进口气流方向,以满足调节要求。导流叶片数目一般为 8～12 片。

(6) 进风箱(耳子)。其横断面积与叶轮进口面积之比为 1.75～2.0 时适宜,与风机出口的夹角 90°为最好。

(7) 轮毂(葫芦头、轴盘)。通过它将叶轮固定在大轴上。

(8) 大轴。大轴用来传递电动机的功率。

(9) 叶片。叶片将轴传来的机械能转变为气体的压力能。大多数叶片是由钢板压制而成(如图 22-41 中左图),这种叶片用铆接或焊接方法固定在叶轮的前后盘上。也有叶片做成如图 22-41 中右图所示的中空机翼形。根据叶片出口安装角不同,叶片可分为前倾式、径向式和后倾式三种。大型主要通风机均采用后倾式,出口安装角在 15°～72°之间。叶片的形状大致可分为平板形、圆弧形和机翼形几种。目前多采用机翼形叶片。叶片数目与叶片安装角度以及叶轮外径和内径的比值有关。叶片数目一般为 10 片。

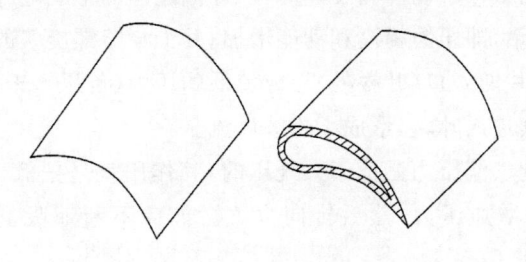

图 22-41 叶片类型

(10) 舌(喉部)。其作用是防止部分气体在蜗壳内循环流动。按其结构形式,舌可分为深舌、短舌和平舌三种。

(11) 扩散器(扩压器)。风机外壳出口处气流有较高的动压,随着气流直接抛入大气的同时,其动压散失于大气,无益于通风。扩散器可将动压的一部分转换为静压,可以减少能量损失。扩散角一般小于 15°。

离心式通风机的一般结构如上所述,若考虑主要因素的影响,其结构形式的不同主要表现在进气方式、旋转方式、出风口位置、传动方式等几方面。

(1) 进气方式

离心式通风机流量小的一般都采用单级叶轮、单侧进气的结构,被称为单吸通风机。离心式通风机流量大的有时做成双侧进气的,被称为双吸通风机。风压高的通风机也可做成两级串联的结构形式。

(2) 旋转方式

离心式通风机叶轮只能顺蜗壳螺旋线的展开方向旋转。根据叶轮旋转方向不同,其分为左旋和右旋两种。这两类离心式通风机的确定方法为:从电动机一端看风机,叶轮按顺时针方向旋转的称为右旋通风机;反之,则为左旋通风机。应该注意的是:右旋和左旋通风机的机壳螺旋线是不相同的,但是以右旋转作为基本的旋转方向;一旦叶轮反转,风量会突然下降。

(3) 出风口位置

按叶轮旋转方向用右(或左)和出风口角度表示,出风口往往制成可以自由转动的结构。

(4) 传动方式

主要考虑通风机转速、进气方式和尺寸大小等因素而定其传动方式。我国对通风机的传动方式规定有 6 种。

如果离心式通风机与电动机转速相同时,大号通风机可采用联轴器与电动机直接连接;小号通风机则可将叶轮直接安装在电动机输出轴上。如果离心式通风机的转速与电动机的转速不相同,则可采用带变速传动方式;对于双吸式或大型单吸离心式通风机,一般是采用将叶轮放在两个轴承的中间,即双支承式方式。

2. 离心式通风机工作原理

当电动机经过传动机构带动叶轮旋转时,叶片流道间的空气随叶片的旋转而转,由于叶片的作用,气体获得能量,即压力提高和动能增加,并汇集于螺旋状的机壳中,由出口排入扩散器。与此同时,在叶片的入口(叶根处)形成较低的压力(负压),于是在大气压力作用下气流不断地由进风口连续进入叶轮,形成了连续风流。

离心式通风机内的气流压力是低于大气压的,其作用就是把低于大气压力的气流吸进去,经过叶轮又给气流增加压力,然后排向大气。如此不断地吸、排,以达到输送空气的目的。

3. 离心式通风机的型号含义

离心式通风机的全称包括名称、型号、机号、传动方式、旋转方向、出风口位置等六部分。这六部分标明了离心式通风机的适用范围、用途、特性、基本尺寸等特点。

(1) 命名规则

① 名称,包括用途、作用原理和管网中的作用等三部分。用途部分以用途的汉语拼音字母的第一个字母表示。通风机产品用途代号见表22-3。

表 22-3　　　　　　　　　　风机产品用途代号

用途类别	代号 汉字	代号 简写	用途类别	代号 汉字	代号 简写
一般通用通风机	通用	T(省略)	防腐蚀气体通风机	防腐	F
防爆气体通风机	防爆	B	高温气体输送机	高温	W
煤粉吹送机	煤粉	M	工业冷却水通风机	冷却	L
排尘通风机	排尘	C	矿井主体通风机	矿井	K
矿井局部通风机	矿局	KJ	锅炉通风机	锅炉	G
锅炉引风机	锅引	Y	工业炉通风机	工业	GY

② 型号,由类型和品种组成。类型又由通风机用途代号、压力系数、比转数、进气方式(单侧进气为1,双侧进气为0)和设计顺序号组成,共分三组,每组可用阿拉伯数字表示,中间用横线隔开。

③ 品种(机号),用通风机叶轮直径的分米数表示,尾数四舍五入,数字前冠以符号 No 表示。

④ 传动方式,见表22-4。

表 22-4　　　　　　　　　　离心式通风机的传动方式

代号	A型	B型	C型	D型	E型	F型
传动方式	无轴承电机直联传动	悬臂支承胶带轮在轴承中间	悬臂支承胶带轮在轴承外侧	悬臂支承联轴器传动	双支承胶带轮在外侧	双支承联轴器传动

⑤ 旋转方向,分为"左旋"和"右旋"。

⑥ 出风口位置,常用角度表示。如图 22-42 所示,基本出风口位置有 8 个;补充出风口位置见表22-5。

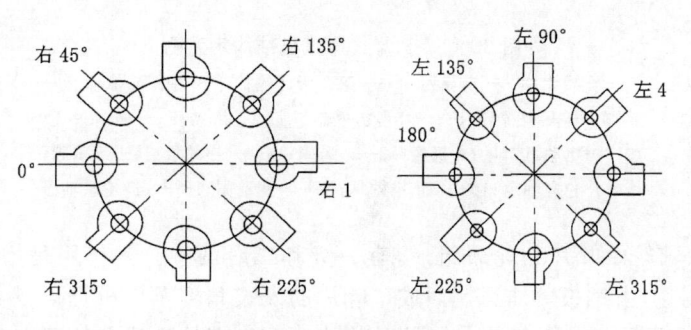

图 22-42　出风口位置

表 22-5　　出风口位置

基本出风口位置	表示方法	右 0°	右 45°	右 90°	右 135°	右 180°	右 225°	右 270°	右 315°
	旧用代号	017	018	011	012	013	014	015	016
	表示方法	左 0°	左 45°	左 90°	左 135°	左 180°	左 225°	左 270°	左 315°
	旧用代号	027	028	021	022	023	024	025	026
补充出风口位置		15°	60°	105°	150°	195°	(240°)	(285°)	(330°)
		30°	75°	120°	165°	210°	(255°)	(300°)	(345°)

注：括号内的数字一般未采用。

(2) 型号含义解释示例

以 K4-73-01No32 型通风机为例说明离心式通风机型号含义。

① K 代表矿用通风机。

② 4 代表效率最高点压力系数的 10 倍，取整数。

③ 73 代表效率最高点比转数，取整数。

④ 0 代表通风机进风口为双侧吸入。

⑤ 1 代表第一次设计。

⑥ No32 代表通风机机号，叶轮直径为 3 200 mm。

四、轴流式通风机结构性能及工作原理

1. 轴流式通风机的结构

轴流式通风机结构比较紧凑，重量较轻，转速高，但结构比较复杂。轴流式通风机结构如图 22-43 所示。其主要部件的组成及功能详述如下。

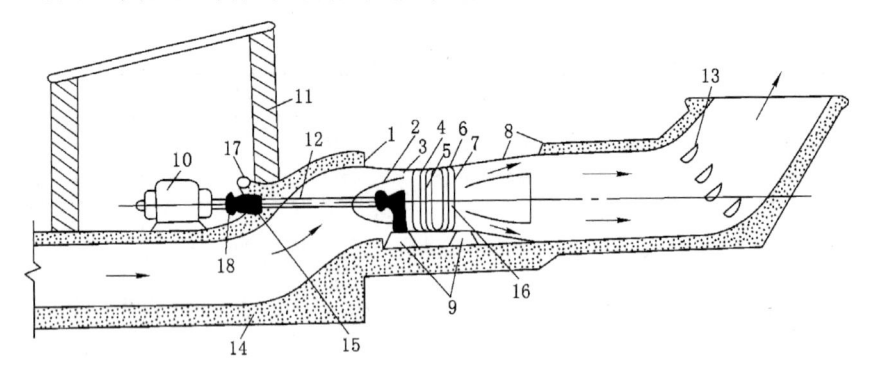

图 22-43　轴流式通风机结构示意图

1——集风器；2——流线体；3——前导器；4——第一级叶轮；5——中间整流器；6——第二级叶轮；
7——后整流器；8——环形扩散器与水泥扩散器；9——机架；
10——电动机；11——机房；12——风硐；13——导风板；14——基础；
15——径向轴承；16——止推轴承；17——制动闸；18——齿轮联轴器

(1) 叶轮。叶轮由叶片和轮毂组成，有一级和二级两种。其作用是增加空气的全压。叶片为中空机翼型，由钢板弯曲压制而成。叶片的安装角度可以根据风量和风压的需要来调整，如图 22-44 所示。安装角的定位是以叶片两侧尖端的连线与轮毂上的刻度位置对齐来实现的。安装角度愈大，压力和风量愈大，但每个叶片的角度都应保持一致，否则会引起气流不均匀,甚至出现脱流。

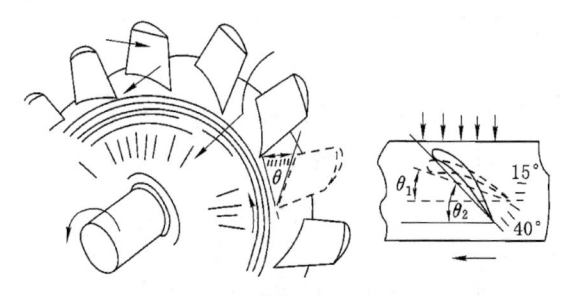

图 22-44 叶片安装定位图

(2) 进风口。进风口由集风器和流线体组成。集风器是一个断面逐渐缩小的喇叭形圆筒。流线体表面是流线型的罩子。集风器的作用是使气体均匀地由轴向流入叶轮,以减少气流冲击损失,提高设备效率。

(3) 整流器。整流器是由导叶组成的固定圆筒。圆筒内径与叶轮轮毂直径相同,沿圆筒表面均匀排列的导叶是等宽的,并以一定的角度固定不动。一级通风机装有前导叶和后导叶,二级通风机装有中导叶和后导叶。其作用是整直由叶轮流出的旋转气流,减少动能和涡流损失。

(4) 扩散器。扩散器装在通风机出口末端,是一个逐渐扩大的筒体。气流通过它时速度降低,动压减小。扩散器一般用砖砌成,用拉筋板与扩散芯筒连接。扩散器的作用是将动压的一部分转变为静压,减少空气动压损失,提高通风机效率。

(5) 传动装置。传动装置由轴承、传动轴、主轴和联轴器四部分组成。通风机转子装在前后两个双列调心的滚子轴承上,承受通风机主轴、传动轴和叶轮质量而引起的径向载荷。由于叶轮前后压力差而产生的轴向推力由后端的三个单列径向推力轴承来承担。传动轴的两端用联轴器分别与电机、主轴连接。

2. 轴流式通风机的工作原理

当电动机经过传动机构带动工作轮旋转时,叶片在空气中快速扫过,处于叶片迎面的气体受挤压,静压增加;与此同时,叶片背面的气体静压降低。于是叶片迎面的高压气流向叶道出口流出,叶片背面的低压区将空气吸入叶道,形成连续气流。

3. 轴流式通风机的型号含义

轴流式通风机的全称包括名称、型号、机号、传动方式、气流方向及风口位置六部分内容。

(1) 命名规则

① 名称。名称前可冠用各种用途字样,一般也可以省略不写。

② 型号。型号由基本型号和补充型号组成,中间用横线隔开。基本型号占一组,用通风机的轮毂比(叶轮轮毂直径与叶轮直径之比)取其百分数和翼型代号以及设计序号表示。补充型号占后一组,用通风机叶轮级数和结构的设计序号表示。

③ 机号。以叶轮直径的分米数表示,有小数时取整数或 1/2,并在前面冠以符合"No"。

④ 传动方式。对于传动方式为 A 式或 E 式的轴流式通风机,仅有一种传动方式时,则传动方式、气流方向和风口位置均省略不写;有 A 式和 E 两种传动方式时,则仅表示传动

方式。

⑤ 气流方向。用来区别吸气、出气。"人"表示正对风口气流顺面方向流入;"出"表示正对风口气流迎面方面流入。

⑥ 风口位置。风口位置分进风与出风口两种,用人、出若干角度表示,若无进出风口位置则可不予表示。基本风口位置有 4 个,特殊用途可增加。基本位置有:0°、90°、180°、270°;补充位置有:45°、135°、225°、315°。

(2) 型号含义解释示例

以 2K60-1No18 为例说明轴流式通风机型号含义。

① 2 代表该型通风机为双级叶轮。

② K 代表矿井用通风机。

③ 60 代表该型通风机轮毂比的 100 倍。

④ 1 代表该型通风机为第一次设计结构。

⑤ No18 代表通风机机号,通风机叶轮直径为 1 800 mm。

五、反风装置

当进风口附近、通风井筒及井底车场等处发生火灾时,会产生大量燃烧后气体(CO_2、CO),这些废气随风流进入工作面将危及人的生命,造成严重事故。为避免上述地区火灾蔓延,其措施之一是使风流反向。按照《煤矿安全规程》规定,生产矿井主要通风机必须装有反风设施,并能在 10 min 内改变巷道中的风流方向;当风流方向改变后,主要通风机的供给风量不应小于正常供风量的 40%。

通风机的反风方法有两种:一种是利用反风道反风,另一种是利用通风机反转反风。

1. 离心式通风机的机房布置和反风装置

离心式通风机的反风方法目前只能利用反风道反风。图 22-45 是有两台离心式通风机机房布置图。通风机装在机房内,扩散器穿出屋顶。两台通风机对称布置,一台左旋,一台右旋。用启闭垂直闸门来控制通风机与风道相通或隔断,以便两台通风机倒换使用。正常通风时,由出风井来的风流按箭头方向进入风机,而后由通风机经扩散器排向大气。反风时,水平风门 13、反风门 6、垂直闸门 12 均处于虚线位置,此时外界空气经水平风门、进风道、反风道压入井下。

2. 轴流式通风机的机房布置和反风装置

轴流式通风机的反风有通风机反转反风和反风道反风两种方法,但通风机反转反风只适用于个别类型的通风机。图 22-46 是两台轴流式通风机机房布置图。利用风门 13 的启闭来控制通风机与风道相通或隔开,以便两台通风机倒换使用。正常通风时,风流由进风道进入通风机入口前的弯道,经通风机后由扩散风道排出。反风时,将反风门放至图中虚线位置,在通风机并未改变转动方向的情况下,风流由百叶窗 8 经反风门 15 进入进风道 12,通过风机 1 由扩散风筒经反风门 11 进入反风道 17 而压入井下。

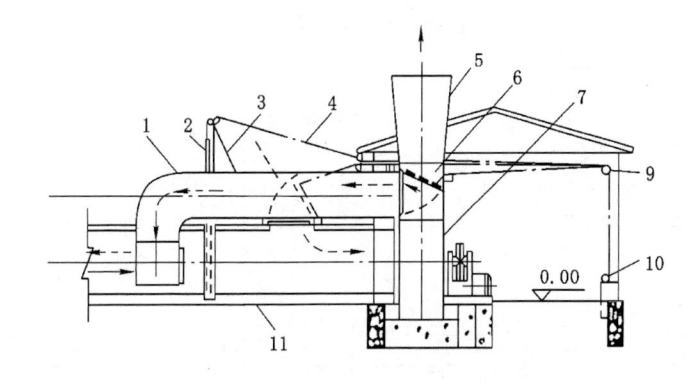

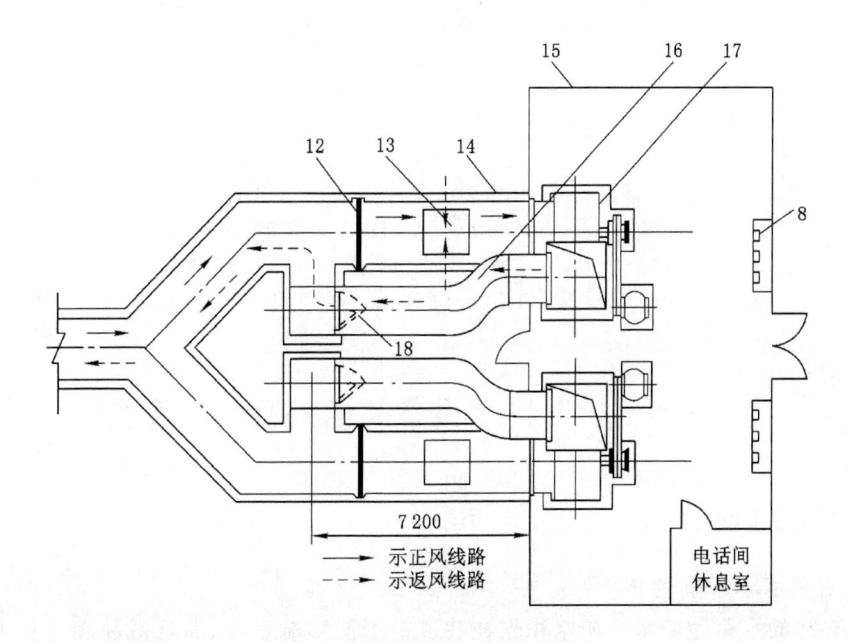

图 22-45 两台离心式通风机机房布置图

1,16——反风道;2,12——垂直闸门;3——闸门架;
4——钢丝绳;5——扩散器;6——反风门;7,17——通风机;
8,10——手摇绞车;9——滑轮组;11,14——进风道;
13——水平风门;15——通风机房;18——检查门

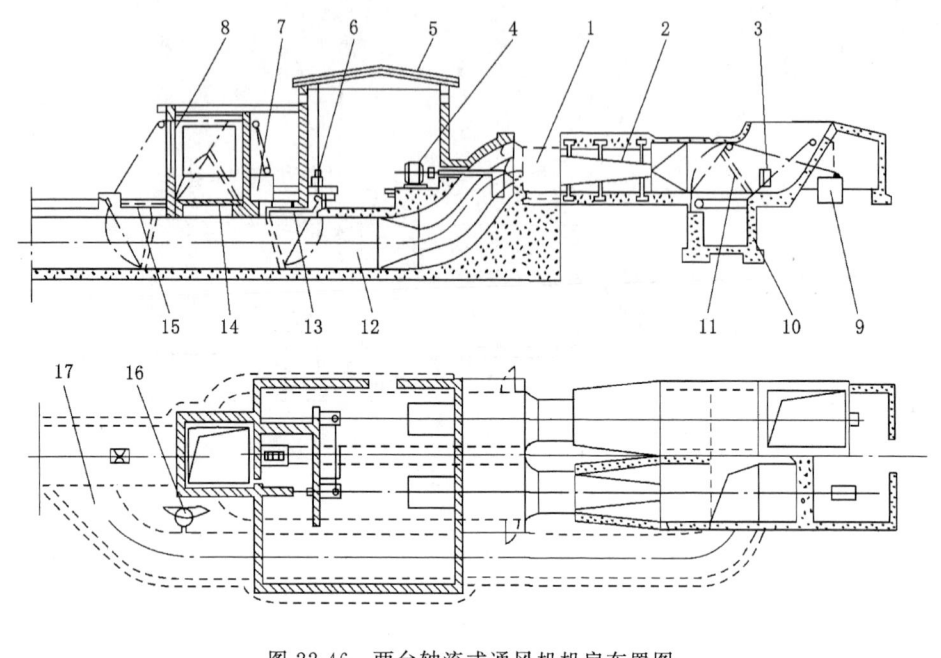

图 22-46 两台轴流式通风机机房布置图

1——风机；2——扩散风筒；3——检查门；4——电动机；5——机房；
6,7,9——风门绞车基础；8——百叶窗；10,17——反风道；
11,14,15——反风门；12——进风道；13——风门；16——测孔

第三节　矿井排水设备的结构原理及性能

一、矿井排水设备概述

1. 矿井主排水设备的作用

涌入矿井的水称为矿水。矿水积聚在巷道中不但影响生产，而且威胁着工作人员的健康和安全，因此需要把矿水及时排出；有时井下生产也需用水（如水力采煤、灭尘等），这就需要供水。矿井生产过程中，不论排水或供水，都由排水设备来完成。

2. 矿井主排水设备的组成

矿井主排水设备主要由离心式水泵、电动机、启动设备、管路、管路附件和仪表等部分组成，如图 22-47 所示。

装在吸水管末端的滤水器是防止水中的杂质吸入泵内。滤水器内装有底阀，其作用是当向泵内灌注引水（用以启动）或水泵停止运转时，使水泵吸水管中的水不至于漏掉。

装在排水管上的闸阀用来调节水泵的流量和扬程。在水泵启动时应把它关闭，以降低电动机的启动电流。

逆止阀的作用是在水泵突然停止运转（例如突然停电等），或在关闭闸阀停泵时，使水泵免受水力冲击而遭到损坏。

在水泵初次启动之前，用灌水漏斗向泵内灌注引水。同时，泵内的空气由放气水嘴放

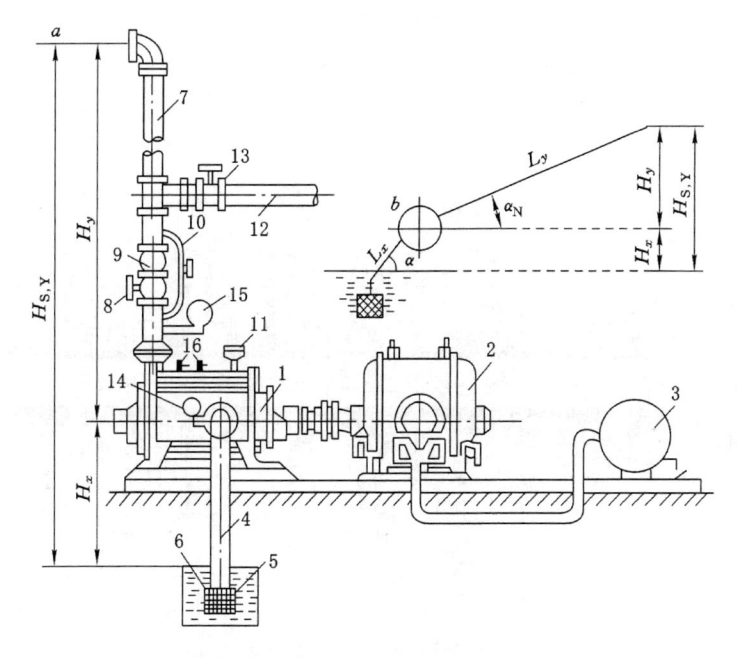

图 22-47 矿井主排水设备结构示意图

1——离心式水泵；2——电动机；3——启动设备；4——吸水管；5——滤水器；6——底阀；
7——排水管；8——闸阀；9——逆止阀；10——旁通管；11——灌引水漏斗；12——放水管；
13——放水闸阀；14——真空表；15——压力表；16——放气水嘴

掉。当水泵再次启动时，可通过旁通管由排水管向水泵灌水。

压力表和真空表分别用来检测排水管中的压力和吸水管中的真空度。

二、离心式水泵工作原理、性能参数及型号含义

1. 离心式水泵的工作原理

图 22-48 为 200D43×3 多级离心式水泵结构图。水泵的转子是由装在一根轴上的若干个叶轮 1 组成。叶轮上有一定数目的叶片。水泵启动前，必须首先用水灌满崩腔及吸水管。当水泵的转子被电动机拖动后，位于叶轮 1 中的水受到叶片的作用向叶轮外缘运动，使其压力和运动速度增高，即使水增加了能量，然后经返水圈 4 进入次级叶轮入口，并在次级叶轮中继续增加能量，直至由最后一级叶轮流出，汇集在泵壳排水段 5 中，经水泵出口进入排水管排至地面。

2. 离心式水泵的性能参数

(1) 流量

水泵在单位时间内所排出水的体积，称为水泵的流量。

(2) 扬程

单位重量的水流经水泵后增加的能量，也就是水泵的扬水高度，称为水泵的扬程（也称压头）。

(3) 功率

水泵在单位时间内所做功的大小，称为水泵的功率。

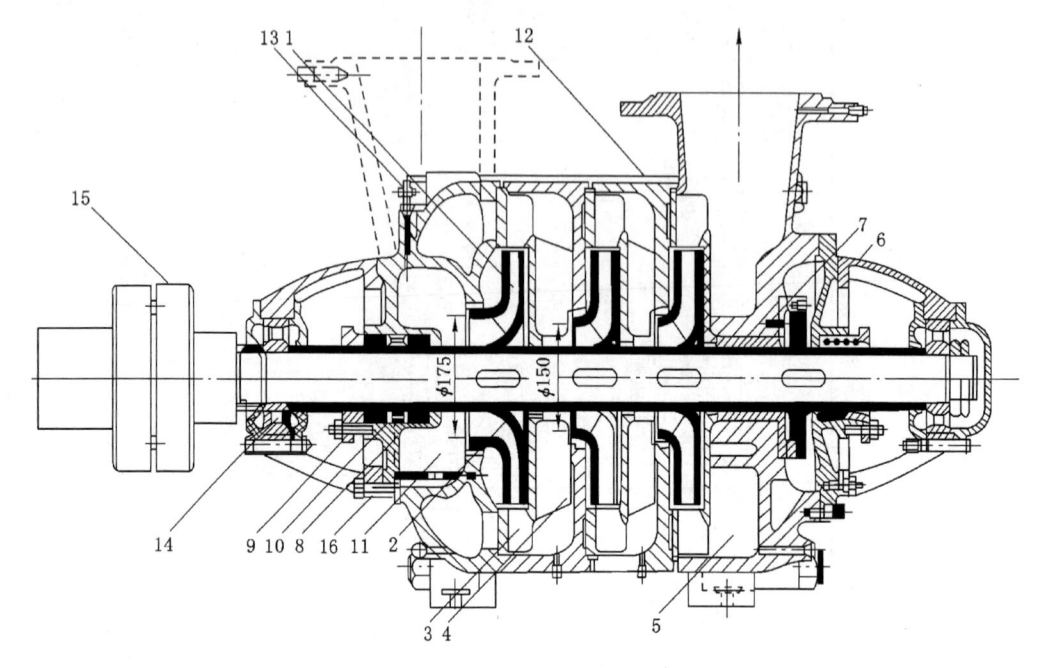

图 22-48　200D43×3 离心式水泵结构图

1——叶轮；2——密封环；3——导叶；4——返水圈；5——排水段；6——平衡盘；
7——平衡盘衬环；8——填料；9——压盖；10——水封环；11——进水段；12——中段；
13——放气孔；14——轴承；15——联轴器；16——水封环

① 水泵的轴功率。电动机传递给水泵轴的功率，即水泵输入功率。
② 水泵的有效功率。水泵传递给水的功率，即水泵的输出功率。
（4）效率
水泵的有效功率与轴功率之比，称为水泵的效率。
（5）转速
水泵轴每分钟的转数称为转速。
（6）允许吸上真空度
离心式水泵在工作时，能够吸上水的最大吸水扬程，称为水泵的允许吸上真空度。因为水在吸水管内有压力损失和速度水头损失，因此实际吸水扬程小于允许吸上真空度。

3. 离心式水泵的型号含义
以 200D43×3 型水泵为例，介绍离心式水泵的型号含义。其具体型号含义如下：
(1) 200 代表水泵吸水口直径(mm)。
(2) D 代表单吸多级垂直分段式。
(3) 43 代表单级扬程数(43 m)。
(4) 3 代表级数为 3 级。

三、离心式水泵的结构

以 D 型离心式水泵为例进行相关介绍。D 型水泵由转子部分、定子部分、轴承部分和密封部分等组成。

1. 转子部分

(1) 联轴器。联轴器是实现两轴对接的传动装置。

(2) 泵轴。泵轴是用 45 号优质碳素钢制成。为了防止泵轴锈蚀,在轴外设有轴套借以延长泵轴的使用寿命。

(3) 叶轮。叶轮是离心式水泵的主要部件。通过它把机械能传递给水,把水送到一定高度或距离。叶轮的形状和直径的大小,直接影响水泵的流量和扬程。D 型水泵的第一级叶轮直径稍大些,其余叶轮形状完全相同。

(4) 平衡盘。平衡盘的作用是消除水泵的轴向推力。

2. 定子部分

定子部分主要由吸水段、中段、排水段、轴承体及尾盖等部分组成。用拉紧螺栓将吸水段、中段、排水段连接为一体,各段之间用纸垫密封,吸水口为水平方向,排水口则垂直向上。

3. 轴承部分

口径 50～125 mm 的 D 型泵采用单列滚子轴承,用润滑脂润滑;口径 150～200 mm 的 D 型泵采用巴氏合金轴承,采用机械油润滑。为了防止水进入轴承,轴承采用 O 形耐油橡胶密封圈和挡水圈。

4. 密封部分

(1) 密封环(又称口环)。叶轮在高速旋转时,必然与泵壳有间隙,为了减少此间隙的漏损,提高水泵的效率,在叶轮吸水口的外圆装有大密封环(大口环),背侧的轮毂上装有小密封环(小口环),其作用就是防止高压水循环。密封环是一种易磨损零件,用平头螺栓固定在叶轮的吸水处,磨损后可随时更换新件,从而延长叶轮的使用寿命。

(2) 填料装置(又称填料箱)。它的作用一方面是封闭泵轴穿出泵壳时的间隙,防止漏水漏气;另一方面是可以部分支承泵轴,引水润滑、冷却泵轴。填料装置由填料座、填料、水封环和压盖组成。填料在水封环两侧缠绕在泵轴上,用压盖将其压紧。填料的松紧程度可用螺栓调节。

第四节　矿井压风设备的结构原理及性能

一、矿井压风设备概述

压缩空气设备主要由启动设备、空气压缩机及其附属装置(包括滤风器、冷却系统、储气罐等)和空气管道等部分组成,如图 22-49 所示。

矿井空气压缩机主要有活塞式和螺杆式两种类型。本书着重介绍螺杆式空气压缩机。

二、螺杆式空气压缩机的结构原理及性能特点

1. 螺杆式空气压缩机结构及工作原理

(1) 结构

螺杆式空气压缩机通常指的是双螺杆式空气压缩机。其基本组成如图 22-50 所示。

在"∞"字形的气缸内平行地安装着两个相互啮合的螺旋形转子。通常把节圆外具有凸齿的转子称为阳转子(或称主动转子),把节圆内具有凹齿的转子称为阴转子(或称从动转

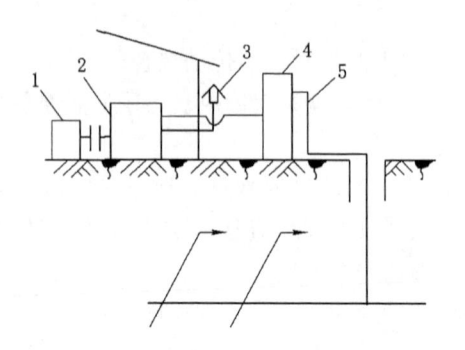

图 22-49 矿井压缩空气设备的组成
1——电动机;2——空气压缩机;3——滤风器;4——储气罐;5——输气管

子)。气缸的两端用端盖封住,支承转子的轴承安装在端盖的轴承孔内。转子上每一个螺旋槽与气缸内表面所构成的封闭容积即是螺杆缩机的工作容积。在压缩机体的两端,分别开设有一定形状和大小的吸排气孔口,呈对角线布置。此外,还有轴封,同步齿轮、平衡活塞等部件。

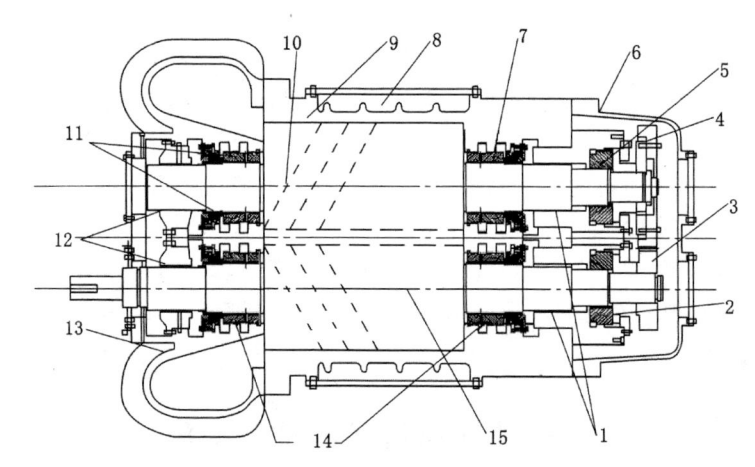

图 22-50 无油润滑双螺杆式空气压缩机结构图
1——径向轴承;2——止推轴承;3——同步齿轮;4——同步齿轮;5——止推轴承;6——入口壳体盖;
7——迷宫密封或机械密封;8——冷却水套;9——壳体;10——阴转子;11——迷宫密封或机械密封;
12——径向轴承;13——入口壳体盖;14——迷宫密封或机械密封;15——阳转子

(2) 工作原理

螺杆式空气压缩机属于容积式压缩机。螺杆式空气压缩机的工作循环可分为吸入、输气、压缩和排气四个过程。随着转子旋转,每对相互啮合的齿相继完成相同的工作循环。为简单起见,这里只分析其中的一对齿的工作原理。

① 吸入过程和输气过程(或统称为吸气过程)

图 22-51 示出螺杆式空气压缩机的吸气过程,所分析的一对齿用箭头标出。在图 22-51 中,阳转子按逆时针方向旋转,阴转子按顺时针方向旋转,图中的转子端面是吸气端面。机壳上有特定形状的吸气孔口,如图中粗实线所示。

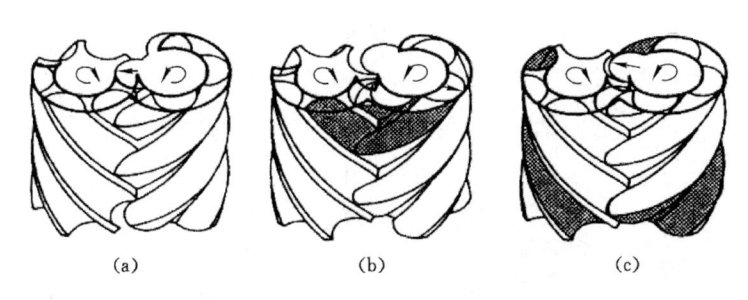

图 22-51　螺杆式空气压缩机的吸气过程
(a) 吸气过程即将开始；(b) 吸气过程中；(c) 吸气过程结束

图 22-51(a)示出吸气过程即将开始时的转子位置。在这一时刻，这一对齿前端的型线完全啮合，且即将与吸气孔口连通。

随着转子开始运动，由于齿的一端逐渐脱离啮合而形成了齿间容积，这个齿间容积的扩大，在其内部形成了一定的真空，而此齿间容积又仅与吸气口连通，因此气体便在压差作用下流入其中，如图 22-51(b)中阴影部分所示。在随后的转子旋转过程中，阳转子齿不断从阴转子的齿槽中脱离出来，齿间容积不断扩大，并与吸气孔口保持连通。吸气过程结束时的转子位置如图 22-51(c)所示，其最显著的特征是齿间容积达到最大值，随着转子的旋转，所分析的齿间容积不会再增加。齿间容积在此位置与吸气孔口断开，吸气过程结束。

② 压缩过程

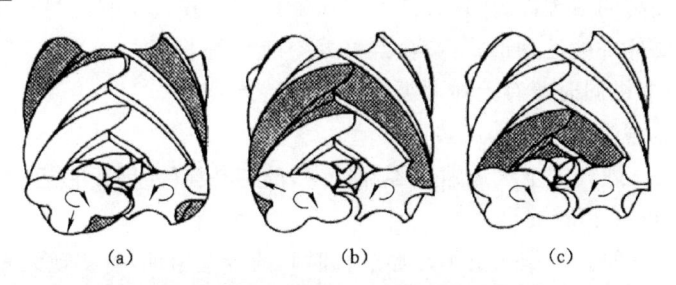

图 22-52　螺杆式空气压缩机的压缩过程
(a) 压缩过程即将开始；(b) 压缩过程中；(c) 压缩过程结束、排气过程即将开始

图 22-52 示出螺杆式空气压缩机的压缩过程。这是从上面看相互啮合的转子。图中的转子端面是排气端面，机壳上的排气孔口如图中粗实线所示。在这里，阳转子沿顺时针方向旋转，阴转子沿逆时针方向旋转。

图 22-52(a)示出压缩过程即将开始时的转子位置。此时，气体被转子齿和机壳包围在一个封闭的空间中，齿间容积由于转子齿的啮合就要开始减小。随着转子的旋转，齿间容积由于转子齿的啮合而不断减小。被密封在齿间容积中的气体所占据的体积也随之减小，导致压力升高，从而实现气体的压缩过程，如图 22-52(b)所示。压缩过程可一直持续到齿间容积即将与排气孔口连通之前，如图 22-52(c)所示。

③ 排气过程

图 22-53 示出螺杆式空气压缩机的排气过程。齿间容积与排气孔口连通后，即开始排气过程。随着齿间容积的不断缩小，具有排气压力的气体逐渐通过排气孔口被排出，如图

22-53(a)所示。这个过程一直持续到齿末端的型线完全啮合。此时,齿间容积内的气体通过排气孔口被完全排出,封闭的齿间容积的体积将变为零,如图 22-53(b)所示。

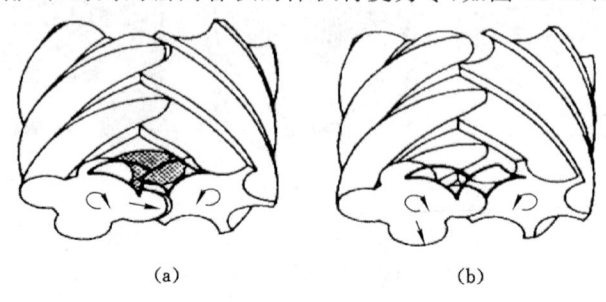

图 22-53 螺杆式空气压缩机的排气过程
(a)排气过程中;(b)排气过程结束

从上述工作原理可以看出,螺杆式空气压缩机是一种工作容积作回转运动的容积式气体压缩机械。气体的压缩依靠容积的变化来实现,而容积的变化又是借助压缩机的一对转子在机壳内作回转运动来达到目的。与活塞式空气压缩机的区别,是它的工作容积在周期性扩大和缩小的同时,其空间位置也在变更。只要在机壳上合理地配置吸、排气孔口,就能实现压缩机的基本工作过程——吸入、输气、压缩及排气过程。

2. 螺杆式空气压缩机性能特点

就气体压力提高的原理而言,螺杆式空气压缩机与活塞式压缩机相同,都属于容积式空气压缩机。就主要部件的运动形式而言,螺杆式空气压缩机又与透平空气压缩机相似。所以,螺杆式空气压缩机同时兼有上述两类压缩机的特点。

螺杆式空气压缩机的主要优点如下:

(1)可靠性高。螺杆式空气压缩机零部件少,没有易损件,因而它运转可靠,寿命长,大修间隔期可达 4 万～8 万小时。

(2)操作维护方便。操作人员不必经过长时间的专业培训,可实现无人值守运转。

(3)动力平衡性好。螺杆式空气压缩机没有不平衡惯性力,机器可平衡地高速工作,可实现无基础运转,特别适合用做移动式压缩机,体积小、重量轻、占地面积小。

(4)适应性强。螺杆式空气压缩机具有强制输气的特点,排气量几乎不受排气压力的影响,在宽广的范围内能保持较高的效率。

(5)多相混输。螺杆式空气压缩机的转子齿面间实际上留有间隙,因而能耐液体冲击,可压送含液气体、含粉尘气体、易聚合气体等。

螺杆式空气压缩机的主要缺点如下:

(1)造价高。螺杆式空气压缩机的转子齿面是一空间曲面,需利用特制的刀具,在价格昂贵的专用设备上进行加工。另外,对螺杆式空气压缩机气缸的加工精度也有较高的要求。所以,螺杆式空气压缩机的造价较高。

(2)不能用于高压场合。由于受到转子刚度和轴承寿命等方面限制,螺杆式空气压缩机只能适用于中、低压范围,排气压力一般不能超过 4.5 MPa。

(3)不能制成微型机。螺杆式空气压缩机依靠间隙密封气体,目前一般只有容积流量大于 0.2 m³/min 时,螺杆式空气压缩机才具有优越的性能。

三、空气压缩机附属装置

1. 滤风器

滤风器的作用是清除空气中的杂质。滤网由多层波状铁丝网组成,其上浸有锭子油。混浊空气通过时,灰尘黏附于铁丝网上。滤风器的结构如图 22-54 所示。

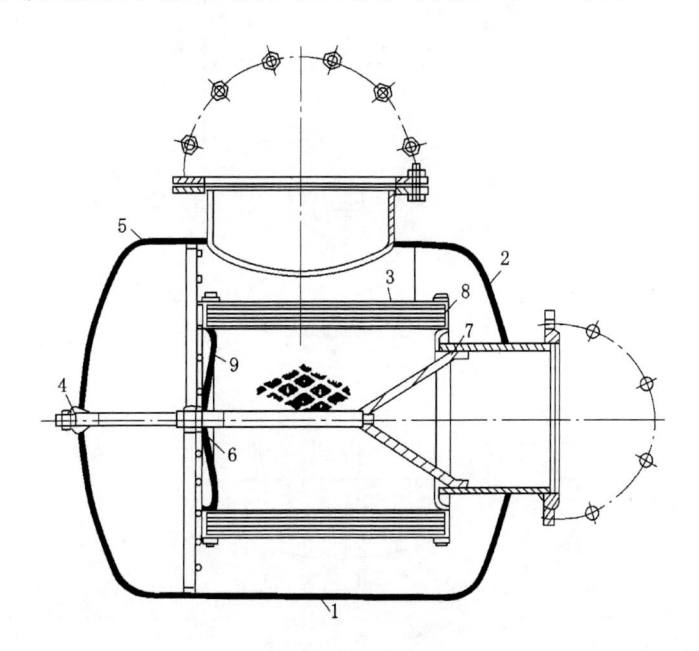

图 22-54 滤风器结构图

1——筒体;2,5——封头;3——滤网;4,6——螺母;
7——叉;8——后盖;9——前盖

2. 储气罐

储气罐是用来缓和由于排气不均匀和不连续而引起的压强波动;储备一定量的压缩空气,维持供需气量之间的平衡;除去压缩空气中的油和水。储气罐的结构如图 22-55 所示。

3. 安全阀

L 型空气压缩机采用弹簧式安全阀,Ⅰ级的装在中间冷却器上,Ⅱ级的装在储气罐上。安全阀是保证空气压缩机在额定范围内安全运转的保护装置。

4. 冷却系统

冷却系统由气缸壁水套,中间冷却器、后部冷却器、油冷却器,水泵和管路及冷却水池等组成。其作用是降低功率消耗,净化压缩空气,提高设备的效率。

5. 润滑系统

空气压缩机各部润滑的作用是减少摩擦面的磨损,降低摩擦能量消耗,密封气缸工作容积等。

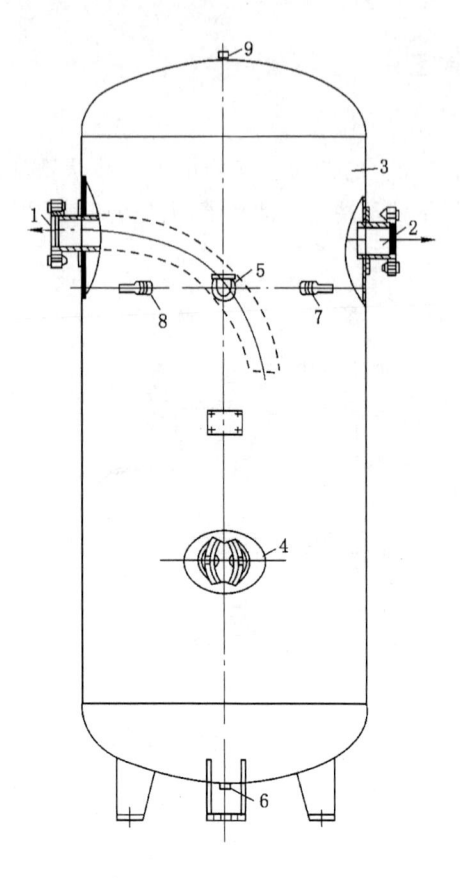

图 22-55 储气罐结构图

1——进气口;2——出气口;3——储气罐;4——检查孔;5——装安全阀套管;6——放油水管;7——压力调节管接头;8——压力表管;9——方头螺栓

第二十三章　煤矿固定设备完好标准

第一节　通 用 部 分

一、紧固件

(1) 螺纹连接件和锁紧件必须齐全,牢固可靠。螺栓头部和螺母不得有铲伤或棱角严重变形。螺纹无乱扣或秃扣。

(2) 螺栓拧入螺纹孔的长度不应小于螺栓的直径(铸铁、铜、铝合金件等不小于螺栓直径的1.5倍)。

(3) 螺母拧紧后螺栓螺纹应露出螺母1~3个螺距,不得用增加垫圈的办法调整螺纹露出长度。

(4) 稳钉与稳钉孔应吻合,不松旷。

(5) 铆钉必须紧固,不得有明显歪斜现象。

(6) 键不得松旷,打入时不得加垫,露出键槽的长度应小于键全长的20%、大于键全长的5%(钩头键不包括钩头的长度)。

二、联轴器

(1) 端面的间隙及同轴度应符合表23-1中的规定。

表23-1　　　　　联轴器端面间隙和同轴度　　　　　单位:mm

类型	外形尺寸	端面间隙	两轴同轴度 径向位移	两轴同轴度 倾斜/‰
弹性圆柱销式		设备最大轴向窜量2~4	≤0.5	<1.2
齿轮式	≤250	4~7	≤0.20	<1.2
	>250~500	7~12	≤0.25	
	>500~900	12~18	≤0.30	
蛇型弹簧式	≤200	设备最大轴向窜量加2~4	≤0.10	<1.2
	>200~400		≤0.20	
	>400~700		≤0.30	
	>700~1 350		≤0.50	

(2) 弹性圆柱销式联轴器弹性圈外径与联轴器销孔内径差不应超过3 mm。柱销螺母

应有防松装置。

(3) 齿轮式联轴器齿厚的磨损量不应超过原齿厚的 20‰。键和螺栓不松动。

(4) 蛇型弹簧式联轴器的弹簧不应有损伤,其厚度磨损不应超过原厚的 10%。

三、轴和轴承

1. 轴

(1) 轴不得有表面裂纹,无严重腐蚀和损伤。内部裂纹按探伤记录检查无扩展。

(2) 水平度和多段轴的平行度均不得超过 0.2‰,如轴的挠度较大达不到此要求时,齿轮咬合及轴承温度正常,也算合格。

2. 滑动轴承

(1) 轴瓦合金层与轴瓦应黏合牢固,无脱离现象。合金层无裂纹、无剥落,如有轻微裂纹或剥落,但面积不超过 1.5 cm^2,且轴承温度正常,也算合格。

(2) 轴颈与轴瓦的顶间隙不应超过表 23-2 的规定。

表 23-2　　　　　　　　　轴颈与轴瓦的顶间隙　　　　　　　　　单位:mm

轴颈直径	最大磨损间隙
50～80	0.30
>80～120	0.35
>120～180	0.40
>180～250	0.50
>250～315	0.55
>315～400	0.65
>400～500	0.75

(3) 轴颈与下轴瓦中部应有 90°～120°的接触弧面,沿轴向接触范围不应小于轴瓦长度的 80%。

(4) 润滑油质合格,油量适当。油圈或油链转动灵活。压力润滑系统油路畅通,不漏油。

3. 滚动轴承

(1) 轴承转动灵活、平稳,无异响。

(2) 润滑脂合格,油量适当,占油腔的 1/2～2/3,不漏油。

4. 轴承温度

轴承温度应符合表 23-3 中的规定。

表 23-3　　　　　　　　　轴承温度规定　　　　　　　　　单位:℃

轴承类型		允许最高温度
滑动轴承	合金瓦	<65
	铜瓦	<75
滚动轴承		<75

5. 轴在轴承上的振幅

轴在轴承上(包括减速器)的振幅不超过表23-4中的规定。

表 23-4　　　　　　　　　　轴在轴承上的振幅规定

转速/(r/min)	<1 000	<750	<800	<500
允许振幅/mm	0.13	0.16	0.20	0.25

四、传动装置

(1) 主、被动胶带轮中心线的轴向偏移不得超过下列规定：
① 平胶带轮为 2 mm；
② 三角胶带轮当中心距小于或等于 500 mm 时为 1.5 mm，当中心距大于 500 mm 时为 2 mm。

(2) 两胶带轮轮轴中心线的平行度不超过 1‰。

(3) 平胶带的接头应平直，接缝不偏斜。接头卡子的宽度应略小于胶带宽度。胶带无破裂。运行中不打滑，胶带跑偏不超出胶带轮边沿。

(4) 三角胶带的型号与轮槽相符，条数不缺，长度一致，无破裂、剥层。三角胶带运行中不打滑。胶带低面与轮槽底面应有间隙。

五、减速器和齿轮

(1) 减速器壳体无裂纹和变形。接合面配合严密，不漏油。润滑油符合设计要求，油量适当，油面超过大齿轮半径的 1/2。油压正常。

(2) 轴的水平度不大于 0.2‰。轴与轴承的配合符合要求。

(3) 齿圈与齿心配合必须紧固，齿缘、辐条无裂纹。齿轮不断齿，个别齿断角度不超过全齿宽的 15%。

(4) 齿面接触斑点的分布应符合表 23-5 的规定。

表 23-5　　　　　　　　　齿轮副齿面接触斑点

齿轮类型	接触斑点分布	精度等级			
		6	7	8	9
渐开线圆柱齿轮	按齿高不小于/%	50(40)	45(35)	40(30)	30
	按齿长不小于/%	70	60	50	40
圆弧齿轮（跑合后）	按齿高不小于/%	55	50	45	40
	按齿长不小于/%	90	85	80	75

注：括号内数值，用于轴向重合度大于 0.8 的斜齿轮。

(5) 齿面无裂纹，剥落面累计不超过齿面的 25%，点蚀坑面积不超过下列规定：
① 点蚀区高度接近齿高的 100%；
② 点蚀区高度占齿高的 70%，长度占齿长的 10%；
③ 点蚀区高度占齿高的 30%，长度占齿长的 40%。

(6) 齿面出现的胶合区,不得超过齿高的 1/3、齿长的 1/2。

(7) 齿厚的磨损量不得超过原齿厚的 15%,开式齿轮齿后的磨损量不得超过原齿厚的 20%。

六、"五不漏"的规定

1. 不漏油

静止接合面一般不允许有漏油,老旧设备允许有油迹,但不能成滴。运动接合面允许有油迹,但在擦干后 3 min 不见油,半小时不成滴。非密闭转动部位,不甩油(可加罩)。

2. 不漏风

空气压缩机、通风机、风管等的静止接合面不漏风。运动接合面的泄露距 100 mm 处用手试验时,要求手无明显感觉。

3. 不漏水

静止接合面不见水,运动接合面允许滴水,但不成线。

4. 不漏气

锅炉、气动设备、管路及附件的静止接合面不漏气;运动接合面的泄漏距 200 mm 处用手试验时,要求手无明显感觉。

5. 不漏电

绝缘电阻符合要求,漏电保护能正常投入运行。

七、安全防护

(1) 机电设备和机房(硐室)内外可能危及人身安全的部位和场所,都应安设防护栏、防护罩或盖板。

(2) 采取适当的防火措施。

① 机房(硐室)内不得存放汽油、煤油、变压器油。润滑油和用过的棉纱、破布应分别放在盖严的专用容器内,并放置在指定地点。

② 机房(硐室)内要有合乎规定的防火器材。

八、涂饰

(1) 设备的表面喷涂防锈漆,脱落的部位应及时修补。

(2) 设备的特殊部位(如外露轴头、防护栏、油嘴、油杯、注油孔及油塞等)的外表应涂红色油漆,以引起注意。在用设备上的油管、风管、水管,应分别涂不同颜色,以示区别。

(3) 不涂漆的表面应涂防锈油。

第二节 主要提升机的完好标准

一、主轴装置

(1) 主轴轴向水平度不得大于 0.1‰,三支座的轴以两端轴颈水平为准。

(2) 轴承座的纵、横向水平度不得大于 0.2‰。

(3) 轴向窜量应符合设备技术文件的要求。

(4) 检修时主轴及制动系统的传动杆件应进行无损探伤。

二、滚筒

(1) 滚筒的组合连接件(包括螺栓、铆钉、键等)必须紧固,轮毂与轴的配合必须严密,不得松动。

(2) 滚筒的焊接部分,焊缝不得有气孔、夹渣、裂纹或未焊满等缺陷,焊后须消除内应力。

(3) 筒壳应均匀地贴合在支轮上。螺栓固定处的接合面间不得有间隙,其余的接合面间隙不得大于 0.5 mm。两半筒壳对口处不得有间隙,如有间隙需用电焊补平或加垫。

(4) 两半支轮的结合面处应对齐,并留有 1~2 mm 间隙。对口处不得加垫。

(5) 滚筒组装后,滚筒外径对轴线的径向圆跳动不得大于表 23-6 中的规定。

表 23-6　　　　　　　　滚筒外径对轴线的径向圆跳动规定

滚筒直径/m	2~2.5	3~3.5	4~5
径向圆跳动/mm	7	10	12

(6) 钢丝绳绳头在滚筒内固定,必须用专用的卡绳装置卡紧,且不得做锐角弯曲。

(7) 滚筒衬垫应采用干燥的硬木(水曲柳、柞木或榆木等)或高耐磨性能材料(聚胺酯、PVC、钢)制作,每块衬垫的长度与滚筒宽度相等,厚度不得小于钢丝绳直径的 2.5 倍。衬垫断面应为扇形,并贴紧在筒壳上。

(8) 固定衬垫的螺栓孔应用同质木塞或填料将沉孔填实并胶固。螺钉穿入部分的衬垫厚度不得小于绳径的 1.2 倍。衬垫磨损到距螺栓头端面 5 mm 时应更换衬垫。

(9) 滚筒衬垫的绳槽深度为钢丝绳直径的 0.3 倍,相邻两绳槽的中心距应比钢丝绳直径大 2~3 mm。双滚筒提升绞车两滚筒绳槽底部直径差不得大于 2 mm。

(10) 游动滚筒衬套与轴的间隙应符合规定。

三、离合器

(1) 游动滚筒离合器必须能全部脱开或合上,其齿轮啮合应良好。

(2) 气动或液压离合器的气(油)缸动作应一致,不得漏气或漏油。缸底与活塞间的最小间隙不得小于 5 mm。

(3) 采用手动离合器时,离合器的连接和传动部分应转动灵活,蜗轮副啮合正确,不得有松动现象。

四、多绳提升绞车驱动轮

(1) 驱动轮的焊接部分,焊缝不得有裂纹、气孔、夹渣或未焊满等现象,焊后须消除内应力。

(2) 驱动轮筒壳圆度:驱动轮直径 1.85~2 m 时为 2~3 mm;驱动轮直径 2.25~4 m 时为 3.5~4.5 mm。

(3) 驱动轮摩擦衬垫的固定块和压块的装配应符合下列要求：

① 固定块和压块均应可靠地压紧摩擦衬垫，用螺栓紧固后不得窜动。

② 固定块与驱动轮筒壳应接触良好。压块与驱动轮筒壳之间应留有一定间隙，以便螺栓紧固时，能均匀地压紧摩擦衬垫。

(4) 固定块和压块应按顺序打上标记，按号装配。

(5) 摩擦衬垫和绳槽应符合下列要求：

① 摩擦衬垫与驱动轮筒壳、固定块及压块应靠紧贴实，接触良好。

② 绳槽中心距差不得大于 1.5 mm。

③ 绳槽磨损深度不得超过 70 mm，衬垫磨损余厚不得小于钢丝绳直径。

④ 各绳槽车削后，其直径差不得大于 0.5 mm 或者用标记法检查各绳槽直径的相互偏差值，其任一根提升绳的张力与平均张力之差不得超过 10%。

⑤ 车槽装置的水平度不得大于 0.2‰；车槽装置工作应平稳，不得有跳动现象。

五、制动系统

1. 块式制动器

(1) 制动机构各种传动杆件、活塞等必须灵活可靠，各节点销轴不得松旷缺油。

(2) 闸瓦要固定牢靠，木质闸瓦的木材要充分干燥，纹理要均匀，不得有节子。

(3) 制动时闸瓦要与制动轮接触良好，各闸瓦接触面积均不得小于 60%。

(4) 松闸后，闸瓦与制动轮间隙满足：平移式不得大于 2 mm，且上下相等，其误差不超过 0.3 mm；角移式在闸瓦中心处不大于 2.5 mm。每副闸前后闸瓦间隙应均匀相等。

(5) 松闸后，气动传动装置工作缸的活塞与缸底应有 3～10 mm 间隙；保险制动时，保险制动缸的活塞与缸底间隙不得小于 50 mm。

2. 盘式制动器

(1) 同一副制动闸两闸瓦工作面的平行度不得超过 0.5 mm。

(2) 制动时，闸瓦与制动盘的接触面积不得小于闸瓦面积的 60%。

(3) 松闸后，闸瓦与制动盘之间的间隙不大于 2 mm。

3. 液压站

(1) 液压站残压应符合表 23-7 中的规定。

表 23-7　　　　　　　液压站残压规定

设计压力/MPa	≤8	>8～18
残压/MPa	≤0.5	≤1.0

(2) 油压应稳定，压力振摆值不得大于表 23-8 中的规定。

表 23-8　　　　　　　压力振摆值规定

设计压力/MPa	≤8		>8～16	
指示区间/MPa	≤$0.8P_{max}$	>$0.8P_{max}$	≤$0.8P_{max}$	>$0.8P_{max}$
压力振摆值/MPa	±0.2	±0.4	±0.3	±0.6

(3) 对应同一控制电流的制动与松闸油压值之差不得大于 0.3 MPa。
(4) 液压站用油的性能应符合表 23-9 中的要求。
(6) 液压站使用和试验时,不得搅动油液。加油时应使用带滤油网的加油器,并放在回油管一侧。
(7) 不得漏油。

表 23-9　　　　　　　　　　液压站用油性能规定

运动黏度 50 ℃	黏度指数不小于	氧化安定性不小于/h	抗泡沫性每分钟不大于/mL
27~33	130	1 000	20

注:氧化安定性指酸值达到 3.0 mg (KOH)/g 的时间。

(5) 油的过滤精度不得低于 20 μm。

4. 压制塑料闸瓦

在线速度 7.5 m/s、比压 0.9 MPa、对偶材料 16 Mn 的条件下进行试验,压制塑料闸瓦应达到下列要求:
(1) 摩擦系数:温度在 120 ℃ 以下时大于等于 0.5;温度在 120~250 ℃ 时大于等于 0.4。
(2) 耐磨性:温度在 120 ℃ 以下时,磨耗小于等于 0.05 mm/30 min;温度在 120~150 ℃ 时,磨耗小于等于 0.15 mm/30 min。
(3) 耐热性:温度在 250 ℃ 以下不应有裂纹、烧焦等现象。
(4) 硬度:小于等于 40 HB。
(5) 吸油率和吸水率:浸泡 4 h 后应小于 1%。
(6) 闸瓦材料组织细密,各种成分分布均匀,不得有夹渣、裂纹、气孔、疏松、凹凸不平等缺陷。

5. 保险闸

(1) 保险闸(或保险闸第一级)的空动时间(由保护回路断电时起至闸瓦刚刚接触到闸轮上的一段时间):径向制动时不得超过 0.5 s;盘式制动时不得超过 0.3 s。对斜井提升,为了保证上提紧急制动不发生松绳而必须将上提的空运时间加大时,上提空动时间可以不受本规定的限制。
(2) 保险闸施闸时,在杠杆和闸瓦上不得发生显著的弹性摆动。

六、深度指示器

(1) 传动机构的各个部件应运转平稳,灵活可靠。指针必须指示准确,指针移动时不应与指示板相碰。
(2) 提升运转一次的指针工作行程:牌坊式不小于指示板全行程的 3/4;圆盘式旋转角度应在 250°~350°之间。
(3) 牌坊式深度指示器丝杠不得弯曲,丝杠螺母松旷程度不得超过 1 mm。
(4) 多绳摩擦提升绞车的调零机构和终端放大器应符合下列要求:
① 调零机构(粗针),当容器停在井口停车位置时,不管指针指示位置是否相符,均应能

使粗针自动恢复到零位。

② 终端放大器(精针)的指针和指示盘应着色鲜明,不得反光刺眼。

七、天轮及导向轮

(1) 对于无衬垫的天轮及导向轮,绳槽不得有裂纹、气孔,绳槽侧面及底面的磨损量均不大于原厚度的 20%。

(2) 对于衬垫的天轮及导向轮,衬垫必须紧固地压在绳槽中,不得松动。当衬垫正面磨损深度等于钢丝绳直径或者沿侧面磨损深度到等于钢丝绳直径的 1/2 时,必须更换。新衬垫的绳槽深度不应大于绳径的 0.3 倍。

(3) 天轮及导向轮的径向圆跳动和端面圆跳动不得超过表 23-10 的规定。

表 23-10　　　　　　　天轮及导向轮圆跳动允差规定　　　　　　　单位:mm

天轮及导向轮直径	径向圆跳动		端面圆跳动	
	大修或新安装	最大允计值	大修或新安装	最大允计值
>5 000	3	6	5	10
>3 000~5 000	2	4	4	8
≤3 000	2	4	3	6

(4) 天轮及导向轮轮辐不得变形或裂纹,辐条不得松动。

(5) 导向轮相互之间应能相对转动,其游动轮不得沿轴向窜动,游动轮轴孔与轴的配合间隙应符合相关规定。

(6) 天轮及导向轮轴的水平度不得超过 0.2‰。

八、提升容器

(1) 罐笼本体结构必须符合设计要求。罐笼内部阻车器及开闭装置应润滑良好,灵活可靠,阻爪动作一致。

(2) 罐笼本体框架的外形尺寸允许偏差为 ±3 mm,罐笼上、下盘体十字中心线的错动单层罐笼允许偏差为 ±3 mm,双层或三层罐笼允许偏差为 ±6 mm。

(3) 箕斗本体结构必须符合设计要求。闸门转动灵活,关闭严密。立井箕斗平衡度良好,闸门卸载滚轮的最外缘尺寸的允许偏差为 ±13 mm。斜井箕斗斗箱口两方钢外缘间距允许偏差为 ±2 mm,后轮的最外缘尺寸的允许偏差为 ±13 mm。

(4) 上开式箕斗闸门开启灵活,方向正确,关闭严密,不撒煤,不漏煤。

(5) 罐笼、箕斗的主拉杆、主销轴、三角板、主连杆等零件应定期进行探伤检查,内部不得有裂纹、伤痕或影响使用强度的其他缺陷。铆钉不得有歪斜、裂纹、松动现象。各转动轴灵活、润滑良好、无变形。

(6) 罐笼、箕斗更换后必须进行空、重载试运转,全面检查各部位,确保各部件动作灵活可靠,且无其他不正常现象。

(7) 平衡容器连接装置按提升容器连接装置的要求进行检查。

九、钢丝绳悬挂装置

(1) 钢丝绳与桃形环卡接绳卡数量与间距符合设计要求。钢丝绳绕过楔形绳环的尾部余留长度不小于 300 mm。紧固件可靠紧固。所更换的零部件符合技术文件要求。每次换绳时必须对主要受力部件探伤检验。

(2) 螺旋液压调绳器的管路、油缸密封良好,调绳器的圆螺母和防松螺母齐全紧固,油质合乎要求。

(3) 钢丝绳张力自动平衡首绳悬挂装置符合下列要求:

① 悬挂装置的中板、换向叉、销轴和外侧板应定期进行探伤检查,不允许有影响强度的腐蚀和损伤等缺陷。

② 悬挂装置表面应光洁、平整,不允许有气孔、砂眼、裂纹、毛刺、划伤、锈蚀等缺陷。各活动部件应运转灵活,不得有卡滞现象。

③ 平衡缸、阀门、接头、胶管、连通器、油泵等最大许用应力不得小于技术文件规定,且不得有渗漏现象。连通缸活塞杆都能均匀伸出总伸出量的 1/4~1/2。

十、平衡绳悬挂装置

(1) 圆绳与杯形体连接浇注的合金成分与方法符合设计要求。
(2) 圆绳悬挂装置转动灵活,钢丝绳无打弯或扭曲现象。
(3) 扁绳与绳环卡接绳卡数量与间距符合设计要求,钢丝绳无拧劲现象。

十一、罐道导向装置

(1) 罐耳与导向套无严重磨损,罐耳与罐道间隙符合规定。

(2) 在同一竖直基面上,上、下罐耳各导向面位置偏差钢轨罐道不超过 2 mm;组合罐道不超过 4 mm;木罐道不超过 2 mm;四角罐道不超过 2 mm。在同一水平基面上,两对应罐耳槽底导向面的间距偏差钢轨罐道不超过 ±2 mm;组合罐道不超过 ±2 mm;木罐道不超过 ±3 mm;四角罐道不超过 ±12 mm(单侧布置罐耳的罐笼为两罐耳中心线的水平间距偏差)。

(3) 钢丝绳罐道的上、下导向套轴心线的不重合度不超过 1 mm,导向套中心线与提升中心线水平距离偏差不超过 ±1 mm。滚轮罐耳轴心线应保持水平,径向中心线应与罐道面垂直,滚轮转动灵活。滚轮罐耳每次解体检修必须更换所有密封件。

十二、防坠器

(1) 抱爪式防坠器弹簧工作高度符合技术文件要求,传动机构润滑良好,抱爪动作可靠。经脱钩试验,抱爪刺破罐道后的滑行距离不超过 250 mm,全行程的滑行距离不超过 400 mm。

(2) 制动绳式防坠器每年大修一次,大修时需将抓捕器拆开,清除全部零件上的污垢及铁锈,检查各零件是否完好。检查测量各活动部件磨损情况及磨损量,发现有过度磨损应更换。所有轴承与轴的间隙,磨损后不应大于 1.0 mm。抓捕器楔子的圆弧表面磨损不应大于 1.5 mm,楔子背面及楔背表面磨损不应大于 0.2 mm。大修后的防坠器必须进行脱钩试验,合格后方可使用。

(3) 更换缓冲绳和制动绳时,缓冲钢丝绳和制动钢丝绳的型号、规格、质量,必须符合原设计要求。

(4) 缓冲器固定和连接用的紧固件,应紧固牢靠。螺栓露出螺母1～3个螺距。缓冲器末端留绳长度不应小于10 m。

(5) 抓捕器十字线和拉杆及上部弹簧座(挡板)中心与罐笼竖向轴心线的重合度严禁超过1 mm。

(6) 同一抓捕器两制动绳中心与罐笼提升中心的距离偏差严禁超过1 mm。

(7) 弹簧圆盘与挡板之间的间隙偏差严禁超过1 mm。

(8) 抓捕器的销轴、连杆、杠杆和滑楔应动作灵活可靠,轴销齐全。

(9) 罐笼防坠器试验,必须符合设备技术文件规定;当无规定时,应按下列规定进行试验:罐笼带煤车时,缓冲绳抽出长度必须为捕绳器自由降落高度的1～1.3倍;罐笼对井架的降落高度不得超过400 mm。

十三、保护装置

各项保护装置齐全,安装位置正确牢固,动作灵敏可靠,符合《煤矿安全规程》相关规定。

十四、井筒装备

(1) 罐道材质与规格符合设计要求。紧固件齐全完好、紧固可靠,防腐良好。

(2) 钢轨罐道弯曲度每米不超过1 mm,但每根罐道不应超过6 mm;组合罐道对称平面内的弯曲度每米不超过2 mm,但每根罐道不应超过12 mm;木罐道弯曲度每米不超过3‰;罐梁弯曲度当梁上挂一根罐道时不应超过1‰,当梁上挂两根或两根以上罐道时不应超过0.5‰。

(3) 罐道磨损量不超过《煤矿安全规程》相关规定。

(4) 罐道的不垂直度:钢轨罐道不超过±5 mm;组合罐道不超过±7 mm;木罐道不超过±8 mm。

(5) 罐道接头间隙:钢轨罐道2～4 mm;组合罐道2～4 mm;木罐道不超过5 mm。

(6) 钢轨罐道与罐道卡子斜面接触良好;组合罐道固定螺母必须有防松保护;木罐道固定螺母拧紧后嵌入罐道面深度不小于15 mm。

(7) 钢丝绳罐道钢丝绳张紧程度及井架上预留长度符合设计要求。

(8) 井筒梯子间梯子、平台板、隔板、立柱和梁的连接牢固可靠。钢梯子间防腐良好,玻璃钢梯子间不脆化。

十五、井底箕斗装载设备

(1) 定量斗不漏煤,装载闸门开启灵活,汽缸动作无卡阻。称重装置重力传感器紧固可靠,测量控制柜数据显示正确,称重数据无漂移。

(2) 回转溜槽开启灵活,蹾座弹簧无断裂,蹾座及配重钢丝绳状况良好。称重传感器接线无破损,控制柜内端子接线无松动。液压站、管路及接头不漏油。液压站工作正常,闸板动作平稳无卡阻。

十六、过卷防撞、安全承接装置、托罐装置

(1) 防撞梁与井架连接可靠,无开焊现象。
(2) 各转动、活动部件必须处于灵活状态,不得有卡滞现象。
(3) 托罐装置复位弹簧不断裂,不疲劳,状况良好。
(4) 阻爪应处于同一水平面,误差不超过±3 mm。阻爪平面距离容器过卷防撞梁后底平面 200 mm。
(5) 保护装置每半年检查一次,并注油润滑,发现过度锈蚀(锈蚀深度 0.2 mm)零件应予更换。
(6) 缓冲器制动力调整适当,缓冲绳无断丝、无锈蚀,绳卡数量符合生产厂家技术文件要求。

十七、罐座与摇台

(1) 罐座安装牢固,动作灵活,无卡阻。罐座支承爪平面高低偏差不超过 2 mm,落罐时接触均匀。
(2) 罐笼在罐座上时,罐笼内外轨道接头轨面高低偏差进车侧不超过±03 mm,出车侧不超过±30 mm。
(3) 摇台主轴润滑良好,转动灵活。主梁无断裂,无严重锈蚀。
(4) 摇台与罐笼轨道接头左右错差不超过 3 mm。
(5) 操作机构灵活可靠,风压或液压装置不泄漏。

第三节 主要通风机的完好标准

一、机体

(1) 机体防腐良好,无明显变形、裂纹、剥落等缺陷。
(2) 机壳接合面及轴穿过机壳处,密封严密,不漏风。
(3) 轴流式通风机符合下列要求:
① 叶轮、轮毂、导叶完整齐全,无裂纹。叶片、导叶无积尘,至少每半年清扫一次。
② 叶轮保持平衡,可停在任何位置。
③ 叶片安装角度一致,用样板检查,误差不大于±1%。
(4) 离心式通风机符合下列要求:
① 叶轮铆钉不松动,焊缝无裂纹,拉杆紧固牢靠。
② 叶轮与进风口的配合符合厂家规定;如无规定,应符合下述要求:搭接式,搭接长度不大于叶轮直径的 1%,径向间隙不大于叶轮直径的 3‰;对接式,轴向间隙不大于叶轮直径的 5‰。
③ 叶轮应保持无积尘,至少每半年清扫一次。
④ 叶轮应保持平衡,可以停在任何位置。

二、反风装置、风门

(1) 反风门及其他风门开关灵活,关闭严密,不漏风。
(2) 风门绞车应能随时启动,运转灵活。
(3) 钢丝绳固定牢靠,涂油防锈,断丝数每捻距内不超过总数的 25%。
(4) 导绳轮转动灵活。

三、仪表

水柱计及轴承温度计每年校验一次,且符合技术要求。

四、运转与出力

(1) 运转无异响,无异常振动。
(2) 每年进行一次技术测定,在符合设计规定的风量、风压情况下,风机效率不低于设计效率的 90%,测定记录有效期为一年。

五、设备环境

(1) 主要通风机机房不得用火炉取暖,附近 20 m 内不得有烟火和堆放易燃物品。
(2) 风道、风门无杂物。

六、记录资料

记录资料(包括通风系统图、反风系统图和电气系统图)要齐全。

第四节　水泵的完好标准

一、机座及泵体

(1) 40 kW 以上水泵安装时,机座纵向、横向的水平度均不得大于 0.5‰。
(2) 多级泵泵体由各段的止口定心。
(3) 止口内外圆对轴线径向圆跳动及端面圆跳动不大于表 23-11 中的规定。

表 23-11　　　　　　　止口内外圆跳动规定　　　　　　　单位:mm

止口直径	≤250	>250～500	>500～800	>800～1 250	>1 250～2 000
圆跳动	0.05	0.06	0.08	0.10	0.12

(4) 止口内外圆配合面粗糙度不大于 1.6 μm。
(5) 泵体水压试验的压力为工作压力的 1.5 倍,持续时间 5 min 不得渗漏。

二、轴

水泵轴不得有下列缺陷:

(1) 轴颈磨损出现沟痕,或圆度、圆柱度超过规定。
(2) 轴表面被冲刷出现沟、坑。
(3) 键槽磨损或被冲蚀严重。
(4) 轴的直线度超过大口环内径与叶轮入水口外径规定间隙的1/3。

大修后的水泵轴应符合下列要求:
(1) 轴颈的径向圆跳动不超过表23-12中的规定。

表23-12　　　　　　　　　轴颈的径向圆跳动规定　　　　　　　　单位:mm

轴的直径	≤18	>18~30	>30~50	>50~120	>120~260
径向圆跳动	0.04	0.05	0.06	0.08	0.10

(2) 轴颈及安装叶轮处的表面粗糙度不大于 0.8 μm。
(3) 键槽中心线与轴的轴心线的平行度不大于 0.3‰,偏移不大于 0.6 mm。

三、叶轮

叶轮不得有下列缺陷:
(1) 叶轮表面裂纹。
(2) 因冲刷、侵蚀或磨损而使前、后盖板壁厚变薄,以致影响强度。
(3) 叶轮入口处磨损超过原厚度的40%。

新更换的叶轮与原叶轮材质应保持一致,并应符合下列要求:
(1) 叶轮轴孔轴心线与叶轮入口处外圆轴心线的同轴度、叶轮端面圆跳动及叶轮轮毂两端平等度均不大于表23-13中的规定。

表23-13　　　　　　　　　叶轮三项形位公差　　　　　　　　　单位:mm

叶轮轴孔直径	≤18	>18~30	>30~50	>50~120	>120~260
公差值	0.020	0.025	0.030	0.040	0.050

(2) 键槽中心线与轴孔轴心线平行度不大于 0.3‰,偏移不大于 0.06 mm。
(3) 叶轮前后盖板外表面粗糙度不大于 0.8 μm,轴孔及安装口环处的表面粗糙度不大于 1.6 μm。
(4) 叶轮流道应清砂除刺,光滑平整。

新制叶轮必须做静平衡试验,以消除其不平衡重量。叶轮静平衡允差符合表23-14中的规定。用切削盖板方法调整平衡时其切削量不得超过盖板厚度的1/3。

表23-14　　　　　　　　　叶轮静平衡允差规定

叶轮外径/mm	≤200	200~300	300~400	400~500	500~700	700~900
静平衡允差/g	3	5	8	10	15	20

四、大、小口环

(1) 铸铁制的大、小口环不得有裂纹。与叶轮入口或与轴套的径向间隙不得超过表

23-15中的规定。

表 23-15　　　　　　　大、小口环配合间隙(半径方向)　　　　　　　单位:mm

大小口环内径	80～120	120～150	150～180	180～220	220～260	260～290	290～320
装配间隙	0.15～0.22	0.175～0.255	0.200～0.280	0.225～0.315	0.250～0.340	0.250～0.350	0.275～0.375
最大磨损间隙	0.44	0.51	0.56	0.63	0.68	0.70	0.75

(2) 大、小口环内孔表面粗糙度不大于 $1.6~\mu m$。

五、导叶

(1) 导叶不得有裂纹,冲蚀深度不得超过 4 mm。
(2) 导叶叶尖长度被冲蚀磨损不得大于 6 mm。

六、平衡装置

(1) 平衡盘密封面与轴线的垂直度不大于 0.3‰,其表面粗糙度不大于 $1.6~\mu m$。
(2) 平衡盘与摩擦圈、平衡板与出水段均应贴合严密,其径向接触长度不得小于总长度的 2/3,防止贴合面产生泄漏。
(3) 平衡盘尾外径与窜水套内径的间隙为 0.2～0.6 mm,排混浊水水泵的可适当加大。

七、填料函

(1) 大修时要更换新填料。
(2) 填料函处的轴套不得有磨损或沟痕。

八、多级泵

多级泵在总装配前,应将转子有关部件进行预组装,用销紧螺母固定后检查下列项目:

(1) 各叶轮出水口中心的节距允许偏差为 ±0.5 mm,各级节距总和的允许偏差不大于 ±0.1 mm。
(2) 叶轮入水口处外圆、各轴套外圆、各挡套外圆、平衡盘外圆对两端支承点轴线的径向圆跳动不大于表 23-16 中的规定。

表 23-16　　　　　　　　径向圆跳动规定　　　　　　　　单位:mm

名义直径	≤50	>50～120	>120～260	>260～500
叶轮入口处外圆	0.06	0.08	0.09	0.10
轴套、挡套、平衡盘外圆	0.03	0.04	0.05	0.06

(3) 平衡盘端面圆跳动不大于表 23-17 中的规定。

表 23-17　　　　　　　　　平衡盘端面圆跳动规定　　　　　　　　单位:mm

名义直径	50～120	>120～260	>260～500
端面圆跳动	0.04	0.05	0.06

九、总装配

(1) 前后段拉紧螺栓必须均匀固紧。
(2) 在未装平衡盘前,检查平衡板的端面圆跳动,不得大于表 23-18 中的规定。

表 23-18　　　　　　　　　平衡板端面圆跳动规定　　　　　　　　单位:mm

名义直径	>50～120	>120～260	>260～500
端面圆跳动	0.04	0.06	0.08

(3) 装配时叶轮出水口中心和导叶中心应该对正。总装后用检查转子轴向窜量的方法检查其对中性:在未装平衡盘时检查转子的总窜量;装平衡盘后和平衡板靠紧,检查向后(自联轴节向平衡盘方向)的窜量,均应符合有关技术文件的规定。允许在平衡盘尾部端面添加或减少调整垫,以调整窜量。调整垫必须表面光洁,厚度均匀。
(4) 总装配后用人力扳动联轴器应能轻快地转动。

十、试运转

(1) 水泵不能在无水情况下试运转。在有水情况下,也不能在闸阀全闭情况下做长期试运转,应按其技术文件要求进行试运转。
(2) 水泵在大修后,应在试验站或现场进行试运转。
(3) 水泵的压力表、真空表及电控仪表等应完整齐全,指示正确。
(4) 试运转时用闸阀控制,使压力由高到低,做水泵全特性或实际工况点试验,时间不少于 2～4 h,并检查下列各项:
① 各部位有无异常;
② 各部位温度是否正常;
③ 有无漏油、漏气、漏水现象(填料函处允许有成滴渗水);
④ 在额定负荷或现场实际工况,测试水泵的排水量、效率及功率,效率应不低于该泵最高效率或该工况点效率的 95%。

第五节　空气压缩机的完好标准

一、主机

(1) 压缩机主机主、副转子齿形啮合良好,齿面无磨损。
(2) 主机与齿轮箱连接可靠。
(3) 首次投入运行必须用点动方式检查电机的旋转方向与主机的旋转方向一致,确保压缩机正常运转。

二、冷却系统

（1）水冷式压缩机冷却水压力及进、出口温度符合厂家技术文件要求。

（2）冷却水水质必须符合一般工业用水标准；尽量避免使用地下水，若水质差，冷却塔须定期加清洗剂并定期清理水池。

（3）当环境温度低于 0 ℃时，机组停车后应把冷却器内冷却水放空。

（4）冷却水量的控制使用回水阀门，不允许在进水管上设置阀门控制水量。压缩机运行时必须确保进水管路畅通。

（5）必须定期观察冷却器使用情况，保证冷却器不结垢堵塞。

（6）风冷式压缩机环境温度不超过 40 ℃，定期清洗冷却风扇。

三、气路系统

（1）压缩机排气温度不得超过 110 ℃。

（2）空气过滤器每运行 1 000 h 应取下清除表面尘埃，清除方法是使用低压空气将尘埃由内向外吹除。

（3）最小压力阀压力设定 0.4 MPa，以保护油分离滤芯免因压力差太大而受损。

（4）水气分离器浮球阀动作灵敏，每天定时排放水气分离器下的凝结水，定期更换水气分离器。

（5）压力调节器动作可靠，安全阀排放压力设定为高于排气压力 0.1 MPa，安全阀的动作压力不超过额定压力的 1.1 倍。

（6）风包上必须装有动作可靠得安全阀和放水阀，并有检查孔。必须定期清除风包内的油垢。风包内的温度在 120 ℃以下，并装设超温保护装置。

四、润滑系统

（1）新机在运转 500 h 后必须更换油和油过滤器，以后依靠警告显示更换，也可定期更换，周期不超过 1 500 h。

（2）空气压缩机组使用专用润滑油。油分离器上的油位正常，不能太少，也不能太多。

（3）断油阀阀芯灵活，保持润滑油路畅通。

五、仪表及安全保护装置

（1）螺杆式压缩机控制系统必须有相序保护、电机超载保护、排气温度过高保护、断水保护、报警等保护系统。

（2）压力表、安全阀必须定期校验。

六、试运转

（1）空气压缩机检验合格后方能投入正式运转，试运转分空载运转和负荷试运转两步进行，空载试运转合格后才能进行负荷试运转。

（2）开机前必须检查电机的旋转方向与主机标示旋转方向是否相同，空载试运转时间不少于 1 h，主要检查内容如下：

① 各运转部件有无异常声音、振动。

② 油路是否畅通，油量是否合适。

③ 通过投视孔观察是否有油飞溅，判断齿轮润滑是否正常。

④ 冷却水路是否畅通，水量分配是否合理。

⑤ 各处有无漏气现象。

⑥ 仪表显示是否正常，显示屏各项数据是否正常。

⑦ 负荷试运转按额定压力的 25%、50%、75% 及 100% 四步进行，前一步试运转合格后方可进行下一步试运转，每一步试验时间不少于 1 h，检查内容除包含空载试运转的内容外，还应试验下列各项：

　　a. 供气温度、冷却水温度、排气压力是否正常。

　　b. 安全阀、压力调节器、释压阀是否灵活好用，动作准确。

　　c. 测量噪声等级，应不大于 90 dB(A)。

第六部分
矿井维修钳工高级
基本知识要求

本部分主要内容

- ▶ 第二十四章　装配图的识读及画法
- ▶ 第二十五章　设备安装检修工具
- ▶ 第二十六章　精密量具与量仪

第二十四章　装配图的识读及画法

第一节　装配图上尺寸和技术要求的标注

一、装配图上的尺寸标注

装配图与零件图不同,不要求也不可能注上所有的尺寸,它只要求注出与装配体的装配、检验、安装或调试等有关的尺寸。

1. 特性尺寸

特性尺寸是表示装配体的性能、规格和特征的尺寸。

2. 装配尺寸

装配尺寸是表示装配体各零件之间装配关系的尺寸,包括配合尺寸和相对位置尺寸。

(1) 配合尺寸。配合尺寸就是零件间有公差配合要求的尺寸。

(2) 相对位置尺寸。零件在装配时,需要保证的相对位置的尺寸。

3. 外形尺寸

外形尺寸是装配体的外形轮廓尺寸,反映装配体的总长、总宽、总高。它是装配体在包装、运输、厂房设计时所需的依据。

4. 安装尺寸

安装尺寸是装配体安装在地基或其他机器上时所需的尺寸。

5. 其他重要尺寸

其他重要尺寸是在设计过程中,经计算或选定的重要尺寸。

上述 5 类尺寸,并非在每张装配图上都需注全,有时同一尺寸可能有几种含义,因此在装配图上到底应注哪些尺寸,需根据具体装配体分析而定。

二、装配图上的技术要求注写

由于不同装配体的性能、要求各不相同,因此其技术要求也不同。拟定技术要求时,一般可从以下几个方面来考虑。

(1) 装配要求。装配体在装配过程中需注意的事项及装配后装配体所必须达到的要求,如准确度、装配间隙、润滑要求等。

(2) 检验要求。装配体基本性能的检验、试验及操作时的要求。

(3) 使用要求。对装配体的规格、参数及维护、保养、使用时的注意事项及要求。

装配图上的技术要求应根据装配体的具体情况而定,用文字注写在明细表上方或图样右下方的空白处。

三、装配图上零、部件的序号及明细表填写

装配图中所有零、部件都必须编号,并填写明细表,图中零、部件的序号应与明细表中的序号一致。

明细表可直接画在装配图标题栏上面,也可另列零、部件明细表,内容应包含零件的名称、材料及数量。这样既有利于读图时对照查阅,又可根据明细表做好生产准备工作。

1. 零、部件序号

编写零、部件序号的通用表示方法有3种:在指引线的水平线(细实线)上或圆(细实线)内注写序号,序号字高比装配图中所注尺寸数字高度大一号(见图24-1中左图);在指引线的水平线上或圆内注写序号,字高比图中尺寸数字高度大两号;在指引线附近注写序号,序号字高比图中尺寸数字高度大两号(见图24-1中右图)。同一装配图中编注序号的形式应一致。

图24-1 序号的编写方式

相同零、部件用一个序号,一般只标注一次。多处出现的相同的零、部件,必要时可以重复标注。

指引线应自所指部分的可见轮廓内引出,并在末端画一圆点。若所指部分内不便画圆点时(很薄的零件或涂黑的剖面),可在指引线的末端画出箭头,并指向该部分的轮廓。指引线互相不能相交。当通过剖面线的区域时,指引线不应与剖面线平行。必要时指引线可画成折线,但只可曲折一次。一组紧固件以及装配关系清楚的零件组,可采用公共指引线,如图24-2所示。

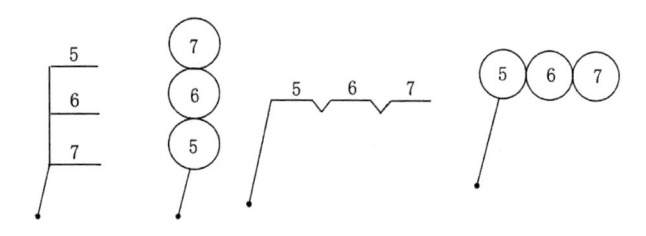

图24-2 公共指引线

装配图中序号应按水平或者垂直方向排列整齐,编排时按顺时针或逆时针方向顺序排列,在整个图上无法连续时,可只在每个水平或垂直方向顺次排列。

2. 明细表

明细表不单独列出时,一般应画在装配图主标题栏的上方,格式及内容由各单位自行决定。图24-3所示格式可供画图时参考。

明细表序号应按零件序号顺序自下而上填写,以便发现有漏编零件时,可继续向上补填。为此,明细表最上面的边框线规定用细实线绘制。明细表也可以移一部分至标题栏左边。

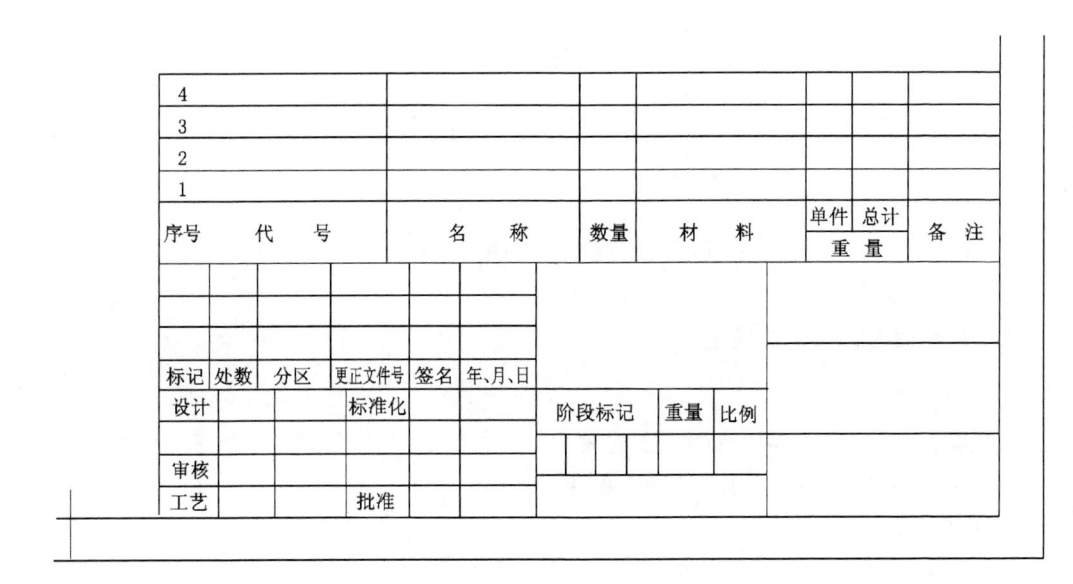

图 24-3 主标题栏和明细表

第二节 装配图的表达方法

一、装配图画法的基本规定

1. 实心零件画法

在装配图中对于紧固件以及轴、键、销等实心零件,若按照纵向剖切,且剖切平面通过其对称平面或轴线时,这些结构均按不剖绘制,如图 24-4 所示。

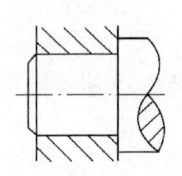

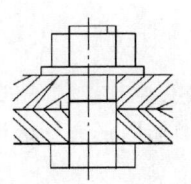

图 24-4 实心零件的画法

2. 相邻零件的轮廓线画法

两相邻零件的接触面或配合面,只画一条共有的轮廓线;两相邻零件的不接触面和不配合面分别画出两条各自的轮廓线,如图 24-5 所示。

3. 相邻零件的剖面线画法

相邻的两个(或两个以上)金属零件,剖面线的倾斜方向相反,或者方向一致而间隔不等以示区别。

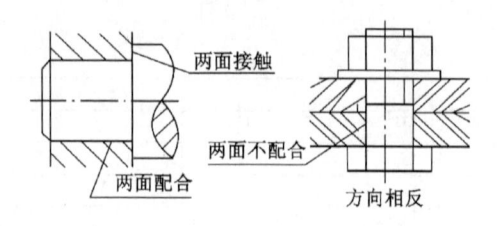

图 24-5 相邻零件的轮廓线画法

二、装配图的特殊画法规定

1. 拆卸画法

在装配图中,当某些零件遮住了所需表达的其他部分时,可假想沿某些零件的结合面剖切或拆卸某些零件后绘制,并注写"拆去零件××"。

2. 假想画法

当需要表示某些零件的位置或运动范围和极限位置时,可用细双点画线画出该零件的轮廓线,如图 24-6 所示。

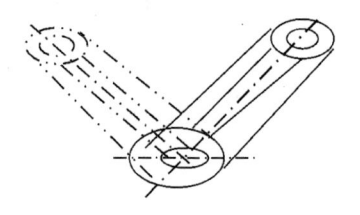

图 24-6 假想画法

3. 简化画法

零件的工艺结构如倒角、圆角、退刀槽等可不画。滚动轴承、螺栓连接等可采用简化画法。

4. 夸大画法

在装配图中,当图形上的薄片厚度或间隙较小时(≤2 mm 时),允许将该部分不按原比例绘制,而是夸大画出,以增加图形表达的明显性。

第三节 装配图的画法

一、准备阶段

准备阶段是对现有资料进行整理、分析,进一步了解装配体的性能及结构特点,对装配图的完整形状做到心中有数。

二、确定表达方案

1. 决定主视图的方向

因装配体由许多零件装配而成,所以通常以最能反映装配体结构特点和较多地反映装配关系的一面作为画主视图的方向。

2. 决定装配体位置

通常将装配体按工作位置放置,使装配体的主要轴线或主要安装面呈水平或者垂直位置。

3. 选择其他视图

选用较少数量的视图、剖视、剖面图形,准确、完整、简便地表达出各零件的形状及装配关系。

由于装配图所表达的是各组成零件的结构形状及相互之间的装配关系,因此确定它的表达方案就比确定单个零件的表达方案要复杂很多。有时一种方案不一定对其他每个零件都合适,只有灵活地运用各种表达方法,认真研究,周密比较,才能把装配体表达得更完美。

三、画装配图的步骤

现以安全阀为例介绍画装配图的步骤。

1. 了解和分析装配体

安全阀是一种装在油路上的安全装置,如图 24-7 所示。它的主体部分是阀体和阀盖,用双头螺柱连接。在阀体与阀盖之间装有阀门、弹簧、托盘、螺杆等。螺杆与阀盖是以螺纹连接,并连接有螺母。阀盖上有阀帽,用螺钉进行轴向定位。在正常工作下,阀门靠弹簧压

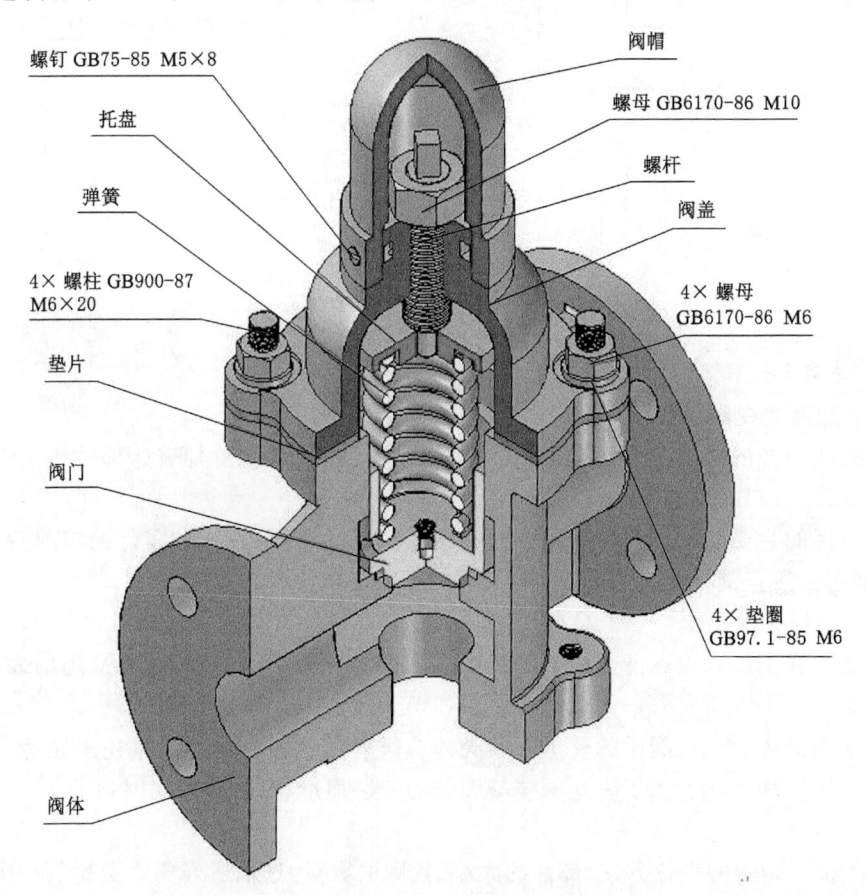

图 24-7 安全阀

力处在关闭位置,此时,油就从阀体左端孔下方流入导管。当导管中油压由于某种原因增高而超过弹簧压力时,则会顶开阀门,油就会顺阀体右端孔经另一导管流回油箱,这样就保证了油路的安全。弹簧压力的大小靠螺杆来调节。为了防止螺杆松动,在其上端用螺母锁紧。

2. 分析和看懂零件图

对装配体中的零件逐个分析,看懂每个零件图。按零件在装配体中的作用、位置以及与零件的连接方式,对零件进行结构分析。用简单的线条和符号形象画出装配示意图,如图24-8 所示。

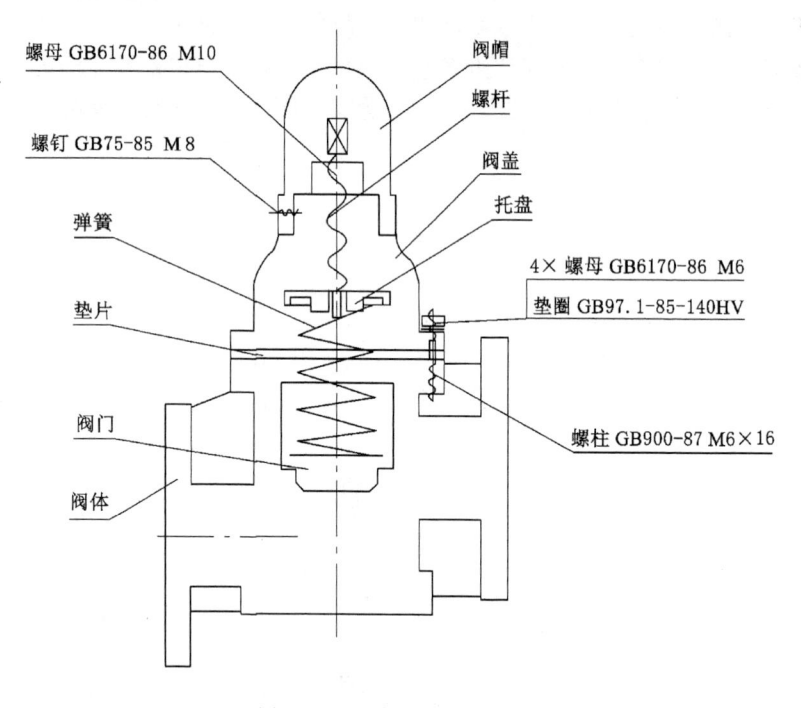

图 24-8 安全阀零件图

3. 确定表达方案

(1) 选择主视图

主视图选择的要求包括:① 符合部件的工作位置。② 能清楚表达部件的工作原理、主要的装配关系或其结构特征。

安全阀的主要装配干线为阀体的竖直轴心线,为了能将内部各零件的装配关系反映出来,主视图采用全剖视图。

(2) 选择其他视图

分析主视图尚未表达清楚的装配关系或主要零件的结构形状,选择适当的表达方法表示清楚。

考虑到阀体、阀盖、阀帽的外形以及阀体与阀盖间的螺柱连接关系还未表达,左视图可采用局部视图来表达。为了表达阀体与阀盖的安装面形状,可将俯视图画出。

4. 画装配图

(1) 根据确定的表达方案、部件的大小、视图的数量,选取适当的绘图比例和图幅,画出各视图的主要基准线,如图 24-9(a)所示。

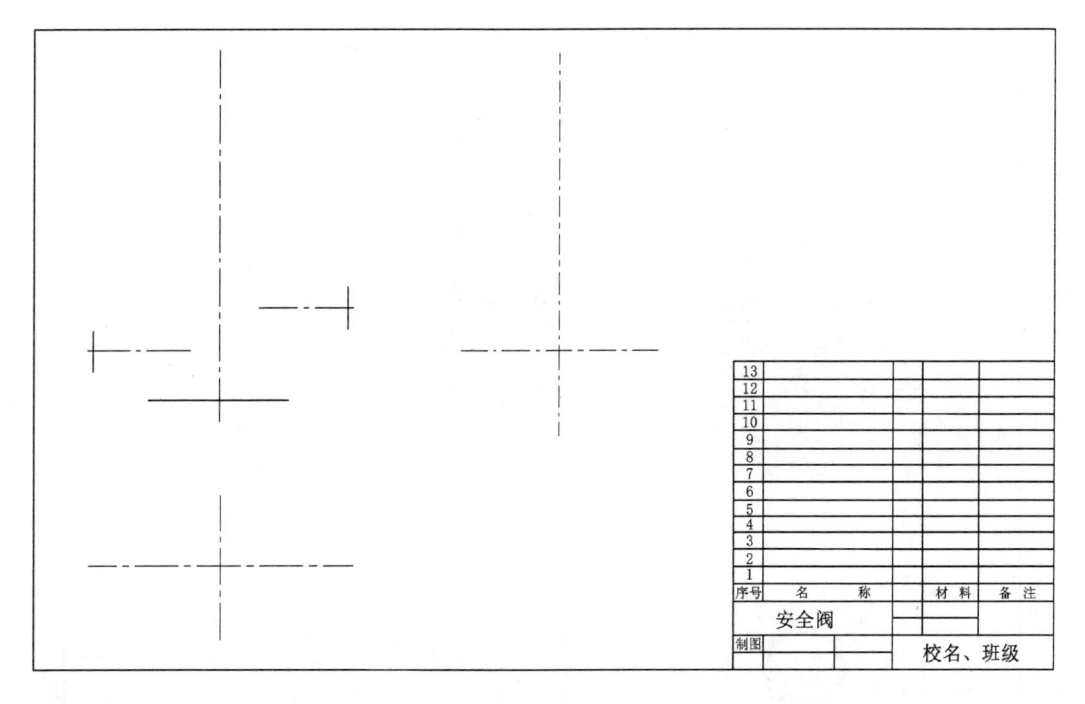

图 24-9(a) 定位布局

（2）绘制主体零件和与它直接相关的重要零件，如图 24-9(b)所示。

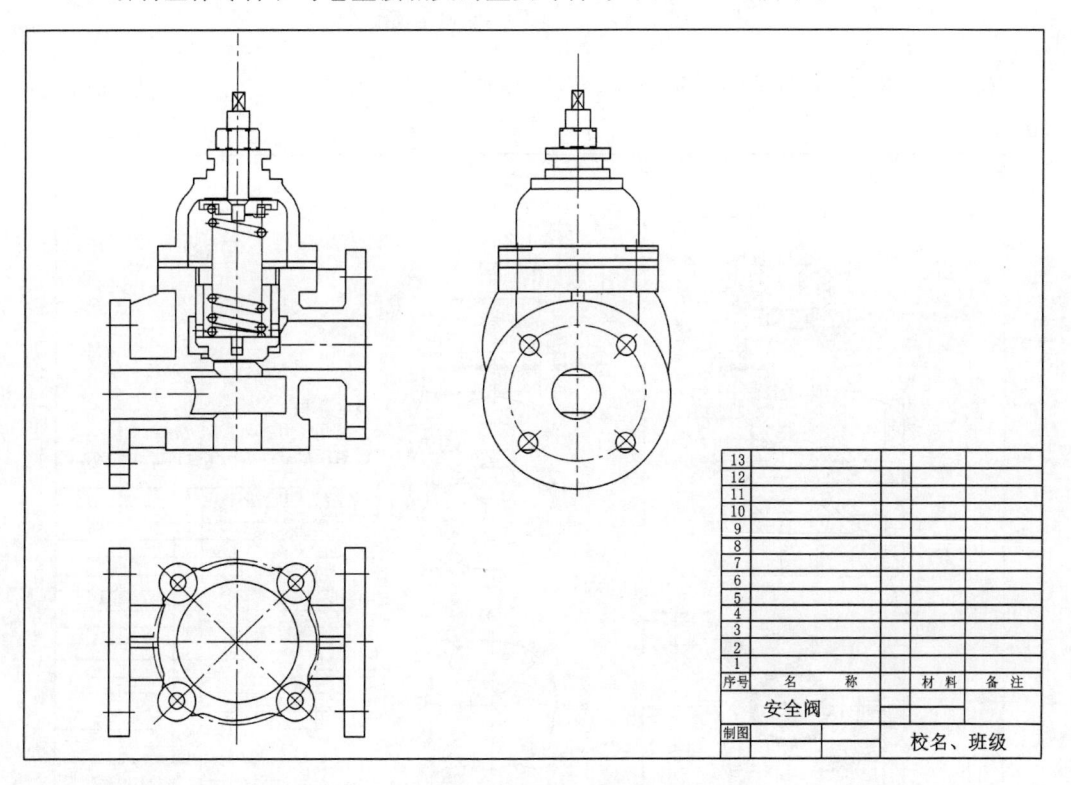

图 24-9(b) 逐层画出图形

(3) 检查核对底稿,加深图线,画剖面线,如图 24-8(c)所示。

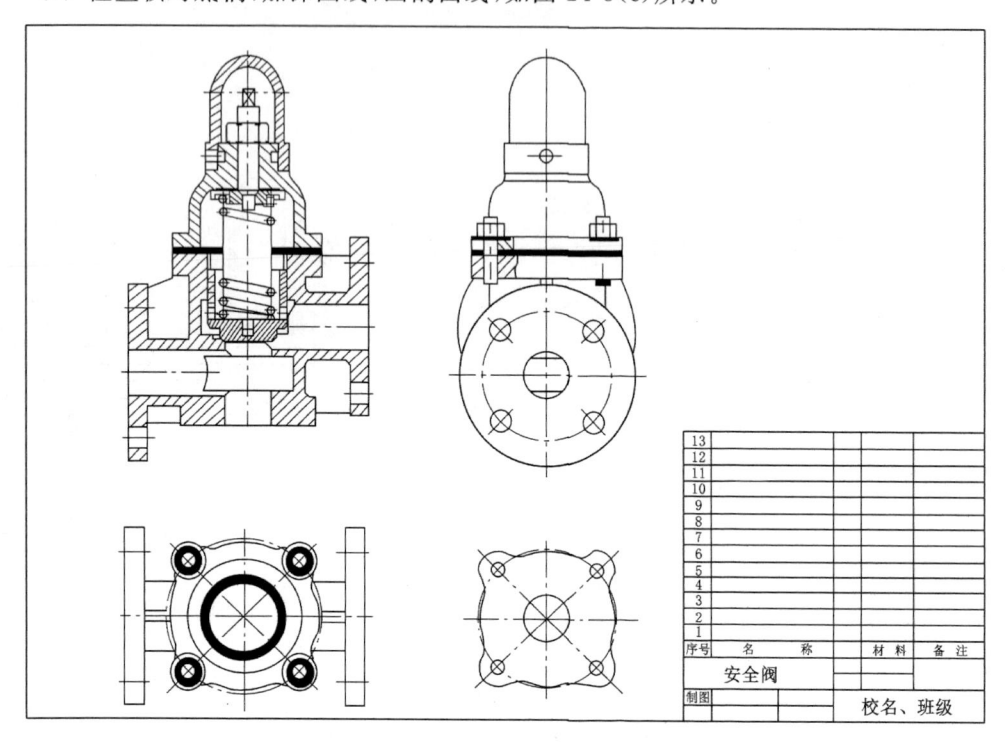

图 24-9(c)　加深图线,画剖面线

(4) 标注尺寸,编写零件序号,画标题栏、明细栏,注写技术要求,完成全图,如图 24-9(d)所示。

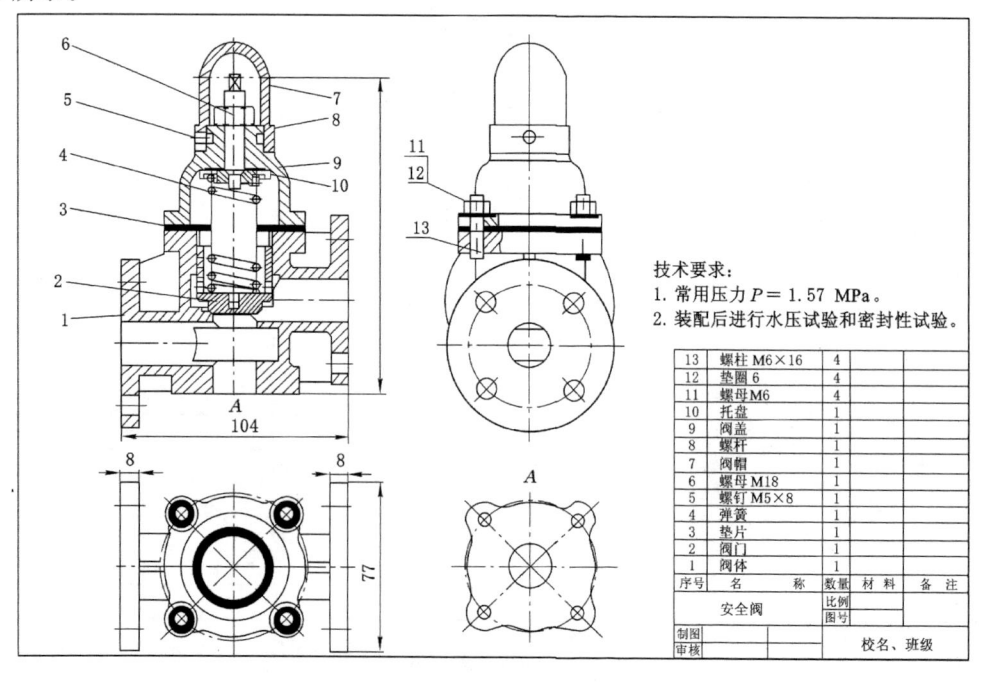

技术要求:
1. 常用压力 $P = 1.57$ MPa。
2. 装配后进行水压试验和密封性试验。

13	螺柱 M6×16	4		
12	垫圈 6	4		
11	螺母 M6	4		
10	托盘	1		
9	阀盖	1		
8	螺杆	1		
7	阀帽	1		
6	螺母 M18	1		
5	螺钉 M5×8	1		
4	弹簧	1		
3	垫片	1		
2	阀门	1		
1	阀体	1		
序号	名　称	数量	材料	备注

图 24-9(d)　画出装配图

第五节　装配图的识读

读装配图是工程技术人员必备的一种能力。在设计、装配、安装、调试以及进行技术交流时，都需要读装配图。

一、读装配图的要求

(1) 了解部件的功用、使用性能和工作原理。
(2) 弄清各零件的作用和它们之间的相对位置、装配关系和连接固定方式。
(3) 弄懂各零件的结构形状。
(4) 了解部件的尺寸和技术要求。

二、读装配图的方法和步骤

以钳座装配图(见图 24-10 至图 24-12)为例，介绍读装配图的步骤。

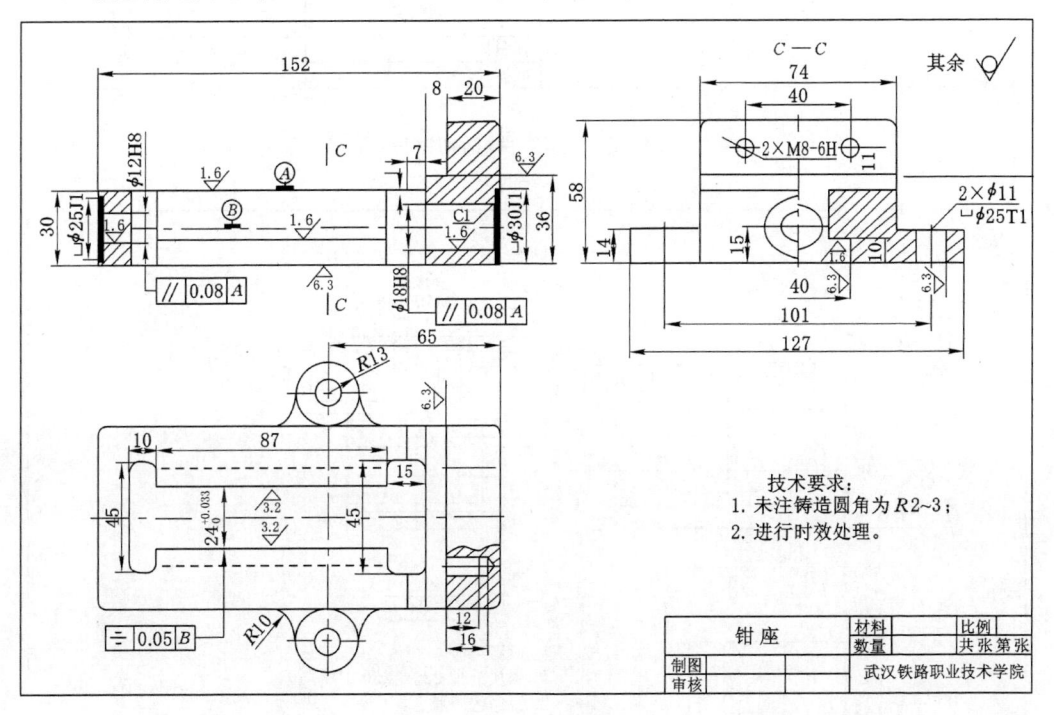

图 24-10　钳座装配图

1. 概括了解

(1) 看标题栏并参阅有关资料，了解部件的名称、用途和使用性能。
(2) 看零件编号和明细栏，了解零件的名称、数量和它在图中的位置。
(3) 分析视图，弄清各个视图的名称、所采用的表达方法和所表达的主要内容及视图间的投影关系。

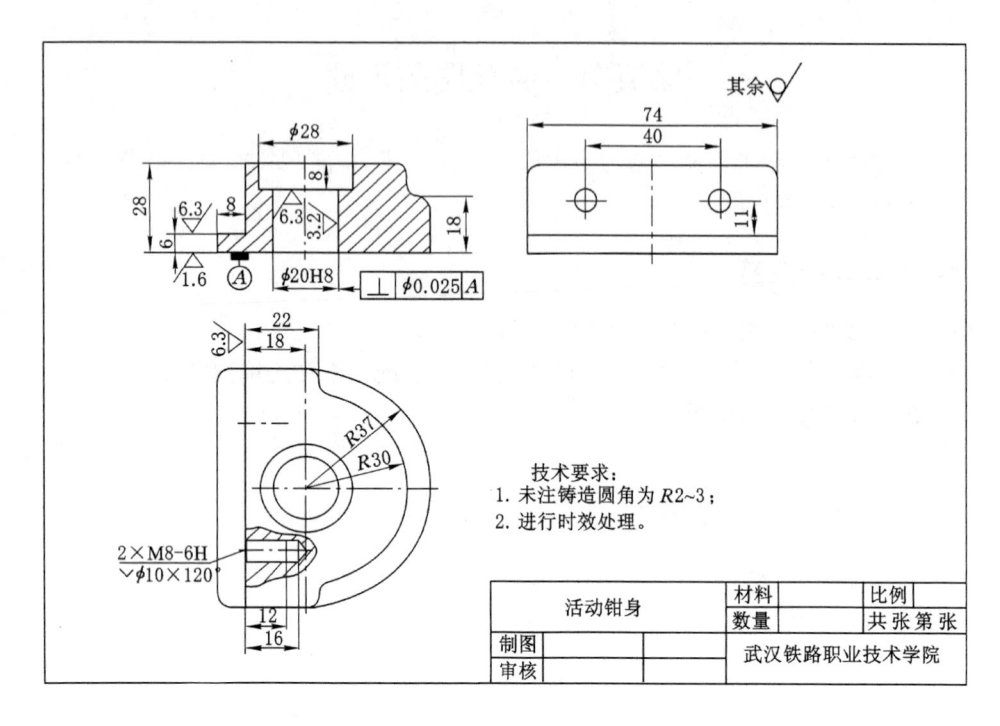

图 24-11　钳座零件(活动钳身)图

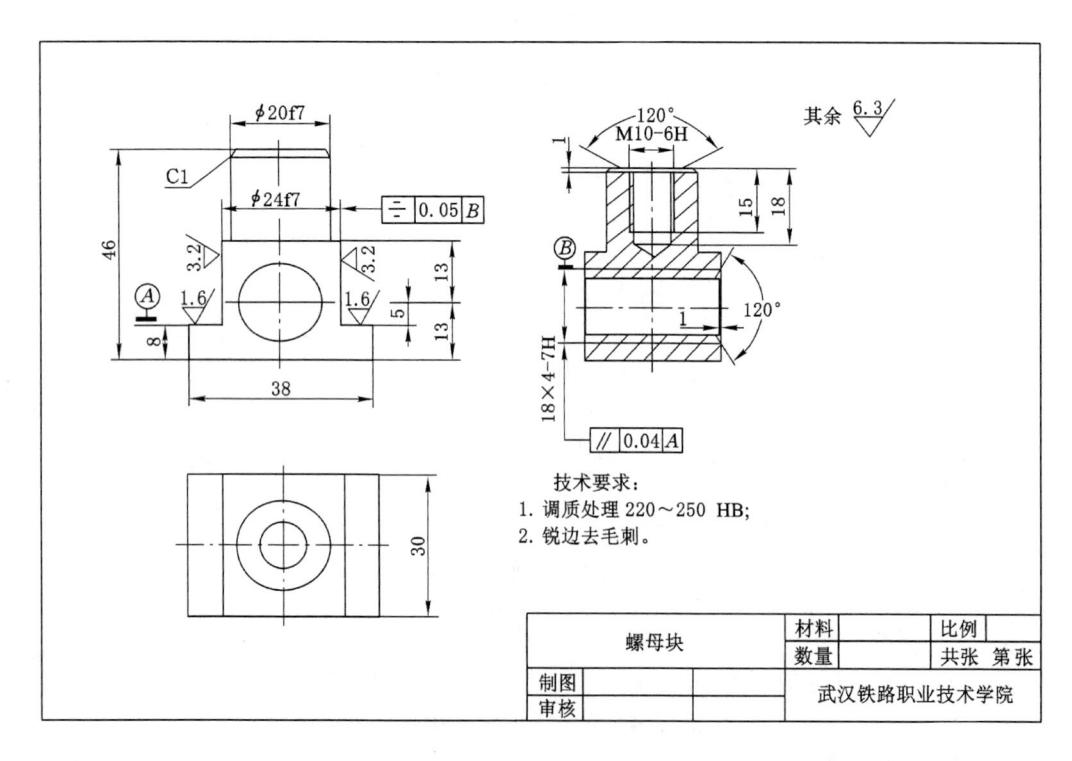

图 24-12　钳座零件(螺母块)图

2. 分析部件工作原理

依照装配图分析各个部件的工作原理。

3. 分析零件间的装配关系和部件结构

分析部件的装配关系,要弄清零件之间的配合关系、连接固定方式等。

(1) 配合关系:可根据图中配合尺寸的配合代号,判别零件配合的基准制、配合种类及轴、孔的公差等级等。

(2) 连接和固定方式:弄清零件之间用什么方式连接,零件是如何固定、定位的。

(3) 密封装置:弄清每个零件的密封材料及相邻零件的密封构件。

(4) 装拆顺序:弄清部件的装配、拆卸顺序。

4. 分析零件

弄清零件的结构形状时,应遵循以下原则:

(1) 先看主要零件,再看次要零件。

(2) 先看容易分离的零件,再看其他零件。

(3) 先分离零件,再分析零件的结构。

第二十五章　设备安装检修工具

设备检修用工具除了常用的扳手、螺丝刀、钢锯、铁锤、虎钳、管钳、锉刀、千斤顶等外,还有一些特殊工具,主要有管子割刀、手动弯管机、丝锥等。

一、管子割刀

1. 用途

管子割刀是 PVC、PP-R 等塑管材料的剪切工具,也可切割各种金属管,如图 25-1 所示。

2. 材质

刀体一般采用铝合金,刀片采用 65Mn 不锈钢等。

图 25-1　管子割刀

二、手动弯管机

1. 用途

手动弯管机是冷弯式简易手动弯管机,不用加热灌沙等工艺,如图 25-2 所示。使用手动弯管机弯曲的管子圆弧光滑、清晰、变形小。该设备使用方便,便于携带。

2. 特点

（1）加工精度高,具有稳定的加工质量。

（2）可进行多坐标的联动,能加工形状复杂的零件。

（3）加工零件改变时,一般只需要更改数控程序,可节省生产准备时间。

（4）机床本身的精度高、刚性大,可选择有利的加工用量,生产率高(一般为普通机床的 3～5 倍)。

（5）机床自动化程度高,可以减轻劳动强度。

（6）对操作人员的素质要求较高,对维修人员的技术要求更高。

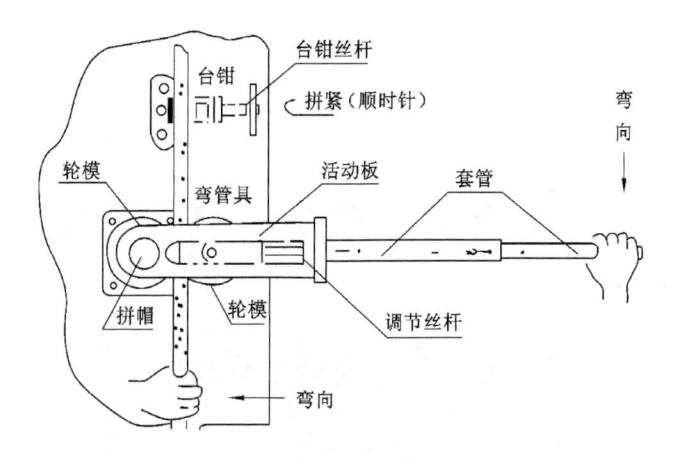

图 25-2　手动弯管机

三、丝锥

1. 用途及特点

丝锥是一种加工内螺纹的刀具，沿轴向开有沟槽，也叫螺丝攻，如图 25-3 所示。丝锥根据其形状分为直槽丝锥、螺旋槽丝锥和螺尖丝锥（先端丝锥）。直槽丝锥加工容易，精度略低，产量较大，一般用于普通车床、钻床及攻丝机的螺纹加工用，切削速度较慢。螺旋槽丝锥多用于数控加工中心钻盲孔用，加工速度较快，精度高，排屑较好，对中性好。螺尖丝锥前部有容削槽，用于通孔的加工。工具厂提供的丝锥大都是涂层丝锥，较未涂层丝锥的使用寿命和切削性能都有很大的提高。不等径设计的丝锥切削负荷分配合理，加工质量高，但制造成本也高。

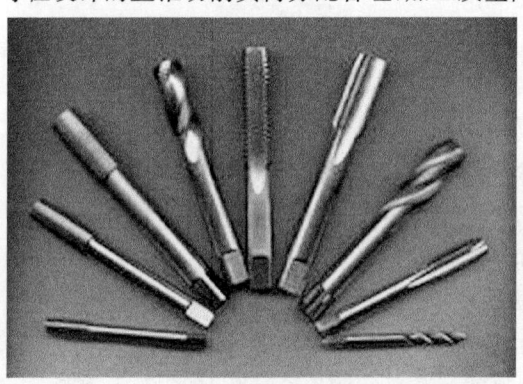

图 25-3　丝锥

2. 分类

（1）按驱动不同，丝锥分为手用丝锥和机用丝锥。
（2）按加工方式，丝锥分为切削丝锥和挤压丝锥。
（3）按被加工螺纹，丝锥分为公制粗牙丝锥、公制细牙丝锥、管螺纹丝锥等。
（4）根据形状，丝锥分为直槽丝锥、螺旋槽丝锥和螺尖丝锥。
（5）按使用时丝锥攻丝方向，丝锥分为顺扣丝锥和倒扣丝锥。

第二十六章 精密量具与量仪

第一节 内径千分尺

内径千分尺是用来测量内径尺寸的,有普通形式(图26-1)和杠杆形式(图26-2)两种。

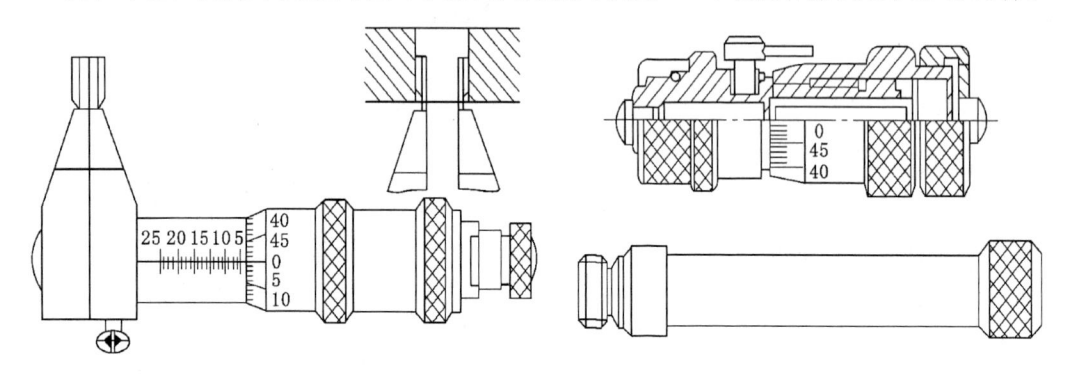

图 26-1 普通内径千分尺

图 26-2 杠杆式内径千分尺

测量小孔时用普通内径千分尺。这种千分尺的刻线方向,与外径千分尺和杠杆式内径千分尺相反,当活动套管顺时针旋转时,活动套管连同左面卡脚一起向左移动,测距越来越大。

测量较大孔时,应使用杠杆式内径千分尺。它由两部分组成:一是尺头部分;二是加长杆。它的刻度原理和螺杆螺距与外径千分尺相同,螺杆最大行程为 13 mm。为了增加测量范围,可在尺头上旋入加长杆,成套的内径千分尺加长杆可测至 1 500 mm 以内的尺寸,特殊时还有大于 1 500 mm 的。

使用内径千分尺时,先要进行校验,方法为:用外径千分尺校核,看其对内径千分尺测量的尺寸是否与内径千分尺的标准尺寸相符合。用加长杆时,接头必须旋紧,否则将影响测量的准确度。测孔时一只手扶住固定端,另一只手旋转套筒,作上下左右摆动,这样测量才能取得比较准确的尺寸。在测量大孔径时,一般需要两个人合作进行测量,要按孔径的大小选择合适的接杆或接杆组。

使用内径千分尺测量时注意事项如下:

(1)内径千分尺在测量及其使用时,必须用尺寸最大的接杆与其测微头连接,依次顺接到测量触头,以减少连接后的轴线弯曲。

(2)测量时应看测微头固定和松开时的变化量。

(3)在日常生产中,用内径尺测量孔时,将其测量触头测量面支撑在被测表面上,调整微分筒,使微分筒一侧的测量面在孔的径向截面内摆动,找出最小尺寸。然后拧紧固定螺钉取出并读数,也有不拧紧螺钉直接读数的。这样就存在着姿态测量问题。姿态测量即测量时与使用时的一致性。例如,测量 75～600/0.01 mm 的内径尺时,接长杆与测微头连接后尺寸大于 125 mm 时,其拧紧与不拧紧固定螺钉时读数值相差 0.008 mm,这即为姿态测量误差。

(4) 内径千分尺测量时支承位置要正确。接长后的大尺寸内径尺会因重力变形,涉及直线度、平行度、垂直度等形位误差。其刚度的大小,具体可反映在"自然挠度"上。理论和实验结果表明:由工件截面形状所决定的刚度对支承后的重力变形影响很大。例如,不同截面形状的内径尺的长度(L)虽相同,当支承在$(2/9)L$处时,都能使内径尺的实测值误差符合要求。但支承点稍有不同时,其直线度变化值就较大。所以在国家标准中将支承位置移到最大支承距离位置时的直线度变化值称为"自然挠度"。为保证刚性,在我国国家标准中规定了内径尺的支承点要在$(2/9)L$处和在离端面 200 mm 处,即测量时变化量最小。

第二节　内测千分尺

内测千分尺主要用于各种内尺寸的测量。其基本结构如图 26-3 所示。

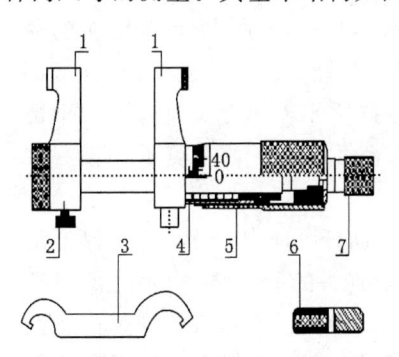

图 26-3　内测千分尺基本结构图
1——量爪;2——制动螺钉;3——扳子;4——固定套管;5——微分筒;
6——校对环规(或校对卡规);7——测力装置

置零前,用软布或者软纸擦净量爪以及校对环规(或校对卡规)的量面,用测力装置使用量爪两侧量面接触或与校对环规(或校对卡规)量面接触。若微分筒上的零线与固定套管上的零线不在一条直线上,则用如下方法置零:

(1) 测微头误差不超过 0.12 mm(0.001″)(微分筒刻线两格之内)时,用扳子扳动固定套管,直至零线对齐。

(2) 测微头误差超过 0.12 mm(0.001″)(微分筒刻线两格之内)时,用扳子扳动测力装置,取下微分筒,重新对齐固定套管和微分筒上的 0 刻线,装上测力装置。

使用内测千分尺测量时注意事项如下:
(1) 检测时使用环规。
(2) 测量时,使用测力装置,避免冲击。
(3) 测量内孔时,应反复找正,选择最大值为测量值。

(4) 不要任意拆卸千分尺。
(5) 长期不用时,洗净,涂防锈油,放入包装盒内。
(6) 50 mm 以上规格校对用环规或校对卡规。

第三节 内径百分表

一、内径百分表结构及工作原理

1. 结构及工作原理

内径百分表是内量杠杆式测量架和百分表的组合,如图 26-4 所示。它用来测量或检验零件的内孔、深孔直径及其形状精度。如图 26-4 所示,在三通管 3 的一端装着活动测量头 1,另一端装着可换测量头 2,垂直管口一端,通过连杆 4 装有百分表 5。

活动测头 1 的移动,使传动杠杆 7 回转,通过活动杆 6,推动百分表的测量杆,使百分表指针产生回转。由于杠杆 7 的两侧触点是等距离的,当活动测头移动 1 mm 时,活动杆也移动 1 mm,推动百分表指针回转一圈。所以,活动测头的移动量,可以在百分表上读出来。两触点量具在测量内径时,不容易找正孔的直径方向,定心护桥 8 和弹簧 9 就起了一个帮助找正直径位置的作用,使内径百分表的两个测量头正好在内孔直径的两端。

活动测头的测量压力由活动杆 6 上的弹簧控制,保证测量压力一致。内径百分表活动测头的移动量,小尺寸的只有 0～1 mm,大尺寸的可有 0～3 mm。它的测量范围是由更换或调整可换测头的长度来达到的。因此,每个内径百分表都附有成套的可换测头。

2. 测量范围

国产内径百分表的读数值为 0.01 mm,测量范围有 10～18 mm;18～35 mm;35～50 mm;50～100 mm;100～160 mm;160～250 mm;250～450 mm。

用内径百分表测量内径是一种比较量法,测量前应根据被测孔径的大小,在专用的环规或百分尺上调整好尺寸后才能使用。

调整内径百分尺的尺寸时,选用可换测头的长度及其伸出的距离(大尺寸内径百分表的可换测头,是用螺纹旋上去的,故可调整伸出的距离;小尺寸的不能调整),应使被测尺寸在活动测头总移动量的中间位置。

内径百分表的示值误差比较大。例如,测量范围为 35～50 mm 的内径百分表,其示值误差为±0.015 mm。为此,使

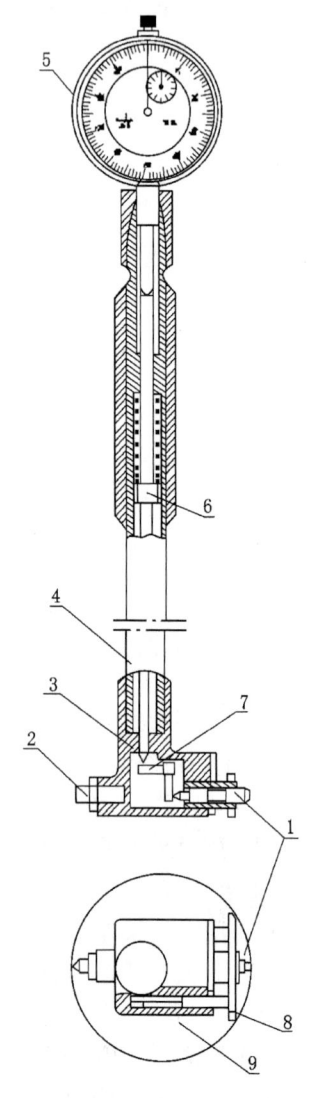

图 26-4 内径百分表的组合

用时应当经常的在专用环规或百分尺上校对尺寸(习惯上称校对零位),必要时可在如图 28-5 所示的由块规附件装夹好的块规组上校对零位,并增加测量次数,以便提高测量精度。

内径百分表的指针摆动读数,刻度盘上每一格为 0.01 mm,盘上刻有 100 格,即指针每转一圈为 1 mm。

二、内径百分表使用方法

内径百分表用来测量圆柱孔。它附有成套的可调测量头,使用前必须先进行组合和校对零位。组合时,将百分表装入连杆内,使小指针指在 0~1 的位置上,长针和连杆轴线重合,刻度盘上的字应垂直向下,以便于测量时观察,装好后应予紧固。

粗加工时,最好先用游标卡尺或内卡钳测量尺寸。因内径百分表同其他精密量具一样属贵重仪器,其好坏与精确直接影响到工件的加工精度和自身的使用寿命。粗加工时,工件加工表面粗糙不平而测量不准确,易使内径百分表测头磨损。因此,须加以爱护和保养,精加工时再使用内径百分表进行测量。

测量前应根据被测孔径大小用外径百分尺调整好尺寸后才能使用,如图 26-6 所示。在调整尺寸时,正确选用可换测头的长度及其伸出距离,应使被测尺寸在活动测头总移动量的中间位置。

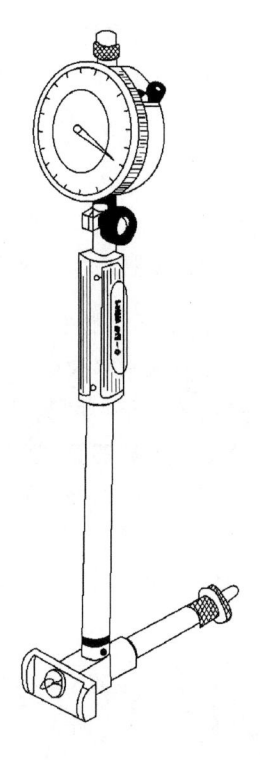

图 26-5 内径百分表

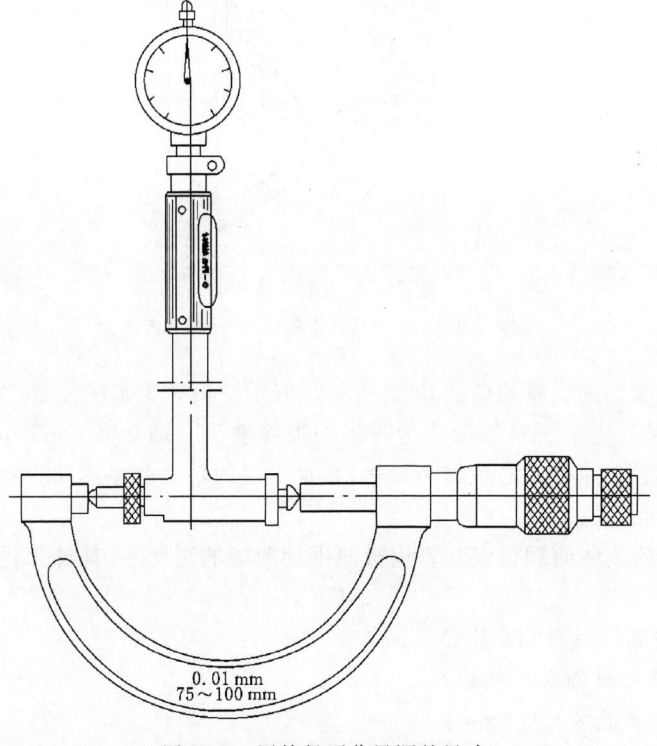

图 26-6 用外径百分尺调整尺寸

测量时,连杆中心线应与工件中心线平行,不得歪斜,同时应在圆周上多测几个点,找出孔径的实际尺寸,看是否在公差范围以内。

第四节 水 平 仪

一、方框式水平仪

1. 结构及工作原理

方框式水平仪由正方形框架 1、主水准器 2 和调整水准器(也称横水准器)3 组成,如图 26-7 所示。框架的测量面上有 V 形槽,以便在圆柱面或三角形导轨上进行测量。水准器是一个封闭的玻璃管,管内装有酒精或乙醚,并留有一定长度的气泡。玻璃管内表面制成一定曲率半径的圆弧面,外表面刻有与曲率半径相对应的刻线。因为水准器内的液面始终保持在水平位置,气泡总是停留在玻璃管内最高处,所以当水平仪倾斜一个角度时,气泡将相对于刻线移动一段距离。

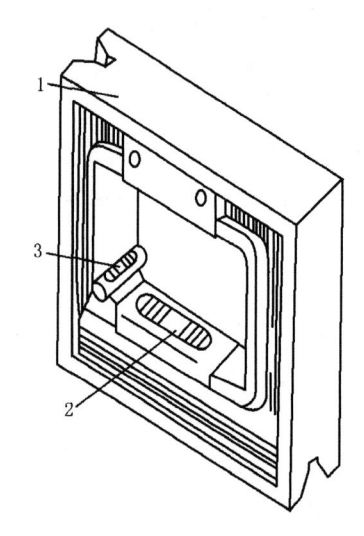

图 26-7 方框式水平仪
1——框架;2——主水准器;3——调整水准器

方框式水平仪的刻线原理如图 26-8 所示。假定平板处于水平位置,在平板上放置一根长 1 m 行平尺,平尺上水平仪的读数为零。如果将平尺一端垫高 0.02 mm,相当于平尺与平板成 4″夹角。若气泡移动的距离为一格,则水平仪的精度就是 0.02/1 000,读作千分之零点零二。

根据水平仪的刻线原理可以计算出被测平面两端的高度差,其计算式为:

$$\Delta h = nli \tag{26-1}$$

式中　Δh——被测平面两端高度差,mm;

　　　n——水准器气泡偏移格数;

　　　l——被测平面的长度,mm;

　　　i——水平仪的精度。

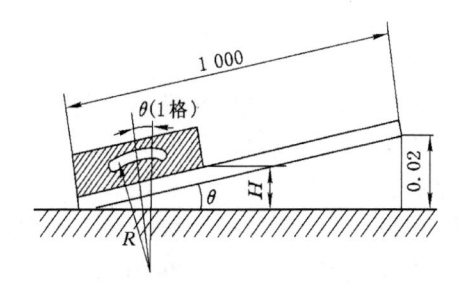

图 26-8 方框式水平仪刻线原理图

2. 读数方法

(1) 绝对读数法

水准器气泡在中间位置时读作 0。以零线为基准,气泡向任意一端偏离零线的格数,就是实际偏差的格数。当气泡偏向起端时读"-",偏离起端时读"+",或用箭头表示气泡的偏离方向。绝对读数法如图 26-9(a)所示。

(2) 相对读数法

图 26-9(b)所示是按水准器气泡的相对位置读数。水平仪起端测量位置的读数总是读作 0,不管气泡位置是在中间或偏在一边。然后依次移动水平仪垫铁,记下每一位置的气泡与前一位置的气泡移动的方向和刻度格数。根据气泡移动方向来评定被检导轨的倾斜方向,若气泡移动方向与垫铁移动方向一致,读作正值,表示导轨向上倾斜,可用符号"+"或箭头"→"表示;若其方向相反,则读作负值,用符号"-"或箭头"←"表示。

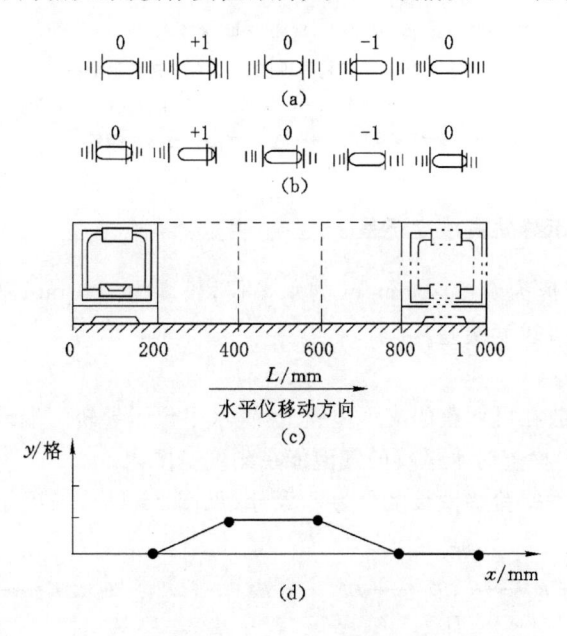

图 26-9 水平仪读书方法

(a) 绝对读书法;(b) 相对读数法;
(c) 节距法测量直线度误差;(d) 作图法求导轨直线度误差

二、合像水平仪

合像水平仪是用来测量水平位置微小角度偏差的测量仪器。在修理中,合像水平仪常用来校正基准件的安装水平度、导轨或基准平面的直线度和平面度误差以及零部件之间的平行度误差等。光学合像水平仪的外形及结构如图 26-10 所示。图 26-10(a)所示为光学合像水平仪的外形,图 26-10(b)所示为其结构原理。水准器 2 内气泡两端的圆弧,通过反射至目镜 4,形成左右两半气泡合像[见图 26-10(c)]。水平仪不在水平位置时,两半气泡 AB 不重合[见图 26-10(d)]。测量时,水准器的水平位置可通过调节旋钮 5(其上有 100 等分小格)转动测微螺杆 6,经杠杆 1 进行调整。其调整值可以从旋钮 5 上的微分刻度盘读取,每格值为 0.001 mm/m;粗读数可由标尺指针所示的刻线位置读出,每一格示值为 0.5 mm/m。

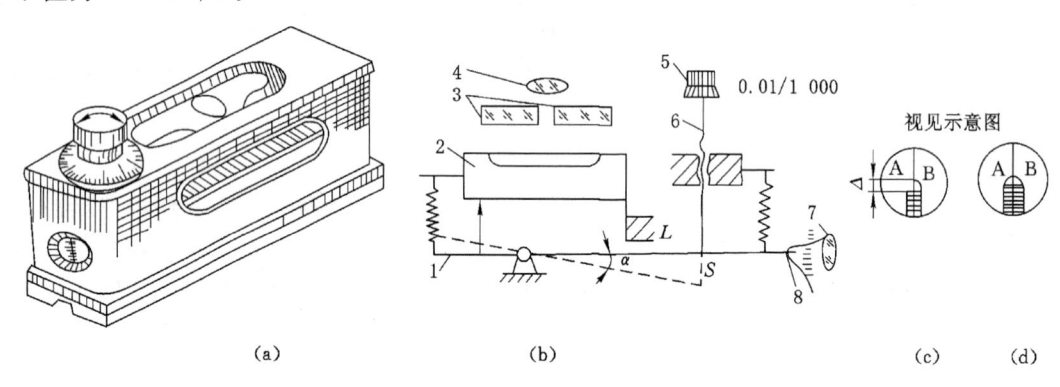

图 26-10 光学合像水平仪
(a) 外形图;(b) 结构原理图;(c),(d) 视见示意图
1——杠杆;2——水准器;3——棱镜;4——目镜;5——旋钮;
6——测微螺杆;7——放大镜;8——标尺指针

三、用作图法表示导轨直线度误差

【示例】 用分度值为 0.002 mm/m 的水平仪,长度为 500 mm 的检验垫铁,测量 400 mm 长的床身导轨的直线度误差。

求解步骤如下:

(1) 将被测导轨放在可调整的支承垫铁上,置水平仪于导轨两端或中间位置,初步找正导轨的水平位置,使得检查时水平仪的气泡能在刻度范围内。

(2) 将床身导轨按检验垫铁长度分为 8 等分(见图 26-11),采用相对读数法,测得各等分位置读数如下:

| AB | → | BC | → | CD | → | DE | → | EF | → | FG | → | GH | → | HI |
| 0 | | +1 | | +1.5 | | +0.5 | | +1 | | -1 | | 0 | | -0.5(格) |

(3) 测得读数的累加值见表 26-1。以导轨长度为横坐标,导轨直线度误差为纵坐标,按一定比例绘制坐标轴;在坐标上描出各测量点读数的累加值,并顺次将各点用直线连接,得到导轨直线度误差曲线,如图 26-11 所示。

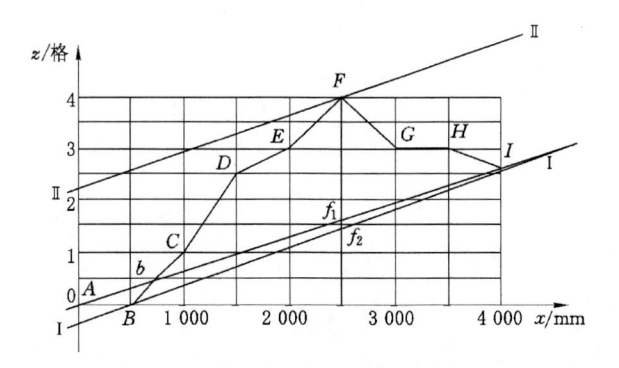

图 26-11 导轨直线度误差曲线

表 26-1　　　　　　　　　　计算各测点的纵坐标值

测点	A	B	C	D	E	F	G	H	I
实测读数/格		0	+1	+1.5	+0.5	+1	−1	0	−0.5
实测读数的累加值/格	0	0	+1	+2.5	+3	+4	+3	+3	+2.5

(4) 导轨直线度误差值为：

$$f = (0.02 \text{ mm}/1\ 000 \text{ mm}) \times 500 \text{ mm} \times (Ff_1 + Bb)$$
$$= (0.02 \text{ mm}/1\ 000 \text{ mm}) \times 500 \text{ mm} \times 2.75$$
$$= 0.027\ 5 \text{ mm}$$

用最小条件评定导轨直线度误差为：

$$f = (0.02 \text{ mm}/1\ 000 \text{ mm}) \times 500 \text{ mm} \times Ff_2$$
$$= (0.02 \text{ mm}/1\ 000 \text{ mm}) \times 500 \text{ mm} \times 2.75$$
$$= 0.027\ 5 \text{ mm}$$

第七部分
矿井维修钳工高级
基本技能要求

本部分主要内容

- ▶ 第二十七章　液压系统的安装及常见故障与处理
- ▶ 第二十八章　矿井固定设备的日常维修及故障处理
- ▶ 第二十九章　矿井系统设备的拆装、修理与调试
- ▶ 第三十章　矿井大型设备的检查维护

第二十七章 液压系统的安装及常见故障与处理

第一节 液压系统的安装

液压系统的安装是保证液压系统可靠运行的重要环节。不当的安装工艺将导致液压系统无法正常运行，错误的安装工艺甚至会酿成重大事故而造成重大经济损失。因此必须重视液压系统安装的这一重要环节。

一、液压系统安装前的准备工作

1. 图纸技术资料准备

液压系统原理图、电气原理图、管路布置图，液压元件、管件和其他辅助元件清单和有关元件样本等技术资料要准备齐全，以备装配人员在安装过程中遇到问题时及时查阅。

2. 物料和工具准备

熟悉图纸技术资料和安装要求，按照液压系统和液压元件清单，核对液压元件数量和型号，逐一检查液压元件质量状况，剔除有破损和明显缺陷的液压元件；准备好合适的通用工具和专用工具。

3. 质量检验

液压元件的技术性能是否符合要求，管件质量是否合格，关系到液压系统工作可靠性和运行稳定性。在安装之前应再次检查其质量，主要包括液压元件外观检查和拆洗及测试两大内容。

（1）液压元件的外观检查

液压元件应做如下外观检查：液压元件的调节螺钉、手轮和锁紧螺母应完好无损；所带密封件外观质量符合要求；各液压元件相配的附件必须齐全；板式连接元件、阀安装板的连接平面应平整，其沟槽不得有飞边、毛刺和锐边，不许有磕碰凹痕；螺纹连接件接口处不得有毛刺和磕碰凹痕；电磁阀的电磁铁应工作正常；油箱内部不得有锈蚀，内部要清洗干净，附件要齐全；油液符合要求，注入油箱时要过滤。

管道和接头应做如下检查：管道的材质、通径、壁厚和接头型号、规格及加工质量等要符合规定；管道表面有凹陷和伤口裂痕、内外壁面已腐蚀或显著变色或结疤时均不得使用；管接头接头体与螺帽配合松动或卡涩、密封槽棱角有伤痕、毛刺等时均不得使用。

（2）液压元件的拆洗和测试

液压元件在运输或库存时，因不慎导致内部污染或库存时间过长而导致密封件自然老化，必然导致液压系统故障，因此在液压元件安装前应根据情况对其进行拆洗。若有条件，应进行液压元件测试。

液压元件拆洗者应熟悉元件结构和工作原理，并具有维修液压元件的经验。拆洗和重装液压元件时，不准使用棉丝等类松散纤维，不合要求的零件及密封件必须更换；螺钉紧固力矩要均匀并符合制造厂商规定，切勿锤击和硬扳。

对拆洗过的液压元件应尽可能进行测试，以保证液压元件性能指标符合使用要求。对液压动力元件应测试额定压力和流量时的容积效率；对换向阀应测试换向工况、压力损失和内外泄漏；对压力阀应测试调压状况、外泄漏和阀口压力损失；对流量阀应测试调节状况和外泄漏。拆洗和测试过的性能指标符合要求的液压元件要用堵头封住油口，整个元件要外包塑料布。

二、液压元件的安装

1. 液压泵的安装

(1) 液压泵安装前的性能试验要求

① 用手盘动液压泵的转轴应灵活无阻滞现象。

② 在额定压力下工作时，能达到规定的输出流量，压力波动值不准超过规定值。

③ 压力从零逐渐升高到额定值，各结合面不准有漏油和异常的杂音。

(2) 液压泵的安装要点

① 液压泵的轴伸不能承受径向力，一般不得用带轮和链轮传动，最好由电动机通过联轴器直接带动。

② 液压泵和电动机间有较高的同轴度要求：一般应保证同轴度误差不大于 0.1 mm，两轴的倾斜角应控制在 1°以内。驱动轴端和泵的轴端应保持 2～3 mm 距离。

③ 外露的旋转轴、联轴器必须安装防护罩。

④ 液压泵安装底垫(板、支座)必须有足够的刚度，以防止产生振动。

⑤ 液压泵旋向要正确(进、出油口不得反向安装)，以免造成故障和事故。

⑥ 液压泵的进油管要短而直，避免拐弯过多和断面突变；尽量安装在油箱底部；安装在油箱上部时，吸油高度一般不超过 500 mm；泵进油管路密封必须可靠，不得渗入空气，以免发生气穴和汽蚀，产生振动和噪声。

2. 液压缸的安装

(1) 液压缸的装配要点

液压缸装配的关键是保证液压缸体与活塞相对运动时既无阻滞又无泄漏。其具体装配要点如下：

① 严格控制液压缸体与活塞之间的配合间隙。活塞上没有 O 形密封圈时，其配合间隙应为 0.02～0.04 mm；活塞上装有 O 形密封圈时，其配合间隙应为 0.05～0.1 mm。

② 保证活塞与活塞杆的同轴度和活塞杆的直线度。活塞与活塞杆的同轴度误差应小于 0.04 mm。活塞杆在全长范围内直线度误差不大于 0.2 mm 或规定值。装配时，将活塞和活塞杆连成一体，放在 V 形架上，用百分表检查并矫正其直线度。

③ 活塞和缸体的配合面应严格保持清洁，装配前应进行清洗。

④ 装油缸端盖时，应均匀拧紧螺钉。装配后，活塞在缸体内全长移动应灵活无阻滞现象。

⑤ 对于行程较长和工作环境温度偏高的场合，液压缸的一端必须保持浮动(以球面副

相连接），以补偿安装误差和补偿热膨胀的影响。

(2) 液压缸装配后的性能试验

液压缸装配后要进行下列性能试验：

① 在规定压力下做密封试验。活塞杆与油缸端盖、端盖与油缸的结合面不许有渗漏现象。

② 检查油封装置是否过紧而使活塞与液压缸移动时产生阻滞，或是否过松而造成漏油。

③ 测定活塞或液压缸移动速度是否均匀。

3. 液压阀的安装

(1) 液压阀的安装要点

① 液压阀在装配前要认真清洗，特别是阻尼孔道，应用压缩空气清除污物。

② 阀芯和阀座的密封应良好，可用汽油试漏。

③ 阀体与阀芯的配合间隙应符合要求，在行程范围内移动应灵活自如。

④ 安装时要注意进出油口和回油口的方位，进、出油口对称的阀易反向安装而造成事故。有些阀件为安装方便往往开有作用相同的双孔，安装后不用的一个要堵死。对外形相似的压力阀类，安装时要特别注意区分，以免错装。

⑤ 为避免空气渗入，连接处应保证密封良好。板式阀件安装时，要对各油口密封件数量、规格、压缩量等进行检查，安装螺钉（通常为 4 个或 6 个）要对称逐次均匀拧紧。逐个一次拧紧会造成阀体变形和密封圈压缩量不一致而导致漏油甚至密封件损坏。用法兰安装的阀件螺钉不能拧得太紧，因为有时拧得过紧反而造成密封不良。必须拧紧时，原来的密封件或材料如不能满足密封要求，则密封件形式和材料应予更换。

⑥ 电磁换向阀一般宜水平安装，垂直安装时电磁铁一般朝上（二位阀），设计安装板时应考虑这一因素。这一原则也适用于其他类型的换向阀。

(2) 液压阀装配后的性能试验

以压力阀为例说明液压阀装配后需进行的性能试验及要求。

① 试验时，调整阀的压力调节手轮，使压力从最低数值逐渐上升到系统所需工作压力，要求压力平稳地改变，工作正常，压力波动不超过 ±0.2 MPa。

② 在最大工作压力下，不允许有漏油现象。

③ 压力阀在卸荷状态时，其压力不超过 0.15～0.2 MPa。

④ 液压系统做循环试验时，压力阀工作应平稳，无明显的冲击和噪声。

4. 过滤器的安装

过滤器安装时应注意以下几点：

(1) 过滤器在系统中的安装位置主要依据其用途而定。为了滤除液压油源的污物以保护液压泵，吸油管路要装设粗滤油器；为了保护关键液压元件，在其前面装设精过滤器；其余应将过滤器装在低压回路管路中。

(2) 安装时注意过滤器壳体上标明的液流方向，不能装反，否则，将会把滤芯冲毁，造成系统的污染。

(3) 在液压泵吸油管上安装网式过滤器时，过滤器的底面应与液压泵的吸管口保持约 2/3 滤网高的距离，否则，吸油将会不顺畅。过滤器应全部浸入到油面以下。

5. 蓄能器的安装

蓄能器安装时应注意以下几点：

(1) 蓄能器一般应垂直安装，气阀向上，并在气阀周围留有一定的空间，以便检查维护。

(2) 蓄能器安装位置应远离热源，牢固地固定在托架或基础上，但不得用焊接方法固定。

(3) 蓄能器和液压泵之间应设单向阀，以防止蓄能器向液压泵倒流。蓄能器和管路之间应装设截止阀，供充气、检查、调整或长期停机时使用。

(4) 蓄能器充气后，各部分决不允许拆开、松动，以免发生危险。若必须拆开蓄能器封盖或搬动时，必须先放尽气体后才能进行。

(5) 蓄能器装好后，应充入惰性气体。严禁充氧气、压缩空气或其他易燃易爆气体。一般充气压力为系统最低工作压力的80%～85%。

6. 油箱及其他辅助元件的安装

油箱及其他辅助元件的安装要求如下：

(1) 油箱安装前认真清洗，清洗后用绸布或乙烯树脂海绵等将油箱内表面擦拭干净；油箱底部应高于安装面150 mm以上，以便散热和放油等；必须有足够支承面积，以便安装时用垫片和楔块等调整。

(2) 加热器的位置必须低于油箱最低液面液允许位置，加热器表面耗散功率不高于1 W/cm^2，要安装温度计或其他测温度装置。

7. 液压管路的安装

(1) 吸油管的安装

吸油管的安装应符合下列要求：

① 为减少吸液阻力，避免吸油困难，产生吸空和汽蚀现象，吸油管要尽量短，弯头和弯曲尽可能少，管径不能过细，吸程高度一般不超过500 mm。

② 吸油管应连接严密，不得漏气，以免使泵在工作时吸进空气，导致系统产生噪声，以致无法吸油。

③ 吸油管的管口应插入液面以下，并保证有足够的浸没深度。吸油管的管口一般离油箱底面的距离为管子外径的2倍，以避免吸油管内产生汽蚀。

④ 为增大吸油口面积，将吸油管斜切45°。

(2) 回油管的安装

回油管的安装应符合下列要求：

① 执行机构的主回油路及溢流阀的回油管应伸到油箱液面以下，以防止油飞溅而混入气泡，同时回油管应切出朝向油箱壁的45°斜口。

② 具有外泄漏的减压阀、顺序阀、电磁阀等的泄油口与回油管连通时不允许有背压，否则，应将泄油口单独接回油箱，以免影响阀的正常工作。

③ 安装成水平面的油管，应有3/1 000～5/1 000的回油坡度。管路过长时，应每500 mm固定一个夹油管的管夹。

④ 回油管的管口应保证低于油箱最低液面高度以下100 mm左右。

(3) 压力油管的安装

压力油管的安装应符合下列要求：

① 压力油管的安装位置应尽量靠近设备和基础,同时又要便于支管的连接和检修。

② 为了防止压力油管的振动,应将管路安装在牢固的地方,在振动的地方要加阻尼来消除振动,或将木块、硬橡胶的衬垫装在管夹上,使金属件不直接接触管路。

(4) 管接头的安装

管接头的安装应符合下列要求:

① 必须按设计图纸规定的接头进行安装。

② 必须检查接头体的质量,发现有缺陷应更换。

③ 接头体拧入油路板或阀体之前,应将接头用煤油清洗,用气吹干净,并将接头体的螺纹涂上密封胶或用聚四氟乙烯塑料带顺螺纹旋向缠上 1~2 圈(缠的层数太多反而易松动漏液)。若用密封胶作为螺纹扣与扣间的填料,温度不得超过 60 ℃,否则会熔化,使液体从扣间流出。

④ 接头体与管子端面应对正,不得有偏斜,两平面结合良好后方可拧紧。拧紧时用力不能过大,特别是锥管螺纹接头体,拧紧力用过大会产生裂缝,导致泄漏。

⑤ 装配管接头时,要注意不能错装或漏装密封件,安装时要仔细、不得把密封垫损坏。

(5) 法兰盘的安装

法兰盘的安装应符合下列要求:

① 必须按设计图纸规定的法兰进行安装。

② 必须检查法兰盘、密封垫的质量,发现有缺陷时应更换。

③ 法兰盘用煤油清洗干净,并用气吹干净。

④ 拧紧螺钉时,各螺钉受力应均匀,并要有足够的拧紧力矩(或达到规定值),保证结合严密。

⑤ 对于高压法兰的紧固螺钉要检查螺钉所用的材料和加工质量,不合要求的螺钉不得使用。

(6) 高压软管的安装

高压橡胶软管用于两个有相对运动部件之间的连接,安装软管时应符合下列要求:

① 高压软管应根据液压系统设计的最高压力值来确定。对于冲击特别频繁的液压系统,建议选用软管护套。

② 要避免急转弯,其弯曲半径应大于 9~10 倍外径,至少应在距离接头 6 倍直径处弯曲。

③ 软管的弯曲同软管接头的安装应在同一运动平面上,以防扭转。若软管两端的接头需在两个不同的平面上运动时,应在适当的位置安装夹子,把软管分成两部分,使每一部分在同一平面上运动。

④ 由于管子受压时,其长度和直径要发生一定变化,为防止使用时端部接头和软管间受拉伸,软管应有一定的余量。

⑤ 软管安装应尽量远离热源,不得已时应装隔热板或隔热套。

⑥ 软管过长或承受剧烈振动的情况下宜用夹子夹牢,但在高压下使用的软管应尽量少用夹子,以免软管受压变形在夹子处产生摩擦。

⑦ 必须保证软管、接头与所处的工作环境条件相适应,否则,将导致软管性能下降,缩短软管使用寿命。

(7) 管子的涂饰

为了保证外形美观,一般焊接钢管的外表面要全部喷面漆:主压力油管路的一般为红色,控制油管路的一般为橘红色,回油管路的一般为蓝色或浅蓝色,冷却管路的一般为黄色。

三、液压系统的清洗

为了使液压系统达到令人满意的工作性能和使用寿命,当液压系统的安装连接工作结束后,首先必须对该液压系统内部进行清洗。对刚从制造厂购进的液压装置或液压元件,若已清洗干净可只对现场加工装配的部分进行清洗。液压系统必须经过第一次清洗和第二次清洗,达到规定的清洁度标准后,方可进入调试阶段。

1. 第一次清洗

第一次清洗是在预安装(试装配管)后,将管路全部拆下解体进行的。第一次清洗主要是酸洗管路和清洗油箱及各类元件。第一次清洗应保证把大量的、明显的、可能清洗掉的金属毛刺和粉末、砂粒灰尘、油漆、涂料、氧化皮、油渍、棉纱、胶粒等污物全部认真仔细清洗干净,否则不允许进行液压系统的第一次安装。

第一次清洗的时间随液压系统的大小、所需的过滤精度和液压系统的污染程度的不同而定。当达到预定的清洗时间后,可根据过滤的杂质种类和数量,再确定清洗工作是否结束。当所有管道、油箱及液压元件确认清洗干净后,即可进行第一次安装。

2. 第二次清洗

液压系统的第二次清洗是在第一次安装连接清洗回路后进行的系统内部循环清洗。第二次清洗的目的是把第一次安装后残存的污物(如密封碎块、不同品质的洗油和防锈油以及铸件内部冲洗掉的砂粒、金属磨合下来的粉末等)清洗干净,而后进行第二次安装组成正式系统,以保证顺利进行正式的调整试车和投入正常运转。

(1) 清洗油的选用

第二次清洗用清洗油可选择与被清洗机械设备的液压系统工作用油或试车油,也可选用低黏度的具有溶解橡胶能力的专用清洗油,不允许使用煤油、汽油、酒精或蒸汽等作为清洗介质,以免腐蚀液压元件、管道和油箱。清洗油的用量通常为油箱内油量的60%~70%。

(2) 清洗操作过程

① 清洗前应将安全溢流阀在其入口处临时切断。将液压缸(液压马达)进出油口隔开,在主油路上连接临时通路,组成独立的清洗回路,如图27-1所示。对于较复杂的液压系统,可以适当考虑对各部分部件进行清洗。

② 清洗时,一边使泵运转,一边将油加热,使油液在清洗回路中自动循环清洗。为提高清洗效果,换向阀可作一次换向,泵可作转转停停的间歇运动。若两台泵时,可交替使用。在清洗的过程中可用木槌对焊接部位和管道反复轻轻敲打,敲打时间为清洗时间的10%~15%。在清洗初期,使用80目的过滤网,到预定清洗时间的60%时,可换用150目的过滤网。当达到预定的清洗时间后,可根据过滤网中所过滤的杂质种类和数量确定是否达到清洗的目的。

第二次清洗结束后,泵应在油液温度降低后停止运转,以避免外界温度变化引起的锈蚀。油箱内的油液应全部放掉,并将油箱清洗干净,最后进行检查,符合要求后,将液压缸(液压马达)、阀等液压元件连接起来,按设计要求组装成正式的液压系统,如图27-2所示。这为液压系统调整试车做好准备。

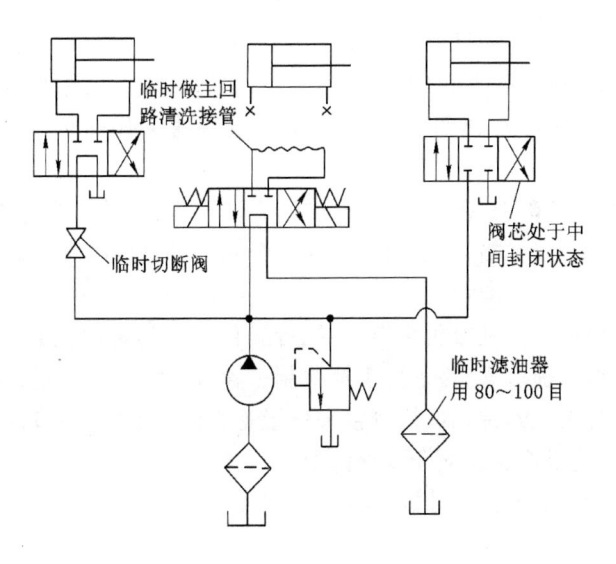

图 27-1　二次清洗回路

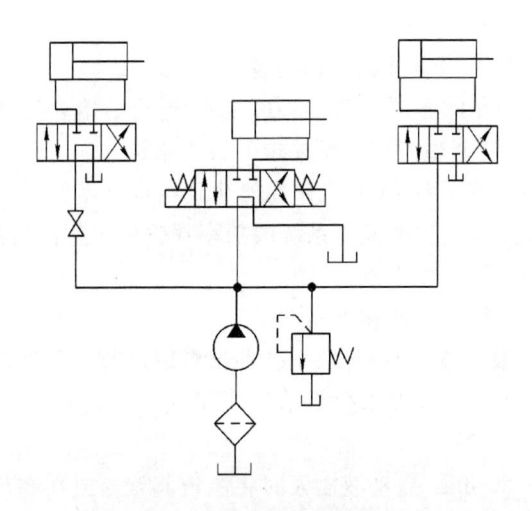

图 27-2　正式液压系统

在正式试车前,应加入实际运转时所用的工作油液,用空转断续开车(每次 3~5 min)2~3 次后,可以空载连续开车 10 min,使整个液压系统进行油液循环。经再次检查,回油管处过滤网中应没有杂质,方可转入试车程序。

第二节　液压系统的调试

新建液压系统或检修过的液压系统在正式投入运行前应进行调试。

一、液压系统调试前的准备工作

1. 熟悉情况和确定调试项目

调试前要全面了解液压系统的技术性能、主要结构、使用要求、安全要求、操作使用方法等。要仔细阅读液压系统图,弄清液压系统工作原理和性能要求。为此,必须明确液压、机械和电气三者的功能及彼此联系、动作顺序和关系,熟悉系统各元件的实际位置、作用、结构原理及调节方法。对有顺序动作要求的执行元件,要熟悉动作循环、动作顺序及相应的油路、压力和流量。

在掌握上述情况的基础上,确定调试的内容、方法及步骤,准备好调试工具、测量仪表和补接测试管路,制定安全技术措施,以避免人身安全和设备事故的发生。

2. 外观检查

在正式调试前,要再次检查液压泵转向,执行元件及泵的进出油管是否接错;检查各液压元件、管路连接是否正确可靠;检查各手柄控制位置,确认启动、停止、前进、后退及卸载控制按钮;检查系统中各液压元件、管道、管接头位置是否便于安装、调节、检查和检修;检查观察用的压力表等仪表是否安装在便于观察的地方。

外观检查发现问题,应改正后才能进行调整试车。

二、液压系统的调试

1. 液压系统调试的内容

液压系统调试的主要有以下几方面的内容:

(1) 液压系统各个动作的各项参数,如力、速度、行程的始点与终点、各动作时间和整个工作循环的总时间等,均应调整到设计所要求的技术指标。

(2) 调整全线或整个液压系统,使工作性能达到稳定可靠。

(3) 在调试过程中要判别整个液压系统的功率损失和工作温升的变化状况。

(4) 要检查各可调元件的可靠程度。

(5) 要检查各操作机构灵敏性和可靠性。

液压系统的调试一般应按泵站调试、系统调试顺序进行。各种调试项目,均由部分到系统整体逐项进行,即按照部件、单机、区域联动、机组联动等顺序进行。

2. 泵站调试的操作过程

(1) 空载运转 10~20 min,启动液压泵时将溢流阀旋松或在卸荷位置,使系统在无压状态下做空运转。观看卸荷压力的大小;运转是否正常;有无刺耳的噪声;油箱中液面是否有过多的泡沫,油面高度是否在规定范围内等。

(2) 调节溢流阀,逐渐分档升压,每档 3~5 MPa,每档运转 10 min,直至调整到溢流阀的调定压力值。

(3) 密切注意滤油器前后的压差变化,若压力增大则应随时更换或冲洗滤芯。

(4) 连续运转一段时间(一般为 30 min)后,油液的温升应在允许规定范围内(一般工作油温为 35~60 ℃)。

3. 系统压力的调试

系统的压力调试应从压力调定值最高的主溢流阀开始,逐次调整每个分支回路的压力阀。压力调定后,须将调整螺杆锁紧。

(1) 溢流阀的调整压力,一般比最大负载时的工作压力大 10%~20%。

(2) 调节双联泵的卸荷阀,使其比快速行程所需的实际压力大 15%~20%。

(3) 调整每个支路上的减压阀,使减压阀的出口压力达到所需规定值,并观察压力是否平稳。

(4) 调整压力继电器的发信压力和返回区间值,使发信值比所控制的执行机构工作压力高 0.3~0.5 MPa;返回区间值一般为 0.35~0.8 MPa。

(5) 调整顺序阀压力,使顺序阀的调整压力比先动作的执行机构的工作压力大 0.5~0.8 MPa。

(6) 对于装有蓄能器的液压系统,蓄能器工作压力的调定值应同它控制的执行机构的工作压力相一致。当蓄能器安置在液压站时,其压力调整值应比溢流阀调的定压力低 0.4~0.7 MPa。

(7) 液压泵的卸荷压力,一般控制在 0.3 MPa 以内;为了运动平稳增设背压阀时,背压一般在 0.3~0.5 MPa 范围内;回油管道背压一般在 0.2~0.3 MPa 范围内。

4. 系统流量的调试(执行机构的调速)

(1) 液压马达的转速调试

液压马达在投入运转前应和工作机构脱开。在空载状态下先点动,再从低速到高速逐步调试,并注意空载排气,然后反向运转。同时应检查壳体温升和噪声是否正常。待空载运转正常后,再停机将马达与工作机构连接;再次启动液压马达,并从低速至高速负载运转。若液压马达出现低速爬行现象,可检查工作机构的润滑是否充分,系统排气是否彻底,或有无其他机械干扰。

(2) 液压缸的运行速度调试

① 液压缸运行速度调试应逐个回路进行,在调试一个回路时,其余回路应处在关闭状态。调节速度时必须同时调整好液压缸与运动部件的位置精度和配合间隙,不致使传动部件发生过紧和阻卡现象。若缸内混有空气,运行速度不稳定,则在调试过程中打开液压缸的排气阀,排除滞留在缸内的空气;对于未设排气阀的液压缸,必须使液压缸来回运动数次,同时在运动适当过程中旋松回油腔的管接头,见到油液从连接处溢出后再旋紧管接头。

② 在调速过程中应同时调整缓冲装置,直至满足该缸所带机构的平稳性要求。如液压缸的缓冲装置为不可调型,则需将液压缸拆下,在实验台上调试处理合格后再装机调试。

③ 双缸同步回路在调速时,应先将两缸调整到相同起步位置,再进行速度调试。

④ 速度调试应在正常油压和油温下进行。对速度平稳性要求高的液压系统,应在受载状态下,观察其速度变化情况。

⑤ 速度调试完毕,然后调节各液压缸的行程位置、程序动作和安全连锁装置。各项指标均达到设计要求后,方能进行试运转。

⑥ 系统调试过程中,所有液压元件和管道应无泄漏和异常振动;所有连锁装置应准确、灵敏和可靠。速度调试完毕,再检查液压马达和液压缸工况。要求在启动、换向及停止时平稳,在规定低速下运行时无爬行现象,运行速度符合设计要求。系统调试应有调试规程和详细调试记录。

第三节　液压系统的检查

液压传动系统发生故障前,往往都会出现一些小的异常现象,在使用中通过充分的日常检查和维护就能根据这些异常现象及早地发现和排除一些可能产生的故障,以达到减少故障发生的频次,保证设备的安全经济运行。

一、液压系统的日常检查

日常检查的主要内容是液压泵启动前、后的状态检查以及停止运转前的状态。日常检查通常是用目视、听觉以及手触感觉等比较简单的方法。

1. 泵启动前的检查

(1) 检查密封性能。液压系统在工作状态下产生泄漏现象是不可避免的,是常见的,但在非工作状态下的泄漏是不允许的。导致泄漏的原因通常是密封件损坏、老化、损伤或连接螺钉松动(管路振动引起的),所以对各密封部位和管接头等处必须经常检查和清理,发现因接头松动产生泄漏时应立即将接头旋紧。

(2) 检查油箱内油位和油温。要注意检查油箱是否按规定加油,油位是否在规定高度范围内。测量油温。若油温低于 10 ℃时,应使系统在无负载状态下运转 20 min 以上进行预热。

(3) 检查压力表是否完好,其指针是否在 0 MPa 处。

(4) 观察溢流阀的调定压力。溢流阀的调定压力在 0 MPa 时,处于卸荷状态,启动后泵的负载很小。

(5) 检查各元件及管路安装固定是否可靠,若有松动应进行紧固。

2. 泵启动和启动后的检查

泵的启动应进行点动,对于冬季液压油黏度高的情况和溢流阀处于调定压力状态时启动要特别慎重。液压泵在启动时用开开停停的方法进行启动,重复几次使油温上升,各执行装置运转灵活后再进入正常运转。

在泵启动中和启动后应检查下列内容:

(1) 在点动中,从泵的声音变化和压力表压力的稍稍上升来判断泵的流量。泵在无流量状态下运转 1 min 以上就有咬死的危险。

(2) 操作溢流阀,使压力升降几次,检查泵的噪声是否随压力变化而变化,是否有不正常的声音。若泵有"咯哩、咯哩"的连续声音,则说明在吸入管侧或传动轴处吸入空气;若高压时泵噪声特别大,则应检查吸入滤网是否有堵塞、截止阀的阻力等情况。证明泵动作可靠、压力可调后,将系统调至所需压力。

(3) 根据在线滤油器的指示表了解其阻力或堵塞情况,在泵启动通油时最有效果,同时仔细观察指示表的动作情况。

(4) 根据对溢流阀、卸荷阀和换向阀的操作,观察压力的升降情况;根据压力表的动作和液压缸的伸缩,判断其响应性能。使各液压缸、液压马达动作 2 次以上,以证明其动作状况和各阀的动作是否良好。

3. 泵运行中和停车后的检查

在启动过程中如泵无输出应立即停止运行,检查原因,排除故障。当泵重新启动、运行中及停车时,还需做下列检查:

(1) 汽蚀检查

液压系统在进行工作时,必须观察液压缸的活塞杆在运动时是否有跳动现象,在液压缸全部外伸时有无泄漏,在重载时液压泵和溢流阀有无异常噪声。液压系统产生汽蚀的主要原因是液压泵的吸油部分有空气吸入。为了杜绝汽蚀现象,必须把液压泵吸油管处所有的接头都旋紧,确保吸油管路密封,如果在这些接头都旋紧的情况下仍不能清除噪声,就需要立即停机做进一步检查。

(2) 过热检查

用温度计或用手摸油箱侧面,确定油温是否正常。对比一下泵壳温度和油箱温度,如前后温差高于 5 ℃,则可认为泵的效率非常低。液压泵发生故障的一个主要症状是过热。汽蚀会产生过热,因为液压泵热到某一温度时,会压缩油液空穴的气体而产生过热。如果发现因汽蚀造成过热,应立即停车进行检查。检查各电磁阀的声音、换向时有无异常,用手触摸电磁阀外壳的温度,比室温高 30 ℃ 左右便可认为是正常的。

(3) 气泡检查

检查油箱内是否有气泡,如果有气泡就说明吸油侧漏入空气。液压系统内存在气泡将产生三个方面的危害:一是造成执行元件运动不平稳;二是加速液压油的氧化变质;三是产生汽蚀现象。所以要特别防止空气进入液压系统,主要防范措施是使吸油管和回油管均处在油箱的液面以下,并保持一定的浸没深度,整个液压管路要密封严密。

(4) 泄漏检查

检查油箱的侧面、油位指示针、侧盖等是否漏油;检查泵轴、连接处等的漏油情况。高温、高压下最易发生漏油,应特别注意检查在高温、高压状态下液压缸活塞杆处、各液压阀件及液压管路连接(法兰、接头、卡套)等处是否有漏油现象,并保持管路下部清洁,以便观察。

(5) 振动检查

打开压力表,在高压下压力表指针摆动在 0.3 MPa 以内属正常状态。根据听觉判断泵的情况,若噪声大、压力表指针摆动大、油温过高,则可能是泵发生磨损。根据听觉和压力表指针摆动情况检查溢流阀的声音大小和振动情况,检查管路、阀、液压缸的振动情况,检查安装螺栓是否松动。

在液压系统稳定工作时,除随时注意油量、油温、压力等问题外,还要检查执行元件、控制元件的工作情况,注意整个系统漏油和振动情况。系统经过使用一段时间后,如出现不良或产生异常现象,用外部调整的办法不能解决时,可进行分解修理或更换配件。

二、液压系统的定期检查

定期检查的目的是检查液压设备是否保持原有工作性能。定期检查的周期和内容随不同机械而不同。定期检查的内容主要有以下几个方面:

1. 油液

在一般情况下,油液清洁度的检查大致可按以下时间间隔进行。第一次在使用 3 个月或工作 500 h 后进行。第二次在使用 6 个月或 1 000 h 后进行。以后每年或工作 2 000 h 后检查一次。不同系统对油液清洁度要求参照有关标准执行。检查油液清洁度时要在油箱的上、中、下层分别取样,检查其清洁度、水分混入程度和黏性指标等,如达不到标准值则需要更换。

2. 油箱

检查油箱油液多少,有无沉积物及水分含量。检查油温、滤油器及空气滤清器。

3. 液压泵和执行元件

检查进、出油口管接头连接状态、泄漏量及入口压力或出口压力大小,必要时更换密封件及轴承。

4. 控制阀

检查压力阀和压力设定值和调压机构；检查流量阀的流量指示值与实际值是否一致；检查电磁阀和电液阀的性能；检查阀的中位泄漏量。若控制阀性能有较大幅度下降,则应加以更换。

5. 蓄能器

检查蓄能器接头及螺钉有无松动,充气压力是否达到规定值。检查蓄能器泄漏情况,必要时更换密封件。

6. 其他

检查管道支架是否松动,橡胶软管有无损伤。检查热交换器及各种传感器性能。检查压力表指示装置是否正常。

第四节　液压系统的常见故障及其排除

液压系统在运行中难免发生各种故障,如压力不足、振动、"爬行"、温升过高、泄漏、运行参数不稳定等。一旦出现这些现象,液压传动系统就不能正常工作,就必须及时通过调整、修理或更换,以排除故障,进而恢复正常工作。

一、液压泵的故障及其排除

液压泵的作用是对液压系统提供稳定的压力和流量的液压油。液压泵的高压腔与吸液腔之间密封面间隙过大会使输出流量减少,输出压力达不到额定压力,输出功率不足,影响系统的压力、速度和功率。液压泵中的液压油内泄会使油温升高。液压泵外部密封不良也会引起液压油的泄漏,吸入空气,造成液压系统"爬行",产生噪声和振动。液压泵安装位置变动,会使轴承受力不均,机械磨损加剧,使油温升高。泵体内部润滑油阻尼孔阻塞可引起轴承润滑不良,导致油温升高。泵体内控制油路阻塞使反馈不灵,变量控制性能变坏。通过调整和修理可以排除上述故障。

二、液压缸的故障及其排除

液压缸的作用是输出稳定的速度和力或稳定的转速和转矩。液压缸内部配合间隙增大,密封件失效,可能引起内泄增加,油温升高,速度不稳,动力性能下降。液压缸外部密封不良可引起泄漏,吸入空气,引起"爬行"现象。活塞弯曲时,活塞和缸体由于相对运动而磨损;活塞外圆面上和液压缸孔径及长度方向上出现椭圆、腰鼓形、波折形时,活塞与活塞杆同轴度差,会引起机械"爬行"。缸体内部孔道阻塞可引起缓冲失灵,换向不准等现象。通过调整、修理可以排除上述故障。

三、液压控制元件的故障及其排除

液压控制元件虽然性能作用各有差异,但结构都很相似:多采用弹簧、阀芯平衡结构,弹簧力螺旋调节方式;阀口通断形式和阀芯、阀体密封形式类似;内泄油孔和阻尼、控制油孔尺寸都很小。这些阀的工作条件也基本大同小异:阀口处油液流速较高,会引起一定的振动和高温。起平衡作用的弹簧都是在振动和变载荷情况下工作,即使在正常条件下工作,也会引起调压螺旋位置变动、平衡弹簧断裂或歪斜。阀芯、阀口磨损或阀口腐蚀、积碳,导致阀的开、断状态变化,使密封性能下降,从而出现系统压力失调、流量失控、换向不灵、冲击、"爬行"、系统运动性能变差等控制失灵现象。在故障部位多伴有噪声、振动、卡滞等机械故障特征。采取措施进行调整、修理,就能排除上述故障,使其恢复正常工作。

四、辅助元件的故障及其排除

液压传动系统的辅助元件,如过滤器、密封件、管道、油箱等,经过长时间的正常运转后,也会发生阻塞、老化、磨损、腐蚀、积污等情况,也会导致液压系统工作不稳定、引起"爬行"、出现噪声等。在出现故障时,应首先列出检查的程序,然后按维护保养的要求进行清洗、更换、修理即可将排除上述故障,使其恢复正常工作。

五、液压传动系统的故障及其排除

液压传动系统是一个以压力油为工作介质的传动系统。组成液压传动系统的每一个元件的工况相互作用,互相影响。不同元件的失调或损坏可能都导致同一故障现象的出现。为了确定故障原因,必须仔细检查分析,然后做出判断和处理。液压系统故障判断及排除的原则:① 认定故障现象、部位,罗列可能造成故障的因素。② 检查与故障有关的各元件,顺着油路逐一顺序排除故障因素。

液压传动系统常见故障的原因分析及处理方法见表 27-1。

表 27-1　　　　　　　　液压传动系统常见故障的原因分析及处理方法

常见故障	故障原因	处理方法
系统压力失常、压力不足	液压泵进、出口装反或电动机反转	调换电动机接线,纠正液压泵进、出口方位
	电动机转速过低,功率不足;液压泵磨损,泄漏大	更换功率匹配的电动机;修换磨损严重的液压泵
	压力阀阀芯卡死或阻尼孔堵塞,或阀芯与阀体之间严重内泄	查明原因,修复或更换阀
	泵的吸油管较细,吸油管密封性差,油液黏度太高、过滤器堵塞产生吸空现象	适当加粗泵吸油管尺寸,加强吸油管路接头处的密封,使用黏度适当的油液,清洗过滤器等
欠速	液压泵损坏或严重磨损,轴向、径向间隙太大,造成输油量和压力过小	应检修或更换液压泵
	油箱中油液少,过滤器堵塞,油液黏度太大而使吸油不畅	添加液压油,清理过滤器,使用黏度适当的油液
	系统元件配合间隙大,内外泄漏太多	查明泄漏处进行修复
	压力控制阀、流量控制阀出现故障或被堵塞	找出原因,加以排除
	液压缸的装配精度和安装精度差,造成运动阻滞	提高液压缸的装配精度和安装精度

续表 27-1

常见故障	故障原因	处理方法
振动和噪声	液压泵吸空、液压泵磨损或损坏	检查吸油管浸油高度和油标高,修复或更换液压泵
	控制阀阻尼孔堵塞,调压弹簧变形或损坏,阀座损坏、密封不良或配合间隙过大	疏通阻尼孔,清理液压油,更换或更换新阀
	机械系统引起诸如管道碰撞、泵与电动机间的联轴器安装不同轴、电动机和其他零件平衡不良、齿轮精度低等	加固管道,保证泵与电动机安装的同轴度,检查和平衡不平衡零件,更换精度高的齿轮
	液压系统中油液的压力脉冲	采用消振器
爬行	空气混入液压系统,在压力油中形成气泡	对各种产生进气的原因逐一采取措施排除,防止空气再进入系统
	油液中有杂质,将小孔堵塞,滑阀卡死	清洗油路、油箱,更换液压油,并注意保持清洁,定期更换油液
	导轨精度差,润滑不良,压板、镶条调得过紧	修刮导轨,加强润滑,调整压板或镶条间隙
	液压元件故障造成爬行,如节流阀小流量时不稳定,液压缸内表面拉毛等	更换节流阀,检修液压缸来排除故障
	采用静压润滑导轨时,润滑油控制装置失灵,润滑油供应不稳定或中断	通过调整或修理控制装置,排除爬行故障
系统温升	连接、配合处泄漏,容积损耗大,使油温升高	查明泄漏处进行修复
	压力损耗大,压力能转换为热能,使油温升高,管路太长、弯曲过多、截面变化;管子中污物多而增加压力损失;油液黏度太大等	更换管道,清理或更换液压油,选择合适黏度的油液
	机械损失引起油温升高,如液压元件加工精度和装配质量差,安装精度差、润滑不良、密封过紧而使运动阻滞,磨损损耗大;油箱太小,散热条件差,冷却装置发生故障等	提高液压元件的加工精度和安装精度,加强润滑,增大散热面积等
冲击	由于液流方向的迅速改变,使液流速度急速改变,出现瞬时高压造成冲击	可在液压缸的入口及出口设置小型安全阀;在液压缸的行程终点采用减压阀;在液压缸端部设置缓冲装置等
	液压缸缸体配合间隙过大,或密封破损,工作压力调得过大	可重配活塞或更换活塞密封,并适当降低工作压力
泄漏	由于各液压元件的密封件损坏、油管破裂、配合件间隙增大、油压过高等原因,引起油液泄漏	找出原因,加以排除

第二十八章　矿井固定设备的日常维修及故障处理

第一节　矿井提升设备的日常检修及常见故障处理

一、提升机的日常检修

提升机的维护一般包括：日检、周检（半月检）、月检。

（1）日检：主要由运转人员和值班人员负责进行，以运转人员为主。检查运转情况，检查经常磨损和易于松动的外部件以及有可能出现问题的关键零件。必要时进行适当的调整、修理和更换，并作为交接班的主要内容。其具体检查内容有：运转过程中的声响、振动、温升及润滑是否正常；各部分的连接件（如螺钉、螺栓、销子、联轴器等）是否松动；减速器齿轮的啮合和卷筒机构是否正常；各部（如轴承、齿轮、离合器、转动部位等）润滑油量及温升情况；制动系统（如闸轮、联动机构、油压或风压系统、盘形闸的闸瓦和弹簧等）是否正常，闸瓦间隙是否合适；各转动部分转动情况；提人容器及附属机构的情况；断绳防坠器的安全可靠动作情况；提升钢丝绳的断丝、变形、伸长和润滑情况；设备及其周围的清洁卫生和工具备件保管情况。

（2）周检或半月检：应以专责维修人员和运转人员联合进行。其检查内容除日检外，还必须检查的内容有：检查制动系统的准确动作情况，及适当的调整间隙；详细检查各部连接零件，及适当的调整与紧固；检查机械与电气保护装置（如过卷、自动减速、限速、过负荷等）的动作可靠程度；检查钢丝绳在卷筒与提升容器两端的牢固固定情况以及钢丝绳除垢、涂抹新钢丝绳油等。

（3）月检：由机电科（队）组织专责维护人员和运转人员共同进行。其内容除执行周检的全部内容外，还包括：仔细检查齿轮的啮合及轮辐（辐条）是否发生裂纹情况；必要时更换各部分润滑油，清洗润滑系统的部件；检查轴瓦间隙和大轴有无窜动、振动；检查联轴器是否松动或磨损；调整保险制动系统和机械保护装置及制动系统的动作情况；检查井筒设备的罐道、井架和断绳防坠器用制动钢丝绳等；拆洗并修理制动系统机构，必要时更换闸木或闸瓦。

日检、周检或半月检、月检工作，主要是以机械设备的维护保养为主，同时为必要的调整和检修做好检查记录，为大、中、小定期检修创造条件。

二、提升机的常见故障及其处理

1. 主轴装置的机械故障及其处理

主轴装置机械故障的原因分析及处理方法见表28-1。

表 28-1　　　　　　　　　主轴装置机械故障的原因分析及处理方法

故障现象	故障原因	处理方法
主轴折断或弯曲	(1) 各支承轴的同心度和水平偏差过大,使轴局部受力过大,反复疲劳折断。 (2) 多次重负荷冲击。 (3) 加工质量不符合要求。 (4) 材料不佳或疲劳。 (5) 放置时间过久,由于自重而产生弯曲变形	(1) 调整同心度和水平度。 (2) 防止重负荷冲击。 (3) 保证加工质量。 (4) 改进材质,调质或更换合乎要求的材质。 (5) 经常进行转动调位,勿使一面受力过久
滚筒产生异响	(1) 连接件松动或断裂产生相对位移和振动。 (2) 滚筒筒壳产生裂纹。 (3) 焊接滚筒出现开焊。 (4) 筒壳强度不够、变形。 (5) 游动滚筒衬套与主轴间隙过大。 (6) 切向键松动	(1) 进行紧固或更换。 (2) 进行补焊处理。 (3) 进行补焊处理。 (4) 用型钢作为支撑筋进行强度增补。 (5) 更换衬套,适当加油。 (6) 背紧键或更换键
滚筒壳发生裂纹	(1) 局部受力过大,连接件松动或断裂。 (2) 设计计算误差太大,筒壳钢板太薄。 (3) 木衬磨损或断裂	(1) 在筒壳内部加立筋或支环,拧紧螺丝。 (2) 按精确计算的结果,更换筒壳。 (3) 更换木衬
滚筒轮毂或内支轮松动	(1) 连接螺栓松动或断裂。 (2) 加工和装配质量不合要求	(1) 紧固或更换连接螺栓。 (2) 检修和重新装配
轴承发热、烧坏	(1) 缺润滑油或油路阻塞。 (2) 油质不良。 (3) 间隙小或瓦口垫磨轴。 (4) 与轴颈接触面积不够。 (5) 油环卡塞	(1) 补充润滑油量、疏通油路。 (2) 清洗过滤器或换油。 (3) 调整间隙及瓦口垫。 (4) 刮瓦研磨。 (5) 维修油环
游动卷筒铜套紧固螺栓易剪断	铜套与主轴配合轴颈处缺乏润滑油	清洗注油管道和轮毂储油槽,改用稀油润滑
多绳摩擦提升机摩擦轮上衬垫磨损较快	(1) 钢丝绳与衬垫之间周期性蠕动所致或加减速时绳与衬垫滑动所致。 (2) 车槽精度不能保证而导致磨损加快。 (3) 钢丝绳张紧力不平衡而导致某圈衬垫磨损加快	(1) 提高衬垫摩擦系数。 (2) 及时车槽予以校正。 (3) 及时测定绳的张力并进行调整,及时车槽修正
制动盘偏摆超差	(1) 主轴装置安装时中心歪斜。 (2) 使用中主轴承轴瓦磨损下沉,使主轴中心歪斜。 (3) 使用不当,常在闸下放重物,致使制动盘发热变形。 (4) 游动卷筒铜瓦磨损间隙偏大致使游动卷筒中心歪斜	(1) 调整主轴装置中心。 (2) 重新刮瓦。 (3) 增设电气动力制动。 (4) 更换铜瓦

2. 调绳离合器的机械故障及其处理

调绳离合器机械故障的原因分析及处理方法见表28-2。

表 28-2   **调绳离合器机械故障的原因分析及处理方法**

故障现象	故障原因	处理方法
离合器发热	离合器沟槽口被脏物或金属碎屑污染	用煤油清洗、擦拭,加强润滑。
离合器液压缸(气缸)内有敲击声	(1) 活塞安装不正确。 (2) 活塞与缸盖的间隙太小。	(1) 进行检查,重新安装。 (2) 调整间隙,使之不小于2～3 mm

3. 减速器的机械故障及其处理

减速器机械故障的原因分析及处理方法见表28-3。

表 28-3   **减速器机械故障的原因分析及处理方法**

故障现象	故障原因	处理方法
减速器声音不正常或振动过大	(1) 齿轮装配啮合间隙不合适。 (2) 齿轮加工精度不够或齿形不对。 (3) 轴向窜量过大。 (4) 各轴水平度及平行度偏差太大。 (5) 轴瓦间隙过大。 (6) 齿轮磨损过大。 (7) 键松动。 (8) 地脚螺栓松动。 (9) 润滑不良	(1) 调整齿轮间隙。 (2) 对相应齿轮进行修理或更换。 (3) 调整窜量。 (4) 调整各轴的水平度或平行度。 (5) 调整轴瓦间隙或更换轴瓦。 (6) 修理或更换相应齿轮。 (7) 背紧键或更换键。 (8) 紧固地脚螺栓。 (9) 加强润滑
齿轮严重磨损,齿面出现点蚀现象	(1) 装配不当、啮合不好、齿面接触不良。 (2) 加工精度不符合要求。 (3) 负荷过大。 (4) 材质不佳,齿面硬度差、偏小,跑合性和抗疲劳性能差。 (5) 润滑不良或润滑油选择不当	(1) 调整装配。 (2) 进行处理。 (3) 调整负荷。 (4) 更换或改进材质。 (5) 加强润滑或更换润滑油
齿轮打牙断齿	(1) 齿间掉入金属物体。 (2) 重载负荷突然或反复冲击。 (3) 材质不佳或疲劳	(1) 清除异物。 (2) 采取措施,杜绝反常的重载荷的冲击载荷。 (3) 改进材质,更换齿轮
传动轴弯曲或折断	(1) 齿间掉入金属异物,轴受弯曲产生的弯曲应力过大。 (2) 断齿进入另一齿轮齿间空隙,使两齿轮齿顶相互顶撞。 (3) 材质不佳或疲劳。 (4) 加工质量不符合要求,产生大的应力集中	(1) 检查取出异物,并杜绝异物掉入。 (2) 经常检查,发现断齿或出现异响即停机处理。 (3) 改进或更换材质。 (4) 改进加工方法,保证加工质量

续表 28-3

故障现象	故障原因	处理方法
减速器漏油	(1) 减速器上下壳之间的对口微观不平度较大,接触不严密、有间隙,对口螺栓少或直径小。 (2) 轴承的减速器体内回油勾不通,有堵塞现象,造成减速器轴端漏油。 (3) 供油指示器漏油。 (4) 轴承螺栓孔漏油	(1) 在凹形槽内加装耐油橡胶绳和石棉绳,在对口平面处用石棉粉和酚醛清漆混合涂料加以涂抹;或者对口采用耐油橡胶垫,石棉绳掺肥皂膏封堵,对口螺栓直径加粗或螺栓加密。 (2) 疏通回油沟,在端盖的密封槽内加装"Y"形弹簧胶圈或"O"形胶圈。 (3) 更换供油指示器,适当调节供油量,管和接头配合更严密,用石棉绳涂铅油拧紧。 (4) 在轴承对口靠瓦口部分垫以耐油橡胶或肥皂片;在螺栓孔内垫以胶圈,拧紧对口螺栓

4. 联轴器的机械故障及其处理

联轴器机械故障的原因分析及处理方法见表 28-4。

表 28-4　　　　联轴器机械故障的原因分析及处理方法

故障现象	故障原因	处理方法
齿轮联轴器连接螺栓切断	(1) 同心度及水平度偏差超限。 (2) 螺栓材质较差。 (3) 螺栓直径较细,强度不够	(1) 调整找正。 (2) 更换螺栓。 (3) 更换螺栓
齿轮联轴器齿轮磨损严重或折断	(1) 油量不足,润滑不好。 (2) 同心度及水平度偏差超限。 (3) 齿轮间隙超限	(1) 定期加润滑剂,防止漏油。 (2) 调整找正。 (3) 调整间隙
蛇形弹簧联轴器的蛇形弹簧或螺栓折断	(1) 端面间隙大。 (2) 两轴倾斜度误差太大。 (3) 润滑脂不足。 (4) 弹簧和螺栓材质差	(1) 调整间隙。 (2) 调整倾斜度。 (3) 补充润滑脂。 (4) 更换弹簧或螺栓

5. 制动装置的机械故障及其处理

制动装置机械故障的原因分析及处理方法见表 28-5。

表 28-5　　　　　　　　　制动装置机械故障的原因分析及处理方法

故障现象	故障原因	处理方法
制动器和制动手把跳动或偏摆，制动不灵和丧失制动力矩	(1) 闸座销轴及各铰接轴松旷、锈蚀、黏滞。 (2) 传动杠杆有卡塞的地方。 (3) 三通阀活塞的位置调节不适当。 (4) 三通阀活塞和缸体内径磨损间隙超限，使压力油和回油串通。 (5) 制动器安装不正。 (6) 压力油脏或黏度过大，油路阻塞	(1) 更换销轴，定期加润滑剂。 (2) 处理和调整。 (3) 更换三通阀。 (4) 更换三通阀。 (5) 重新调整找正。 (6) 清洗换油，疏通油路
制动闸瓦闸轮过热或烧伤	(1) 用闸过多、过猛。 (2) 闸瓦螺栓松动或闸瓦磨损过度，螺栓触及闸轮。 (3) 闸瓦接触面积小于60%	(1) 改进操作方法。 (2) 更换闸瓦，紧固螺栓。 (3) 调整闸瓦的接触面
制动液压缸活塞卡缸	(1) 活塞皮碗老化变硬卡缸。 (2) 压力油脏，过滤器失效。 (3) 活塞皮碗在液压缸中太紧。 (4) 活塞面的压环螺钉松动脱落。 (5) 制动液压缸磨损不均	(1) 更换皮碗。 (2) 清洗、换油。 (3) 调整、检修。 (4) 修理、更换。 (5) 修理或更换液压缸
制动液压缸顶缸	工作行程不当	调整工作行程
蓄压器活塞上升不稳或太慢	(1) 密封皮碗压得过紧。 (2) 油量不足	(1) 调整密封皮碗，以不漏油为宜。 (2) 加油
蓄压器活塞明显自动下降或下降过快	(1) 管路接头及油路漏油。 (2) 密封不好。 (3) 安全阀过油现象或放油阀有漏油现象	(1) 检查管路，处理漏油。 (2) 更换密封圈。 (3) 调整安全阀弹簧的顶丝，或更换放油闸阀
盘形闸闸瓦断裂、制动盘磨损	(1) 闸瓦材质不好。 (2) 闸瓦接触面不平，有杂物	(1) 更换质量好的闸瓦。 (2) 调整、处理接触面，使之有良好的接触面
制动缸漏油	密封圈磨损或破裂	更换密封圈

6. 液压制动系统的机械故障及其处理

液压制动系统机械故障的原因分析及处理方法见表 28-6。

表 28-6　　　　　　液压制动系统机械故障的原因分析及处理方法

故障现象	故障原因	处理方法
油泵启动以后，主油路压力建立不起或达不到所需油压	(1) 油泵旋转方向反了。 (2) 比例溢流阀内有脏物。 (3) 遥控溢流阀内有脏物。 (4) 泵装置上的管路没连接好或密封损坏。 (5) 油泵出现故障	(1) 纠正泵的旋转方向。 (2) 清洗比例溢流阀。 (3) 清洗遥控溢流阀。 (4) 更换密封件，重新连接好管路。 (5) 排除油泵故障
二级制动油压值保压不好	(1) 溢流阀(二级制动相关)内有脏物，使阀芯关闭不严。 (2) 单向节流截止阀 11 开口太大或太小，蓄能器起不到补油作用。 (3) 蓄能器充气压不够或漏气。	(1) 清洗溢流阀。 (2) 调节节流阀。 (3) 充气或检修蓄能器
阀与油路块之间有渗漏	液压阀底板上的 O 形圈损坏	取下漏油的阀，更换已损坏的 O 形圈

7. 深度指示器的机械故障及其处理

深度指示器机械故障的原因分析及处理方法见表 28-7。

表 28-7　　　　　　深度指示器机械故障的原因分析及处理方法

故障现象	故障原因	处理方法
牌坊式深度指示器的丝杆晃动、指示失灵	(1) 上、下轴承不同心或传动轴轴调整得不合适，轴窜量大。 (2) 丝杆弯曲。 (3) 丝杆螺母丝口磨损严重。 (4) 传动伞齿轮脱键。 (5) 多绳摩擦式提升机的电磁离合器有黏滞现象，不调零。	(1) 调整或更换。 (2) 调直或更换丝杆。 (3) 更换丝杆螺母。 (4) 修理背紧键。 (5) 检修调整
圆盘式深度指示器精针盘运转出现跳动现象，或者传动精度有误差	(1) 传动轴心线歪斜和不同心。 (2) 传动齿轮变形或磨损	(1) 加套处理调整。 (2) 更换传动齿轮

第二节　矿井通风设备的日常检修及常见故障处理

一、通风机的日常维护

(1) 只有在设备完全正常的情况下方可运转。

(2) 除定期检查与修理必须停机外，平时也可以运转时的外部检查，检查机体各部是否有漏风和剧烈的振动。

(3) 机壳内部及工作轮上的尘土在每次倒换风机前应清扫一次，以防锈蚀。对轴流式通风机，为防止叶片支持螺杆锈蚀，在螺帽四周应涂石墨油脂。

(4) 检查机壳内部时要注意机壳内是否有掉入的或遗留的工具和杂物。

(5) 滑动轴承温度不应超过 70 ℃,滚动轴承温度不应超过 80 ℃。对轴流式通风机要注意乙醚导管遥测温度计是否失灵,有无折损。

(6) 每隔 10～20 min 检查电动机和通风机轴承温度;查看 U 形差压计、电流表等读数。

(7) 按规定时间检查风门及其传动装置是否灵活。

(8) 露在外面的机械部分和电气裸露部分必须加护罩或遮拦。

(9) 备用通风机和电动机,须经常处于良好状态,保证能迅速启动。

二、通风机的检查及主要部件的修理

1. 通风机的日常检查

为使通风机连续安全运转,不仅要正确地进行维护,而且要仔细检查和适当的修理被磨损的零件。其日常检查内容如下:

(1) 仔细检查通风机外壳的焊缝,特别是轴承支座及工作轮上的焊缝。

(2) 检查传动轴及转子轴有无摆动,并检查它们的轴线是否重合。

(3) 检查工作轮径向及轴向摆动。

(4) 检查工作轮等机械零件有无裂纹、折断及中空之处。

(5) 检查各机壳连接螺栓是否松动,机壳结合部分之间的石棉绳是否脱落。

(6) 取下轮叶进行检查时,不可将轮叶移置新位置,支杆上的螺纹要用石墨润滑剂润滑。

2. 通风机主要部件的修理

坏的工作轮轮叶(叶片有裂纹、凹陷变形及腐蚀严重、叶柄弯曲或叶柄上螺纹损坏等)。用风机制造厂的轮叶更换,在特殊情况下可在修理厂按照制造厂的图纸要求制造轮叶。在制造和修理轮叶时,为保证通风机特殊要求,必须用样板检查截面外形的正确性,其修理方法可采用焊接。

离心式通风机常见主要出现的问题是工作轮叶片及轮毂加强筋或拉杆开焊,开焊后采用电焊或气焊焊补。

三、通风机的常见故障及其处理

通风机常见故障的原因分析及处理方法见表 28-8。

表 28-8　　　　　　　　通风机常见故障的原因分析及处理方法

故障现象	故障原因	处理方法
通风机与电机发生一致的振动,振动频率与转速符合	(1) 叶轮重量不对称。一侧部分叶轮腐蚀或严重磨损,叶轮上有附着物。 (2) 平衡块重量与位置不对,检修后未找平衡。 (3) 叶轮焊接不严密,叶片中积水	(1) 更换损坏的叶轮或更换叶轮并找平衡,清扫叶轮上的附着物。 (2) 重新找平衡,并固定好平衡块。 (3) 先打小孔,将积水放掉,然后进行补焊

续表 28-8

故障现象	故障原因	处理方法
通风机与电动机发生程度不一样的振动,空载时轻,重载时大	(1) 联轴器安装不正。 (2) 通风机的机轴和传动轴、电动机轴不同心。 (3) 胶带轮安装不正,两胶带轮轴不平行。 (4) 基础下沉。 (5) 轴流式通风机的传动轴弯曲	(1) 进行调整或重新安装。 (2) 进行调整、重新找正。 (3) 进行调整、重新找正。 (4) 进行修补加固。 (5) 调正矫直
发生不规则的振动,且集中于某一部分,噪音与转速相符,在启动或停机时可以听到金属弦声	(1) 叶轮歪斜与机壳内壁相碰,或机壳刚度不够,产生左右摇晃。 (2) 叶轮歪斜,与进风口相碰	(1) 修理叶轮和止推轴承。 (2) 修理叶轮和进风口
轴承温升超过正常情况,用手摸时烫手	(1) 轴承箱剧烈振动。 (2) 润滑脂不良,或充填过多。 (3) 轴承盖与座的连接螺栓过紧或过松。 (4) 机轴与滚动轴承安装歪斜,前后两轴承不同心。 (5) 滚动轴承损坏	(1) 查明原因,进行调整。 (2) 更换或去掉一些润滑脂,滚动轴承的注油量应为其容油量的 2/3。 (3) 调节螺栓的紧固力。 (4) 重新安装、调整找正。 (5) 进行更换
电动机电流过大或温度过高	(1) 由于离心式通风机短路吸风现象造成风量过大。 (2) 电压过低或单相运转。 (3) 联轴器连接不正,皮圈过紧或间隙不匀	(1) 消除短路吸风现象。 (2) 检查电压或更换保险。 (3) 进行调整

第三节　矿井排水设备的日常检修及常见故障处理

一、水泵的日常检修

水泵的日常修理工作分为大修、中修及小修。

1. 小修

小修内容主要包括：

(1) 清洗调整轴承或更换联轴器螺栓、胶垫并调整轴承间隙。

(2) 调整平衡盘尾部垫片;更换平衡盘。

(3) 调整各部螺栓和键等。

(4) 检查处理漏气部分,更换盘根,调整仪表更换润滑油等。

2. 中修

中修内容包括小修的全部工作外,还包括：

(1) 分解检查、更换叶轮口环、中段轴承(小口环)。

(2) 修理叶轮与口环磨损部分,必要时更换叶轮。
(3) 更换平衡盘。
(4) 检修更换轴承。
(5) 检修或更换各阀门和部分管道。
(6) 调整闸阀或逆止阀的衬垫及修理阀板。
(7) 检查轴和机座。

3. 大修

大修除包括中修的全部工作外,还包括:
(1) 全部分解、检查、清洗、更换全部磨损或腐蚀的机件。
(2) 调整轴座或找正联轴节。
(3) 校正大轴或更换轴承等。

大修时需要更换的零件有很多,一般不应使用未经修复的磨损零件。大修后要进行水压试验和技术测定,各种检修都要按周期表进行,做好检修记录,并摘要记入设备履历簿中。

二、离心式水泵的常见故障及其处理

离心式水泵常见故障的原因分析及处理方法见表28-9。

表28-9　　　　　　离心式水泵常见故障的原因分析及处理方法

故障现象	故障原因	处理方法
水泵不出水	(1) 未灌满水货底阀泄漏。 (2) 吸水管、吸水侧填料箱或真空表连接处漏气。 (3) 底阀未开或滤水器堵塞。 (4) 水泵转速不够。 (5) 水泵转向不对。 (6) 吸水高度过大	(1) 重新灌满水,清除泄漏。 (2) 处理漏气处,重新安装真空表。 (3) 检查底阀,清理滤水器。 (4) 检查电源电压。 (5) 重新接线。 (6) 降低吸水高度,使吸水高度降到允许值
水泵启动后,只出一股水就不上水了	(1) 吸入的水中有过多的气泡。 (2) 吸水管中存有空气。 (3) 吸水管或吸水侧填料不严密。 (4) 底阀有杂物堵塞	(1) 检查滤水器是否浸入水下0.5 m。 (2) 排除空气。 (3) 处理漏气、拧紧连接螺栓或填料压盖。 (4) 清除杂物
水泵排水量不足,排水压力降低	(1) 转速不足。 (2) 吸水管漏气或滤水器堵塞。 (3) 填料箱漏气或水封管堵塞。 (4) 叶轮堵塞或损伤。 (5) 叶轮与导叶中心未对正。 (6) 密封环磨损太大,泵内水泄漏过多	(1) 调整电压。 (2) 清除漏气,清洗滤水器。 (3) 更换填料,疏通水封管。 (4) 清洗更换叶轮。 (5) 重新调整叶轮与导叶。 (6) 更换

续表 28-9

故障现象	故障原因	处理方法
启动负荷过大	(1) 填料压得太紧。 (2) 叶轮、平衡盘安装不正,转动部分与固定部分有摩擦或卡碰现象。 (3) 排水闸门未关闭。 (4) 平衡盘导水管堵塞	(1) 放松填料压盖。 (2) 检查并重新调整有关部件。 (3) 关闭闸门。 (4) 疏通导水管
运转中消耗功率过大	(1) 轴承磨损或损坏。 (2) 填料压得过紧或填料箱内不进水。 (3) 泵轴弯曲或轴心没对正。 (4) 叶轮与泵壳或叶轮与密封环发生摩擦。 (5) 排水管路破裂,排水量增加	(1) 更换轴承。 (2) 放松填料压盖或疏通水封管。 (3) 校直或调正泵轴。 (4) 调整、修理或更换叶轮或泵壳叶密封环。 (5) 检修排水管路
轴承过热	(1) 油质不良或油量不足。 (2) 用润滑脂时,油量过多。 (3) 轴承过度磨损,轴瓦装得过紧。 (4) 泵轴弯曲或联轴器不正。 (5) 平衡失去作用	(1) 换油加油。 (2) 重新装配。 (3) 修理或调整轴承和轴瓦。 (4) 校直泵轴,调正联轴器。 (5) 检查导水管是否堵塞,平衡盘与平衡环是否磨损,并进行疏通更换
泵壳局部发热	(1) 水泵在闸门关闭的情况下,开动时间较长。 (2) 平衡盘导水管堵塞	(1) 水泵启动后及时打开闸门。 (2) 清理导水管
填料箱发热	(1) 填料压得过紧。 (2) 填料失水。 (3) 填料压得倾斜。 (4) 轴套表面有损伤	(1) 放松填料。 (2) 检查填料环是否装正,水封管有无堵塞。 (3) 调正填料。 (4) 修理、更换轴套
水泵振动	(1) 基础螺钉松动。 (2) 电动机与水泵中心不正。 (3) 泵轴弯曲。 (4) 轴承磨损过大。 (5) 转动部分有摩擦现象。 (6) 水泵转子与电动机转子不平衡	(1) 拧紧螺钉。 (2) 重新找正电动机和水泵中心。 (3) 校直或更换泵轴。 (4) 修理或更换轴承。 (5) 查出原因,消除碰撞。 (6) 检查、修理水泵及电动机转子
水泵有噪音,排水量压头猛增或供水中断	(1) 流量过大。 (2) 吸水管阻力过大。 (3) 吸水高度太大。 (4) 水温过高	(1) 适当关闭闸门。 (2) 检查吸水管底阀。 (3) 降低吸水高度。 (4) 降低水温

第四节　矿井压风设备的日常检修及常见故障处理

一、螺杆式空气压缩机的日常检修

螺杆式空气压缩机维修与保养分为日检、月检、季检和年检。

1. 日检

螺杆式空气压缩机日检内容包括：
(1) 检查压缩机润滑油油位，油量不足及时加油。
(2) 检查各仪表读数是否在规定范围之内。
(3) 检查真空指示器指示灯是否亮。
(4) 检查油分离芯前后压差情况。
(5) 检查各操作开关的工作情况。
(6) 检查机组有无异常声响及泄漏。
(7) 清洁冷却器外表面、风扇叶片和机组周围灰尘。

2. 月检

螺杆式空气压缩机月检内容包括：
(1) 取样观察润滑油是否变质。
(2) 清洁机组外表面。
(3) 检查排气温度开关是否失灵。

3. 季检

螺杆式空气压缩机季检内容包括：
(1) 清洗放气消音器。
(2) 加注润滑脂于电机前后轴承上。
(3) 检查所有软管有无破裂和老化迹象，根据情况更换软管。
(4) 检查电器元件，清洁电控箱内的灰尘。

4. 年检

螺杆式空气压缩机年检内容包括：清洗电机前后轴承并重新加注润滑脂。

二、螺杆式空气压缩机的常见故障及其处理

螺杆式空气压缩机常见故障的原因分析及处理方法见表 28-10。

表 28-10　　　　螺杆式空气压缩机常见故障的原因分析及处理方法

故障特征	故障原因	处理方法
空气压缩机不能启动	(1) 没有控制电压。 (2) 启动器坏。 (3) 紧急停车。 (4) 主电机过载或风扇电机过载	(1) 检查保险丝、变压器、导线接头。 (2) 检查接触器。 (3) 将紧急停车钮旋到断开位置。 (4) 手动将过载继电器复位

续表 28-10

故障特征	故障原因	处理方法
空气压缩机停机	(1) 主机排气温度高。 (2) 主电机或风扇电机过载。 (3) 启动器坏	(1) 确保冷却风扇正常工作;检查油位,必要时加油;使冷却器芯保持干净,必要时清洗;检查放气阀或最小压力阀是否受阻或无动作。 (2) 检查导线是否松动;检查供给电压。 (3) 更换启动器
系统压力低	(1) 空气压缩机"卸载"运行。 (2) 压力开关起跳压力设定值过低。 (3) 空滤器芯脏。 (4) 漏气。 (5) 水分离器自动排水阀打开后卡死。 (6) 排水电磁阀坏。 (7) 进气蝶阀未开足。 (8) 系统用气量超过空气压缩机输出	(1) 将"卸载/加载"手操作阀置于"加载"位置。 (2) 重新调整设定值。 (3) 保养或更换滤芯。 (4) 检修空气系统管道。 (5) 检修、复位。 (6) 更换。 (7) 检修并检查控制系统状况。 (8) 安装大一点规格的空气压缩机或加装一台空气压缩机
冷却油油耗大或空气系统含油量高	(1) 冷却油油位太高。 (2) 油分离器芯堵塞。 (3) 油分离器芯漏。 (4) 二次回油小孔/滤网堵。 (5) 空气压缩机工作压力低(小于 5 bar)。 (6) 冷却油系统漏油	(1) 检查油位,必要时将油位放低。 (2) 检查油分离器芯压降,必要时更换。 (3) 更换。 (4) 拆下清洗。 (5) 以额定工作压力运行;减小系统负荷。 (6) 捉漏
空气系统含水	(1) 水分离器坏/冷凝水排放装置坏。 (2) 冷凝水排放管路堵塞。 (3) 后冷却器脏。 (4) 冷凝水排放管道安装不当。 (5) 系统未安装冷冻式或再生式干燥器	(1) 检查,必要时清洗,如两者皆坏,更换。 (2) 检查、清洗。 (3) 检查、清洗。 (4) 冷凝水排放管道应有向下倾斜度,以利排放。 (5) 与生产厂家联系
噪声过大	(1) 空气压缩机故障(轴承坏或转子相碰)。 (2) 部件松动	(1) 停机,立即与生产厂家或维修中心联系。 (2) 检查、紧固
振动大	(1) 部件松动。 (2) 电机或主机轴承坏。 (3) 外部来源	(1) 检查、紧固。 (2) 停机,立即与生产厂家联系。 (3) 检查本区域其他设备
安全阀起跳	(1) 空气压缩机运行压力过高。 (2) 安全阀坏。 (3) 全载状态下突然关闭排气球阀	(1) 调节压力开关设定值。 (2) 更换。 (3) 全载状态下不得突然关闭排气球阀

第二十九章 矿井系统设备的拆装、修理与调试

第一节 矿井提升设备的拆装、修理与调试

一、JK型单绳缠绕式矿井提升机的装配、修理与调试

（一）单绳缠绕式提升机安装前的工作

单绳缠绕式提升机安装前，必须具备以下条件：

(1) 建成符合由土建设计单位提供的提升机安装基础图要求的安装基础；
(2) 准备安装必需的起吊、运输设备；
(3) 必需的安装工具和测量仪器、量具；
(4) 必要的电源设备和通信设备；
(5) 必需的消耗材料和足够人员。

（二）单绳缠绕式提升机的安装要求

1. 主轴装置（包括轴承梁）

(1) 主轴装置安装到位时，对安装基准线的位置偏差应符合下列要求：

① 主轴轴心线在水平面内的位移偏差不大于 $L/2\,000$（L 为主轴轴心线与井的距离）。
② 主轴轴心线标高偏差不应超过 ±50 mm。
③ 提升中心线的位置偏差不应超过 5 mm。
④ 主轴轴心线与提升中心线的垂直度不应超过 $±0.15/1\,000$。

(2) 轴承梁和轴承座之间不得加任何垫片，以确保接触良好。
(3) 主轴装上卷筒后的水平度不应超过 $0.1/1\,000$，联轴节端宜偏低。
(4) 卷筒的出绳孔不应有棱角和毛刺。
(5) 游动卷筒组装合格后，在离合器脱开的位置时，应转动灵活，无阻滞现象。
(6) 制动盘安装后，表面粗糙度应符合《矿山提升系统安全技术检验规范》中有关规定。
(7) 组装卷筒时，两半卷筒的结合面的连接螺栓应均匀拧紧。
(8) 固定卷筒两个支轮与卷筒结合的摩擦面在现场安装前必须特别注意清理飞边毛刺，并清洗干净，达到用肉眼观察表面安全无油污、划痕、异物污染，并用随机专配的扭矩扳手按图纸规定的拧紧力矩拧紧；在紧固前，应先将固定卷筒内制造厂加工时所带的 6～8 个工艺槽钢割下，以保证结合面的摩擦力。
(9) 制动盘与卷筒的结合面在现场安装前也必须特别注意清理飞边毛刺，并清洗干净，达到用肉眼观察表面完全无油污、划痕、异物污染，并用随机专配的扭力扳手按图纸规定的拧紧力矩拧紧。

(10) 高强度螺栓安装时,应自由插入螺栓孔中,不允许锤打,并应成套使用,每一连接副包括一个螺栓、一个螺母、两个垫圈,不允许增减垫圈数量,更不允许把垫圈方向装反。

(11) 卷筒上安装木衬时,应符合下列要求:

① 应选用经过干燥的硬木。

② 衬木与卷筒间应接触紧密,并不应加垫,固定衬木的螺栓孔要用圈形木塞堵住并黏结牢固。

③ 绳槽深度应为钢丝绳直径的 25%～30%,相邻两绳槽的中心距应比钢丝绳直径大 2～3 mm。

④ 切割绳槽时,不应有锥度和凹凸不平,两卷筒缠绕直径差不得大于 2 mm。

2. 盘形制动器装置

盘形制动器安装示意图如图 29-1 所示。

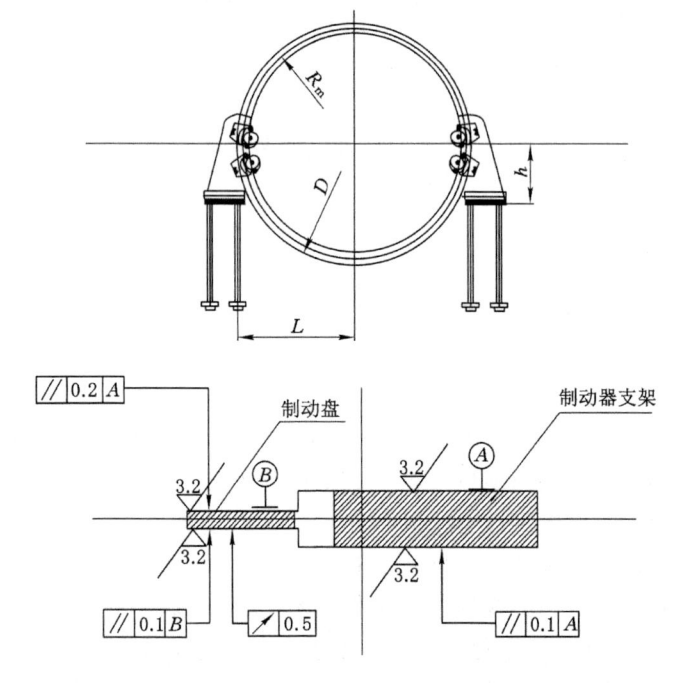

图 29-1 盘型制动器安装示意图

(1) 中心高 h 的极限偏差不大于 3 mm。

(2) 支架相对于制动盘的两侧面的距离 H 应相等,最大偏差不得大于的 0.5 mm。

(3) 支架两侧面与制动盘两侧面应平行,平行度允许差为 0.2 mm。

(4) 制动盘工作面粗糙度不大于 3.2 μm,其端面全跳动满足设计图纸要求。

(5) 在闸瓦与制动盘全接触时,实际的摩擦半径不得小于设计摩擦半径(理论值)R_m。

(6) 闸瓦安装时如果与制动盘接触不能达到要求,允许以闸瓦端面为基准刨削闸瓦。

(7) 安装后应仔细清洗制动盘,不得残留有油污、水珠和防锈剂等,否则将会影响制动力。

(8) 同一副制动器的两闸瓦与制动盘的间隙一致,其偏差不应大于 0.1 mm。

(9) 安装盘形制动器装置时,制动器限位开关暂不安装,待盘形制动器闸瓦间隙调整正确后，液压站、操作台和电控联合调试前，安装并进行调整。

3. 润滑站

润滑站应符合下列要求：润滑站副油箱的进油口应低于或等于减速器的最低油面，以便回油畅通。

4. 液压站

液压站的安装应符合以下要求：

（1）安装时油泵、阀门、油箱、管接头等必须用煤油清洗干净。油管（包括通往盘形制动器和调绳离合器的油管）用20％的盐酸溶液进行酸洗，接着用20％的氢氧化钠溶液清洗，最后用清水反复冲洗三遍，干燥后表面涂油。

（2）液压站使用规定的液压油，所用油品详见单独液压站安装使用说明书。

5. 联轴器

联轴器的安装应符合下列要求：

（1）齿轮联轴器两轴心线的径向位移量不大于0.15 mm，倾斜度不大于0.6/1 000。

（2）齿轮联轴器的内、外齿的啮合应在油浴中工作，不得有漏油现象。润滑油采用规定的HL20、HL30或ZL-4。

（3）弹性棒销联轴器的两轴心线的径向位移量不大于0.2 mm，倾斜度不大于0°20″。

6. 主电机

主电机的安装应符合下列要求：

（1）主电机的基础按主电机的尺寸进行施工，安装用的底座、地脚螺栓等由用户自备，具体按照技术标准执行。

（2）主电机轴上装的半联轴器，在安装时由用户按主电机轴头尺寸扩孔和加工键槽，孔按H7公差配合加工，扩孔加工时，应以半联轴器外圆找正，其同心度允差为外圆直径公差之半，孔中心对端面的垂直度允差为0.1 mm。

（三）单绳缠绕式提升机的调试

1. 减速器的调试

减速器在出厂前已经完成跑合。现场安装到位后必须严格按照减速器使用说明部分的要求进行负荷试车。负荷试车能在一定程度上纠正制造和安装误差，提高齿轮的齿面接触精度，有利于提高齿轮的疲劳强度，对提高设备使用寿命有很大的作用。减速器的试运转可安排在与提升机的负荷试车同时进行。严禁减速器不经负荷试车就直接全负荷运转。

2. 盘形制动器的调试

（1）放气

安装好盘形制动器装置和连接好管路或维修后，新充油时都要放出系统中的空气，否则会影响制动器的动作时间。放气时，取下测压排气装置微型接头的保护罩，用铁丝压微型接头里的球阀，液压系统以0.5 MPa的油压给油，空气即可排出，直到冒油无气泡时放气结束，拧上防护罩即可。

（2）调整闸瓦间隙

盘形制动器新安装和使用中闸瓦磨损后都要调整闸瓦间隙。其调整方法为：先将制动器限位开关中的调整螺钉取下，将制动器油压升高到最大规定值，即松闸油压，旋出固定调节螺母的紧定螺钉,用扳手旋转调整螺母,使闸瓦逐步靠近闸盘,使之间隙为 0.5 mm,再反向旋转调整螺母,使闸瓦间隙达到 1 mm 即可,并反复动作几次,无误后,将调整螺母锁定住。

(3) 制动器限位开关的调整

盘形制动器闸瓦间隙调整好后,安装并调整制动器限位开关。

3. 液压站、操纵台和电控的联合调试

液压站、操纵台和电控的联合调试应达到以下要求:

(1) 启动液压站上油泵电机,制动手把在全制动位置时,操纵台上的毫安表指示应在零位,液压站上压力表压力应小于等于 0.5 MPa。

(2) 制动手把在全松闸位置时,液压站压力表的指示值应为系统调定的最大工作油压 P_x,此时操作台上毫安表的指示值应为 I_{max}。

(3) 制动手把在中间位置时,操纵台上的毫安表的指示值应为 $I_{max}/2$,液压站上的压力表指示值应为 $P_x/2$。

(4) 进行制动特性曲线的调整。所谓制动特性曲线是指系统制动油压与液压站上的比例溢流阀调定压力与电流之间的函数关系。它们应近似为线性关系。其检验方法是将制动手把从全制动位置到全松闸位置全行程上分为若干级(一般分为 15 级),制动手把的移动次序是全制动位置→全松闸位置。制动手把每移动一级,记录制动油压和制动电流数值。上述过程重复三次,将记录的数值绘成曲线,此曲线即为制动系统的制动特性曲线。在工作区段,它们应基本呈直线。如不能符合要求,或出现较大的空行程,则应对相应的电控元件进行调整。

4. 深度指示器的调整

(1) 牌坊式深度指示器传动装置的传动轴的调整以能使齿轮正确啮合,转动灵活,不得出现卡阻为原则。

(2) 牌坊式深度指示器的指针行程应大于标尺全行程的 2/3,并不得与标尺相碰。

5. 润滑系统的调整

在润滑油箱中加入足量的润滑油,并应使用符合行星减速器使用说明部分所规定的润滑油牌号。开启润滑油泵,以 0.1~0.14 MPa 的压力全管路内反复循环冲洗,直到润滑油中无铁屑等杂物,最后方可与行星减速器的进出油管连接。

(四) 单绳缠绕式提升机的空运转试验

在提升机的各部件调试(包括机械联调和机电联调)结束后,在进行负荷试车前,必须进行空运转,以检验整个系统的性能是否正常,这是提升机调试的关键一步。所谓空运转是指提升机运转时卷筒上不缠绕钢丝绳,也不悬挂容器。

单绳缠绕式提升机的空运转试车前,应检查相关润滑点是否足量注入图纸规定的润滑油;所有铰接处及有相对运动的地方是否涂抹润滑脂,如调绳离合器的销轴牌坊式深度指示器铰接处、操纵台的链轮、监控器的摇臂和支架间等是否涂油。润滑点见表 29-1。

为避免牌坊式深度指示器上的过卷开关、减速开关、限速自整角机的损坏,必须将深度指示器与主轴脱开。空运转期间,应密切注意各部件的运转情况,如有异常,应立即查明原因,迅速排除故障。

表 29-1 润滑点表

标记号	润滑点位置	单筒 配牌坊式深度指示器	双筒 配牌坊式深度指示器
①	主轴装置左轴承	√	√
②	主轴装置右轴承	√	√
③~④	主轴装置铜瓦	/	√
⑤~⑥	调绳离合器移动毂	/	√
⑦~⑧	调绳离合器拨动环	/	√
⑨~⑩	调绳离合器齿块	/	√
(11)~(15)	牌坊式深度指示器箱盖	√	√
(16)~(17)	牌坊式深度指示器丝杠上轴承	√	√
(18)~(19)	牌坊式深度指示器丝杠下轴承	√	√
(20)~(22)	牌坊式深度指示器传动装置轴承	√	√
(23)	电动机制动器套体	√	√
(24)	测速传动装置	√	√
(A)	行星齿轮减速器	√	√
(B)	牌坊式深度指示器箱体	√	√

注意：(1) 1~24 为经常给油的润滑点。
(2) A~B 为加油后定期换油的润滑点。
(3) 所有铰接处及有相对运动的地方应定期涂抹润滑脂。

单绳缠绕式提升机空运转试车应达到以下要求：
(1) 空运转时间应约为 8 h，正反向各运转 4 h。
(2) 主轴装置应运转平稳，主轴承温升不得大于 20 ℃。
(3) 将调绳离合器脱开，游动卷筒制动，启动主电机，正反向运转各 5 min，重复 3 次，游动卷筒中铜瓦的温升不得大于 20 ℃。
(4) 调绳离合器先用 1 MPa 的油压做试验，应能顺利打开和合上，重复 3 次；接着各在 2 MPa 和 3 MPa 的油压下重复 3 次，最后在 6.3 MPa 的油压下重复试验 3 次，密封处不得有渗漏。
(5) 行星减速器在空运转时，应运转平稳，不得有周期性冲击声响，各轴承温升不得超过 20 ℃；各密封处不得渗油。
(6) 磨合闸瓦，使所有闸瓦的接触面积达到闸瓦总面积的 60% 以上。
(7) 紧急制动时，制动器空行程时间不应超过 0.3 s。
(8) 操纵台上左、右手把的连锁动作要正确、完整。
(9) 空运转试验结束后，将深度指示器系统接入提升系统，深度指示器应指示准确，减速、限速、过卷开关等应动作正确。

（五）单绳缠绕式提升机的负荷试车

单绳缠绕式提升机的负荷试车在空负荷试车合格后，就可进行负荷试车。以进一步检验提升机在待负荷情况下的运行情况，这是提升机正式投产前必须做的工作。

在进行提升机负荷试车前,应做好以下准备工作:

(1) 悬挂好钢丝绳,并将提升容器连接好,根据上下井口的停车位置,调整好给一根钢丝绳的长度;

(2) 为便于操作,可在钢丝绳或卷筒的相应位置做相应的减速、停车、过卷标记。此工作可根据实际需要而决定是否采用。

(3) 为了试车的安全,在开始阶段,负荷试车建议在"假设井口"内进行。"假设井口"应选择在各距实际井口约 52 m 处,并依此调整好深度指示器上的减速、停车、过卷开关的位置。

提升机负荷试车应进行以下内容:

(1) 空容器试车,时间约为 8 h。对于带平衡锤系统的提升机应在提升容器内加载 50% 的载荷。

(2) 进行加载试验。

① 加载试验应逐级进行,一般分为三级;即最大静张力差的 1/3、2/3、满负荷。1/3、2/3 负荷时,各运转 8 h;满负荷试车时,运行 24 h。

② 各级加载运行时,当有载容器运行达规定时间的一半时,将负荷换装入另一容器,再运行另一半时间。

③ 进行负荷试车时,应根据提升机的实际提升量及时调整液压站的工作油压。满负荷试车试验主要检查以下各项:

(a) 工作制动的可调性能是否满足使用要求。

(b) 测定安全制动的减速度能否达到《煤矿安全规程》所规定的要求。

(c) 行星减速器各轴承温升应不超过行星减速器使用说明部分中规定的温度。

(d) 液压站的油温不得超过液压站使用说明部分规定的温度。

(e) 各机电连锁动作的可靠性。

(3) 在负荷试车的最后 2 h,操作者已能熟练操作,提升机各部件都运行正常,安全制动系统工作正常时,可取消"假设井口"。依据实际的停车位置,在深度指示器上重新做出停车、减速标记,并安装好减速、过卷开关,再继续进行负荷试车。

(4) 进行试验后的安全检查。负荷试验结束后,应全面检查各部件的状况,特别是钢丝绳与容器连接处及安全保护系统的正确可靠性。

(5) 按提升机的实际使用负荷重新调整液压站系统的工作油压值及二级制动油压值,再次进行安全制动减速度的测试,并应符合上述的规定值。

(6) 如条件允许,可更换一次减速器的润滑油。

(7) 负荷试车后,确认设备无问题时,方可进行试生产和正式投产。

(六) 单绳缠绕式提升机的修理

提升机在正式使用中必须加强维护与保养,应注意如下内容:

(1) 双筒提升机在调绳操作过程中,提升容器内必须空载,不得有人员和矿物等。

(2) 在连续下放重物时,必须使用动力制动,不宜采用带闸下放方式。若必须采用带闸下放时,必须密切注意制动闸瓦温升,其最高温度不得超过 120 ℃,以免降低摩擦系数甚至烧焦闸瓦,严重时甚至发生"跑车"事故。严禁停电溜放。

(3) 要定期检查闸瓦的磨损情况和制动器的工作状态,当闸瓦间隙超过 2 mm 或碟簧疲劳超行程 1 mm 时要及时调整或更换。

（4）新换闸瓦要采用与原闸瓦相同的品牌，不得随意用其他材料或品牌替代，以免影响制动力矩，危及整个提升系统中人员和设备的安全。不宜一次更换所有的闸瓦，应分批更换，这样做不会对制动力产生较大的影响，可保证系统的安全运行。

（5）要定期检查各安全保护装置，以免失效。

（6）在提升机工作中，制动盘和闸瓦表面保持干净，不得有油污和水珠，否则会降低闸瓦的摩擦系数，影响提升机的制动力，严重时会造成设备事故和人员伤亡事故。

（7）检修制动器和液压站时，应使提升机处于空载，务必使液压站上的安全电磁铁断电；为确保安全，还应用锁紧装置将卷筒锁定。

（8）应经常检查液压站，若油面低于最低指示线，应及时补充；若液压油内出现大量泡沫或沉淀物，应及时更换；一般情况下，应一年更换一次液压油，新换的液压油必须与原来的品牌相同或采用液压站使用说明部分中允许的液压油。

（9）液压站上的各部件不宜经常拆卸，若发生故障及需进行清洗，则应保证各部件不受污染，确保各部件复位后能够正常工作，防止发生堵塞。

（10）每个作业班都要检查安全阀动作是否可靠。

（11）在检修完制动器或液压站后，都应排出液压系统中残留的空气。

（12）应经常检查行星减速器的运行情况，若有异常，应立即停车查明原因，及时处理，并做好检修记录。行星减速器除日常维护外，一般不允许拆卸，若因特殊原因需要拆卸时，须与生产厂商联系。

（13）当箕斗提升时，应在保护回路中增加松绳保护装置，以防止因箕斗在卸载曲轨段因被卡而出现松绳事故。

二、JKM(Ⅰ)、JKMD(Ⅰ)系列多绳摩擦式提升机的装配、修理与调试

（一）JKM(Ⅰ)、JKMD(Ⅰ)系列多绳摩擦式提升机的安装调整

1. 主轴装置的安装调整

(1) 主轴装置就位时与安装基准线偏差，应符合下列要求：

① 主轴轴心线与安装基准线水平位移度不得大于 $L/2\,000$ mm（L 为主轴轴心线与井提升的距离）。

② 垂直主轴的提升中心线的位移度不大于 3 mm。

③ 主轴轴心线与垂直主轴的设计提升中心线的不垂直度不得超过 $\pm 0.15/1\,000$。

(2) 垫铁安设时，除应按安装规范执行外，同时应符合下列要求：

① 在轴承垫板或者轴承梁周围应均匀安设垫铁，其间距不得大于 600 mm。在地脚螺栓两侧和轴承中心下面必须安设垫铁。

② 斜垫铁应成对使用，其斜度不得大于 1/25，粗糙度不得低于 25 μm，薄端厚度不得小于 5 mm。轴承垫板或轴承梁找正找平后，在二次灌浆前，将两斜垫铁用电弧焊焊牢。

③ 平垫铁工作面的粗糙度不得低于 25 μm。

④ 垫铁组高度应为 60～100 mm，宽度应为 80～120 mm。

(3) 轴承垫板找正找平时，应符合下列要求：

① 沿主轴方向的不水平度不得大于 $0.15/1\,000$。

② 垂直于主轴方向的不水平度不得大于 0.3/1 000。
③ 两轴承垫板或轴承梁沿长度方向的不水平度不得大于 1/1 000。
(4) 轴承座的不水平度一般应符合下列要求：
① 沿主轴方向不得大于 0.1/1 000。
② 垂直于主轴方向不得大于 0.15/1 000。
(5) 主轴找平时，其不水平度不得大于 0.1/1 000。
(6) 制动轮盘端面跳动不大于 0.5 mm(若制动轮盘端面偏摆值无法调整至最小值，可以待电动机安装以后进行车削和磨削来解决)。
(7) 摩擦衬垫和绳槽应符合下列要求：
① 两衬垫之间应牢靠、贴实，不可有间隙。
② 绳槽半径的偏差不超过 0～0.24 mm。
③ 对于井塔式提升机来说，卷筒中心线与其邻侧的绳槽距离($t/2$)的偏差不得超过 0.8 mm。
④ 对于井塔式提升机来说，相邻两绳槽之间的距离(t)的偏差不得超过 1.5 mm。
⑤ 各绳槽底径在挂绳前最大与最小值之差不得大于 0.5 mm。

2. 减速器的安装调整

(1) 基础

基础对减速器的工作精度影响很大，应根据使用地点与条件设计，确保充分的刚度和稳定性。基础分为两个层次：一次基础和二次基础。在安放减速器的底座前，一次基础已做好。减速器底座地面和一次基础应留出 100～150 mm 间隙(用以放置调整楔铁，实际预留间隙根据垫板和楔铁高度确定)。与二次基础相接的一次基础表面呈毛面并不得有污物。二次基础应很好地支托底面，充填层应均匀踏实，四周应高出底座地面 50～70 mm。

(2) 地脚螺栓与调整楔块

地脚螺栓根据减速器底座孔及有关尺寸布置，调整垫铁置于地脚螺栓的左右两侧。调整垫铁的要求与主轴装置的垫铁要求相同。

(3) 调整

减速器在出厂前已装配调整好。使用现场安装一般不再打开减速器。

① 粗调

按规定把调整楔块安放在基础上，然后把减速器与其底座用螺栓固定在一起，并吊放到基础上，以主机轴头为准调整减速器输出轴，使两半联轴器的断面振幅和径向跳动均小于 0.3 mm。

② 精调

在粗调后，卸下减速器与底座的连接螺栓，吊走减速器，用水平仪检查和调整底座上平面的水平度，水平度误差不超过 0.05/1 000。之后，再把减速器吊到底座上，拧紧连接螺栓，并按规定检查主轴是否符合要求，如此反复调整直到上表面水平度、误差均达到要求。

3. 天轮(导向轮)的安装调整

(1) 天轮(导向轮)装置的对称中心线与卷筒提升机中心线不重合度不大于 1 mm。
(2) 天轮(导向轮)的轴心线与主轴轴心线在同一水平面的不平行度不大于 0.3/1 000。
(3) 天轮(导向轮)的轴心线对基准线水平位移度不大于 2 mm。

(4) 天轮(导向轮)的不水平度不得大于 0.2/1 000。

4. 制动器的安装调整

(1) 在安装盘形制动器(见图 29-2)时,应符合以下要求:

① 中心高 h 的极限偏差不大于 3 mm。

② 支架相对于制动盘两侧面距离 H 的偏移量不大于 0.5 mm。

③ 支架两侧面与闸盘两侧面的不平行度不大于 0.2 mm。

④ 制动盘工作面粗糙度为 3.2 μm,其端面跳动度不大于 0.5 mm。

⑤ 在闸瓦与制动盘全接触的情况下,实际的平均摩擦半径不得小于设计的平均摩擦半径。

⑥ 闸瓦与制动闸的间隙宜为 0.6～1.5 mm。

⑦ 安装时先将闸瓦取下,以简体端面为基准刨削闸瓦直到刨平为止。

⑧ 仔细清洗制动盘,并吹干清洗剂。任何油污和防腐剂都将大大减少制动力矩。

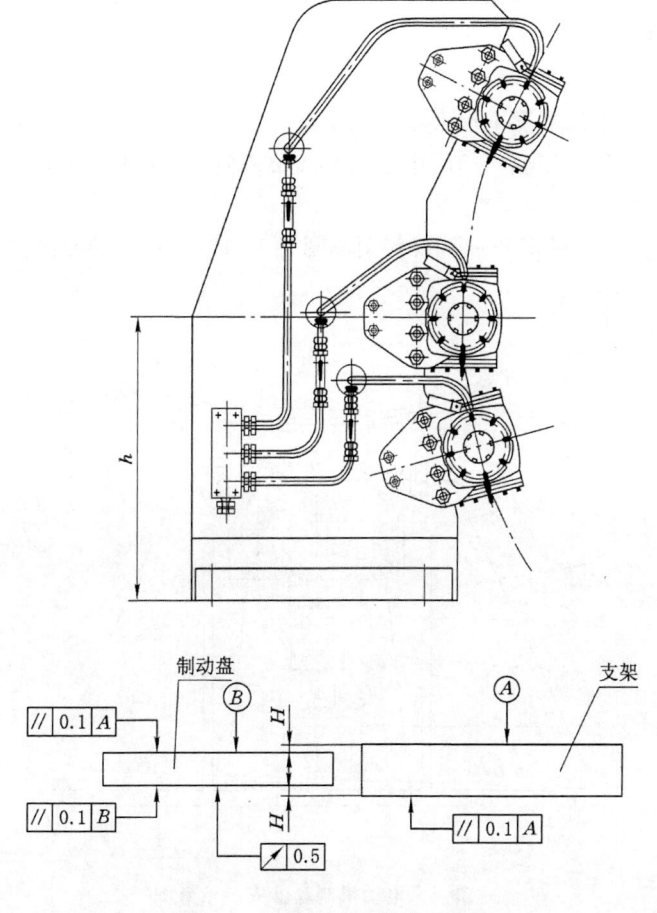

图 29-2 盘形制动器安装示意图

(2) 制动器在现场安装时,应严格、认真地清洗制动闸的"油缸装置"以及制动器上的所有配油管和接头,连接制动器与液压站之间的油管,应进行酸洗处理后才能予以安装。

(3) 将制动器与液压站的油路接通,先充压力油使制动器呈松闸状态,再将制动器安装到制动盘两侧,然后转动制动盘,使偏摆值为0的部位与闸瓦相对调整好两者平行度和间隙均匀性,就可将地脚螺栓拧紧,接着回油制动检查接触面积,接触面积应不小于60%(若接触面积小于60%,则应先进行磨闸处理),再松闸调整闸瓦间隙至0.6～1.5 mm内,两面压力大小应近似相等,不能满足要求时,可再次调整到满意为止。

5. 液压站的安装调试

(1) 液压站在现场调试前,用户单位或安装单位应对液压站所有液压元件和液压站上所有配管进行清洗,清洗工作应在制造厂家技术人员的指导下进行。

(2) 液压站可视现场具体情况确定适当位置,一般液压站应安装在设备基础的水平上,不应过低于基础水平线,以免影响松闸时间及油压变化。

(3) 液压站用液压油牌号必须满足有关液压站使用说明书规定的牌号,若受现场条件限制必须变化液压油牌号时,应向液压站制造厂家咨询同意后才能予以使用。液压油注入油箱前,必须进行过滤,过滤精度不低于0.025 mm。

(4) 提升机系统在进行挂绳后的空载和重载试车时,液压站系统的调试工作必须在制造厂家调试人员的指导下进行。

6. 车槽装置的安装调整

(1) 车槽装置的不水平度不得大于0.2/1 000。

(2) 相邻两工具(车刀或磨轮)的中心线距离偏差值不得超过1 mm。

7. 电动机制动器的安装调整

该装置安装就位时(见图29-3),要使刹车闸瓦1与制动轮面的间隙保持相同,其间隙应不超过(5±0.5) mm。

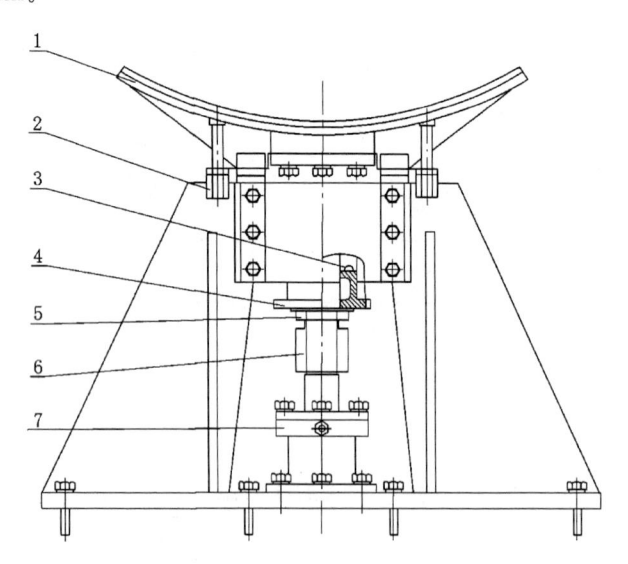

图29-3 电动机制动器安装示意图

1——刹车闸瓦;2——闸瓦间隙调整螺栓;3——制动弹簧;4——制动力调整螺母;
5——制动弹簧压紧螺母;6——拆卸油缸螺母;7——松闸油缸

电动机制动器安装就位后按下列步骤进行调整:

(1) 给松闸油缸供油($P=6～10$ MPa),松开制动弹簧压紧螺母5,使其在最下端。

(2) 松闸油缸供油（$P=0.5$ MPa），闸瓦间隙为零。

(3) 松闸油缸供油（$P=4$ MPa），闸瓦间隙为(2 ± 0.5) mm；若此时间隙过大，则可向上调整制动调整螺母4，使其达到(2 ± 0.5) mm。

(4) 重复给松闸油压$(0\sim P_{max})$，观察闸瓦间隙的变化情况，如符合前3条的要求，即可满足使用要求。

(5) 如果认为制动力不足，可适当提高第(3)条中的油压值，使其能获得满意的制动效果。一般情况下电机转子不产生反冲击现象即可满足使用要求。

(二) JKM(Ⅰ)、JKMD(Ⅰ)系列多绳摩擦式提升机的试运转

1. 试运转前检查

除了达到安装与调整的要求外，还需检查以下部分：

(1) 制动器油缸装置的活塞移动应灵活，固定用零件（如螺帽、螺钉等）应齐全、紧固。

(2) 液压控制系统按液压站的安装使用说明书进行详细检查：

① 检查油泵是否正常运转。

② 调整溢流阀的压力使整个油路系统处于6.5 MPa（或14 MPa）压力范围。

③ 整个油路系统在承受额定压力条件下，不得有漏油现象。

④ 电液比例阀阀芯动作应灵活、不应有卡阻和漏油现象。

⑤ 检查制动油缸工作温度程度：将操作手柄在其移动的弧架上用粉笔若干份，并标上记号，然后将手柄由一格移至另一格，并在每格停顿一下。假如油缸活塞的位置是紧随着手柄每次移动（从一格移至另一格）而改变的即可认为合格。

⑥ 油箱中的油位要达到要求标准。

⑦ 油箱中的滤油器要紧固，不得松动。

(3) 操纵机构的手柄移动要灵活准确。

(4) 检查各润滑点，要求各润滑点有足够的油量。

(5) 操作台上各仪器通电后的灵敏度应准确。

(6) 信号发送装置能正常运转，运转中应平稳，不应有振动现象。

2. 试运转

提升机必须按电气控制说明书中规定进行电器各环节的动作试验、安全保护试验及提升机的各个部件安装调整完毕并达到调整的各项技术指标后才能进行试运转。

(1) 空运转试车

① 提升机各部件安装和调整结束后，可进行空运转试车（未挂钢丝绳和容器）。空运转试车连续正、反转各4 h。

② 检查主轴装置、电机等的平稳性。要求各部分声响均匀正常，不允许有强烈的噪音和周期性的冲击声。

③ 运转中各轴承部位不得有不正常的噪音，滚动轴承的温升不超过30 ℃。

④ 减速器按规定注入足够润滑油，根据油杯检查油位。

⑤ 天轮运转应平稳。

⑥ 制动器的闸瓦与制动盘的接触面积不得小于总面积的60%，闸瓦与制动盘的间隙应调整在0.6~1.5 mm范围内。若接触面积不能达到60%时，应进行闸瓦的贴磨。闸瓦贴磨时应注意下列几点：

a. 贴磨时的正压力不宜过大(较贴闸瓦时油压低 2~3 kg/cm²)。

b. 贴磨时制动盘的温度不要超过 80 ℃。当其温度超过时,要立即停止贴磨,待闸盘温度降低后再继续贴磨。

c. 贴磨过程中要留神观察闸盘表面情况。若发现闸盘上出现铁末子嵌入闸瓦,则要及时将其取出,以免引起闸盘画沟现象。

⑦ 施加一定的制动力矩(相当于最大静张力差的 25%)于闸盘上,运转 10 min 后,检查各部件有何异样。在施闸的运动中要注意闸盘的温度不要超过 150 ℃,以免损坏制动盘表面光洁度。

⑧ 安全制动空行程时间不得大于 0.3 s,松闸时间越短越好。

⑨ 润滑油温不得超过 30 ℃,各密封面不得有漏油现象。

⑩ 检查操作台制动手柄的可靠性、正确性。

(2) 空负荷试车

提升机空运转试车合格后,进行空负荷试车。试车前使用车槽装置车削出摩擦轮上的摩擦衬垫的钢丝绳半径槽(初次车削时按主轴装置图上的所示绳槽深度,不宜大于钢丝绳半径)。挂上提升钢丝绳,调整好钢丝绳长度,悬挂上提升容器。

进行空负荷试车时,要注意对带平衡锤的提升系统容器中加一定平衡重(负荷的 50%)。空负荷试车要检查下列内容:

① 检查制动系统的可靠灵活、平稳;多次检查工作制动与安全制动的可靠性。安全制动空行程时间不超过 0.3 s;松闸时间越短越好。

② 检查指示和保护系统的安全性。操纵台各种仪表指示应准确。

(3) 负荷试车

经空负荷运转证明各部件能正常工作时,才能进行负荷试车。开始逐渐增加负荷,一般按最大负荷的 25%、50%、75%、100%进行。未满负荷试车应各连续运转 4 h,满负荷试车应运转 24 h(在连续运转 8 h 后停车,全面检查一次,正常后再继续运转)。

负荷试车要检查下列内容:

① 全面检查各部件及各重要零件的受力情况(若有条件,应进行电测)、有无残余变形、有无其他缺陷。

② 检验制动系统动作的可靠灵活,包括工作制动力矩的可调级数、安全制动的空行程时间、减速度。这些参数要满足《煤矿安全规程》的相关规定,但以不超过钢丝绳滑动极限为准。

③ 检查各轴承处的温升(滚动轴承处的温升不超过 40 ℃;滑动轴承的温升不超过 35 ℃,轴承的最高温度不超过 70 ℃;液压站的油温不超过 65 ℃)。

④ 试车时要检查各连接部分螺栓的连接情况,不允许出现松动情况。

(三) JKM(Ⅰ)、JKMD(Ⅰ)系列多绳摩擦式提升机的修理

1. 盘形制动器的使用与维护

(1) 闸瓦与闸盘间隙的调整

当闸瓦磨损 1~2 mm 时,或闸瓦完全松开时(闸瓦与闸盘之间间隙约为 2 mm 时),必须调整其间隙,否则影响制动力矩。此间隙由间隙指示器调定。

(2) 闸瓦的更换

当闸瓦磨损严重,以致闸瓦压板与闸盘之间间隙为 2 mm 时,必须更换闸瓦。新闸瓦必须进行试磨,且试磨到接触面积达到 60% 以上时,才能使用。

① 若闸瓦因制动而发热膨胀,可能黏住,因而应让闸盘及闸瓦冷却后再换闸瓦。在换闸瓦时,必须非常小心,不要让闸瓦黏上油

② 更换闸瓦时应注意不要全部一次换掉,这样会造成由于接触面积小而影响制动力矩。应逐步交替更换,即先更换一对闸上的 2 个闸瓦,让其工作一段时间,使其接触面积达到要求后,再更换另一副闸上的闸瓦,这样既保证运转的安全性,又不影响生产。

③ 在更换某一对闸时,必须先回油施闸,再将其他闸瓦的液压开关关闭,防止压力油通入其他盘形闸,因松闸而发生事故。

④ 拆装盘形闸时应注意不要损坏密封圈。

⑤ 在闸瓦使用过程中,油缸可能有微量渗油。因此,应定期检查油缸渗油情况,如有异常立即进行处理。

(3) 碟形弹簧的检查

每年或使用 5×10^5 次制动作用后,碟形弹簧组必须进行检查以查明其刚度是否减弱。其具体检查方法如下:

① 将液压系统减压,使所用的制动闸合上。

② 将所有制动器上的液压开关关闭。

③ 逐一精确调整每个制动器的闸瓦间隙,使其相同。

④ 打开液压开关,减小油压以使每对制动器施闸,同时在施闸时放一厚度不大于 0.05 mm 的薄片于闸瓦与闸盘之间。

⑤ 缓慢增加油压。当薄片可抽出时,记下油压值,依次检查制动器。其中最高油压与最低油压之差不应该超过最大工作油压的 10%。若发现超过最大工作油压 10%,应取下这对制动器的碟形弹簧,换上新的碟形弹簧组。

注意:若有任何碟形弹簧破裂,整个装置的弹簧都必须更换。

(4) 制动盘与闸瓦工作表面的检查

要经常检查制动盘与闸瓦工作表面上是否沾有油污。若其有油污则必须清理干净,否则由于闸盘和闸瓦沾油,使摩擦系数急剧降低,影响制动力矩(施不住闸),会造成严重的设备事故和人身事故。

(5) 其他事项

① 检修制动器和液压站时,除应使安全阀电磁铁断电外,还应使每对闸瓦上的液压开关关闭,将卷筒锁住,以保证安全。

② 从液压站到盘形制动器连接的油管内及制动器油缸内不许留有空气,否则将延长松闸时间。因此,液压系统或制动器在此安装后或拆卸检修后应先放气。其放气方法如下:启动液压站使系统处于 $5\sim8$ kg/cm^2 的压力,旋松通气螺钉,使压力油逐渐将系统和盘形制动器中的空气从排气阀中排出。当排气阀处排出的完全是液压油时,就可将排气阀拧紧。此后在发现制动器松闸缓慢时,应再次放气。

③ 在使用过程中,应定期检查各安全保护装置的可靠性,以免失效。

④ 定期检查各润滑点的油量情况。

2. 减速器的使用与维护

(1) 减速器宜选用循环润滑。当减速器工作环境温度较低时,应采取措施保证其工作湿度在 0 ℃以上。应根据减速器工作环境选择齿轮油牌号。

(2) 机器内部必须进行周期性清洁。当减速器投入使用三个月及一年时间这两个时段时,应将润滑油抽出过滤一次,同时冲洗减速器内部。在以后的使用中,根据润滑油的质量来确定是否需要过滤和清洗。润滑油不变质时不需要更换新油。向机器内注入新润滑油必须经过过滤和脱水,并仔细清洗机器内部。

(3) 在使用期间应仔细检查机器的噪声和温升,若发现不正常的温升及不平稳的声响,应及时停机,查清原因,排除故障后方可继续运转。

(4) 停车时可打开视孔盖检查齿轮齿面情况。在使用初期,各齿面若有轻微的不进尺性点蚀,则不是故障,可以继续使用,但应及时观察。若使用过程中齿面出现进尺性点蚀或大面积擦伤现象,要及时与制造厂联系,并做好记录,不可以轻易拆卸,以免影响机器精度。

(5) 视孔盖不要频繁打开,以免灰尘污物进入机内。合上视孔盖后,要重新密封,以防漏油。

(6) 机器外表面应保持清洁,以免影响散热。

3. 润滑站的使用与维护

(1) 主机在启动前要先开启润滑站油泵,待润滑站工作正常后,主机才能启动。

(2) 润滑站过滤器的滤芯必须经常检查,检查其是否有杂质堵塞,若发现其被堵必须立即更换。一般半年必须清洗更换一次滤芯。给油箱加油时,必须经过滤油器。

第二节　矿井通风设备的拆装、修理与调试

一、通风机工作轮的装配

1. 重力检查

装配工作轮必须进行轮叶的重力检查。轮叶的检查内容包括:衡重检查,使新轮叶重量与被替换的工作轮的轮叶重量之差不超过 100 g;重心位置的检查,新轮叶的不平衡度不超过 750 g/mm。更换两个或两个以上的数量的自制轮叶时,应进行工作轮的平衡试验。

2. 工作轮的间隙要求

工作轮的装配主要检查各部分间隙是否符合设计要求。若其间隙不当,不仅影响通风机的特性和效率,而且易产生重大事故(如叶轮与机壳相碰)。工作轮与机壳的最小间隙,对离心式通风机应在 6～15 mm;对轴流式通风机应不小于叶片长度的 1‰～1.5‰。

3. 工作轮的旋转方向

装配工作轮时,要注意工作轮的旋转方向,尤其是离心式通风机的工作轮旋转方向难以判定。其判定方法可根据图 29-4 所示进行判定。

4. 轴流式通风机叶片的装配

轴流式通风机叶片装配如图 29-5 所示。其装配顺序是在轮叶 1 的杆及螺纹上涂上石墨润滑脂,放在轮毂(叶轮)2 孔内,拧上锥形螺帽 3,在再装上防松垫 4,然后上紧封头螺母 5,用螺钉将轮毂两侧的盖板固定牢靠。

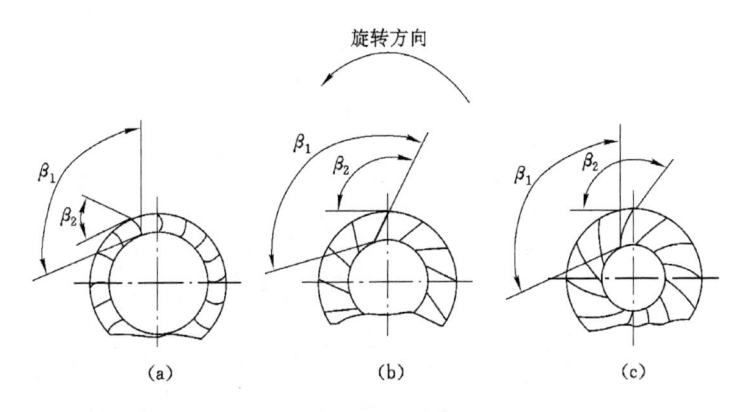

图 29-4 离心式通风机工作旋转方向示意图

(a) 向前弯曲叶片($\beta_2 < 90°$);(b) 向后直叶片($\beta_2 > 90°$);(c) 向后弯曲叶片($\beta_2 > 90°$)

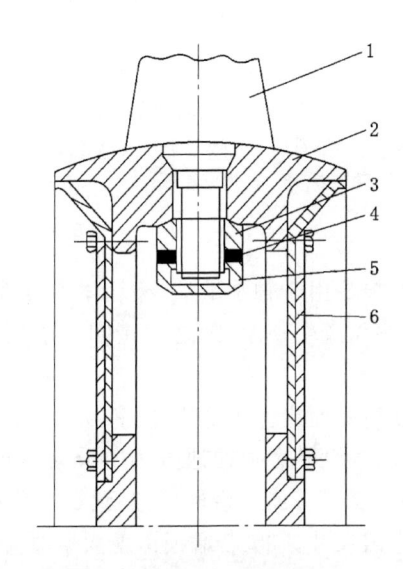

图 29-5 通风机叶片装配示意图

1——轮叶;2——叶轮;3——锥形螺母;4——防松垫;5——封头螺母;6——盖板

二、70B2 型轴流式通风机出风端轴承座的拆卸、轴颈磨损修理方法及轴承座的调整

1. 出风端轴承的拆卸

在轴承座中有 1 套(36 系列)双列向心球面滚子轴承和 3 套(73 系列或 75 系列)圆锥滚子轴承,如图 29-6 所示。

轴承的拆卸方法如下:松开端盖螺钉取下端盖 13,再拧下轴承盖 8 和轴承座 6 的连接螺栓,取下轴承盖 8(同时取下进风端轴承盖)。由于 3 套圆锥滚子轴承与主轴是过渡配合,很容易拆卸,其方法是将主轴吊起 40~50 mm,然后用爪形退卸器卡住圆盘 9,搬动退卸器的丝杠即可拆下 3 套轴承。双列向心球面滚子轴承的拆下方法是将外座圈内翻转一定角度(可将主轴吊起,便于翻转),取出滚动体,拆下外座圈,然后用拆下工具取下内座圈。

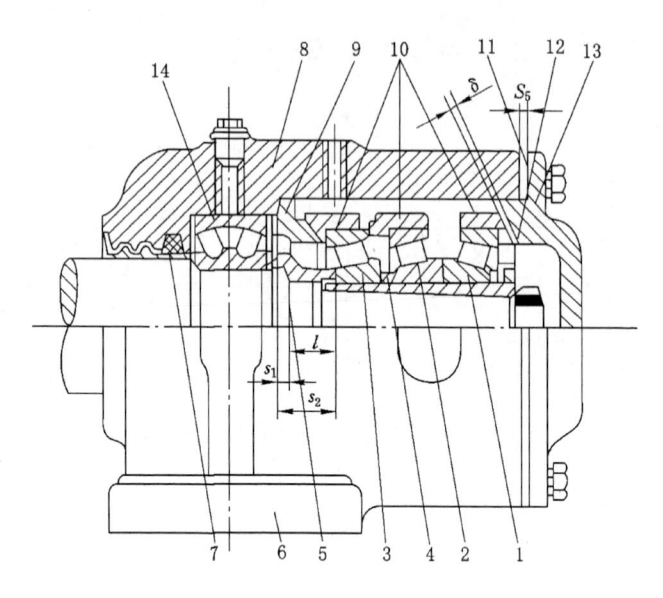

图 29-6 出风端轴承座图

1,2,3——圆锥滚子轴承；4——垫圈；5——轴套；6——轴承座；7——密封圈；8——轴承盖；
9——圆盘；10——导套；11——调节垫；12——锁紧螺母；13——端盖；14——双列向心球面滚子轴承

2. 轴颈的磨损修复

大多数滚动轴承的轴颈磨损是由于轴承缺油，滚动体在滚道内不能灵活滚动，使外座圈间歇地同内座圈一起转动，摩擦而产生高温，随之内座圈与轴颈间也产生间歇转动，从而使轴颈磨损。

轴颈的修理方法视其磨损情况而定。① 若磨损深度不超过原轴颈的 2% 时，可用镶套法修理。把轴卡在车床上，在两端没有磨损的地方用千分表找正，将磨损的轴颈进行精车，然后将加工好内径的缸套(外径要留有加工余量)加热到 300 ℃ 左右，热装到车好的轴颈上，冷却后再将钢套外径精车到所需尺寸。② 若磨损深度大于原直径的 2% 时，应更换新轴。

3. 出风端轴承座的调整

70B2 型轴流式通风机的轴向推力很大，全部轴向推力由主轴出风端轴承承担。轴承座结构复杂，又易发生故障，如果调整不当，可能将主轴与轴承一起损坏。调整轴承座要注意以下两个问题。

(1) 圆锥滚子轴承 2 和 3(图 29-6)必须同时受力，负荷一致。

圆锥滚子轴承 2 和 3 负荷是否一致，决定于圆盘 9、垫圈 4 和轴套 5 的尺寸。如果垫圈 4 太厚，则圆锥滚子轴承 2 不受力；如果垫圈太薄，则圆锥滚子轴承 3 不受力。如果轴套太长(其他合适)，则圆锥滚子轴承 2 和 3 均不受力，全部轴向力由主轴进风端轴承座承担，其轴承座只有一套双列向心球面滚子轴承，不能承担轴向力，则双列向心球面滚子轴承将发热烧毁；如果轴套 5 太短，则轴套 5 和轴承 3 之间有间隙，虽不影响负荷一致，但在启动时，由于主轴发生左右窜动，则其轴向窜量将增大，亦须防止。

圆锥滚子轴承 2 和 3 负荷一致的调整方法是：将进风端安装好，以固定主轴位置，再测出 s_1(图 29-6)，同时按图 29-7 所示，测量尺寸 s_2，则轴套 5 的长度为 s_2-s_1。测量时应注意圆盘 9 同平面的平行性和球形接触面的粗糙度。

垫圈 4 厚度的确定：测出 s_3（图 29-7）和 s_4（图 29-8），则垫圈的厚度为 s_4-s_3。垫圈 4 和轴套 5 做好后，同轴承一起安装在轴上，实际检验其尺寸精度。

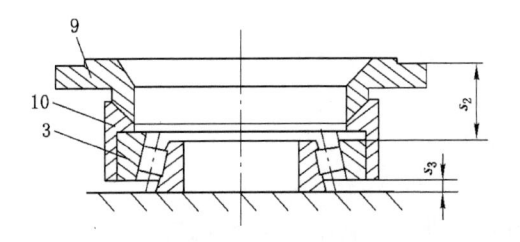

图 29-7　轴套 5 长度的测量图
3——圆锥滚子轴承；9——圆盘；10——导套

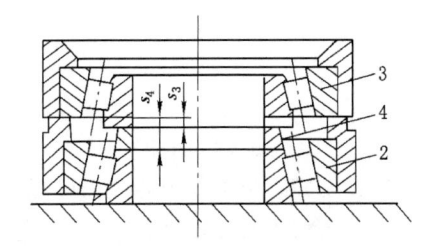

图 29-8　垫圈 4 厚度的测量图
2，3——圆锥滚子轴承；4——垫圈

（2）主轴的轴向位移必须适当。

主轴轴向窜量的大小，决定于调节垫 11 的厚度（图 29-6），调节垫 11 还起密封作用。其调节方法是：先不加垫，测量尺寸 s_5（图 29-6），在测量时安上端盖 13，但不装轴承盖 8，紧好半部螺母，使轴窜量等于零，间隙 s_5 测出后，车一个钢垫圈，其厚度为 s_5 加上允许的窜量（0.08～0.15 mm）减去 0.2 mm。装配时，垫圈 11 的两侧各垫 1～2 层纸垫以免漏油，装好后用撬棍拨动主轴左右窜动，以检查其实际窜量，其窜量应在规定的 0.08～0.15 mm 之间。

三、轴流式通风机的试运转

1. 试运转前的准备工作

（1）调整风门开启和关闭位置及钢丝绳的松紧程度。
（2）将工作轮叶片转到零度位置。
（3）检查并拧紧各部连接螺栓及基础螺栓。
（4）风门绞车的传动装置注入机械油，电动机的滚动轴承注入润滑脂，同步电动机的滑动轴承注入 20 号机械油。
（5）打开检查门，清除机内及风筒间的杂物，然后进行人工盘车，检查转子转动是否灵活。
（6）电动机空转试验，检查电动机旋转方向是否正确。

2. 通风机的试运转

（1）试验风门和风门绞车的运行状况，检查转动是否灵活可靠，风门与风道是否严密，形成开关是否动作灵敏。
（2）打开进风门，关闭进风门，使工作轮叶片在零度位置时进行空运转。在试空运转时要注意以下几点：

① 试车人员应到流线体内部和芯筒内部，仔细观察工作轮叶片部分的振动情况，各组轴承的温升情况。
② 空元转 5 min 后，停车进行全面检查。
③ 经检查，如各部件正常，在运转 30 min 后，再停机检查。
④ 初步试车往往会发现轴承温升较快，温度较高的情况，这是因为滚转中有个跑合的

过程,在试车中温度只要在 60 ℃以下就不要轻易停车。在正常情况下继续运转,轴承经过跑合后,轴承温度就会逐渐下降。如果车期间再更换一二次润滑油,温度的下降就更加明显。

⑤ 工作轮叶片的"0"位置时试车很重要,如果"0"位置试车正常时,那么在工作轮叶片转角度后试车一般说来也是正常的。

(3) 空负荷试运转一般为 4 h,负荷运转为 48 h。

(4) 在试运转工作中要注意经常检查下列几个部位:

① 每隔 20 min 要检查电动机、通风机轴承等部件的温度,并做好记录。

② 如电动机为滑动轴承,应注意油圈的转动和带油情况。

③ 随时注意机体各部位振动情况,并注意扩散器等部位有无漏风现象。

四、离心式通风机试运转

(1) 试运转前要盘车检查,在轴承上注入 3 号钙基润滑脂,当通风机启动时,如发现有敲击声或机壳与轮叶有摩擦时,应停止运转,消除故障。

(2) 通风机第一次试运转 5 min 后,即使没有发现异常问题也应停车进行全面检查。经检查无异常情况后,进行第二次运转,运转 1 h 后,再停车检查。第三次运转 8 h,经检查确无异常情况后,即可带负荷运转。运转正常,即可交付生产使用。

第三节　矿井排水设备的拆装、修理与调试

一、离心式水泵的拆卸步骤

以 D 型泵为例,离心式水泵的拆卸步骤介绍如下:

(1) 清洗泵体上的灰尘及污物,拆除平衡水管、水封管和引水漏斗,放掉水泵壳内积水。

(2) 用拆卸器拆卸联轴器。

(3) 拧下排水侧轴承压盖上的螺母,卸下外侧轴承压盖。

(4) 拧下排水段、填料箱体、轴承体之间的连接螺母,用顶丝将填料箱体和轴承体分离,卸下轴承体。

(5) 拧下轴上的圆螺母,依次卸下轴承、轴承内侧压盖、挡水圈和挡套。

(6) 拧下填料压盖上的螺母,卸下填料压盖,用钩子钩出填料室中的填料及水封环,用顶丝将填料箱体与排水段分离。

(7) 依次卸下轴上的轴套、键,在平衡盘拆卸螺孔中拧入螺钉,将平衡盘顶下,并取下键。

(8) 拧下前端轴承压盖上的螺母,取下螺栓,卸下外侧压盖和轴套;拧下吸水段和轴承体的连接螺栓,卸下前轴承部件;依次卸下轴承、轴承内压盖、挡水圈和轴套等零件。

(9) 拧下前端填料箱体压盖上的螺母,卸下填料压盖,取出填料合水封环。

(10) 用大扳手拧下拉紧螺栓的螺母,拆出连接系水段、中段和排水段的几段拉紧螺栓。

(11) 用撬棍插在排水段与中段之间对称撬松,取下排水段部件。

(12) 用手将排水段叶轮取出(若叶轮拆不掉时,可连同中段一起取出)。

(13) 用撬棍插在中段与中段之间用力撬松,取下中段。
(14) 取下中段叶轮,并取下键。
(15) 依次拆下中段、叶轮和键。
(16) 最后将泵轴从吸水段中抽出,卸下轴套和键。

二、离心式水泵拆卸时的注意事项

(1) 在拆卸水泵前,要对各段原装配位置进行编号,以便于检修后装配。
(2) 注意泵轴上螺纹方向,D型泵吸水段为左螺纹、排水段是右螺纹。
(3) 中段不带支座的水泵,拆卸时两侧要用楔木楔住,防止中段脱离止口后掉下来碰弯水泵轴。
(4) 水泵拆下几段后要将泵轴支住,以免泵轴悬臂太长造成泵轴弯曲,拆下泵轴要垂直吊起来。
(5) 拆下的螺母、螺钉、螺栓、垫圈要临时复位,以免丢失,且便于检修后装配。
(6) 拆叶轮时,要在有叶片部位用力,以防叶轮被损坏。
(7) 拆键时,不得损坏键的工作面。
(8) 对磨损严重零件或拆卸中损坏的零件,不得任意丢掉,待留图后再做处理。
(9) 吸水段和中段上的密封环、排水段上的平衡套和平衡环、轴套等有轻微磨损不影响使用时则不要拆卸或更换。

三、离心式水泵主要部件的修理

1. 泵轴的修理

泵轴在下列情况之一时,应更换新轴:
(1) 泵轴以产生裂纹。
(2) 泵轴有严重的磨损,或有较大的足以影响其机械强度的沟痕。

泵轴在以下情况时,需进行修理:
(1) 轴的弯曲超过大密封环和叶轮入外径的间隙1/4时,应进行调直或更换。
(2) 泵轴与轴承相接触的轴颈部分与填料解除的部分磨出沟痕时,可用金属喷镀、电弧喷镀、电解镀烙等方法进行修补。其磨损过大时,可用镶套方法进行修复。
(3) 键槽损坏较大时,可把旧键槽加压焊补好,另在别处开新键槽,但对于传递功率较大的泵轴不能这样做,必须更换新轴。

2. 轴承的修理

(1) 滑动轴承的修理:轴承架有裂纹,如不严重时可补焊,如裂纹严重时,则需更换新轴承架;轴承盖破损时,可以用补焊修复或更换新轴承盖;轴瓦损坏时,须更换新轴瓦。
(2) 滚动轴承的修理:应按规定要求对滚动轴承进行检查,如不符合技术要求,则需更换新轴成。

3. 叶轮的修理

叶轮若有下列情况之一时,则应进行更换:
(1) 叶轮表面出现裂纹。
(2) 叶轮表面因腐蚀而形成较多的深度超过3 mm的麻窝或穿孔。

(3) 叶轮因腐蚀而使轮壁变薄(剩余厚度小于 2 mm),以致影响机械强度。

(4) 叶轮入口处发现严重的偏磨现象。

叶轮腐蚀不严重或沙眼不多时,可用补焊方法来修复。

4. 平衡盘的修理

(1) 平衡盘与平衡环磨损凹凸不平及沟纹时,可用车削或研磨方法修复。

(2) 为了增加平衡盘的使用寿命,在其盘面上用沉头螺钉固定一个摩擦环。摩擦环磨损后可更换新的。

(3) 平衡盘、平衡环和平衡套磨损严重时,必须更换新的。

5. 密封环的修理

大密封环内径和叶轮吸水口外径的间隙应符合表 29-2 的规定,否则应更换新的密封环。

表 29-2　　　　　　　　密封环内径与叶轮吸水口外径的间隙

密封环内径/mm	配合间隙/mm	允许最大磨损间隙/mm
80～120	0.19～0.24	0.48
120～180	0.23～0.30	0.60
180～260	0.28～0.35	0.70
260～360	0.34～0.44	0.88

6. 填料装置的修理

(1) 检修水泵时,填料应更换新的。

(2) 填料装置的轴套磨损较大或出现沟痕时,应更换新的。

7. 泵壳的修理

泵壳的损坏大都因为机械应力或热应力的作用而出现裂纹。在检查时,用手槌轻敲壳体,如有破哑声,则说明已破裂,应找出裂纹地点,并在裂纹处先浇上煤油,擦干表面,然后涂上一层白粉,并用手槌再敲机壳,则裂纹内的煤油就会渗出来浸湿白粉,呈现一条黑线,显现出明显裂纹的长短。

裂纹的修补方法主要包括:若裂纹在不承受压力或补气密封作用的地方,为防止裂纹继续扩大,可在裂纹的始端与终端各钻一个直径为 3 mm 的圆孔,以避免应力集中;若裂纹在承受压力的地方,则应进行补焊修复。

四、离心式水泵装配时的注意事项

(1) 各个结合之间要加垫橡胶或青壳纸。用青壳纸垫时,两侧面应涂润滑脂(或采用密封胶涂在结合面上)以防漏水。各紧固件、配合件上均涂润滑脂,以防生锈并便于下次拆卸。

(2) 对带油圈的滑动轴承,装配时将欧全放在轴承体内,按轴承装配位置倒 180°套在轴上然后在旋转过来,固定轴承体,上紧螺丝。

(3) 装配填料时,对口要错开,水封环一定要对准进水孔,填料压盖的泄水孔要装在轴的下方。

(4) 滚动轴承内注入轴承体空间 1/3~2/3 的合格润滑脂。

(5) 上进拉紧螺栓再要分几次进行,对称、均匀地拧紧。

(6) 装配联轴器时,切不可过于猛敲打,以免泵轴受力弯曲,一般要用铜棍或木板垫在联轴器上再用大锤打入。

(7) 装配好的水泵的压力表、真空表、注水漏斗及放气孔的丝孔要用丝堵堵住,水泵的吸、排水口要用木板或薄铁板将口封住,以防杂物进入泵体内。

五、离心式水泵的试运转

1. 试运转前的准备工作

(1) 清除机组附近有碍运转的任何物体。

(2) 电动机检查:检查电动机的绕组绝缘电阻,并要盘车以检查转子转动是否灵活。

(3) 检查填料装置的松紧程度,并加足润滑油。

(4) 检查各阀门是否灵活可靠。

(5) 进行电动机空转试验,以检查电动机的旋转方向是否准确。

2. 试运转的步骤

(1) 装上并拧紧联轴器的连接螺栓。

(2) 用手转动联轴器,判明有无卡阻现象,检查后可向泵内灌入引水,关闭放气阀。

(3) 关闭排水阀门,启动电动机,当电动机达到额定转数时,再逐渐打开排水阀门,向管路供水,以免水泵发热。在阀门关闭的情况下,运转时间不得超过 3 min。

(4) 水泵机组运转正常标志如下:

① 运转平稳、均匀,声音正常。

② 当排水阀门开到一定程度时,压力表指针应指示正常,不应有较大波动。

③ 排水流量应均匀、无间歇现象。

④ 滑动轴承的温度不应超过 60 ℃,滚动轴承的温度不应超过 70 ℃。

⑤ 填料和外壳不应过热,填料完好,松紧合适,运行中应持续滴水。

(5) 试运转初期,应经常检查或更换滑动轴承箱的油,加油量不应大于轴承体内空间的 2/3。

(6) 水泵停车前,先把排水阀门慢慢关闭,然后再停止电动机。

第四节 矿井压风设备的拆装、修理与调试

一、螺杆式空气压缩机拆卸时的注意事项

(1) 放出机器内残存的压气、润滑油和水。

(2) 拆卸后的零部件应妥善保管,不得碰伤和丢失。

(3) 重要零部件拆卸时,应注意原装配位置,必要时应做上记号。

(4) 拆卸大件需动用起重设备时,应注意其重心,保证安全。

(5) 如果必须拆卸机器与基础的连接时,应放在最后进行,以免机器倾倒,造成事故。

二、螺杆式空气压缩机的拆装与检修

1. 拆卸

当空气压缩机需进行大修时,首先关闭吸、排气止回截止阀,从油分离器上的放空阀处抽走制冷剂,也可以从蒸发器底部接头通过收氟机把氟利昂收至空钢瓶。拆下联轴器,然后拆卸与压缩机相连的油管、压缩机脚板螺栓及压缩机吸、排气口连接螺栓,取出吸气过滤网,将压缩机用吊环螺钉吊到维修台上平放。

螺杆式空气压缩机具体拆卸步骤如下:

(1) 拆卸内容积比测定机构。

① 拆下防护罩及垫片。

② 拆下电位器座及电位器。

③ 拆下位移传递杆尾端的紧固套,拆下密封座,然后取出位移传递杆。

(2) 拆卸能量测定机构(该部件无故障时,可整体拆下)。

① 拆下防护罩及垫片。

② 拆下电位器座板、电位器、弹性联轴器,拆下油缸压盖及螺旋杆。

(3) 拆卸排气端座上阴阳转子孔的压盖。拆卸压盖上的螺钉时,为安全起见,可将任意两个基本对称的螺钉只旋出 5~6 mm,再将其余螺钉拆出,压盖密封面基本脱离排气端座后,最后拆除这两个螺钉,取下压盖及碟簧。

(4) 取出阳转子侧的轴封座、轴封及阴转子侧的轴承压套。

(5) 用专用工具搬手旋下阴阳转子上的圆螺母,用专用拉钩提出四点轴承和内外调整圈。

(6) 用吊钩紧钩住排气端座上的吊环螺钉,拆除排气端座与机体的连接螺钉,用 4 个螺栓拧入排气端座法兰面上的 4 个螺孔内,平行地顶起排气端座至脱离两个圆柱销,将排气端座连同滚柱轴承外圈以及滚柱一同平稳地移出。在这个过程中要注意防止排气端座的内孔与转子互相碰伤。

(7) 用 0.1~0.3 MPa 压力的气体,接管至油缸上相关接口,将能量油活塞吹出至油缸端部,旋松用于固定能量油活塞的圆螺母(注意只能旋松圆螺母而不能旋下,并且这个过程中要注意保持油缸内的压力)。泄掉油缸内压力,待能量油活塞退进油缸内部贴紧隔板时,旋下能量油活塞前的圆螺母,取出能量油活塞。拆除油缸与吸气端座的连接螺钉,将螺栓拧入油缸法兰上的顶丝孔内,平行地顶起油缸至脱离两个圆柱销,然后平稳地移出油缸。

(8) 用专用扳手卸下固定内容积比油活塞的圆螺母,拆下内容积比油活塞。

(9) 取出吸气端座中的阴、阳转子的密封盖,取出平衡活塞套及平衡活塞。

(10) 将空气压缩机吸气端座朝下竖立,平稳地吊出阴、阳转子。

(11) 拆卸吸气端座与机体的连接螺钉及定位销,用两只吊环对称拧入机体上的螺孔内,吊起机体。此时拆卸完毕,仅滑阀托瓦留在机体上,能量滑阀和滑阀导杆仍为一体,一般无须再拆卸,油缸内隔板也不拆卸。

(12) 若滚柱轴承需要更换,则拆下两转子上的轴承内圈及吸、排气端座内的轴承外圈。

2. 检查

(1) 检查机体的转子孔及滑阀孔、滑阀表面、转子表面及两端面以及吸、排气端座是否有摩擦痕迹。

(2) 测量机体的转子及滑阀孔、转子外圆、滑阀外圆等尺寸(取上、中、下三处)并做好记录。

(3) 检查滚柱轴承、四点轴承以及碟簧的状况。

(4) 检查轴封动、静环摩擦情况及动静环上O形密封圈。

(5) 检查密封件及全部O形圈。

3. 修理

(1) 机体的转子孔及滑阀孔内表面、滑阀表面、转子表面及两端面以及吸、排气端座有不太严重的磨损及拉毛时,可用砂布或油石磨光;若其拉毛严重,可在机床上修光。

(2) 机体和转子的磨损量太大时,需根据实际情况更换或单配。

(3) 轴承磨损过大或损坏时,应更换。注意新换轴承的保持架应耐氨或耐氟并且型号应与原轴承型号一致。

(4) 当动环和静环的密封面有划痕、烧伤、拉毛时,应重新研磨。O形密封圈有变形、破损、老化时,应更换。

(5) 转子与排气端面间隙若超过给定值,可由调整圈调整。

4. 装配

螺杆式空气压缩机的装配步骤与拆卸步骤相反。其装配时应注意以下事项:

(1) 装配前应将所有零件彻底清洗,并用绸布擦干运动部位,配合表面涂上清洁的冷冻机油,橡胶圈、密封纸垫涂上黄蜡油。

(2) 自始至终保持所有零件清洁,切忌金属屑、木屑、棉纱落入机内。

(3) 机器的平面密封与某些接头的密封是采用厌氧性密封胶。机器拆卸后,应将表面一层薄胶刮净。装配时,将密封面平放,表面用清洗剂清洗干净,不能有任何油污,待表面干燥后,在密封面上涂一层很薄的厌氧胶,装配后,应静放一段时间,待厌氧胶干燥后,才能将机器翻身,否则,未凝固的厌氧胶将流到机器的运动部分,影响其运转。

三、螺杆式空气压缩机的试运转

1. 螺杆式空气压缩机试运转的意义

新装配或经过大修后的螺杆式空气压缩机,在使用前都要进行试车。其主要原因如下:

(1) 因为空气压缩机在装配或大修的过程,所有相互配合的动静间隙、啮合间隙(如变速齿轮、转子间隙)虽然经过精确的研刮,但它们的表面还是较粗糙和不平,所以在正式投入生产运转前,应先进行试车,以确保运动面相互研合,配合良好。

(2) 空气压缩机在装配或大修过程中,配合部分及连接部件虽然都按质量要求进行装配和调整,但在检查过程中,总是存在一些主观因素,所以空气压缩机内可能隐藏一些问题,通过试车便可以发现,并随时对其进行消除。

(3) 对空气压缩机的运行数据进行检验,以检查其运行参数是否符合空气压缩机的设计要求,以及空气压缩机的各项保护是否能够准确及时动作。

(4) 通过试车对空气压缩机的性能、效率进行确认。

2. 螺杆式空气压缩机首次启动前的准备工作

(1) 卸除木楔、垫木与包箍及支撑等现场杂物。

(2) 机体内外应没有杂物、易燃易爆、有腐蚀的化学物品。

(3) 检查电机过载继电器的整定值是否符合设计要求,检查电气接线是否符合安全规程的要求。绝缘必须接地防止短路,接电源开关应设在机组附近。

(4) 往油气桶加油至油位计上线处。

(5) 接通水路,关闭排污阀,检查空气出口门打开状态。所有机械、电气设备的地脚螺丝齐全牢固,防护罩完整,连接件及紧固件安装正常。

(6) 检查油气管路连接正确无误,各阀位置、状态正确。

(7) 油压、温度、压差、电磁阀、过电流、欠电压等安全连锁装置,应按设备技术文件的规定校验调试合格。

(8) 就地控制盘及所安装设备工作良好,指示灯试验合格。

3. 螺杆式空气压缩机首次启动时的注意事项

(1) 转动机械的试转工作应在安装和检修工作已经结束,有试转申请单的情况下进行。试运转时,有关的人员应到场,运行人员负责检查。

(2) 首先应进行空负荷试运转,以保证设备的安全。

(3) 空气压缩机主机首次启动应单独向主机加部分润滑油,油过滤器安装前也要加足润滑油,以满足启动初期的润滑需要。

(4) 认真做好首次启动前的检查。

4. 螺杆式空气压缩机试运转的步骤

(1) 做好首次启动前的检查。

① 确认压缩机的安装及配管满足所有要求。

② 确认供电线路接线无误,接好接地线。

③ 松开防振台、支撑架和电机上运输固定螺栓。

④ 检查油气桶内油位是否在规定油位。

⑤ 从进气阀内加入约 0.5 L 润滑油,并用手转动空气压缩机主机来数转数,防止启动时空气压缩机内失油烧损,特别注意禁止异物掉入压缩机机体内,以免损坏压缩机。

⑥ 送电至压缩机控制盘。若电源相位不符,液晶屏显示"电源相序错误"信息。此时需切断供电电源,将电源线中任意两相对调即可。测试主电压是否正确,三相电压是否平衡。

⑦ 打开压缩机空气出口,确认机组内各泄水阀关闭。水冷式机型打开冷却水进、出口阀门。

⑧ 将配套设备(如干燥机、冷却塔等)先开机试运转,并确认其运转正常。

(2) 转向测试。按下"ON"键,压缩机转动,立即按"紧急停止按钮",确认压缩机转向。正确转向请参考压缩机体上标明的箭头。冷却风扇亦需注意转向。虽然压缩机在生产过程已测试过,转向测试仍然是新机试车的重要步骤。

(3) 启动。再按下"ON"键,启动压缩机运转。首先进行空气压缩机的空负荷试车再进行负荷试车。

(4) 观察显示仪表及指示灯是否正常,如有异常声音、振动、泄漏,立即按下"紧急停止按钮"停机检修。

(5) 运转温度调整。压缩机运转 40 min 后,调整回水阀开度,控制重车排气温度在 80 ℃上下(风冷式不需调整)。调整时,逐渐减小回水阀开度,视压缩机排气温度反应后,再进行调整开度。

(6) 停止。按下"OFF"键,压缩机延时 15 s 后停止运转。

(7) 检查压力开关卸载和负载压力整定值。依照试运计划确定是否进行空气压缩机的性能、效率试验。

(8) 空气压缩机试运转时投入连续运行时间不少于 4 h,且要求工作无异常现象。

5. 螺杆式空气压缩机试运转应符合的要求

(1) 应单独启动电机,检查旋转方向是否正确。

(2) 电机与压缩机连接后,盘动数转,应灵活无阻滞现象。

(3) 应启动压缩机 2~3 min,确认无异常现象后,连续运转不少于 30 min。

(4) 连续运行空气压缩机振动和轴承温度应正常,轴承温度不超过 70 ℃,本体温度不超过 65 ℃;振动烈度应不大于 7.1 mm/s。

(5) 油面镜清晰,油位线标志清楚,油位正常,油质良好,轴承无漏油、甩油现象。

(6) 转机试转后,将试转情况及检查中所发现的问题,做好详细记录。

6. 螺杆式空气压缩机在试运转中应进行的检查和记录

(1) 润滑油的压力、温度和各部位的供油情况。

(2) 吸、排气温度和压力情况。

(3) 进、排水温度和冷却水的供应情况。

(4) 各运动部件有无异常响声。

(5) 各连接部位有无漏气、漏油或漏水现象。

(6) 各连接部位有无松动现象。

(7) 主轴承、轴密封等主要摩擦部位的温度情况。

(8) 电机的电流、电压、温升情况。

(9) 自动控制装置是否灵敏。

7. 螺杆式空气压缩机在试运转后进行的升温试验运转应符合的要求

(1) 空气压缩机试运转合格后,应按设备技术规定的温度进行升温试验,检查在该温度下运转的可靠性。

(2) 升温方法可用提高排气压力(需相应调整压力继电器或压力开关),或在气体吸入口处加热气体来达到需要的温度。

(3) 应在规定的温度下连续运转不少于 2 h,并经常检查轴承温度、电机电流和振动情况。

(4) 升温试验结束后,应恢复温度、压力继电器的触发点至原来位置。

(5) 空气压缩机升温试验合格后,应按设备技术文件规定的压力做安全阀和压差继电器灵敏度的试验,以确保其动作应正确灵敏。

8. 组装螺杆式空气压缩机润滑系统应符合的要求

(1) 油管不应有急弯、折扭和压扁现象。

(2) 曲轴与油泵或曲轴与注油器连接的传动机构,应运转灵活。

(3) 润滑系统的管路、阀件、过滤器和冷却器等,组装后应按设备技术规定的压力进行严密性试验,无规定时,应按额定压力进行试验,不应有渗漏现象。

(4) 油管应先经压缩空气排污,然后与供油润滑点连接。

第三十章　矿井大型设备的检查维护

第一节　矿井提升设备的检查维护

一、主提升系统的定期检查维护

1. 每天必须检查维护的项目

主提升系统每天必须检查维护的项目如下：

（1）提升装置的各部分，包括提升容器、连接装置、防坠器、罐道、罐耳、曲轨、阻车器、罐座、摇台、装卸设备、天轮（包括导向轮）和钢丝绳等。

（2）提升绞车各部分，包括滚筒、制动装置（包括盘型闸、液压站等）、深度指示器、调绳装置、传动装置（包括减速器、联轴器及润滑站等）、电动机和开关柜、变频柜（整流柜）、电控设备、变压器以及各种保护装置和闭锁装置等。

（3）提升信号系统、通信装置。

（4）副井井上、井底推车机及其辅助设备。

检查维护期间发现问题，应立即处理，检查和处理结果应做好记录。

2. 每月必须检查维护的项目

主提升系统每月必须检查维护一次的项目包括：井筒装备（包括罐道、罐道梁、井梁、管路、电缆、梯子间）。检查维护期间发现问题，及时安排处理，检查和处理结果应做好记录。

3. 每季度必须检查维护的项目

主提升系统每季度至少检查维护一次的项目包括：① 滚筒、天轮（包括导向轮）轴承开盖检查。② 电动机及电缆、接地系统的绝缘测试。③ 清理井筒装备，做到无杂物、无矸块、无煤块。检查维护期间发现问题，及时安排处理，检查和处理结果应做好记录。

4. 每半年必须检查维护的项目

主提升系统每半年至少检修维护一次的项目包括：① 滚筒、天轮（包括导向轮）轴承清洗换油，液压站、润滑站清洗换油，减速器、联轴器揭盖检查。② 检查电气元器件运行状况，更换传感器、保护开关、电路信号板及轴编码器等。检查维护期间发现问题，及时安排处理，检查和处理结果应做好记录。

5. 每年必须检查维护的项目

主提升系统每年至少检修维护一次的项目包括：① 检查金属井架、井筒罐道梁和其他装备的固定和锈蚀情况。② 全面检查盘型闸的蝶形弹簧组，不合格的及时更换。检查维护期间发现问题，及时安排处理，检查和处理结果应做好记录。

二、主提升系统保护装置的检查试验

主提升系统的各种保护装置、闭锁装置和安全设施,应定期检查试验。

(1) 每天必须检查试验 1 次的保护、闭锁装置如下:

① 防过卷保护装置、深度指示器失效保护装置、闸间隙保护装置、松绳保护装置、限速装置。

② 液压站的超温保护、欠压保护。

③ 润滑站的超温保护、断油保护、欠压保护。

④ 提升信号系统与提升控制系统之间的连锁,各水平安全门、阻车器、摇台与提升信号系统之间的闭锁,罐笼停止位置与摇台、推车机位置与摇台之间的闭锁。

(2) 应定期检查试验的机械保护装置及安全设施如下:

① 单绳提升容器装设的防坠器每半年至少进行 1 次不脱钩试验,每年至少进行 1 次脱钩试验。

② 副井井上、井底推车机前后阻车器每班检查 1 次。

③ 防撞梁和托罐装置以及尾绳保护装置(分绳器)每季度至少检查 1 次。

(3) 主提升机装设综合保护装置必须每天检查 1 次。

各种保护、装置闭锁装置必须齐全完好、灵敏可靠,发现问题,必须立即处理,检查试验和处理结果均应做好记录。

三、提升机滚筒、天轮(包括导向轮)的使用要求

(1) 提升机滚筒无开焊、裂纹和变形。主轴无裂纹、无严重腐蚀和损伤。滚筒的组合连接件(包括螺栓、铆钉、键等)必须紧固、轮毂与主轴的配合不得松动,活动滚筒支轮应定期加油。

(2) 天轮的轮缘和轮辐不得有裂纹、开焊、松脱或变形,衬垫排列规整、固定牢靠,通过天轮、导向轮的钢丝绳必须低于轮缘,衬垫磨损深度超过《煤矿安全规程》有关规定时必须进行更换。

(3) 多绳摩擦式提升机滚筒、天轮衬垫安装投入使用后,各绳槽中心距差、绳槽磨损深度及衬垫磨损剩余厚度必须满足《煤矿安全规程》相关的规定。固定块和压块应可靠的压紧摩擦衬垫,用螺栓固定后不得有窜动,固定块与滚筒壳面应接触良好,压块与滚筒壳应留有适当间隙,以便能均匀地压紧摩擦衬垫。

(4) 滑动轴承:轴瓦合金层无裂纹、无剥落,顶间隙符合产品技术规定、侧间隙约为顶间隙的 1/2。轴瓦润滑油的油量要适当,油质符合规定,轴承座不得漏油;采用油环润滑方式的轴瓦,油环转动灵活;采用加压润滑时油压必须符合产品技术使用要求,油路畅通。轴承安装牢靠,状况良好,运转无异常,温度不得超过 65 ℃。

(5) 滚动轴承:轴承元件不得有裂纹、脱落、伤痕、锈斑、点蚀和变色等。保持架应完整无变形,转动灵活。轴承内、外圈与轴和轴承座的配合符合技术规定。润滑油油量适中,油质符合规定,轴承座不得漏油;采用润滑脂时,应定期进行更换,更换时要对轴承进行全面清洗。轴承安装牢靠,状况良好,运转无异常,温度不得超过 75 ℃。

(6) 滚筒离合器能全部脱开或合上,齿轮啮合良好,液压离合器的油缸动作应一致,油

缸和油管不得漏油。电气、机械闭锁齐全完好、灵敏可靠。

四、提升容器、连接装置、罐耳的使用与维护

(1) 专为升降人员或升降人员和物料的罐笼（包括有乘人间的箕斗）必须符合《煤矿安全规程》的规定要求。各连接部分固定完好、无锈蚀、无严重变形，根据使用状况及时对提升容器进行防腐或更换。

(2) 升降人员或升降人员和物料的单绳提升罐笼、带乘人间的箕斗装设的防坠器，无锈蚀、无卡阻，完好可靠。

(3) 罐笼、箕斗的装载量不得超过其额定承载量，主井箕斗实行定重装载，称重装置完好、计数准确。

(4) 提升容器的滑动罐耳、钢丝绳罐道滑套必须保持完好，磨损量不超限，间隙符合《煤矿安全规程》有关规定。

(5) 连接装置使用应符合如下要求：

① 立井提升容器与钢丝绳连接的连接装置必须齐全完好、安全可靠，安全系数必须符合《煤矿安全规程》有关规定，累计使用年限不超规定。

② 使用自动平衡悬挂装置的，平衡油缸严禁出现渗、漏油现象，油缸活塞必须留出不少于 100 mm 的安全行程。在遭受猛烈拉力后，应及时对平衡悬挂装置进行检查，发现问题，及时处理或更换。

五、罐道、罐道梁的使用与维护

(1) 罐道与提升容器罐耳的间隙、罐道与提升容器之间的最小间隙、罐道的磨损量必须符合《煤矿安全规程》相关规定，当超过规定数值时，采取有效安全措施进行处置。

(2) 罐道和罐耳的磨损量、罐道和罐耳的间隙超过《煤矿安全规程》相关规定时，必须进行更换或调整。其测量周期规定如下所述，测量及分析处理结果应做好记录。

① 钢罐道、组合罐道 3 个月至少测量 1 次。

② 钢丝绳罐道 1 个月至少测量 1 次。

(3) 罐道、罐道梁无变形、弯曲和锈蚀，发现问题，及时处理。

(4) 罐道、罐道梁固定牢靠，卡子、螺栓齐全、无松动，罐道接头间隙为 2～4 mm，罐道接头接茬错位钢罐道不超过 1 mm，超过规定值时及时处理。

(5) 罐道梁、罐道实行编号管理，标记明显。

六、钢丝绳的使用和检查

(1) 提升钢丝绳、罐道钢丝绳每天检查 1 次，平衡钢丝绳、防坠制动绳（包括缓冲绳）每周检查 1 次。

① 钢丝绳外观检查包括检查钢丝绳的断丝、锈蚀等情况。检测点的选取应均匀并兼顾全绳，每天的检测点位置不得相同。对易损坏、断丝或锈蚀较多的区段应增加检测点数量，认真检查。

② 缠绕式提升装置使用的钢丝绳每月至少涂油 1 次。摩擦轮式提升装置的提升钢丝绳根据使用状况涂、浸专用的增磨脂。但对不绕过摩擦轮部分（提升容器至滚筒段）的钢丝

绳,必须涂防腐油。

③ 钢丝绳的断丝率、直径缩小率超过《煤矿安全规程》相关规定以及钢丝绳出现严重锈蚀或点蚀麻坑形成沟纹,或外层钢丝松动情况时,必须立即更换。

④ 钢丝绳在运行中遭受到卡罐、急停车等猛烈拉力时,必须立即进行检查,检查状况不符合安全使用要求的,必须及时组织更换新绳。

(2) 多绳摩擦轮式提升机所用的钢丝绳必须是同一规格型号、同一厂家生产的同批次产品,并同时更换使用。

① 摩擦轮式提升钢丝绳的使用期限不超过 2 年,平衡钢丝绳的使用期限不超过 4 年。如果钢丝绳的磨损、断丝、锈蚀等技术指标仍符合《煤矿安全规程》规定的,可以继续使用,但不得超过 1 年。

② 其他提升绞车使用的钢丝绳、罐道钢丝绳及防坠器制动绳应结合使用状况和年限进行维护或更换。

七、液压制动系统、强迫润滑系统的使用与维护

(1) 液压制动系统完好、可靠,各闸阀及油管接头不漏油,各销轴不松旷、不缺油,制动压力及动作时间必须符合《煤矿安全规程》有关规定。

① 液压泵站压力稳定,油量符合要求(不低于油标下限)。液压泵站的闸阀、油管、油箱洁净,无渗漏。根据使用情况及时滤油、换油。备用泵站要保持完好,随时可切换使用。

② 制动手把在全制动位置时,低压液压泵站(工作压力低于 6.3 MPa)的残压不超过 0.5 MPa,中高压液压泵站(工作压力 10 MPa 以上)的残压不超过 0.8 MPa。

③ 闸瓦和闸盘无开焊或裂纹、无严重磨损,不偏斜。闸瓦与制动盘的间隙不应超过 2.0 mm。

④ 闸瓦闸衬无缺损、无断裂,表面无油迹,应使用无金属丝的闸衬,以减少对制动盘的磨损。制动时,闸瓦与制动盘接触面积不得小于 60%。

(2) 润滑泵站压力符合要求,润滑油油量适当,润滑泵站闸阀、油管、油箱洁净,无渗漏,根据使用情况及时更换润滑油(或按照使用说明书要求执行)。

(3) 定期检查、清洗液压泵站、润滑泵站的滤芯(一般 1 个月),有缺陷的及时更换。压力和流量控制装置不得随意调节,需要调节时必须由专人进行,并做好记录。

(4) 液压泵站、润滑泵站的工作油温为 20~55 ℃。当其油温超出范围时,应采取相应措施,禁止泵站长时间高油温条件下运行。

八、提升信号、通信装置的使用与维护

(1) 提升信号系统声、光具备,且具有数字显示和记忆功能。其供电线路上严禁搭接其他负荷。备用提升信号系统必须独立于常用信号系统,且保持完好可靠。

(2) 提升信号系统与提升控制系统之间应有可靠连锁,不发出开车信号,主提升机无法启动。

(3) 各水平安全门、阻车器、摇台与提升信号系统相闭锁,保持完好可靠。提升机司机与井口、井底及各水平信号工之间应设立直通电话。

(4) 上、下井口应安装视频监视装置,保持正常工作,便于提升机司机观察上、下井口的

状况。

九、主要提升系统备品备件的使用要求

罐笼、箕斗、提升钢丝绳、平衡钢丝绳、连接装置等备品备件必须保持不间断储备。

第二节　矿井通风设备的检查维护

一、主要通风机系统的检查维护

(1) 风道口、风门等封闭严密,外部漏风率不超过《煤矿安全规程》相关规定,当其超限时必须采取措施进行处理。

(2) 每月检查维护的部位如下:

① 机械部分,包括风机壳体、扇叶、传动装置、风门及起吊绞车、各种仪器仪表(水柱计、轴承温度计)等。

② 电气部分,包括配电开关、变压器、电动机、电控设备及缆线、接地系统等。

(3) 反风设施至少每季度检查维护1次。防爆门至少半年检查维修1次。

二、主要通风机的安全使用

(1) 通风机壳体、风门不得漏风,防腐良好,无锈蚀。扇叶固定牢固,角度一致。电机、叶片无积尘。通风机运行无异常,振动不超限(刚性支承的振动值≤4.6 mm/s,挠性支承的振动值≤7.1 mm/s)。

(2) 通风机装有轴承、电机温度检测信号装置并正常使用,传感器与检测组件可靠接触。

(3) 各种风门、蝶阀开关灵活,闭锁可靠。风门升降绞车完好、操作可靠。钢丝绳固定良好,无锈蚀及死弯现象。

(4) 防爆门封闭严密、不漏风,风机停运时能自动打开。

(5) 风机轴承、联轴器不缺油,润滑良好,运行时油温度不超限。

(6) 电动机运转无异常,绝缘座无裂纹,接线规范,绝缘良好,接地良好,各连接螺栓齐全、拧入深度符合要求。

(7) 高压开关柜、变频柜母线排无氧化痕迹,操作机构动作可靠,分、合指示正常;闭锁装置齐全、可靠;综合保护装置设定准确、动作可靠;接地系统完好、符合规定;有合格的避雷装置。

(8) 通风机房内水柱计读数准确,负压符合有关规定。电流表、电压表、功率表、温度计等仪表齐全完好、显示正常。

(9) 各种零部件齐全、完好。

(10) 主要通风机每年应全面检修1次,主要检查风叶、联轴器、轴承、电机完好状况,更换轴承油脂、清洗疏通加油、排油管路,检修叶片,全面清理积尘,并对所有紧固件、螺栓重新进行紧固。

三、对旋式通风机的安全使用

（1）两套主要通风机的一级、二级风机扇叶角度必须保持一致。

（2）鉴于对旋通风机反风时两级电机输出能力不匹配，在接近额定工况时易造成反风失败，因此对旋通风机正常使用时，其两级电机的能力应有一定的富裕，以保证反风时能正常启动运行。

（3）对旋通风机轴承润滑应使用专用牌号油脂，按照规定注油量在通风机运转中补加，同时观察轴承油温度的变化。

四、主要通风机的其他要求

（1）主要通风机应安装在线监控系统，做到各种参数采集准确，工况显示正确，监测画面组态正常。

（2）主要通风机房悬挂风井名称牌和"要害场所，闲人免进"、"主要通风机20 m范围严禁烟火"警示牌。

（3）备用通风机必须保持在完好状态，能在10 min内启动并正常运转。正常情况下，2套主要通风机每月至少倒换1次，在倒换通风机时其对应的电源回路也应切换。主要通风机倒换时必须制定专项安全技术措施。

五、主要通风机的检测检验及探伤部位

新安装的或技术改造的主要通风机在投入使用前，必须进行检测检验，取得安全准运证。

（1）检测内容包括：风量、全压（静压）及全压（静压）偏差、最高全压（静压）、效率、噪声、电机实际功率、机械运转试验、振动、轴承温升、通风机性能曲线等。

（2）探伤部位包括：主轴、叶片。

第三节 矿井排水设备的检查维护

一、主排水系统的检查维护

（1）水泵、水管、闸阀、电机、配电开关和输电线路及辅助设施，应每天由专职人员检查1次。

（2）每年雨季之前，必须对排水系统全面检查维护1次，检修水泵、电机和供电开关，更换效率较低的水泵和有缺陷的配电设备等。

（3）水仓、小井、排水巷的淤积情况每周至少检查1次，每半年至少清理1次，每年雨季前必须彻底清理1次。水仓入口处设置的篦子，每班清理1次。

三、主排水系统的安全使用

（1）水泵运行正常、无异常振动，水压稳定，温度正常，水泵窜量、对轮（联轴器）间隙符合要求。

(2) 电动机运转无异常，绝缘座无裂纹，接线规范，绝缘良好，接地良好，各连接螺栓齐全、拧入深度符合要求。

(3) 各操作闸阀、配水闸阀操作灵活，无锈蚀，不漏水。

(4) 有可靠的引水装置和备用引水装置(引水装置和备用引水装置的动力必须是来自不同的动力源)。

(5) 运转部位及危险部位应安装安全防护装置，并保持完好。

(6) 备用水泵保持完好，随时能正常启动投入运行。

(7) 水泵配电开关接线规范，操作机构、分合闸按钮完好可靠，绝缘良好，指示灯显示正常，电压表、电流表指示准确，校验日期不超限。

(8) 水仓、小井、排水巷淤积状况保持良好，应及时清理。水仓的空仓容量应经常保持在总容量的50%以上。

四、主排水泵的安全使用

发生以下情况时，水泵不得投入运行：

(1) 电动机故障没有排除，电控设备存在缺陷，真空表、压力表、电压表、电流表失灵。

(2) 水泵、管路和闸阀严重漏水。

(3) 电压降太大，电压极不稳定。

(4) 水泵不能正常启动，运转声音异常。

(5) 吸水、排水管工作不正常，出现剧烈颤动现象。

五、主排水泵的检测检验

每年雨季前，必须对主排水系统进行1次联合排水试验，检测水泵实际效率，检验主排水系统及配电设备的综合抗灾能力。

主排水泵检测内容包括：流量、扬程、效率、额定输出功率、轴承温度(温升)、噪声、振动，水泵联合试运转试验情况，水泵性能曲线等。

第四节　矿井压风设备的检查维护

一、空气压缩机的检查维护

(1) 每天检查维护部位包括：主机、油位、冷却器、分离器、风管、闸阀、风包、安全阀、释压阀、压力表、配电开关、供电线路、冷却设备及辅助设施。发现问题，及时处理，检查和处理情况做好记录。

(2) 每月检查维护的项目包括：检查清理滤网(滤芯)；清洁空气压缩机；检查空气压缩机是否漏油，冷却器是否破损。

(3) 每半年检查维护的项目包括：保养安全阀、释压阀；检测压力表；清理风包油垢。

(4) 每年检查维护项目包括：更换润滑油脂；试验安全阀、释压阀；检查电气元器件运行状况；更换传感器、电路信号板。

二、空气压缩机系统安全保护装置的检查试验

(1) 以下保护装置或安全设施每天检查试验1次：
① 安全阀和压力调节器。
② 断油保护装置或断油信号显示装置。
③ 断水保护装置或断水信号显示装置。
④ 温度保护装置。
(2) 安全阀、释压阀每年校验1次；调整后的安全阀应加铅封。
(3) 安装的压力表每班检查1次，每半年校验1次。

三、空气压缩机系统的使用要求

(1) 空气压缩机运行正常、无异常振动、排气温度不超限、断水保护、断油保护、压力自动调节装置、注油装置、安全阀状况良好。
(2) 电动机运转无异常，绝缘座无裂纹，接线规范，绝缘良好，接地良好，各连接螺栓齐全、拧入深度符合要求。
(3) 空气压缩机的排气温度不超限，其排气温度符合《煤矿安全规程》相关规定。
(4) 风包温度不超限，温度保护装置、安全阀和放水阀保持完好。
(5) 电气柜工作正常，功能齐全，闭锁装置、连锁装置安全可靠。各部位螺栓齐全，接线紧固。绝缘子、瓷瓶清洁无裂痕，釉面无损伤、无放电痕迹。导电母线（排）无损伤、无断痕、无锈蚀。柜内照明良好。各种仪器仪表显示准确。
(6) 冷却设备完好，水泵运转正常，冷却塔无水垢，池内水质清洁、无杂物。
(7) 空气压缩机必须使用闪点不低于215 ℃的压缩机油。
(8) 螺杆式空气压缩机、离心式空气压缩机必须根据其技术要求，选用合格的油脂，明确检修内容和关键部件的更换周期。

四、风包的安全使用

新安装或检修后的风包，必须进行强度和严密性试验。其试验压力应符合如下规定：
(1) 额定压力<0.6 MPa时，应用额定压力1.5倍的压力做水压试验，持续5 min不渗漏或变形。
(2) 额定压力在0.6~1.2 MPa内，应用大于额定压力0.3 MPa的压力做水压试验，持续5 min不渗漏或变形。

五、空气压缩机的检测检验

(1) 检测内容包括：压力、流量、效率、温度、安全阀动作压力、保护功能、压缩机比功率、振动、噪声等。
(2) 检验要求：安全阀、风包释压阀应每年进行试验。

参 考 文 献

[1] 国家安全生产监督管理总局、国家煤矿安全监察局.煤矿安全规程(2016)[M].北京:煤炭工业出版社,2016.

[2] 陈平.煤矿采煤机操作作业安全培训教材[M].徐州:中国矿业大学出版社,2017.

[3] 冯文轶,张志春.煤矿掘进机操作安全培训教材[M].徐州:中国矿业大学出版社,2017.

[4] 冯广亮.煤矿提升机操作作业安全培训教材[M].徐州:中国矿业大学出版社,2017.